现代有机化学合成方法与技术研究

XIANDAI YOUJI HUAXUE HECHENG FANGFA YU JISHU YANJIU

王超莉 赖小娟 郭 璇 编著

U0305504

中国水利水电出版社
www.waterpub.com.cn

内 容 提 要

全书主要就当前有机化学合成领域一些重要研究成就的相关方法和技术进行阐述,包括卤化反应、磺化反应、硝化反应、氨解反应,氧化还原反应,重氮化及偶合反应,缩合与聚合反应,逆合成技术,保护基团与导向基的引入,催化技术,不对称合成技术,分子拆分技术,以及一些新的有机合成技术。本书构思新颖、内容丰富,力求更好地体现有机化学合成的科学性与前沿性,可供化学、化工、材料、生物及药物化学等相关领域的研究人员和技术人员参考使用。

图书在版编目(CIP)数据

现代有机化学合成方法与技术研究 / 王超莉,赖小
娟,郭璇编著. -- 北京 : 中国水利水电出版社,
2014.11(2022.10重印)
ISBN 978-7-5170-2664-8

Ⅰ. ①现… Ⅱ. ①王… ②赖… ③郭… Ⅲ. ①有机化
学-有机合成-研究 Ⅳ. ①O621.3

中国版本图书馆CIP数据核字(2014)第257325号

策划编辑:杨庆川 责任编辑:杨元泓 封面设计:崔 蕾

书 名	现代有机化学合成方法与技术研究	
作 者	王超莉 赖小娟 郭 璇 编 著	
出版发行	中国水利水电出版社	
	(北京市海淀区玉渊潭南路1号D座 100038)	
	网址:www.waterpub.com.cn	
	E-mail:mchannel@263.net(万水)	
	sales@mwr.gov.cn	
	电话:(010)68545888(营销中心)、82562819(万水)	
经 售	北京科水图书销售有限公司	
	电话:(010)63202643、68545874	
	全国各地新华书店和相关出版物销售网点	
排 版	北京鑫海胜蓝数码科技有限公司	
印 刷	三河市人民印务有限公司	
规 格	184mm×260mm 16开本 17.5印张 426千字	
版 次	2015年5月第1版 2022年10月第2次印刷	
印 数	3001-4001册	
定 价	62.00元	

前　言

　　有机反应是有机化学中最重要的组成部分之一,也是人类创造新物质的最有效工具。随着化学和材料科学、生命科学的交叉融合,作为设计合成功能性物质的重要手段,有机合成显得越来越重要。经过多年发展,有机合成反应的理论体系不断完善,有机合成技术和方法均取得很大的突破。近年来,新的高选择性合成反应和不对称合成方法的出现,使得各种结构更加复杂、功能更加多样的有机物不断被合成出来。

　　进入21世纪,人们更加关注生存质量,生命、健康、环境、信息等与化学关系更加密切。尤其是当今,新材料和新药物的需求、资源的合理开发和应用、减少和消除环境问题的可持续发展等的出现对化学尤其是有机合成化学提出了更新的需求、更高的目标,带来了更大的挑战。

　　本书从系统性、权威性、新颖性、实用性和可操作性原则出发,按由浅入深、循序渐进的原则将有机合成的原理、方法与现代有机合成的原理、方法紧密衔接,力求体现有机反应的基础性、规律性、科学性和前沿性。在内容选取上,既注重基础化学与有机合成的衔接,又能反映有机合成化学的发展趋势,突出有机合成技术研究;在结构上,注意层次清晰,板块分明;在立意上,注意联系实践,与时俱进;在合成示例的选取上,注重结构简单和复杂的化合物并用,以便不同程度、不同需求的读者阅读。另外,本书还特别注重激发读者的兴趣和创造性,将具有新颖性、创新性的有机反应引入其中。

　　全书共分11章,主要就现代有机合成化学中的相关方法与技术进行了阐述,包括常见有机合成反应(如卤化反应、磺化反应、硝化反应、氨解反应)、氧化还原反应、重氮化及偶合反应、缩合与聚合反应、逆合成反应、保护基团与导向基的引入、催化技术、不对称合成技术、分子拆分技术,以及一些新的有机合成技术(如绿色有机合成、微波辐射有机合成、一锅合成技术、超临界有机合成、组合合成、等离子有机合成)。本书吸纳了一些重要研究领域出现的新成就,构思新颖、内容丰富,叙述由浅入深、通俗易懂。

　　全书由王超莉、赖小娟、郭璇撰写,具体分工如下:

　　第6章~第8章、第10章、第11章:王超莉(江西师范大学);

　　第1章~第5章:赖小娟(陕西科技大学);

　　第9章:郭璇(江西应用技术职业学院)。

　　本书在编撰的过程中借鉴了大量文献资料,并咨询了多位同行的宝贵意见,在此表示衷心的感谢。鉴于学术水平和时间局限,加之各位作者个人经验、风格的异同,尽管经多次修改,但本书中仍存在不少欠妥和错漏之处,恳请学者与专家不吝赐教。

作　者
2014年8月

目　录

第1章　有机化学合成导论

有机合成是研究用化学方法合成各种有机化合物的科学,它是有机化学的一个重要组成部分,且直接服务于生产实践。一般情况下,有机合成是以有机反应为工具,通过合理设计的合成路线,把结构较复杂的分子变成结构较简单的所需化合物分子的过程。

现在化合物已超过了2200多万个,其中绝大部分是有机化合物。这样众多化合物的出现,带来了很多生物、物理和化学特性的信息,为大千世界增添了更多的色彩和内容。

因此,可以将有机合成称为"改造物质世界的有机合成"。正如有机合成创始人之一的伯塞罗(Berthlot)所说的那样"有机化学家在老的自然界旁边又建立起一个新的自然界"。而且这个"新的自然界"在质和量上都远远超过"旧的自然界"。

1.1　有机合成化学的发展及作用

化学是一门中心学科,其核心是合成化学。有机合成是指从简单化合物出发,运用有机化学的理论或反应来合成新的有机化合物的过程。

1.1.1　有机合成化学发展简史

有机化学作为化学的一个重要分支,其历史可以追溯到古代的酿酒、染色与制药等行业。18世纪工业革命后,随着分离提纯的快速发展,先后分离出酒石酸(1769年)、乳酸(1780年)、奎宁(1820年)等。瑞典化学家Berzelius(1779~1848年)于1806年提出了有机化学的概念,但Berzelius认为有机物只能从有生命的动植物中分离提取,人工合成是不可能的——生命力学说,这种思想曾一度牢固地统治着有机化学界,制约了有机化学的发展。

1828年,德国化学家Wöhler由无机物氰酸铵合成了有机物尿素,并于1825年发表了"关于氰基化合物"的论文。此后,他又采用不同的无机物合成了尿素,1828年发表了"论尿素的人工合成"一文,动摇了"生命力"的基础。1845年Kolbe合成了醋酸,1854年Berthlot合成了油脂等,使得"生命力"学说被彻底否定。

$$NH_4OCN \xrightarrow{\Delta} NH_2CONH_2$$

$$C \xrightarrow{Fes_2} CS_2 \xrightarrow{Cl_2} CCl_4 \xrightarrow{红热管} Cl_2C=CCl_2 \xrightarrow{h\nu,\,H_2O} CCl_2COOH \xrightarrow{电解} CH_3COOH$$

1856年Perkin苯胺紫的合成是有机合成的另一重大成就,这是第一个合成的染料,被视为第一个精细工业有机合成。此后,有机合成主要是围绕以煤焦油为原料的染料和药物等的合成工业。例如,1869年Greaebe和Liebermann合成的茜素;1878年Bayer合成靛蓝;1890年Fischer合成的六碳糖的各种异构体以及嘌呤等杂环化合物,并于1902年继Van't Hoff之后成为第二位获得诺贝尔化学奖的化学家。尤其值得一提的是1901年德国化学家Willstater以环庚酮为原料经二十多步反应,第一次完成了托品酮的合成,这是当时有机合成的一项卓越成就。

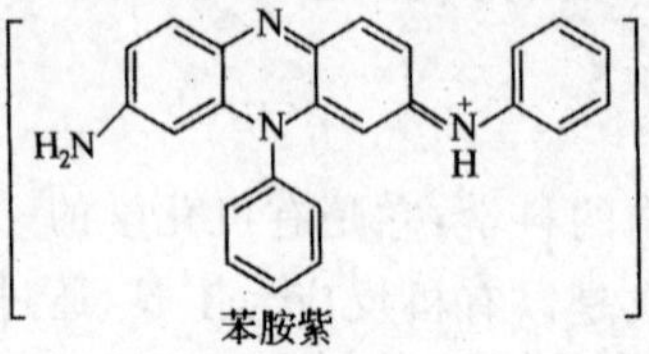

苯胺紫 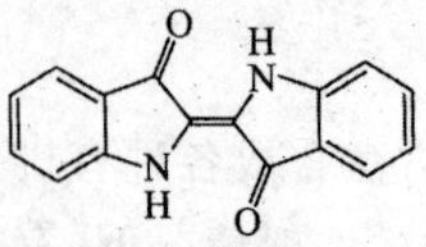　　　　　　靛蓝 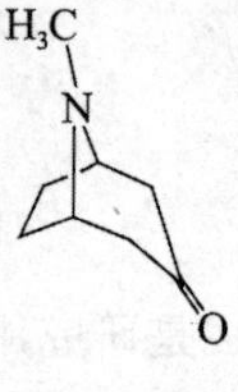　　　　　　托品酮

1917 年英国化学家 Robinson 通过仿生途径,以丁二醛、甲胺和丙酮为原料,用"一步法"合成了托品酮,这一合成曾被 Willstater 称为"出类拔萃的"合成,是这一时期有机合成的创举。与此同时,许多具有生物活性的复杂化合物相继被合成,如,获得 1930 年诺贝尔化学奖的 Fischer 合成的血红素;1944 年 Woodward 合成的奎宁等。以上这些化合物的合成标志着有机合成又达到了另一个高峰,奠定了以后有机合成辉煌发展的基础。

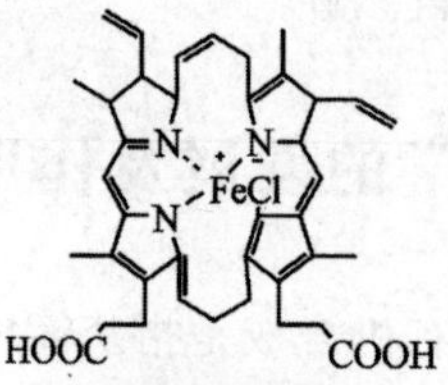

氯高铁红血素 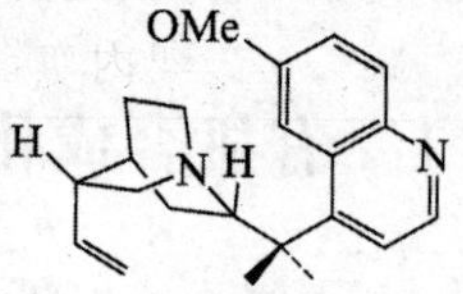　　　　　　奎宁

此后,有机合成进入了 Woodward 艺术期。在这一时期,有机合成进入了快速发展轨道。有机合成大师 Woodward 由于其有机合成的独创思维和精湛技艺,先后合成了奎宁、可的松、马钱子碱、利血平、叶绿素、四环素、头孢菌素 C 等一系列复杂有机化合物而荣获了 1965 年诺贝尔化学奖。1973 年他与包括 Eschenmoser 小组在内的 14 个国家 101 位化学家合作,完成了结构十分复杂的维生素 B_{12} 的全合成。在维生素 B_{12} 的全合成中,不仅创立了一些新的合成技术,还与 Hofmann 在研究周环反应时提出了分子轨道对称守恒原理。正是这一原理使有机合成从艺术走向理性。

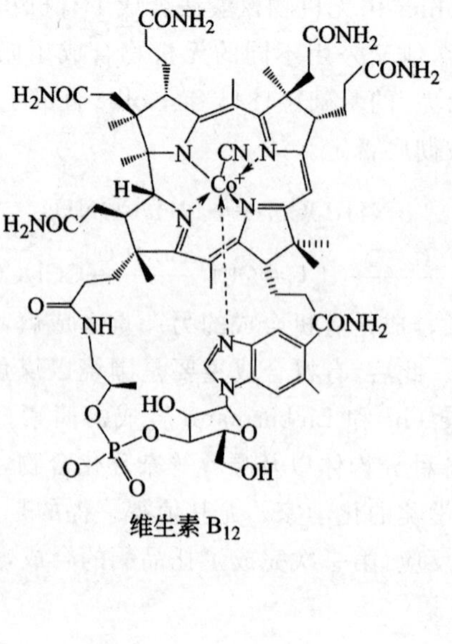

维生素 B_{12}

自 20 世纪 60 年代,有机合成进入 Corey 时代。美国哈佛大学生物化学家 Corey 提出逆向合成方法,即从合成目标分子结构出发,对合成反应的知识进行逻辑分析,利用经验和推理艺术设计合成路线。这种逻辑方法的产生与完善对复杂分子的多步合成有很大的帮助。运用逆向合成方法,Corey 小组完成了一百多种复杂天然产物的全合成,包括银杏内酯、植物生长激素赤霉酸和前列腺素等,几乎每种复杂化合物的成功合成都有新的方发现。Corey 由于合成理论方面的杰出贡献而荣获 1990 年的诺贝尔化学奖。

此外,Wilkinson 和 Fischer 合成并确定了过渡金属二茂夹心式化合物,对金属有机化学和配位化学的发展起了重大推动作用,荣获 1973 年诺贝尔化学奖。1979 年 Brown 和 Witting 因分别发展了有机硼和 witting 反应而共获诺贝尔化学奖。这一时期还兴起了选择性合成,尤其是不对称合成至今仍为有机合成方法学研究的热点。其中,Merrifield 因发展的固相多肽合成法,推动了有机合成方法学和生命科学,而荣获 1984 年的诺贝尔化学奖。

时至 20 世纪 90 年代,美国 Harvard 大学的 Kishi 教授带领 24 名研究生和博士后完成了海葵毒素(Palytaxin)的全合成。海葵毒素是由海洋生物中分离得到的一种剧毒物质,它含有 129 个碳原子、64 个手性中心和 7 个骨架内双键,可能的异构体数为 2^{71} 个。这是目前通过全合成获得的具有最大分子质量、最多手性中心的次生代谢产物,是有机合成史上最浩大的工程之一,是天然产物合成的一个里程碑。

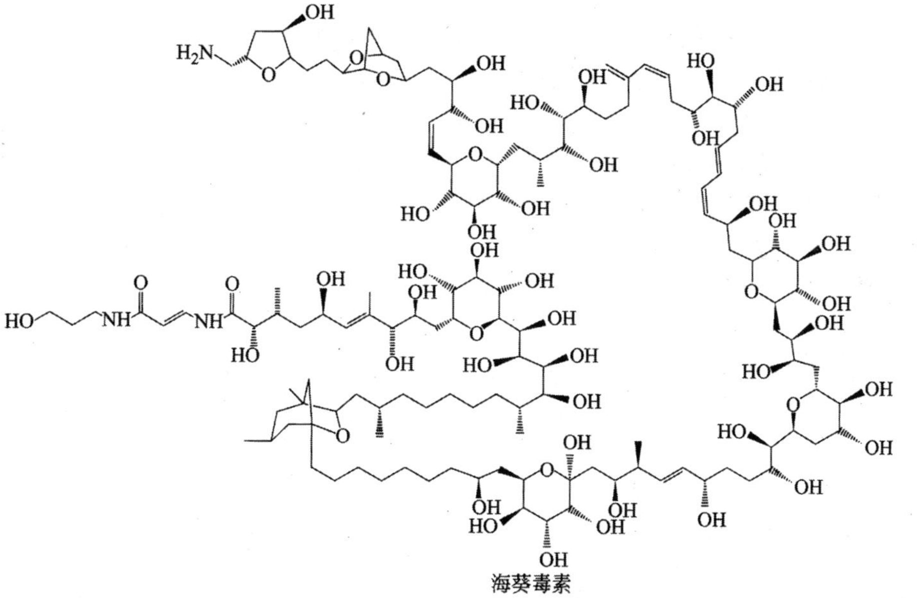

海葵毒素

近年来,有机合成化学家将有机合成与探寻生命奥秘联系起来,更多的从事生物活性的目标分子的合成,尤其是具有高生物活性和有药用前景分子的合成。目前,已合成了免疫抑制剂 FK506、抗癌物质埃斯坡毒素、紫杉醇等物质。至此,有机合成进入了化学生物学发展时期。

1.1.2　有机合成化学发展趋势

随着人类进入 21 世纪,人类社会面临环境污染和能源枯竭。有机合成也面临环境污染问题,如何最大限度地利用原料分子中的每一个原子,将原料转化为目标产物,成为人们关注的重点。因此,绿色化学、环境友好化学、洁净生成技术、替代能源成为有机合成的追求。微波、新型催化剂、酶催化剂、有机电化学等新合成技术日益受到重视。合成在生命、材料科学中具有特定功能的分子和分子聚集体,成为有机合成的研究重点和发展方向。有机合成的发展趋势可以概括为两点:①合成什么,包括合成在生命、材料学科中具有特定功能的分子和分子聚集体;②如何合成,包括高选择性合成、绿色合成、高效快速合成等。

这是合成化学家主要关注的问题。一般认为有机合成化学的发展大体上可以分为两个方面:①发展新的基元反应和方法;②发展新的合成策略,合成路线,以便创造新的有机分子或者是实现或改进有各种意义的已知或未知有机化合物的合成。

就发展新的合成策略和合成路线而言,在 21 世纪有机合成主要要求新的合成策略和路线具备以下特点:

①条件温和、合成更易控制。当今的有机合成模拟生命体系酶催化反应条件下的反应。这类高效定向的反应正是合成化学家追求的一种理想境界。

②高合成效率、环境友好及原子经济性。在当今社会,人类追求经济和社会的可持续发展,合成效率的高低直接影响着资源耗费,合成过程是否环境友好,合成反应是否具有原子经济性预示着对环境破坏的程度大小。

③定向合成和高选择性。定向合成具有特定结构和功能的有机分子是目前最重要的课题之一。

④高的反应活性和收率。反应活性和收率是衡量合成效率的一个重要方面。

⑤新的理论发现。任何新化合物的出现,都会导致新理论的突破。

在发展新的基元反应和方法方面,Seabach D 认为从大的反应类型上讲,合成反应已很少再有新的发现,当然新的改进和提高还在延续。而过渡金属参与的反应,对映和非对映的选择性反应以及在位的多步连续反应则可望成为以后发现新反应的领域。这以后十几年的发展大致印证了这些预计。

有机合成近年来的发展趋势主要有以下几点。

(1)多步合成

发现和发展新的多步合成反应,或者称在位的多步连接反应是近年来有机合成方法学另一个主要发展方面。"一个反应瓶"内的多步反应可以从相对简单易得的原料出发,不经中间体的分离,直接获得结构复杂的分子,这显然是更经济、更为环境友好的反应。"一个反应瓶"内的多步反应大致分为两种:a.串联反应或者叫多米诺反应;b.多组分反应。实际上 1917 年 Robison 的颠茄酮的合成就是一个早年的"一个反应瓶"的多步反应:

Noyoli 的前列腺素的合成是一个典型的串联反应,自此串联反应才成为一个流行的合成反应名称。

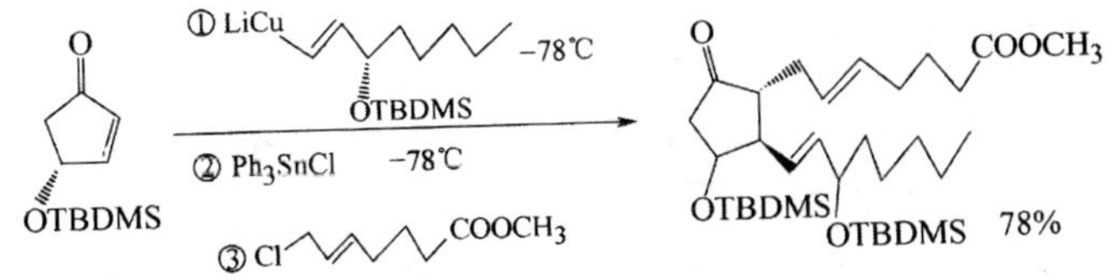

（2）过渡金属参与的有机合成反应

近年来，过渡金属尤其是钯参与的合成反应占新发展的有机合成反应的绝大部分，例如，烯烃的复分解反应，已经成为形成碳-碳双键的一个非常有效的方法，包括以下三个类型。

①开环聚合反应。

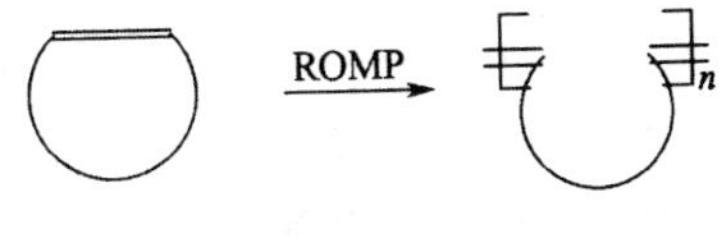

②关环复分解反应。

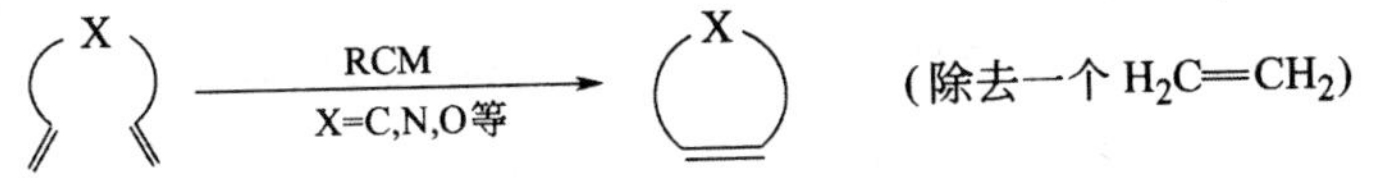

③交叉复分解反应。

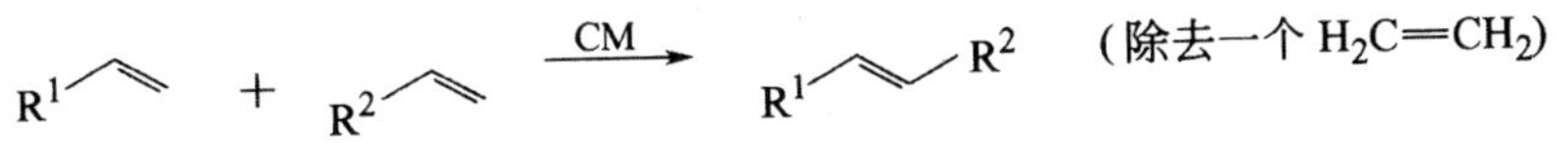

催化剂主要是钼卡宾化合物。

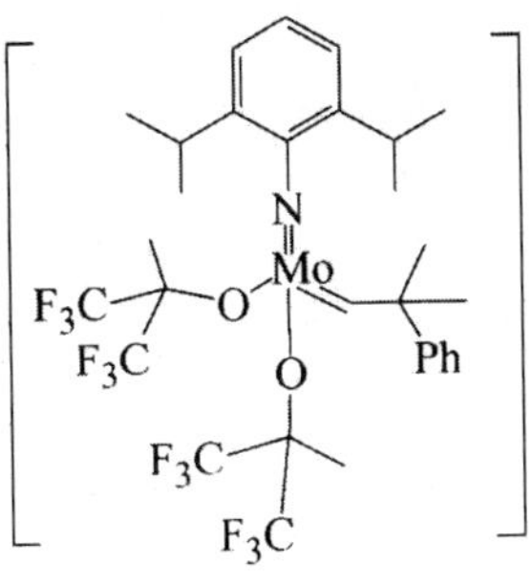

1993 年，Schrock 等又一次合成了光学纯烯烃复分解催化剂，由此也拉开了不对称催化烯烃复分解反应的帷幕。

在现代化学合成中，催化烯烃复分解反应已经成为常用的化学转化之一，通过这种重要的反应，可以方便、有效、快捷地合成一系列小环、中环、大环碳环或杂环分子。

（3）天然产物新合成路线

天然产物中一些古老的分子用简捷高效的新的合成路线合成成为近年来一种新的趋势，例如，奎宁是一种治疗疟疾的经典药物，2001 年，Stork 报道了奎宁的立体控制全合成。这一合成是经典之作，合成过程中没有使用任何新奇的反应，但却极其简捷、有效。2004 年又有人用不同的方法对奎宁合成进行了报道。

尽管以上这几个方面不能完全展示有机合成在最近几十年的巨大进步和成果，但由此也可以看出有机合成方法学上的突飞猛进和发展趋势。

1.1.3 有机合成化学的作用

有机合成化学的作用可以总结为：理论研究和生产实践两个方面。

在理论研究方面，人们很早便利用有机合成来进行理论研究。Korner 曾用衍生物制备法来确定各种取代苯的异构体。Perkin 进行的碳环合成为 Baeyer 的张力理论提供了依据。Willstater 合成环辛四烯对环丁二烯稳定性的研究为芳香性理论提供了有力证据。

在生产实践方面，以有机合成化学为基础建立的有机化工经过长期的发展形成了两大分支：①以石油、天然气和煤等为原料合成一些较简单的化合物，如三烯（乙烯、丙烯、丁二烯）、一炔（乙炔）、甲醇、乙醇、丙醇、丁醇、丙酮、乙酸和苯酚等的基本有机化工，特点是生产规模大、产品结构相对稳定、技术比较成熟、产品附加值相对较小。②利用上述基本有机原料及无机产品生产结构比较复杂，具有各种特定用途的有机或高分子化学品的精细化学工业，特点是产品品种多、产量较小、专用性强、技术比较复杂多变、更新换代快、产品附加值较高，涉及医药、染料、涂料、农用化学品、表面活性剂、纺织、印染、造纸业用添加剂、塑料、橡胶助剂、石油助剂等许多领域。具体到某个领域乃至某种产品，人们不断提出新的要求，促使产品不断更新换代。例如，20 世纪 50 年代后，随着石油化工的发展出现了合成纤维，其染色与天然纤维有很大的差别，因而对染料提出了新的要求。经过合成化学家的努力，开发了分散染料、阳离子染料和活性染料等新型染料。

随着现代科技的发展，涂料原有的装饰与保护功能已不能满足高新技术的要求。一些新型涂料，如用于电子元件的高绝缘性涂料、导电涂料、太阳能吸收涂料、防雷达涂料、防辐射涂料及耐高温涂料等便应运而生了。再如，合成农药的使用会产生环境污染，长期使用使害虫产生抗药性，于是化学家们研究开发了新的高效、低毒和低残留的有机杀虫剂，如拟除虫菊酯、昆虫激素（不育剂、性引诱剂等）等第三代农药。

此外，有机合成化学在一些相关学科及高科技领域中的应用也越来越广泛。例如，功能高分子化学涉及的特殊单体的合成；配位化学中特殊配体如各种大环、多环化合物的合成；一些典型生物化学过程的人工模拟；各种功能材料如功能膜、含能材料、智能材料、光学有机材料、导电材料和有机磁性材料等都与有机合成有着非常密切的关系。

1.2 有机化学合成的定义与分类

1.2.1 有机化学合成的定义

有机合成是指从简单化合物出发，运用有机化学的理论或反应来合成新的有机化合物的过程。有机合成是以有机反应为工具，通过合理设计的合成路线，把结构较复杂的分子变成结构较简单的所需化合物分子的过程。

早期的有机合成主要是在实验室内仿造与验证自然界中已存在的化学物质。而现在人们已可以依据结构与性质的关系规律，合成自然界中并不存在的新物质，以适应国计民生的需要。今后的发展趋势是设计合成预期有优异性能的或具有重大意义的化合物。

有机合成是一个极富有创造性的领域。它不仅可以合成天然化合物，可以确切地确定天然产物的结构,也可以合成自然界不存在但预期会有特殊性能的新化合物。事实上,有机合成就是用基本且易得的原料与试剂,加上人类的智慧与技术来创造更复杂、更奇特的化合物。

人们在了解自然、认识自然的过程中,阐明了很多天然产物的化学结构。有机合成化学家则在实验室内用人工的办法来复制、合成这种自然界的产物并用以证明它的结构,这种证明往往是最直接、最严格的。合成化学家的目的不仅于此,还可以根据人们的需要来改造这种结构或是创造出全新的结构。这样,经过世代合成工作者的努力,成百万的新化合物在实验室里逐一出现。未来有机合成的发展趋势是设计和合成预期性能优良的有机化合物。目前,有机合成已成为当代有机化学的主要研究方向之一。

现在化合物已超过了 2200 多万个,其中绝大部分是有机化合物。这样众多化合物的出现,带来了很多生物、物理和化学特性的信息,为大千世界增添了更多的色彩和内容。

1.2.2　有机化学合成的分类

根据不同的分类标准,有机反应可以有不同的类型。可以按产物的结构分,也可以按有机化合物的转化状况分。其中最常见的是按反应的类型分。

1. 氧化-还原

当电子从一个化合物中被全部或部分取走时,我们就可以认为该化合物发生了氧化反应。由于某些有机化合物在反应前后的电子得失关系不如无机化合物明显,因此对有机反应来说,从有机化合物分子中完全夺取一个或几个电子,使有机化合物分子中的氧原子增多或氢原子减少的反应,都称为氧化反应。例如

夺取电子 $\qquad$ $PhO^- \xrightarrow{Ce^{4+}} PhO\cdot$

得到氧 $\qquad$ $RCHO \xrightarrow{[O]} RCO_2H$

失去氢 $\qquad$ $RCH_2OH \xrightarrow{-[2H]} RCHO$

而还原反应则恰好是其逆定义。

一个反应体系中的氧化与还原总是相伴发生的,一种物质被氧化的同时另一种物质也必然被还原。通常所说氧化或还原都是针对重点讨论的有机化合物而言的。例如,醇与重铬酸盐的反应属于氧化反应。

2. 加成

加成反应包括亲核加成和亲电加成两种。

(1)亲核加成

醛和酮能与亲核试剂发生亲核加成反应,其中亲核试剂的加成是速率控制步骤。其反应通式为

$$R_2C{=}O + CN^- \xrightarrow{慢} \underset{\underset{CN}{|}}{R_2C}{-}O^- \xrightarrow[H_2O]{快} \underset{\underset{CN}{|}}{R_2C}{-}OH + OH^-$$

羰基邻位存在大的基团时,加成反应将受到阻碍。芳醛、芳酮的反应比脂肪族同系物要慢,这是由于在形成过渡态时,破坏了羰基的双键与芳环之间共轭的稳定性。芳环上带有吸电

子基团,可使加成反应容易发生,而带有供电子基团,则对反应起阻碍作用。

存在于酸、酰卤、酸酐、酯和酰胺分子中的羰基也可接受亲核试剂的攻击,得到的产物是脱去了电负性基团,而不是添加了质子,因此,这个反应也可看成是取代反应。例如,酰氯的水解反应就是通过脱去氯离子而得到羧酸的。

$$R-\overset{\displaystyle O}{\underset{\displaystyle Cl}{C}}=O + OH^- \longrightarrow R-\overset{\displaystyle OH}{\underset{\displaystyle Cl}{C}}-O^- \xrightarrow{-Cl^-} R-CO_2H \xrightarrow{OH^-} R-CO_2^-$$

（2）亲电加成

亲电加成的典型例子是烯烃的加成。该反应分为两个阶段,首先是生成碳正离子中间产物,它是速率控制步骤。

$$RCH=CH_2 + HCl \xrightarrow{\text{慢}} \overset{+}{R}CH-CH_3 + Cl^-$$

然后是

$$R\overset{+}{C}H-CH_3 + Cl^- \xrightarrow{\text{快}} R-\overset{\displaystyle}{\underset{\displaystyle Cl}{C}}H-CH_3$$

如果烯烃双键的碳原子上含有烷基,在受到亲电试剂攻击时,会有更多烷基取代基的位置优先生成碳正离子。这是由于供电子的烷基可使碳正离子稳定化。

$$(CH_3)_2C=CHCH_3 + HCl \longrightarrow (CH_3)_2\overset{+}{C}-CH_2CH_3 + Cl^- \longrightarrow (CH_3)_2\overset{\displaystyle}{\underset{\displaystyle Cl}{C}}-CH_2CH_3$$

反之,吸电子基团能降低直接与之相连的碳正离子的稳定性。例如:

$$O_2N-CH=CH_2 + HCl \rightarrow O_2N-CH_2-\overset{+}{C}H_2 + Cl^- \rightarrow O_2N-CH_2CH_2Cl$$

当烯烃受到亲电试剂攻击生成中间产物碳正离子后,存在着质子消除和亲核试剂加成两个竞争反应。在加成反应受到空间位阻时,将有利于发生质子消除反应。例如:

$$(C_6H_5)_3C-\overset{\displaystyle}{\underset{\displaystyle CH_3}{C}}=CH_2 \xrightarrow{Br_2} (C_6H_5)_3C-\overset{\displaystyle}{\underset{\displaystyle CH_3}{\overset{+}{C}}}-CH_2Br \xrightarrow{-H^+}$$

$$(C_6H_5)_3C-\overset{\displaystyle}{\underset{\displaystyle CH_2}{C}}-CH_2Br + (C_6H_5)_3C-\overset{\displaystyle}{\underset{\displaystyle CH_3}{C}}=CHBr$$

含有两个或更多共轭双键的化合物在进行加成反应时,由于中间产物碳正离子的电荷可离域到两个或更多个碳原子上,得到的产物可能会是混合物。例如:

$$CH_2=CH-CH=CH_2 \xrightarrow{Br_2} \left[CH_2=CH-\overset{\displaystyle}{\underset{\displaystyle Br}{\overset{+}{C}}}H-CH_2 \leftrightarrow \overset{+}{C}H_2-CH=CH-\overset{\displaystyle}{\underset{\displaystyle Br}{C}}H_2 \right]$$

$$\xrightarrow{Br^-} CH_2=CH-\overset{\displaystyle}{\underset{\displaystyle Br}{C}}H-\overset{\displaystyle}{\underset{\displaystyle Br}{C}}H_2 + CH_2-CH=CH-\overset{\displaystyle}{\underset{\displaystyle Br}{C}}H_2$$

3. 取代

连接在碳上的一个基团被另一个基团取代的反应有同步取代、先加成再消除和先消除再加成三种不同的途径。

(1)同步取代

参加同步取代反应的试剂可以是亲核的或亲电的。S_N2 反应的通式是

$$\text{Nu:} \quad \overset{|}{\underset{|}{C}}\!\!-\!\!\text{Le} \longrightarrow \text{Nu}\!-\!\overset{|}{\underset{|}{C}}\!\!- \ + \ \text{Le}$$

式中，Nu 为亲核试剂；Le 为离去基团。

表 1-1 给出了不同亲核试剂与卤烷反应得到的产物。

表 1-1　不同亲核试剂与卤代烷反应得到的产物

亲核试剂	产物
OH^-	醇　　R—OH
$R'O^-$	醚　　R—OR′
$R'S^-$	硫　　R—SR′
$R'CO_2^-$	酯　　R—OCOR′
$R'\text{-}G\equiv C$	炔烃　R—C≡C—R′
CN^-	腈　　R—C≡N
NH_3	胺　　R—NH_2
R'_3N	季铵盐 $R'_3RN^+Z^-$

亲核试剂的进攻是沿着离去基团的相反方向靠近，这样在发生取代的碳原子上就将会发生构型转化。

S_N2 取代反应与 E2 消除反应相互竞争，其中受各种因素的影响，优势也有所不同。例如，在进行 S_N2 反应时，受空间位阻的影响，烷基活泼性的顺序是伯＞仲＞叔。当下列化合物与 $C_2H_5O^-$ 在 55℃、乙醇中进行反应时，表现出不同的 $S_N2/E2$ 比。

$$\text{CH}_3\text{CH}_2\text{Br} \longrightarrow \text{CH}_3\text{CH}_2\!-\!\text{OC}_2\text{H}_5 \ + \ \text{CH}_2\!\!=\!\!\text{CH}_2$$

　　　　　　　　　　　　　90%　　　　　　　10%

$$\underset{\underset{\text{CH}_3}{|}}{\text{CH}_3\!-\!\text{CHBr}} \longrightarrow (\text{CH}_3)_2\text{CH}\!-\!\text{OC}_2\text{H}_5 \ + \ \text{CH}_3\text{CH}\!\!=\!\!\text{CH}_2$$

　　　　　　　　　　　　21%　　　　　　　79%

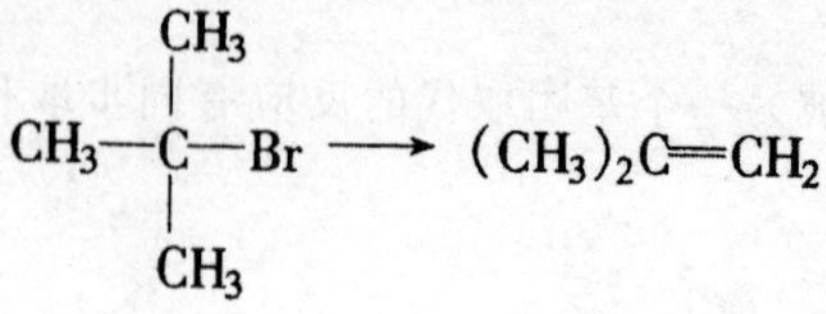

$$\underset{\underset{CH_3}{|}}{\overset{\overset{CH_3}{|}}{CH_3-C-Br}} \longrightarrow (CH_3)_2C{=}CH_2$$

100%

（2）先加成再消除

不饱和化合物的取代反应，一般要经过先加成再消除两个阶段，比较重要的反应有以下几种。

①芳香碳原子上的亲电取代。芳环与亲电试剂的反应按加成-消除历程进行。多数情况下第一步是速率控制步骤，如苯的硝化反应；也有一些反应第二步脱质子是速率控制步骤，如苯的磺化反应。

不同于烯烃的亲电加成反应，由烯烃与亲电试剂作用所生成的碳正离子，在正常情况下将继续与亲核试剂进行加成，而由芳香化合物得到的芳基正离子，则接下来是发生消除反应。此外，亲电试剂与芳烃的反应比烯烃要慢，如苯与溴不容易反应，而烯烃与溴立即反应，这是因为向苯环上加成，要伴随着失去芳香稳定化能，尽管在某种程度上可通过正离子的离域而得到部分稳定化能的补偿。

②芳香碳原子上的亲核取代。卤苯本身发生亲核取代要求十分激烈的条件，在其邻、对位带有吸电子取代基时，反应容易得多。

③芳香碳原子上的游离基取代。游离基或原子与芳香化合物之间的反应是通过加成-消除历程进行的。例如

$$PhCOO-OOCPh \rightarrow 2PhCO_2 \cdot$$
$$PhCO_2 \cdot \rightarrow Ph \cdot + CO_2$$

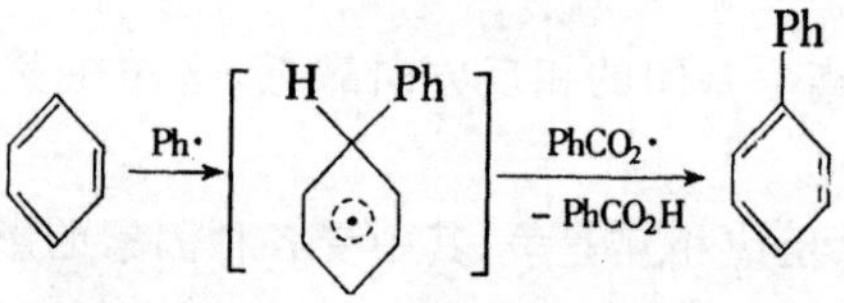

在取代基的邻、对位发生取代时，有利于中间游离基产物的离域，这就使得取代反应优先发生在邻位和对位。

④羰基上的亲核取代。羧酸衍生物中的羰基与吸电子基团相连接时，容易按加成-消除历程进行取代反应。例如：

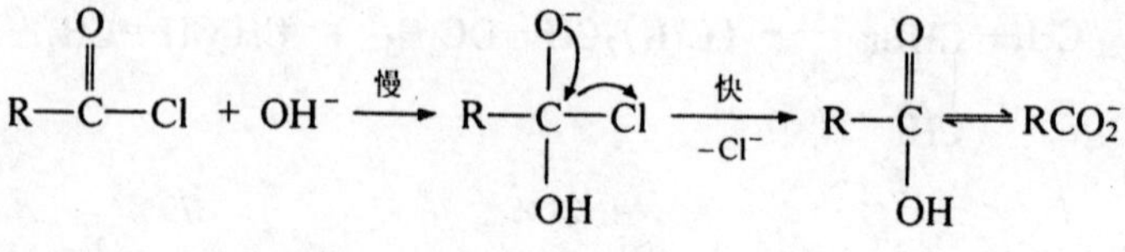

酰基衍生物的活泼顺序是酰氯＞酸酐＞酯＞酰胺。

强酸对羧酸的酯化具有催化作用，其主要原因在于可增加羰基碳原子的正电性。

亲电试剂和亲核作用物，或亲核试剂和亲电作用物，常常是一种反应的两种表示方法。

$$R\overset{\overset{\displaystyle O}{\|}}{C}-OH \underset{}{\overset{H^+}{\rightleftharpoons}} R\overset{\overset{\displaystyle O}{\|}}{C}-\overset{+}{O}H_2 \underset{}{\overset{R'OH}{\rightleftharpoons}} R\overset{\overset{\displaystyle O^-}{|}}{\underset{\overset{\displaystyle \overset{+}{O}}{R'\,\diagup\,\diagdown H}}{C}}-\overset{+}{O}H_2 \underset{}{\overset{-H_2O,\,-H^+}{\rightleftharpoons}} R\overset{\overset{\displaystyle O}{\|}}{C}-OR'$$

（3）先消除再加成

当碳原子与一个容易带着一对键合电子脱落的基团相连接时,可发生单分子溶剂分解反应(S_N1)。例如

$$(CH_3)_3C-Cl \rightarrow (CH_3)_3C^+ + Cl^-$$

$$(CH_3)_3C^+ + H_2O \rightarrow (CH_3)_3C-\overset{+}{O}H_2 \xrightarrow{-H^+} (CH_3)_3C-OH$$

分子上若带有能够使碳正离子稳定化的取代基,则反应进行相对容易。对于卤烷而言,其活泼性顺序是叔＞仲＞伯。

S_N1溶剂分解反应与E1消除反应也是相互竞争的,由于二者之间的竞争发生在形成碳正离子以后,因此E1/S_N1之比与离去基团的性质无关。例如

$$(CH_3)_3C-Cl \xrightarrow{H_2O/C_2H_5OH} (CH_3)_3C-OH + (CH_3)_2C=CH_2$$

4. 消除

消除反应包括α-消除和β-消除两种。

（1）α-消除

α-消除反应过程为:

$$\overset{\displaystyle |}{\underset{\displaystyle B}{-C}}-A \xrightarrow{-A,\,-B} -C:$$

相较于β-消除反应α-消除反应要少得多。氯仿在碱催化下可发生α-消除反应,反应分成两步,其中第二步是速率控制步骤。

$$CHCl_3 + OH^- \rightleftharpoons CCl_3^- + H_2O$$

$$CCl_3^- \xrightarrow{慢} :CCl_2$$

二氯碳烯

二氯碳烯是活泼质点,不能通过分离得到,但在碱性介质中它将水解成酸。

$$HO^- + :CCl_2 \rightarrow HO-\overset{..}{C}Cl \xrightarrow{水解} HCO_2H \xrightarrow{OH^-} HCO_2^-$$

亚甲基比二氯碳烯的稳定差,要得到也是极其困难的。

（2）β-消除

β-消除反应过程为:

$$-\overset{|}{\underset{A}{C}}-\overset{|}{\underset{B}{C}}- \xrightarrow{-A, -B} -\overset{|}{C}=\overset{|}{C}-$$

β-消除反应历程可分为两种:双分子历程(E2)和单分子历程(E1)。

①双分子 β-消除反应:

$$C_2H_5O^- \quad H-\overset{H}{\underset{H}{\overset{|}{C}}}-\overset{|}{\underset{Br}{\overset{|}{C}}}- \longrightarrow \overset{}{C}=\overset{}{C} + C_2H_5OH + Br^-$$

受催化剂碱性逐渐增强的影响,反应速度加快;带着一对电子离开的第二个消除基团的能力增大,反应速度加快。已知键的强度顺序是

$$C-I < C-Br < C-Cl < C-F$$

则参加 E2 反应的卤烷,其反应由易到难的顺序是

$$-I > -Br > -Cl > -F$$

已知烷基当中活性的顺序是叔>仲>伯,例如:

$$(CH_3)_3C-Br \xrightarrow{碱催化} (CH_3)_2C=CH_2 \quad (Ⅰ)$$

$$(CH_3)_2CHBr \xrightarrow{碱催化} CH_3CH=CH_2 \quad (Ⅱ)$$

$$CH_3CH_2Br \xrightarrow{碱催化} CH_2=CH_2 \quad (Ⅲ)$$

反应速度的顺序是(Ⅰ)>(Ⅱ)>(Ⅲ)。

在新生成的双键与已存在的不饱和键处于共轭体系的情况下,消除反应的发生更容易。例如:

$$CH_2-\overset{H}{\underset{Br}{\overset{|}{C}H}}-CH=O \xrightarrow{碱催化} CH_2=CH-CH=O$$

需要注意的是,S_N2 反应常常与 E2 反应相竞争,消除反应所占的比例取决于碱的性质和烷基的性质。

②单分子 β-消除反应。没有碱参加的消除反应属于单分子反应(E1),反应分为两步,其中第一步单分子异裂是速率控制步骤。其通式为

$$-\overset{H}{\underset{}{\overset{|}{C}}}-\overset{|}{\underset{}{C}}-X \xrightarrow{慢} -\overset{H}{\underset{}{\overset{|}{C}}}-\overset{+}{\underset{}{C}}- + X^-$$

$$-\overset{H}{\underset{}{\overset{|}{C}}}-\overset{+}{\underset{}{C}}- \xrightarrow{快} -\overset{}{C}=\overset{}{C}- + H^+$$

在单分子消除反应中,由于形成碳正离子是控制步骤,而在烷基当中叔碳正离子的稳定性较高,因此不同烷基的活泼性顺序是叔＞仲＞伯,离去基团的性质对反应速度的影响与 E2 相同。

在同一个化合物存在两种消除途径时,其中共轭性较强的烯烃将是主要产物。例如

$$CH_3-\overset{\overset{\displaystyle CH_3}{|}}{\underset{\underset{\displaystyle CH_2CH_3}{|}}{C}}-Cl \longrightarrow CH_3-\overset{+}{\underset{\underset{\displaystyle CH_2CH_3}{|}}{C}}-CH_3 + Cl^- \longrightarrow$$

$$(CH_3)_2C=CH-CH_3 \quad + \quad CH_2=\underset{\underset{\displaystyle CH_2CH_3}{|}}{C}-CH_3$$

$$\qquad\qquad 4 \qquad\qquad\qquad : \qquad\qquad 1$$

E1 与 S_N1 反应之间也存在着相互竞争。此外,还也有可能发生碳正离子的分子内重排。

5. 重排

重排反应包括分子内重排与分子间重排两类。

(1)分子内重排

下面是一个分子内重排反应:

$$CH_3-\overset{\overset{\displaystyle CH_3}{|}}{\underset{\underset{\displaystyle CH_3}{|}}{C}}-CH_2-Br \longrightarrow CH_3-\overset{\overset{\displaystyle CH_3}{|}}{\underset{\underset{\displaystyle CH_3}{|}}{C}}-\overset{+}{C}H_2 \longrightarrow CH_3-\overset{+}{\underset{\underset{\displaystyle CH_3}{|}}{C}}-\overset{\overset{\displaystyle CH_3}{|}}{C}H_2 \overset{EtOH}{\longrightarrow}$$

$$(CH_3)_2C=CHCH_3 \quad + \quad (CH_3)_2\underset{\underset{\displaystyle OEt}{|}}{C}-CH_2CH_3$$

分子内重排反应的主要特征在于:

①发生迁移的推动力在于叔碳正离子的稳定性大于伯碳正离子。

②能够产生碳正离子的反应,当通过重排可得到更稳定的离子时,也将发生重排反应。

$$CH_3-\overset{\overset{\displaystyle CH_3}{|}}{\underset{\underset{\displaystyle CH_3}{|}}{C}}-CH=CH_2 \overset{HI}{\underset{-I^-}{\longrightarrow}} CH_3-\overset{\overset{\displaystyle CH_3}{|}}{\underset{\underset{\displaystyle CH_3}{|}}{C}}-\overset{+}{C}H-CH_3 \longrightarrow$$

$$CH_3-\overset{+}{\underset{\underset{\displaystyle CH_3}{|}}{C}}-\overset{\overset{\displaystyle CH_3}{|}}{C}H-CH_3 \overset{+I^-}{\longrightarrow} (CH_3)_2\underset{\underset{\displaystyle I}{|}}{C}-CH(CH_3)_2$$

③位于 β 碳原子上的不同基团发生迁移时,最能提供电子的基团将优先迁移到碳正离子上。如苯基较甲基容易迁移。

④基于迁移是速率控制步骤的缘故,位于 β 位上的芳基不仅比烷基容易迁移,而且能使反应加速。如 $C_6H_5C(CH_3)_2CH_2Cl$ 的溶剂分解反应要比新戊基氯快数千倍。原因是生成的中间产物不是高能量的伯碳正离子,而是离域的跨接苯基正离子。正电荷离域在整个苯环上,使能量显著下降。

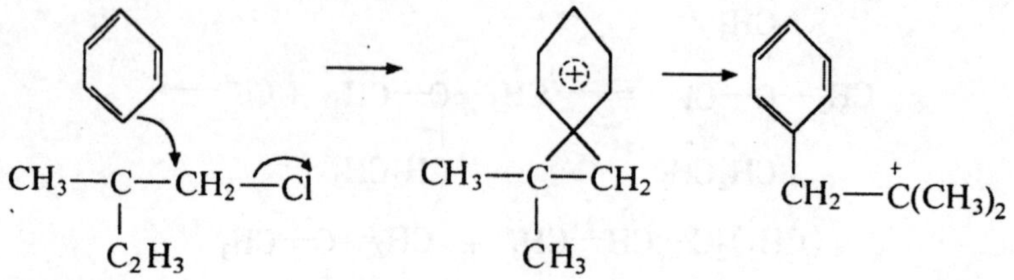

（2）分子间重排

分子间重排可以看作是上述过程的组合。例如,在盐酸催化下 N-氯乙酰苯胺的重排反应,首先是通过置换生成氯,而后氯与乙酰苯胺发生亲电取代。

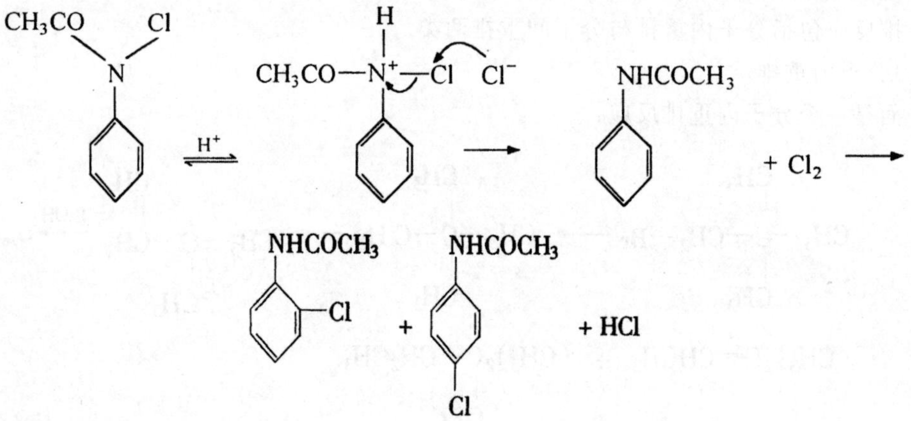

6. 缩合

缩合反应是指两个或多个有机分子相互作用后以共价键结合成一个较大分子,同时失去其他比较简单的无机或有机小分子的反应。缩合反应的涉及面很广,几乎包括了前面已提到的各种反应类型。例如,在克莱森缩合中关键的一步是碳负离子在酯的羰基上发生亲核取代。

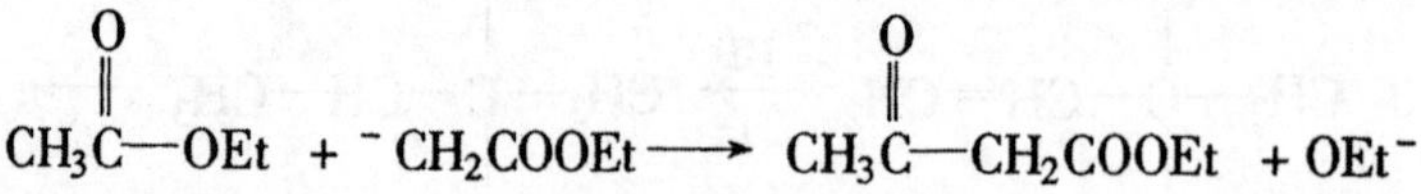

在醇醛缩合中,在醛或酮的羰基上发生的则是亲核加成。

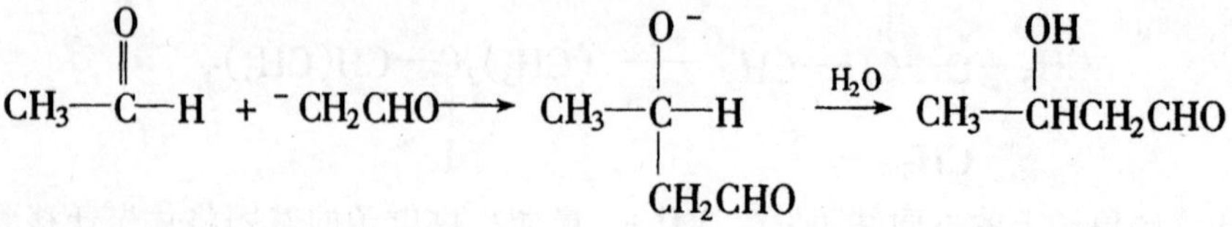

7. 周环反应

周环反应是在有机反应中除离子反应和游离基反应外的一类反应,此反应有以下特征:

①既不需要亲电试剂，也不需要亲核试剂，只需要热或光作动力。

②大多数反应不受溶剂或催化剂的影响。

③反应中键的断裂和生成，经过多中心环状过渡态协同进行。

周环反应可分成五种典型的类型：环化加成、电环化反应、螯键反应、σ 移位重排、烯与烯的反应。

（1）环化加成

由两个共轭体系合起来形成一个环的反应就是环化加成反应。环化加成反应中包括著名的 Diels-Alder 反应。例如：

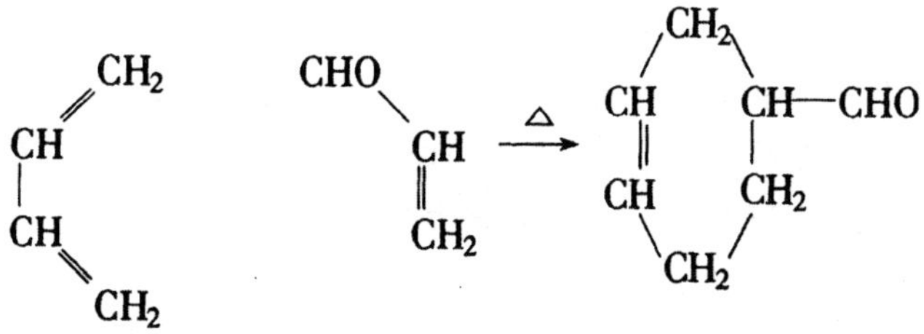

（2）烯与烯的反应

烯丙基化合物与烯烃之间的反应就是烯与烯的反应。例如：

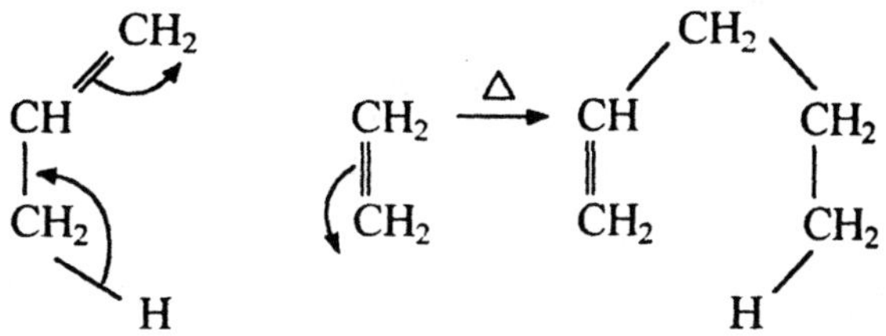

（3）电环化反应

电环化反应属于分子内周环反应，在形成环结构时将生成一个新的 σ 键，消耗一个 π 键，或是颠倒过来。例如：

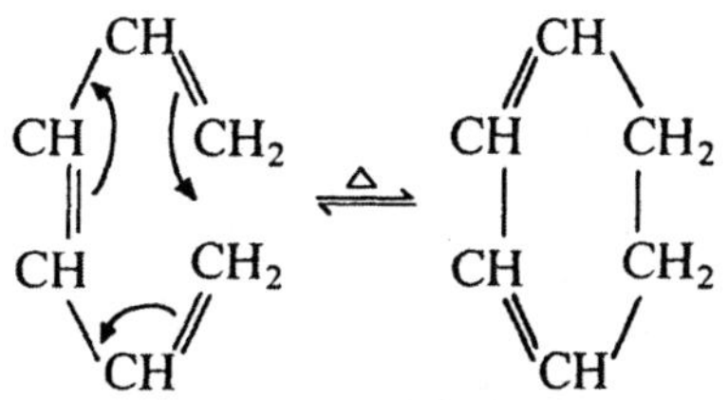

（4）σ 移位重排

在 σ 移位重排反应中，同一个 π 电子体系内一个原子或基团发生迁移，而并不改变 σ 键或 π 键的数目。例如：

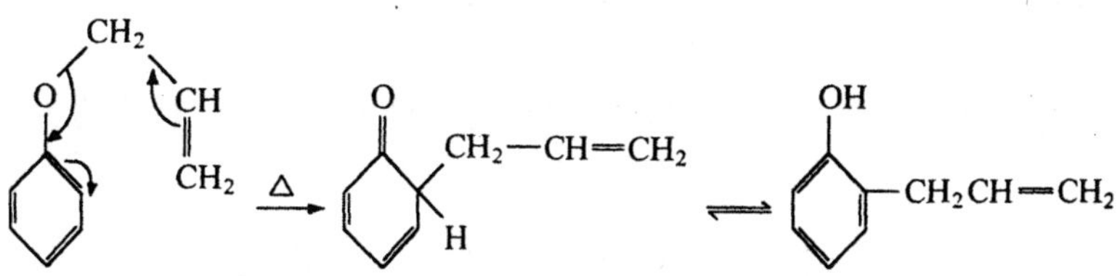

（5）螯键反应

在一个原子的两端有两个 σ 键协同生成或断裂的反应就是螯键反应。例如：

$$\begin{array}{c} CH_2 \\ \parallel \\ CH \\ | \\ CH \\ \parallel \\ CH_2 \end{array} + SO_2 \xrightarrow{\triangle} \begin{array}{c} CH_2 \\ | \\ CH \\ | \\ CH \\ | \\ CH_2 \end{array} SO_2$$

1.3　有机合成的基本过程

有机合成是采用化学方法合成各种化学品，这个过程中可能涉及许多不同的反应，其反应历程和合成条件更是多种多样，尚难以提出某一理论来指导所有这些合成，但在完成这些不同类型的反应时，往往离不开键的断裂、键的形成、键的断裂与形成同步发生、分子内重排和电子传递五个基本过程。

1.3.1　键的断裂

键的断裂可以分为均裂与异裂两种情况：

$$A \overset{\cdot\cdot}{:} B \qquad A \overset{|}{:} B$$
（a）均裂　　（b）异裂

1. 均裂

均裂一般发生在分子本身的键能较小（如 $O-O$，$Cl-Cl$），或是在裂解时能同时释放出一个键合很牢的分子（如 N_2、CO_2）的情况下。但是不论是哪一种情况，发生键的均裂都必须从外界接受一定的能量才能完成。最常见的方法是通过加热或光照提供能量。

例如：

$$Cl_2 \xrightarrow{\text{加热或光照}} 2Cl\cdot$$

$$(CH_3)_2C-N=N-C(CH_3)_2 \xrightarrow{60℃\sim70℃} 2(CH_3)_2C\cdot + N_2$$
$$\quad\ \ | \qquad\qquad\qquad | \qquad\qquad\qquad\qquad\ \ |$$
$$\quad\ \ CN \qquad\qquad\quad CN \qquad\qquad\qquad\qquad CN$$

$$C_6H_5CO-O-O-COC_6H_5 \xrightarrow{60℃\sim90℃} 2C_6H_5COO\cdot \longrightarrow 2C_6H_5\cdot + 2CO_2$$

偶氮二异丁腈和过氧化二苯甲酰都是常用的引发剂。一旦通过引发剂或外加能量产生某种游离基后，这些游离基将与没有解离的分子发生反应，生成新的游离基，从而完成各种化学反应。如卤素与烯烃的游离基加成、烃类的氧化等就属于这种类型的反应。

2. 异裂

断键后形成的带电荷质点相对稳定时，键容易发生异裂。大多数反应均为异裂反应。

例如：

$$(CH_3)_3C-Cl \underset{}{\overset{\text{慢}}{\rightleftharpoons}} (CH_3)_3C^+ + Cl^-$$

$$(CH_3)_3C^+ + H_2O \xrightarrow{\text{快}} (CH_3)_3C \overset{+}{—} OH_2 \xrightarrow{-H^+} (CH_3)_3C—OH$$

已知烷基正离子稳定性的顺序是

$$\text{叔—}C^+ > \text{仲—}C^+ > \text{伯—}C^+ > CH_3^+ \uparrow$$

则发生异裂由易到难的顺序是

$$\text{叔 }C—Cl > \text{仲 }C—Cl > \text{伯 }C—Cl > CH_3—Cl$$

由此可知,叔丁基氯的水解要比氯甲烷容易得多。

在正离子相同的情况下,阴离子离去基团稳定性的高低就是判断键的异裂难易的重要依据。例如,以下含叔丁基的化合物发生异裂的难易顺序是

$$(CH3)_3C—Cl > (CH3)_3C—Ac > (CH3)_3C—OH$$

这一顺序与酸的强弱顺序恰好一致。

1.3.2　键的形成

键的形成包括两个游离基结合成键、两个带相反电荷的质点结合成键、一个离子与一个中性分子成键三种情况。

1. 两个游离基结合成键

两个游离基结合成键可看做是均裂的逆反应,如两个氯原子可重新结合成氯分子的反应,尽管活化能很低,但通常都可以快速进行。

$$2Cl \cdot \xrightarrow{\text{加热或光照}} Cl_2$$

对于一个游离基反应来说,由于中性分子的浓度远远大于游离基,因而链的传递反应将优先于链的终止反应。当然,并非所有的游离基质点都非常活泼,也有一些游离基是比较稳定的。例如,由氯原子与氧分子所构成的质点便是不活泼的,这就要求在进行甲苯侧链氯化时不宜采用含氧氯气作氯化剂。

$$Cl \cdot + O_2 \longrightarrow \cdot ClO_2$$

2. 两个带相反电荷的质点结合成键

两个带相反电荷的质点结合成键可看做是异裂的逆反应。

例如:

$$(CH_3)_3C^+ + Cl^- \longrightarrow (CH_3)_3C—Cl$$

基于正负电荷相互吸引这一原理,成键反应是很容易进行的。然而对于价键已经饱和的正离子,如季铵离子$[(CH_3)_4N^+]$则不能再与负离子结合生成共价键。季铵离子在溶液中是稳定的离子,因为季氮原子不再具有能够接受两个电子的空轨道。

3. 一个离子与一个中性分子成键

当中性分子的某一原子上包含有一对未共用电子时,它能与正离子成键。

例如:

$$(CH_3)_3C^+ + H_2O \longrightarrow (CH_3)_3C \overset{+}{—} OH_2$$

当中性分子中具有可接受电子对的空轨道时,它能与负离子成键。

例如:

$$Cl^- + AlCl_3 \longrightarrow AlCl_4^-$$

在这一成键过程中涉及了亲电试剂和亲核试剂两种。亲电试剂是指能够从其他化合物中接受一对电子成键且带有正离子或缺少电子的分子。亲核试剂是指能够供给一对电子给其他化合物成键且带有负离子或未共用电子对的分子。醋酸根离子便是亲核试剂。

$$(CH_3)_3C^+ + Ac^- \longrightarrow (CH_3)_3C—Ac$$

1.3.3 断键与成键同步发生

在完成某一化学反应时,断键与成键同步发生的反应可以有以下两种情况。

(1)断裂一个单键,形成一个单键

例如:

$$CN^- + CH_3I \longrightarrow [CN \cdots CH_3 \cdots I] \longrightarrow CH_3CN + I^-$$
$$过渡态$$

当 CN^- 向 CH_3I 靠近时,C—I 键减弱,同时新的 C—C 键部分形成,即形成过渡态结构,经进一步作用后得到腈和碘离子。反应是通过 CN^- 向碳原子发生亲核攻击,在形成一个新键的同时,使另一个键发生异裂。

又如:

$$RO^- + CH_3—OSO_2OCH_3 \longrightarrow RO—CH_3 + CH_3OSO_2O^-$$

过渡态可表示为

$$RO^{\delta-}\cdots\overset{\displaystyle H}{\underset{\displaystyle H \quad H}{C}}\cdots^{\delta-}OSO_2OCH_3$$

则下面模式就可以来表示这一类反应的电子迁移过程

$$RO^- \quad CH_3—OSO_2OCH_3 \longrightarrow ROCH_3 + CH_3OSO_2O^-$$

(2)一个双键转化成单键(或三键转化成双键),同时形成一个单键

例如:

$$CH_2{=}CH_2 + HCl \rightarrow [\overset{\delta+}{CH_2}—CH_2\cdots H\cdots Cl^{\delta-}] \longrightarrow {}^+CH_2—CH_3 + Cl^- \longrightarrow C_2H_5Cl$$

1.3.4 分子内重排

分子内重排是指在分子内产生的基团重排,主要是通过基团的迁移,使得该分子从热力学不稳定状态转化为热力学稳定状态。分子内重排中的迁移有以下三种情况。

1. 基团带着一对电子迁移

例如:

$$CH_3—\overset{\displaystyle CH_3}{\underset{\displaystyle CH_3}{C}}—\overset{+}{C}H_2 \longrightarrow CH_3—\overset{+}{C}—\overset{\displaystyle CH_3}{\underset{}{CH_2}}$$

已知叔碳正离子比伯碳正离子稳定,由此可解释 3,3-二甲基-2-丁醇的脱水反应生成的主

产物是 2,3-二甲基-2-丁烯。

$$(CH_3)_3C-\underset{\underset{OH}{|}}{CH}-CH_3 \xrightarrow[-H_2O]{H^+ \text{催化}} (CH_3)_2\underset{\underset{CH_3}{|}}{C}-\overset{+}{C}H-CH_3 \longrightarrow$$

$$(CH_3)_2C=C(CH_3)_2 \quad + \quad CH_3-\overset{\overset{\displaystyle CH_2}{\|}}{C}-CH(CH_3)_2$$

（大量）　　　　　　　　　　（小量）

2. 基团带着原来键中的一个电子迁移

例如，下面右式中的游离基可以离域到两个相邻苯环，进而增加其稳定性。

$$C_6H_5-\underset{\underset{C_6H_5}{|}}{\overset{\overset{C_6H_5}{|}}{C}}-CH_2\cdot \longrightarrow C_6H_5-\underset{\underset{C_6H_5}{|}}{\overset{\overset{C_6H_5}{|}}{\dot{C}}}-CH_2$$

3. 基团迁移时不带原来的键合电子

例如，由于氧负离子要比碳负离子稳定，因而从热力学不稳定状态重排到热力学较稳定的状态。

$$C_6H_5-\overset{\overset{\displaystyle CH_3}{\frown}}{CH}-O \longrightarrow C_6H_5\underset{\underset{}{}}{\overset{\overset{CH_3}{|}}{CH}}-O^-$$

1.3.5　电子传递

一个有强烈趋势释放出一个电子的质点能够通过电子转移与一个具有强烈趋势接受电子的质点发生反应。

例如，式中的 RO—OH 是电子接受者，而二价铁离子则作为电子供给者，二者可进行氧化-还原反应

$$Fe^{2+} + RO-OH \longrightarrow Fe^{3+} + RO\cdot + OH^-$$

再如，三价铁离子遇苯酚反应

$$Fe^{3+} + PhO-H \longrightarrow Fe^{2+} + PhO\cdot + H^+$$

丙酮从镁原子接受一个电子，生成负离子游离基，通过二聚、酸化，即得到呐醇。

$$2(CH_3)_2CO \xrightarrow{Mg} 2(CH_3)_2\overset{\displaystyle\cdot}{C}-O^- \longrightarrow \underset{\underset{(CH_3)_2C-O^-}{|}}{(CH_3)_2C-O^-}\cdots Mg^{2+} \xrightarrow{H^+}$$

$$CH_3-\underset{\underset{OH}{|}}{\overset{\overset{CH_3}{|}}{C}}-\underset{\underset{OH}{|}}{\overset{\overset{CH_3}{|}}{C}}-CH_3$$

1.4 有机合成中的选择性问题

1.4.1 反应的选择性

反应的选择性(Selectivity)是指在一定条件下,同一底物分子的不同位置或方向上都可能发生反应并生成两种或两种以上种类的不同产物的倾向性。当其中某一种反应占主导且生成的产物为主产物时,这种反应的选择性就较高,如果两种反应趋势相当,这种反应的选择性就较差。有机合成选择性包括化学选择性(Chemoselectivity)、区域选择性(Regioselectivity)和立体选择性(Stereoselectivity)。所谓化学选择性就是指不使用保护或活化等策略,使分子中多个官能团之一发生某种所需反应的倾向,或一个官能团在同一反应体系中可能生成不同产物的控制情况,也就是指反应试剂对不同官能团或处于不同化学环境的相同官能团的选择性反应。区域选择性则是在一个化合物中具有两个反应的部位,试剂与之反应时具有的选择性。立体选择性包括对映选择(Enantioselectivity)和非对映选择(Diastereoelectivity)。

1.4.2 选择性的控制

(1)底物结构对反应选择性控制

在合成中,底物的结构对反应的选择性控制起着重要的作用。例如:

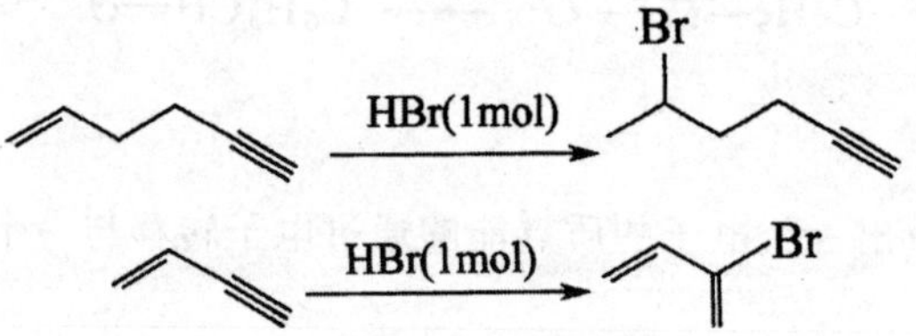

(2)反应条件的控制

在合成反应中选择合适的反应条件可实现反应的选择性,这也是目前有机合成研究的热点之一。例如:苯胺可以与醛反应形成亚胺,也可以与 4-氯嘧啶发生亲核取代。考虑到亚胺的形成在弱酸性水溶液中是一个可逆的过程,在该条件下,已成功实现了高选择性的亲核取代。

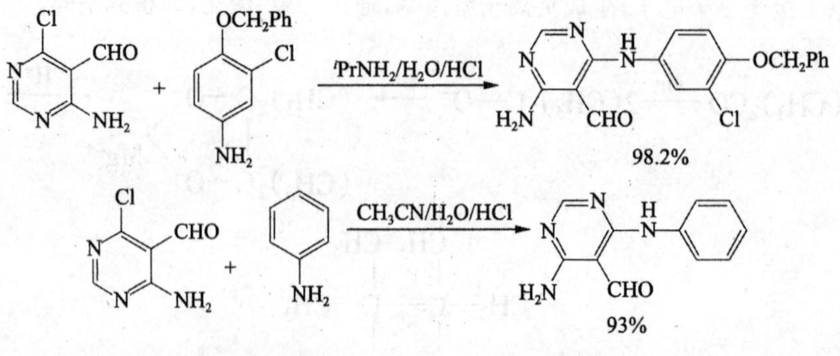

即使是两个完全相同的官能团,也可以使用适当的选择性试剂使其中之一发生反应,例

如,硫氢化钠(铵)、硫化物以及二氯化锡都是还原芳环上硝基的选择性还原剂,不仅有数目上的选择,还有芳环位置上的选择。

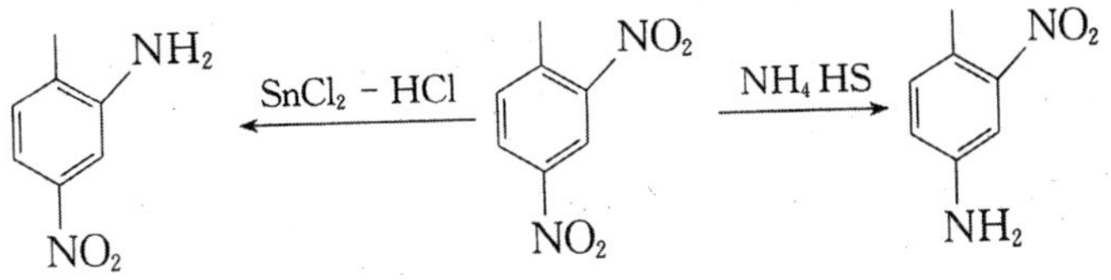

1.4.3　立体选择性控制

人们所用的有机医药、植物调节剂、香料等具有一定的生理活性,这是由它们的特定结构决定的,即立体结构的差异性。例如,作为铃兰香料的羟基醛的顺反异构体表现出不同的性质:顺式异构体无气味,而反式异构体则具有强烈的气味。

顺-4-(1-甲基-1-羟基乙基)环己甲醛　反-4-(1-甲基-1-羟基乙基)环己甲醛

在对映选择性反应中,合成具有光学活性有机物,不仅具有学术上的意义,也是实际应用中面临解决的问题。通过对映选择性得到光学纯的化合物的途径有:

①外消旋化合物的拆分。拆分是有机合成的一种重要分离技术。

②手性源途径。以手性源化合物为起始原料,如天然氨基酸、糖类等。

③生物酶催化的有机反应。酶催化的不对称合成能得到光学纯度比较高的化合物,但因各种条件的限制,应用范围还不是很广泛。

④不对称合成。不对称合成是现代有机合成中解决立体选择性问题的重要方法,已经形成了许多不对称合成的新方法,如 Sharpless 环氧化。

1.5　合成路线设计及评价标准

1.5.1　有机合成路线设计

对于基本和精细这两类有机合成工业,其首要的任务是合成路线的设计。著名有机合成化学家 Still 曾指出:一个复杂有机分子的有效合成路线的设计,是有机化学中最困难的问题之一。有机合成路线的设计是合成工作的第一步,也是非常重要的一步。路线的设计不同于数学运算,它没有固定的答案。任何一条合成路线只要能合成所需化合物,理论上都是合理的,但是合理的路线之间存在着差别。

21 世纪有机合成主要要求新的合成策略和路线具备以下特点:

①高合成效率、环境友好及原子经济性。在 21 世纪的当今,人类追求经济和社会的可持续发展,合成效率的高低直接影响着资源耗费;合成过程是否环境友好,合成反应是否具有原子经济性预示着对环境破坏的程度大小。

②条件温和、合成更易控制。当今的有机合成模拟生命体系酶催化反应条件下的反应,这类高效定向的反应正是合成化学家追求的一种理想境界,如合成各种人工酶。

③高的反应活性和收率。反应活性和收率是衡量合成效率的一个重要方面。

④定向合成和高选择性。定向合成具有特定结构和功能的有机分子是目前最重要的课题之一。

⑤新的理论发现任何新化合物的出现,都会导致新理论的突破。

要具有较高的路线设计能力,首先要对各类、各种有机反应十分熟悉,对同一目的,不同有机合成反应在实用上的比较与把握,以及各步骤操作条件的实际掌握,对产品的纯化和检测等能力,还需要有逻辑思维能力,对各步有机反应的选择和先后排列能达到应用自如的能力。下面以颠茄酮的合成为例来说明路线设计的重要性。颠茄酮的合成有两条不同的路线。

(1)Willstatter 合成路线

1986 年,Willstatter(1915 年诺贝尔化学奖获得者)设计了一条以环庚酮为原料经过卤化、氨解、甲基化、消除等二十多步反应的线路第一次合成颠茄酮。虽然路线中每步的收率都较高,但总收率仅为 0.75%。

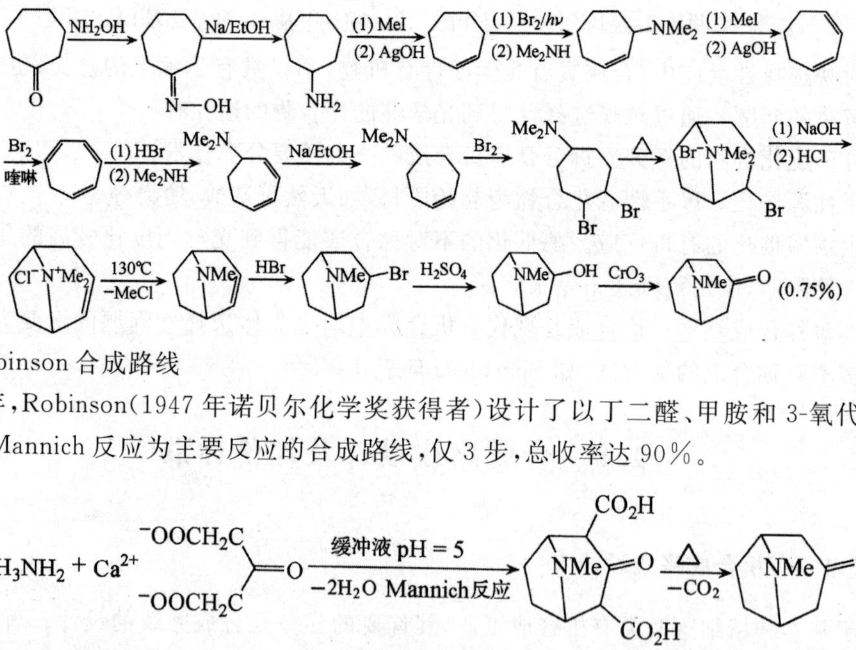

(2)Robinson 合成路线

1917 年,Robinson(1947 年诺贝尔化学奖获得者)设计了以丁二醛、甲胺和 3-氧代丙二酸钙为原料,Mannich 反应为主要反应的合成路线,仅 3 步,总收率达 90%。

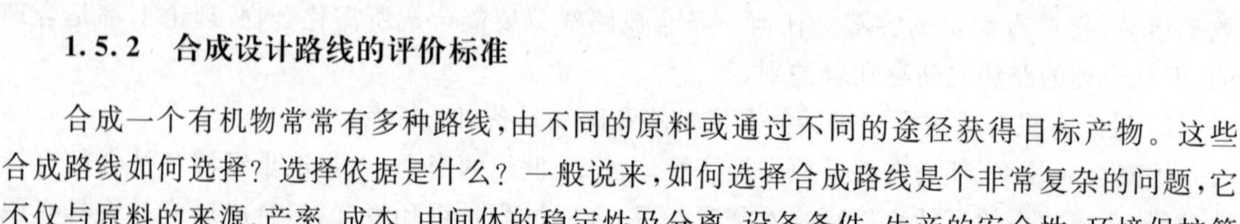

比较这两条合成路线可知:第二条比第一条要优越得多,既节约了很多设备和原料,又实现了较高的收率,这充分说明了有机合成路线设计的重要性。

1.5.2 合成设计路线的评价标准

合成一个有机物常常有多种路线,由不同的原料或通过不同的途径获得目标产物。这些合成路线如何选择?选择依据是什么?一般说来,如何选择合成路线是个非常复杂的问题,它不仅与原料的来源、产率、成本、中间体的稳定性及分离、设备条件、生产的安全性、环境保护等都有关系,而且还受生产条件、产品用途和纯度要求等制约,往往必须根据具体情况和条件等做出合理选择。通常有机合成路线设计所考虑的主要有以下几个方面。

1. 原料和试剂的选择

选择合成路线时,首先应考虑每一合成路线所用的原料和试剂的来源、价格及利用率。

原料的供应是随时间和地点的不同而变化的,在设计合成路线时必须具体了解。由于有机原料数量很大,较难掌握,因此,对在有机合成上怎样才算原料选择适当,通常可以简单地归纳为如下几条:

①一般小分子比大分子容易得到,直链分子比支链分子容易得到。脂肪族单官能团化合物,小于六个碳原子的通常是比较容易得到的,至于低级的烃类,如三烯一炔(乙烯、丙烯、丁烯和乙炔)则是基本化工原料,均可由生产部门得到供应。

②脂肪族多官能团的化合物容易得到,在有机合成中常用的有 $CH_2=CH-CH=CH_2$、

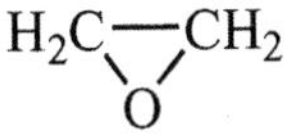

$H_2C\underset{O}{\overset{}{\triangle}}CH_2$、$X(CH_2)_nX$(X 为 Cl、Br,n=1~6)$CH_2(COOR)_2$、$HO-(CH_2)_n-OH$(n=2~4,6)$XCH_2COOR$、$ROOCCOOR'$ 等。

③脂环族化合物中,环戊烷、环己烷及其单官能团衍生物较易得到。其中常见的为环己烯、环己醇和环己酮。环戊二烯也有工业来源。

④芳香族化合物中甲苯、苯、二甲苯、萘及其直接取代衍生物(—NO_2、—X、—SO_3H、—R、—COR 等),以及由这些取代基容易转化成的化合物(—OH、—OR、—NH_2、—CN、—COOH、—COOR、—COX 等)均容易得到。

⑤杂环化合物中,含五元环及六元环的杂环化合物及其衍生物较容易得到。

在实验室的合成中一般不受成本的约束,但在以后的工业化可行性中尽量避免采用昂贵的原理和试剂,这是工业成本核算原则中必须要考虑的问题。在成本核算中还需考虑供应地点和市场价格的变动。

2. 合成步数和反应总收率

合成路线的长短直接关系到合成路线的价值,所以对合成路线中反应步数和总收率的计算是评价合成路线最直接和最主要的标准。当然,设计一个新的合成路线不可避免地会遇到个别以前不熟悉的新反应,因此简单地预测和计算反应总收率常常是困难的。一般主要从影响收率的三个方面进行考虑。

首先,在对合成反应的选择上,要求每个单元反应尽可能具有较高的收率。

其次,应尽可能减少反应步骤。可减少合成中的收率损失、原料和人力,缩短生产周期,提高生产效率,体现生产价值。

此外,应用收敛型的合成路线也可提高合成路线收率。例如,某化合物(T)有两条合成路线:第一条路线是由原料 A 经 7 步反应制得(T);第二条路线是分别从原料 H 和 L 出发,各经 3 步得中间体 K 和 O,然后相互反应得靶分子(T)。假定两条路线的各步收率都为 90%,则从总收率的角度考虑,显然选择第二条路线较为适宜。

线路一:A→B→C→D→E→F→G→(T)

总收率=$(90\%)^7\approx0.478$

线路二:
$$\begin{array}{c} H\to I\to J\to K \\ L\to M\to N\to O \end{array} \Bigg] \to (T)$$

总收率$=(90\%)^4\approx0.656$

3. 中间体的分离与稳定性

一个理想的中间体应稳定存在且易于纯化。一般而言,一条合成路线中有一个或两个不太稳定的中间体,通过选取一定的手段和技术是可以解决分离和纯化问题的。但若存在两个或两个以上的不稳定中间体就很难成功。因此,在选择合成路线时,应尽量少用或不用存在对空气、水气敏感或纯化过程繁杂、纯化损失量大的中间体的合成路线。

4. 反应设备

在有机合成路线设计时,应尽量避免采用复杂、苛刻的反应设备,当然,对于那些能显著提高收率,缩短反应步骤和时间,或能实现机械化、自动化、连续化,显著提高生产力以及有利于劳动保护和环境保护的反应,即使设备要求高些、复杂些,也应根据情况予以考虑。

5. 安全生产和环境保护

在许多有机合成反应中,经常遇到易燃、易爆和有剧毒的溶剂、基础原料和中间体。为了确保安全生产和操作人员的人身健康和安全,在进行合成路线设计和选择时,应尽量少用或不用易燃、易爆和有剧毒的原料和试剂,同时还要密切关注合成过程中一些中间体的毒性问题。若必须采用易燃、易爆和有剧毒的物质,则必须配套相应的安全措施,防止事故的发生。

当今人们赖以生存的地球正受到日益加重的污染,这些污染严重地破坏着生态平衡,威胁着人们的身体健康,国际社会针对这一状况提出了"绿色化学"、"绿色化工"、"可持续发展"等战略概念,要求人们保护环境,治理已经污染的环境,在基础原料的生产上应考虑到可持续发展问题。化工生产中排放的三废是污染环境、危害生物的重要因素之一,因此在新的合成路线设计和选择时,要优先考虑不排放"三废"或"三废"排放量少、少污染环境且容易治理的工艺路线。要做到在进行合成路线设计的同时,对路线过程中存在的"三废"的综合利用和处理方法提出相应的方案,确保不再造成新的环境污染。

第2章 常见有机合成反应

有机合成是表现有机化学家非凡创造力的一种工作。人们在了解自然、认识自然的过程中，阐明了很多天然产物的化学结构。有机合成化学家则在实验室内用人工的办法来复制、合成这种自然界的产物并用以证明它的结构，这种证明往往是最直接、最严格的。合成化学家的目的不仅于此，还可以根据人们的需要来改造这种结构或是创造出全新的结构。这样，经过世代合成工作者的努力，成百万的新化合物在实验室里逐一出现。未来有机合成的发展趋势是设计和合成预期性能优良的有机化合物。目前，有机合成已成为当代有机化学的主要研究方向之一。

2.1 卤化反应

在有机化合物分子中引入卤原子，形成碳-卤键，得到含卤化合物的反应被称为卤化反应。根据引入卤原子的不同，卤化反应可分为氯化、溴化、碘化和氟化。其中以氯化和溴化更为常用，氯化反应的应用尤为广泛。卤化已广泛用于医药、农药、染料、香料、增塑剂、阻燃剂等及其中间体等行业，制取各种重要的原料、精细化学品的中间体以及工业溶剂等，是有机合成的重要岗位之一。

通过向有机化合物分子中引入卤素，主要有两个目的：

①赋予有机化合物一些新的性能，如含氟氯嘧啶活性基的活性染料，具有优异的染色性能。

②在制成卤素衍生物以后，通过卤基的进一步转化，制备一系列含有其他基团的中间体，例如，由对硝基氯苯与氨水反应可制得染料中间体对硝基苯胺，由2,4-二硝基氯苯水解可制得中间体2,4-二硝基苯酚等。

由于被卤化脂肪烃、芳香烃及其衍生物的化学性质各异，卤化要求不同，卤化反应类型也不同。卤化方法分为：

①取代卤化，如烷烃和芳香烃及其衍生物的卤化。

②加成卤化，如不饱和烃类及其衍生物的卤化。

③置换卤化，如有机化合物上已有官能团转化为卤基。

2.1.1 取代卤化

1. 芳环上的取代卤化

芳环上的取代卤化，可制取许多有用的芳烃卤化衍生物，如氯苯、溴苯、碘苯、邻或对氯甲苯、邻氯对硝基苯胺、2,4-二氯苯酚、四溴双酚A、四氯蒽醌等。反应通式为：

$$Ar—H + X_2 \rightarrow Ar—X + HX$$

式中，Ar—H为芳香烃及其衍生物；Ar—X为芳香烃及其衍生物的卤化产物；X$_2$为卤素；HX

为卤化物。

芳环上的取代卤化反应具有如下特点：

①反应属于亲电取代反应，亲电取代反应质点是卤正离子、极化的卤分子，氯化铝、氯化铁、硫酸、碘、硫酰氯等可作为催化剂，促使卤素转化成亲电质点。无论用何种催化剂，卤素首先转化成亲电质点，进攻芳环生成 σ-配合物，然后脱去质子，生成卤化物。例如，苯的氯化：

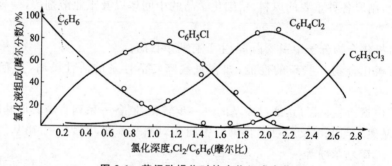

②芳环上的取代卤化属复杂反应。苯的取代氯化是典型的连串反应，萘和蒽醌的取代氯化则是平行-连串反应。如苯的取代氯化：

$$C_6H_6 + Cl_2 \xrightarrow{k_1} C_6H_5Cl + HCl$$

$$C_6H_5Cl + Cl_2 \xrightarrow{k_2} C_6H_4Cl_2 + HCl$$

$$C_6H_4Cl_2 + Cl_2 \xrightarrow{k_3} C_6H_3Cl_3 + HCl$$

氯化反应速率与苯的浓度及氯的浓度成正比，其动力学方程式为：

$$r = k[C_6H_6][Cl_2]^n \quad n = 1 \sim 2$$

苯间歇氯化的产物组成变化如图 2-1 所示。

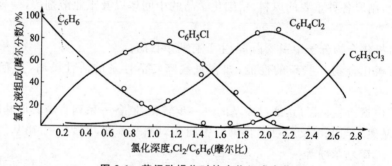

图 2-1 苯间歇操作时的产物组成变化

氯化具有连串反应的共同特征如图 2-1 所示。苯与氯生成氯苯，苯转化率达 20% 左右时，氯苯与氯继续作用生成二氯苯，二氯苯浓度随着氯苯浓度增加而增加；反应前期三氯苯生成量极少。氯苯含量为 1%（质量分数，下同）时，苯一氯化速率 r_1 比二氯化速率 r_2 大 842 倍；氯苯含量为 73.5% 时，一氯化与二氯化反应速率相等。

③热力学特征。热力学研究表明：氟化反应极度放热，氯化高度放热，溴化中度放热，而碘取代是吸热的。取代卤化的反应热（取代环上一个氢）：氟取代为 437.9 kJ·mol^{-1}，氯取代为 104.3 kJ·mol^{-1}，溴取代为 35.6 kJ·mol^{-1}，碘取代为 -25.5 kJ·mol^{-1}。氟取代反应热比其他卤素大，高于碳碳键的离解能（347 kJ·mol^{-1}）及碳氢键离解能（414 kJ·mol^{-1}）。芳烃直接氟化生成环状或直链化合物，得不到氟代芳烃。

碘取代是可逆反应，除去副产物碘化氢，有利于平衡向产物方向进行。在碘取代中，加入硝酸、过氧化氢、碘酸及其盐、三氧化硫、过二硫酸钠等氧化剂，可将碘化氢氧化成碘素，参与碘

取代反应。例如,苯用碘和硝酸进行碘取代,可得 86% 的碘苯:

$$\text{苯} \xrightleftharpoons{I_2,HNO_3} \text{碘苯—I}$$

除碘取代外,其他卤代在不同温度下,都有利于反应平衡向正方移动。

2. 脂肪烃的取代卤代

烷烃取代卤化常以卤素为卤化剂,在高温或紫外光照射下,进行气相卤化。卤素活泼性越高,反应越激烈,反应选择性越低。

卤素活泼性的次序为:F>Cl>Br>I

氟化反应难以控制、难以获得期望的产物;碘的活性太低,脂肪烃取代卤化,应用最多是烷烃取代氯化和溴化。

烷烃取代氯化,取代氢的位置与 C-H 键断裂能量有关,其能量顺序为:

$CH_2{=}CH{-}H \gg 1\,^\circ C\text{-}H > 2\,^\circ C\text{-}H > 3\,^\circ C\text{-}H \gg H\text{-}CH_2{-}CH{=}CH_2$

被取代氢的活泼顺序,则与此相反。

烷烃取代卤化属自由基反应,包括链引发、链增长和链终止阶段。卤分子一旦被激发,产生一定量的卤自由基后,反应就会迅速进行。

3. 芳烃侧链的取代卤化

芳烃侧链上的取代卤化,主要是甲苯侧链的氯化,产物为苯氯甲烷、苯二氯甲烷、苯三氯甲烷。

$$\text{甲苯}(CH_3) + Cl_2 \xrightarrow{k_1} \text{苯}(CH_2Cl) + HCl$$

$$\text{苯}(CH_2Cl) + Cl_2 \xrightarrow{k_2} \text{苯}(CHCl_2) + HCl$$

$$\text{苯}(CHCl_2) + Cl_2 \xrightarrow{k_3} \text{苯}(CCl_3) + HCl$$

苯一氯甲烷可制取苯甲醇,苯二氯甲烷和苯三氯甲烷可制取苯甲醛、苯甲酸、苯甲酰氯和苯三氟甲烷,苯一氯甲烷是苄基($C_6H_5CH_2{-}$)反应试剂。

2.1.2　加成卤化

1. 用卤素加成

氟的加成反应剧烈难以控制,很少应用;碘的加成反应是可逆的,二碘化物性质不稳定、收率也低,也很少应用;应用较多的是氯化和溴化。卤素与烯烃的加成,分为亲电加成和自由基加成。

（1）亲电加成

烯烃的结构特征是碳碳双键，双键中的 π 电子容易与亲电试剂作用，发生亲电加成反应。由于氯或溴作用，烯烃 π 键断裂，形成碳卤 σ 键，得到含两个卤原子的烷烃化合物。

$$CH_2=CH_2 \rightleftharpoons CH_2 \underset{Cl}{\overset{\cdots}{CH_2}} \xrightarrow{FeCl_3} CH_2 \overset{+}{-CH_2} + FeCl_4^- \longrightarrow CH_2-CH_2 + FeCl_3$$

卤素加成反应分两步。首先极化后的卤素进攻烯烃双键，形成过渡态 π-配合物，进而在 $FeCl_3$ 作用下生成卤代烃。$FeCl_3$ 的作用是促使 Cl_2 形成 $Cl—Cl$：$FeCl_3$ 配合物、π-配合物转化成 σ-配合物。

烯烃的反应能力取决于中间体正离子的稳定性，烯烃双键邻侧的吸电子基使双键电子云密度下降，而使反应活泼性降低；烯烃双键邻侧的给电子基，则使反应活泼性增加。烯烃加成卤化的反应活泼次序为：

$$RCH=CH_2 > CH_2=CH_2 > CH_2=CH—Cl$$

烯烃卤化加成的溶剂，常用四氯化碳、氯仿、二硫化碳、醋酸和醋酸乙酯等。醇和水不宜作溶剂，否则将导致卤代醇或卤代醚生成。

$$ArCH=CHAr \xrightarrow[0℃]{Br_2/CH_3OH} ArCH\underset{Br}{\overset{Br}{-}}CHAr + ArCH\underset{OCH_3}{\overset{Br}{-}}CHAr$$

加成卤化温度不宜太高。否则，可能发生脱卤化氢的消除反应，或者发生取代反应。

（2）自由基加成

在光、热或引发剂存在下，卤素生成卤自由基，与不饱和烃加成，反应服从自由基历程。

$$Cl_2 \xrightarrow{h\nu} 2Cl_2 \cdot$$

链引发

$$CH_2=CH_2 \xrightarrow{Cl\cdot} CH_2Cl—\overset{\cdot}{CH_2}$$

$$CH_2Cl—\overset{\cdot}{CH_2} \xrightarrow{Cl_2} CH_2Cl—CH_2Cl+Cl\cdot$$

链终止

$$CH_2Cl—\overset{\cdot}{CH_2}+\overset{\cdot}{Cl} \longrightarrow CH_2Cl—CH_2Cl$$

$$2CH_2Cl—\overset{\cdot}{CH_2} \longrightarrow CH_2Cl—CH_2—CH_2—CH_2Cl$$

$$2Cl\cdot \longrightarrow Cl_2$$

当烯烃含吸电子取代基时，适于光催化加成卤化。三氯乙烯进一步加成氯化很困难，光催化氯化可制取五氯乙烷。

2. 用氯化氢加成

卤化氢与烯烃、炔烃加成可生产多种卤代烃。例如，氯化氢和乙炔加成生产氯乙烯，氯化氢或溴化氢与乙烯加成生成氯乙烷或溴乙烷。

$$RCH_2=CH_2+HX \longrightarrow RCHX—CH_3+Q$$

反应是可逆、放热的，低温利于反应，50℃以下反应几乎是不可逆的。

卤化氢与不饱和烃的加成,分亲电加成和自由基加成。亲电加成分两步:

$$\diagdown C=C\diagup + H^+ \longrightarrow \diagdown CH-\overset{+}{C}\diagup \overset{X^-}{\longrightarrow} \diagdown CH-\underset{\underset{X}{\mid}}{C}\diagup$$

反应符合马尔科夫尼柯夫规则,氢加在含氢较多的碳原子上;若烯烃含—COOH、—CN、—CF$_3$、—N$^+$(CH$_3$)$_3$ 等吸电子取代基,加成是反马尔科夫尼柯夫规则的。

$$\overset{\delta^+}{CH_2}\!\!=\!\!\underset{\delta^-}{\overset{\overset{\textstyle H}{\mid}}{C}}-Y + H^+X^- \longrightarrow CH_2-\underset{\underset{X}{\mid}}{CH_2}-Y$$

卤化氢加成的活泼性次序为:HCl>HBr>HI

反应速率不仅取决于卤化氢的活泼性,也与烯烃性质有关。带有给电子取代基的烯烃易于反应。AlCl$_3$ 或 FeCl$_3$ 等金属卤化物可加快反应速率。使用卤化氢的加成反应,可用有机溶剂或浓卤化氢的水溶剂。

在光或引发剂作用下,溴化氢与烯烃加成属自由基加成反应,卤化氢定位规则属反马尔科夫尼柯夫规则。

3. 用卤代烷加成

叔卤代烷在路易斯酸催化下,对不饱和烃的烯烃进行亲电加成反应。例如,氯代叔丁烷与乙烯在氯化铝催化作用下加成,生成 1-氯-3,3-二甲基丁烷,收率为 75%。

$$(CH_3)_3CCl+CH_2\!\!=\!\!CH_2 \xrightarrow{AlCl_3} (CH_3)C-CH_2CH_2Cl$$

多卤代甲烷衍生物与烯烃双键发生自由基加成反应,在双键上形成碳卤键,使双键碳原子上增加一个碳原子。丙烯和四氯化碳在引发剂过氧化苯甲酰作用下,生成 1,1,1-三氯-3-氯丁烷,收率为 8%。1,1,1-三氯-3-氯丁烷水解得到 β-氯丁酸。

$$CH_3CH\!\!=\!\!CH_2 + CCl_4 \xrightarrow{(PhCOO)_2} CCl_3CH_2\underset{\underset{Cl}{\mid}}{C}HCH_3$$

$$CCl_3CH_2\underset{\underset{Cl}{\mid}}{C}HCH_3 + 2H_2O \xrightarrow{OH^-} CH_3\underset{\underset{Cl}{\mid}}{C}HCH_2COOH + 3HC$$

多氯甲烷,如氯仿、四氯化碳、一溴三氯甲烷、溴仿和一碘三氟甲烷等。多卤代甲烷衍生物被取代卤原子活泼性次序为 I>Br>Cl。

2.1.3　置换卤化

1. 置换羟基

醇或酚羟基、羧酸羟基均可被卤基置换,卤化剂常用氢卤酸、含磷及含硫卤化物等。

(1)置换醇羟基

氢卤酸置换醇羟基的反应是可逆的:

$$ROH+HX \rightleftharpoons RX+H_2O$$

反应的难易程度取决于醇和氢卤酸的活性,醇羟基活性大小次序为:

$$叔醇羟基＞仲醇羟基＞伯醇羟基$$

$$(CH_3)_3COH \xrightarrow[\text{室温}]{\text{HCl 气体}} (CH_3)_3CCl$$

$$n\text{-}C_4H_9OH \xrightarrow[\text{回流}]{NaBr/H_2O/H_2SO_4} n\text{-}C_4H_9Br$$

$$C_2H_5OH + HCl \underset{\triangle}{\overset{ZnCl_2}{\rightleftharpoons}} C_2H_5Cl + H_2O$$

增加反应物醇的浓度、移出卤化产物和水,有利于提高平衡收率和反应速率。

亚硫酰氯(氯化亚砜)或卤化磷也可用于置换羟基。亚硫酰氯置换醇的羟基,生成的氯化氢和二氧化硫气体易于挥发而无残留物,所得产品可直接蒸馏提纯。例如:

$$(C_2H_5)_2NC_2H_4OH + SOCl \xrightarrow[\text{苯}]{\text{室温}} (C_2H_5)_2NC_2H_4Cl + HCl\uparrow + SO_2\uparrow$$

（2）置换羧羟基

氯置换羧羟基可制备酰氯衍生物:

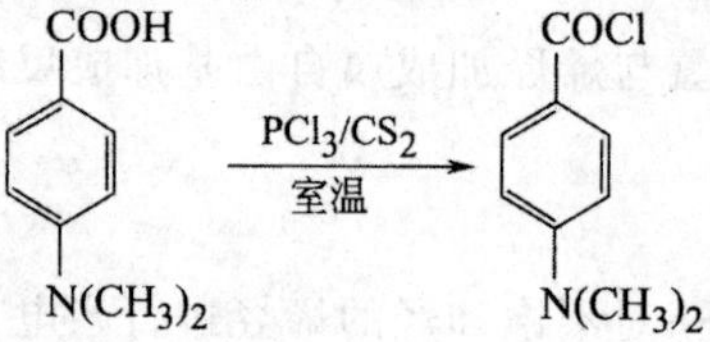

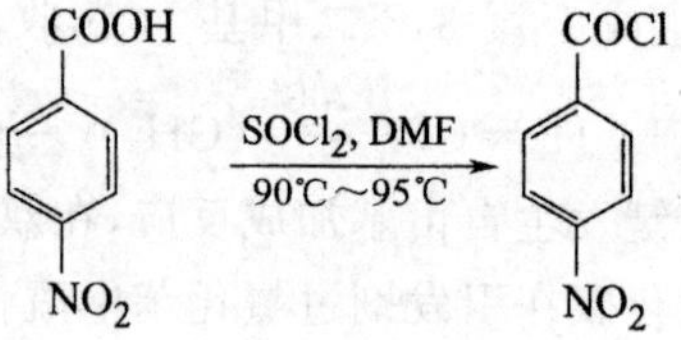

$$CH_3CH=CHCOONa \xrightarrow[\text{POCl/CCl}]{\text{室温}} CH_3CH=CHOCl$$

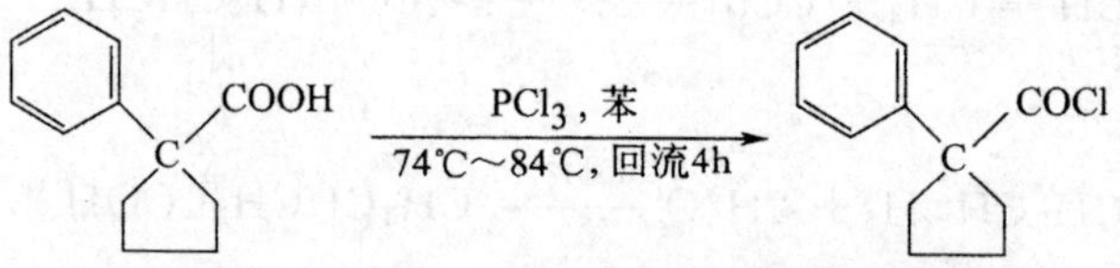

羧羟基置换卤化,须根据羧酸及其衍生物的化学结构选择卤化剂。含羟基、醛基、酮基或烷氧基的羧酸,不宜用五氯化磷。三氯化磷活性比五氯化磷小,用于脂肪酸羧羟基的置换。三氯氧磷与羧酸盐生成相应酰氯,由于无氯化氢生成,适于不饱和羧酸盐的羟基置换。

用氯化亚砜进行卤置换,生成易挥发的氯化氢、二氧化硫,产物中无残留物,易于分离,但要注意保护羧酸分子所含羟基。氯化亚砜的氯化活性不大,加入少量 N,N-二甲基甲酰胺(DMF)、路易斯酸等可增强其活性。

（3）置换酚羟基

卤素置换酚羟基比较困难,需要五氯化磷和三氯氧磷等高活性卤化剂。

五卤化磷受热易离解生成三卤化磷和卤素,置换能力降低,卤素还将引起芳环上取代或双键加成等副反应,所以五卤化磷置换酚羟基温度不宜过高。

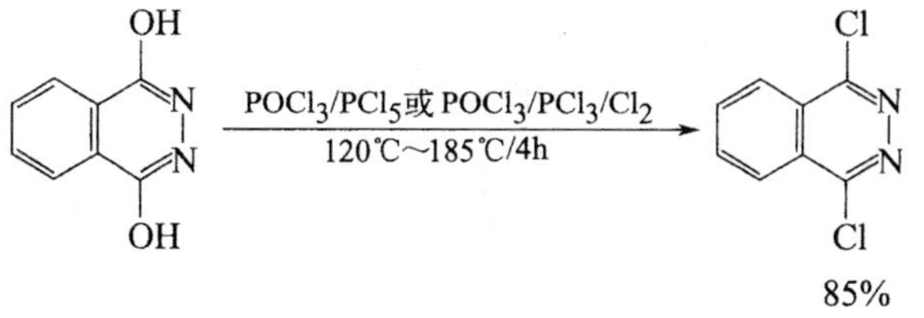

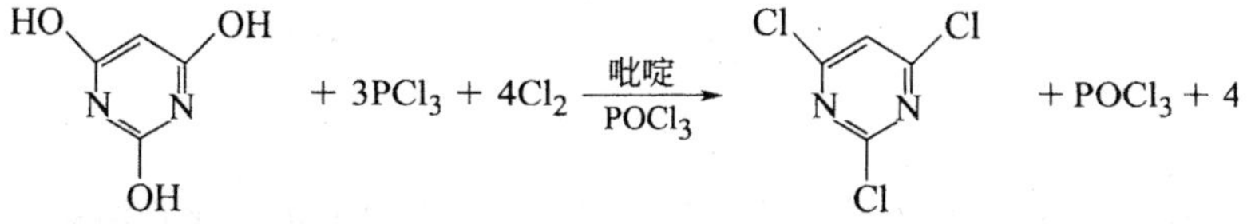

$POCl_3$ 中的氯原子的置换能力不同,第一个最大,第二、第三个依次逐渐递减。因此,氧氯化磷作卤化剂,其配比应大于理论配比。

在较高温度下,用三苯基膦置换酚羟基,收率较好。

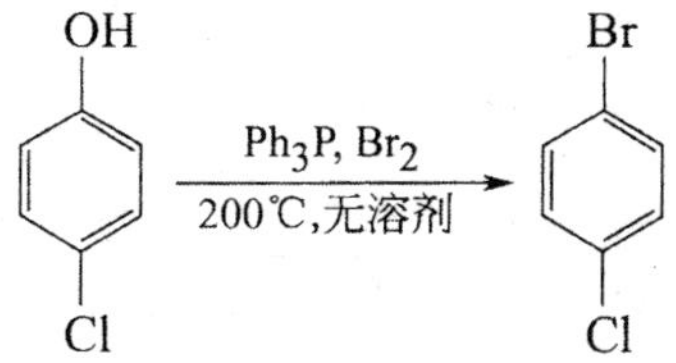

2. 置换硝基

氯置换硝基是自由基反应:

$$Cl_2 \longrightarrow 2Cl \cdot$$
$$Cl \cdot + ArNO_2 \longrightarrow ArCl + NO_2 \cdot$$
$$NO_2 \cdot + Cl_2 \longrightarrow NO_2Cl + Cl \cdot$$

例如,在 222℃ 下,间二硝基苯与氯气反应制得间二氯苯。1,5-二硝基蒽醌在邻苯二甲酸酐存在下,于 170℃～260℃ 通氯气,硝基被氯基置换得 1,5-二氯蒽醌。以适量 1-氯蒽醌为助熔剂,在 230℃ 下在熔融的 1-硝基蒽醌通氯气制得 1-氯蒽醌;改用 1,5-或 1,8-二硝基蒽醌时,可制得 1,5-或 1,8-二氯蒽醌。

由于氯与金属易形成极性催化剂,在置换硝基同时,也会导致芳环上的取代氯化。因此,氯置换硝基的反应设备应用搪瓷或搪玻璃反应釜。

3. 卤交换

卤交换是有机卤化物与无机氯化物之间进行卤原子交换的化学反应。反应由卤化烃或溴化烃制备相应的碘化烃和氟化烃。如:

$$CHCl_3 + 2HF \xrightarrow{SbCl_5} CHClF_2 + 2HCl$$
$$2CHClF_2 \xrightarrow{600℃～900℃} CF_2=CF_2 + 2HCl$$

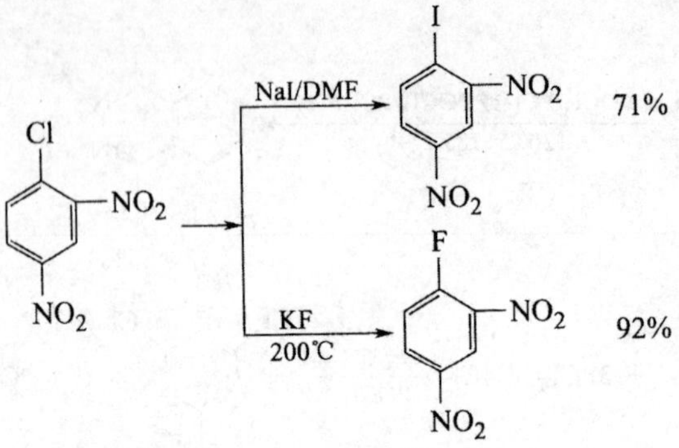

卤交换的溶剂,要求对卤化物有较大的溶解度,对生成的无机卤化物溶解度很小或不溶解。常用 N,N-二甲基甲酰胺、丙酮、四氯化碳等溶剂。

氟原子交换试剂,有氟化钾、氟化银、氟化锑、氟化氢等。氟化钠不溶于一般溶剂,很少使用。而三氟化锑、五氟化锑可选择性作用同一碳原子的多卤原子,不与单卤原子交换。例如:

$$CCl_3CH_2CH_2Cl \xrightarrow[\text{SbF}_3/\text{SbF}_5]{165℃,2h} CF_3CH_2CH_2Cl + CF_2ClCH_2CH_2Cl$$

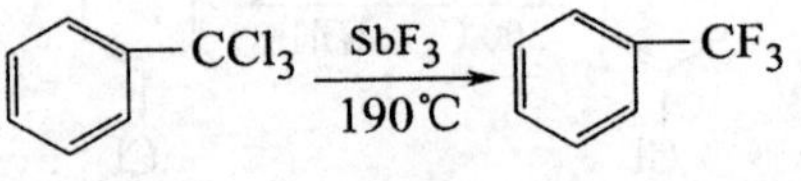

2.2 磺化反应

磺化是在有机物分子碳原子上引入磺酸基,合成具有碳硫键的磺酸类化合物;在氧原子上引入磺酸基,合成具有碳氧键的硫酸酯类化合物;在氮原子上引入磺酸基,合成具有碳氮键的磺胺类化合物的重要有机合成单元之一。

磺化的任务是使用磺化剂,利用化学反应,在有机化合物分子中引入磺酸基(—SO_3H),制造磺化物的生产过程。

2.2.1 磺化反应的原理

1. 磺化动力学

以硫酸、发烟硫酸或三氧化硫作为磺化剂进行的磺化反应是典型的亲电取代反应。磺化剂自身的离解提供了各种亲电质子,硫酸能按下列几种方式离解:

发烟硫酸可按下式发生离解:

$$SO_3 + H_2SO_4 \rightleftharpoons H_2S_2O_7$$
$$H_2S_2O_7 + H_2SO_4 \rightleftharpoons H_3SO_4^+ + HS_2O_7^-$$

硫酸和发烟硫酸是一个多种质点的平衡体系,存在着 SO_3、$H_2S_2O_7$、H_2SO_4、HSO_3^- 和 $H_3SO_4^+$ 等质点,其含量随磺化剂浓度的改变而变化。

磺化动力学的数据表明:磺化亲电质点实质上是不同溶剂化的 SO_3 分子。在发烟硫酸中亲电质点以 SO_3 为主;在浓硫酸中,以 $H_2S_2O_7$ 为主;在 $80\% \sim 85\%$ 的硫酸中,以 $H_3SO_4^+$ 为主。以对硝基甲苯为例,在发烟硫酸中磺化的反应速度为

$$v = k[\text{ArH}][SO_3]$$

在 95% 硫酸中的反应速度为

$$v = k[\text{ArH}][H_2S_2O_7]$$

在 80%~85% 硫酸中的反应速度为

$$v = k[\text{ArH}][H_3SO_4^+]$$

各种质子参加磺化反应的活性差别较大，SO_3 最为活泼，$H_2S_2O_7$ 次之，$H_3SO_4^+$ 活性最差，而反应选择性与此规律相反。磺化剂浓度的改变会引起磺化质点的变化，从而影响磺化反应速度。

2. 磺化反应机理

磺化剂浓硫酸、发烟硫酸以及三氧化硫中可能存在 SO_3、H_2SO_4、$H_2S_2O_7$、HSO_4^-、$H_3SO_4^+$ 等亲电质点，这些亲电质点都可参加磺化反应，但反应活性差别很大。一般认为 SO_3 是主要磺化质点，在硫酸中则以 $H_2S_2O_7$ 和 $H_3SO_4^+$ 为主。$H_2S_2O_7$ 的活性比 $H_3SO_4^+$ 大，而选择性则是 $H_3SO_4^+$ 为高。

$$SO_3 + H_2SO_4 \rightleftharpoons H_2S_2O_7$$

$$H_2S_2O_7 + H_2SO_4 \rightleftharpoons H_3SO_4^+ + HS_2O_7^-$$

磺化是芳烃的特征反应之一，它较容易进行。芳烃的磺化是典型的亲电取代反应，其机理有如下两步反应历程：

(1) 形成 σ-络合物

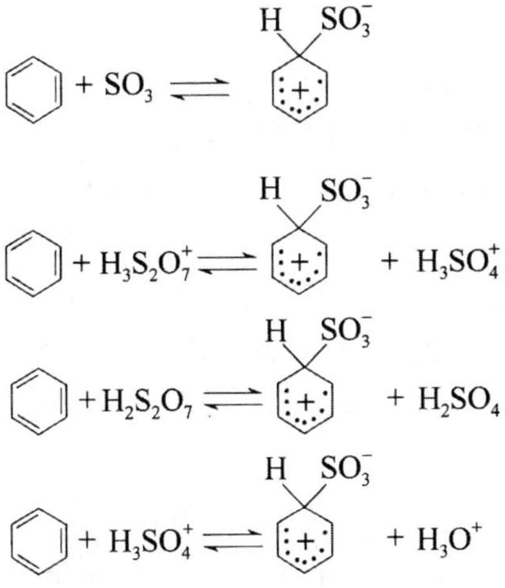

(2) 脱去质子

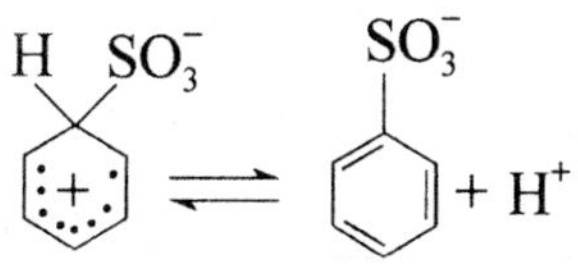

研究证明，用浓硫酸磺化时，脱质子较慢，第二步是整个反应速度的控制步骤。

芳烃的磺化产物芳基磺酸在一定温度下于含水的酸性介质中可发生脱磺水解反应，即磺化的逆反应。此时，亲电质点为 H_3O^+，它与带有供电子基的芳磺酸作用，使其磺基水解，其水解反应历程如下：

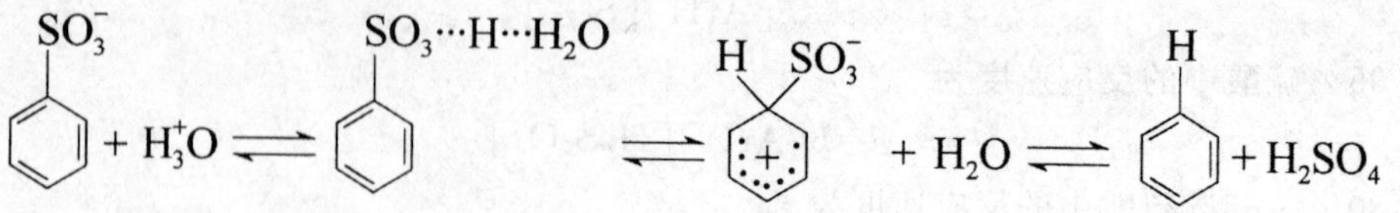

当芳环上具有吸电子基时,磺酸基难以水解;而芳环上具有给电子基时,磺酸基容易水解。

2.2.2 磺化反应的方法

根据使用磺化剂的不同,分为过量硫酸磺化法、三氧化硫磺化法、氯磺酸磺化法以及恒沸脱水磺化法等。若按操作方式的不同,分为间歇磺化法和连续磺化法。

1. 过量硫酸磺化法

用过量硫酸或发烟硫酸的磺化称过量硫酸磺化法,也称"液相磺化"。过量硫酸磺化法操作灵活,适用范围广;副产大量的酸性废液,生产能力较低。

一般过量硫酸磺化,废酸浓度在70%以上,此浓度的硫酸对钢或铸铁的腐蚀不十分明显,因此,多数情况下采用钢制或铸铁的釜式反应器。

磺化釜配置搅拌器,搅拌器的形式取决于磺化物的黏度。高温磺化,物料的黏度不大,对搅拌要求不高;低温磺化,物料比较黏稠,需要低速大功率的锚式搅拌器,常用锚式或复合式搅拌器。复合式搅拌器是由下部的锚式或涡轮式、上部的桨式或推进搅拌器组合而成。

磺化是放热反应,但磺化后期因反应速率较慢需要加热保温,故可用夹套进行冷却或加热。

过量硫酸磺化可连续操作,也可间歇操作。连续操作,常用多釜串联磺化器。间歇操作,加料次序取决于原料性质、磺化温度及引入磺基的位置和数目。磺化温度下,若被磺化物呈液态,可先将被磺化物加入釜中,然后升温,在反应温度下徐徐加入磺化剂,这样可避免生成较多的二磺化物。如被磺化物在反应温度下呈固态,则先将磺化剂加入釜中,然后在低温下加入固体被磺化物,溶解后再缓慢升温反应,例如,萘、2-萘酚的低温磺化。制备多磺酸常用分段加酸法,分段加酸法是在不同时间、不同温度下,加入不同浓度的磺化剂,其目的是在各个磺化阶段都能用最适宜的磺化剂浓度和磺化温度,使磺酸基进入预定位置。例如,萘用分段加酸磺化制备1,3,6-萘三磺酸:

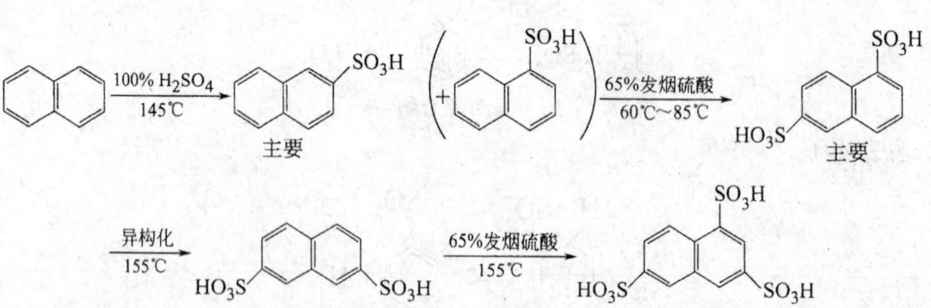

磺化过程按规定温度—时间规程控制,通常加料后需升温并保持一定的时间,直到试样中总酸度降至规定数值。磺化终点根据磺化产物性质判断,例如试样能否完全溶于碳酸钠溶液、清水或食盐水中。

2. 恒沸脱水磺化法

由于苯与水可形成恒沸物,故以过量苯为恒沸剂带走反应生成的水,苯蒸气通入浓硫酸中磺化,过量苯与磺化生成的水一起蒸出,维持磺化剂一定浓度,停止通蒸气苯,磺化结束;若继续通苯,则生成大量二苯砜。此法适用于沸点较低的芳烃的磺化,如苯、甲苯。

3. 氯磺酸磺化法

氯磺酸的磺化能力比硫酸强,比三氧化硫温和。在适宜的条件下,氯磺酸和被磺化物几乎是定量反应,副反应少,产品纯度高。副产物氯化氢在负压下排出,用水吸收制成盐酸。但氯磺酸价格较高,使其应用受限制。根据氯磺酸用量不同,用氯磺酸磺化得芳磺酸或芳磺酰氯。

(1)制取芳磺酸

用等物质的量或稍过量的氯磺酸磺化,产物是芳磺酸。

$$ArH + ClSO_3H \longrightarrow ArSO_3H + HCl \uparrow$$

由于芳磺酸为固体,反应需在溶剂中进行。硝基苯、邻硝基乙苯、邻二氯苯、二氯乙烷、四氯乙烷、四氯乙烯等为常用溶剂。例如:

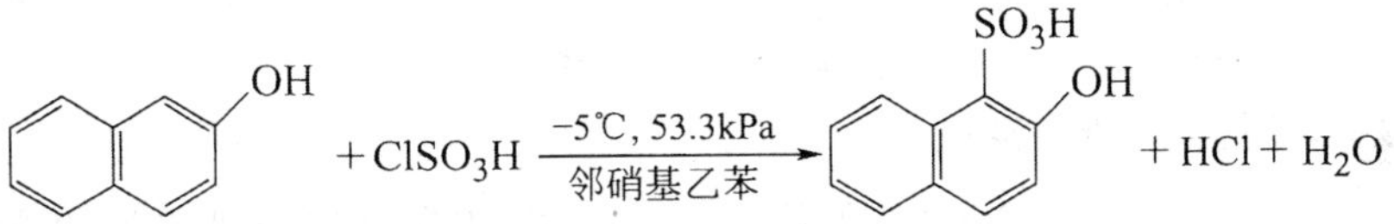

醇类硫酸酯化,也常用氯磺酸为磺化剂,以等物质的量配比磺化,产物为表面活性剂,由于不含无机盐,产品质量好。

(2)制取芳磺酰氯

用过量的氯磺酸磺化,产物是芳磺酰氯。

$$ArSO_3H + ClSO_3 \Longrightarrow ArSO_2Cl + H_2SO_4$$

由于反应是可逆的,因而要用过量的氯磺酸,一般摩尔比为 1:(4~5)。过量的氯磺酸可使被磺化物保持良好的流动性。有时也加入适量添加剂以除去硫酸。例如,生产苯磺酰氯时加入适量的氯化钠。氯化钠与硫酸生成硫酸氢钠和氯化氢,反应平衡向产物方向移动,收率大大提高。

单独使用氯磺酸不能使磺酸全部转化成磺酰氯,可加入少量氯化亚砜。

芳磺酰氯不溶于水,冷水中分解较慢,温度高,易水解。将氯磺化物倾入冰水,芳磺酰氯析出,迅速分出液层或滤出固体产物,用冰水洗去酸性以防水解。芳磺酰氯不易水解,可以热水洗涤。

芳磺酰氯化学性质活泼,可合成许多有价值的芳磺酸衍生物。

4. 三氧化硫磺化法

三氧化硫磺化分气体三氧化硫磺化和液体三氧化硫磺化。其中,气体三氧化硫磺化主要用于十二烷基苯生产十二烷基苯磺酸钠。磺化采用双膜式反应器,三氧化硫用干燥的空气稀释至 4%~7%。此法生产能力大,工艺流程短,副产物少,产品质量好,得到广泛应用。液体三氧化硫磺化主要用于不活泼的液态芳烃磺化,在反应温度下产物磺酸为液态,而且黏度不大。例如,硝基苯在液态三氧化硫中磺化:

操作时将过量的液态三氧化硫慢慢滴至硝基苯中，温度自动升至 70℃～80℃，然后在 95℃～120℃下保温，直至硝基苯完全消失，再将磺化物稀释、中和，得间硝基苯磺酸钠。此法也可用于对硝基甲苯磺化。

制备液态三氧化硫时，以 20%～25%发烟硫酸为原料，将其加热至 250℃产生三氧化硫蒸气，三氧化硫蒸气通过填充粒状硼酐的固定床层，再经冷凝，即得稳定的三氧化硫液体。液体三氧化硫使用方便，但成本较高。

三氧化硫溶剂磺化适用于被磺化物或磺化产物为固态的情况，将被磺化物溶解于溶剂，磺化反应温和、易于控制。常用溶剂如硫酸、二氧化硫、二氯甲烷、1,2-二氯乙烷、1,1,2,2-四氯乙烷、石油醚、硝基甲烷等。

硫酸可与 SO_3 混溶，并能破坏有机磺酸的氢键缔合，降低反应物黏度。其操作是先在被磺化物中加入质量分数为 10%的硫酸，通入气体或滴加液体 SO_3，逐步进行磺化。此法技术简单、通用性强，可代替发烟硫酸磺化。

有机溶剂要求化学性质稳定，易于分离回收，可与被磺化物混溶，对 SO_3 溶解度在 25%以上溶剂的选择，需根据被磺化物的化学活泼性和磺化条件确定。一般有机溶剂不溶解磺酸，故磺化液常常很黏稠。

磺化操作可将被磺化物加到 SO_3 溶剂中；也可先将被磺化物溶于有机溶剂中，再加入 SO_3 溶剂或通入 SO_3 气体。例如，萘在二氯甲烷中用 SO_3 磺化制取 1,5-萘二磺酸。

SO_3 可与有机物形成配合物，配合物的稳定次序为：

$$(CH_3)_3N \cdot SO_3 > \underset{\overset{|}{SO_3}}{N\text{(pyridine)}} > O\bigcirc O \cdot SO_3 > R_2O \cdot SO_3 > H_2SO_4 \cdot SO_3 > HCl \cdot SO_3 > SO_3$$

SO_3 有机配合物的稳定性比发烟硫酸大，即 SO_3 有机配合物的反应活性低于发烟硫酸。故用 SO_3 有机配合物磺化，反应温和，有利于抑制副反应，磺化产品质量较高，适于高活性的被磺化物。SO_3 与叔胺和醚的配合物应用最为广泛。

5. 其他磺化法

（1）用亚硫酸盐磺化

不易用取代磺化制取芳磺酸的被磺化物，可用亚硫酸盐磺化法。亚硫酸盐可将芳环上的卤基或硝基置换为磺酸基，例如：

亚硫酸钠磺化用于多硝基物的精制,如从间二硝基苯粗品中除去邻位和对位二硝基苯的异构体。邻位和对位二硝基苯与亚硫酸钠反应,生成水溶性的邻或对硝基苯磺酸钠盐,间二硝基苯得到精制提纯。

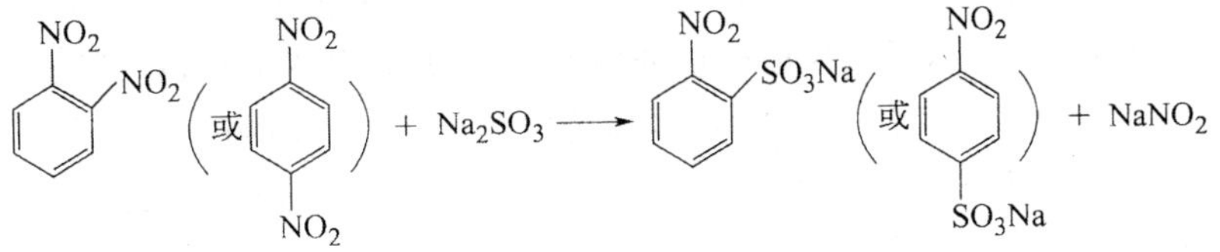

（2）烘焙磺化法

芳伯胺磺化多采用此法。芳伯胺与等物质的量的硫酸混合,制成固态芳胺硫酸盐,然后在180℃～230℃高温烘焙炉内烘焙,故称烘焙磺化,也可采用转鼓式球磨机成盐烘焙。例如,苯胺磺化:

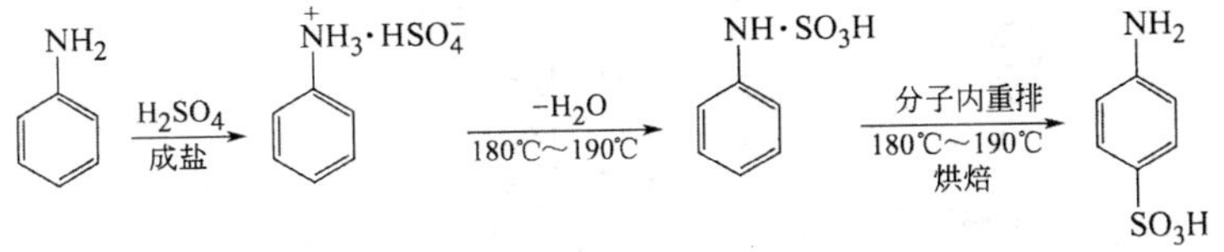

烘焙磺化法硫酸用量虽接近理论量,但易引起苯胺中毒,生产能力低,操作笨重,可采用有机溶剂脱水法,即使用高沸点溶剂,如二氯苯、三氯苯、二苯砜等,芳伯胺与等物质的量的硫酸在溶剂中磺化,不断蒸出生成的水。

苯系芳胺进行烘焙磺化时,其磺酸基主要进入氨基对位,对位被占据则进入邻位。烘焙磺化法制得的氨基芳磺酸如下:

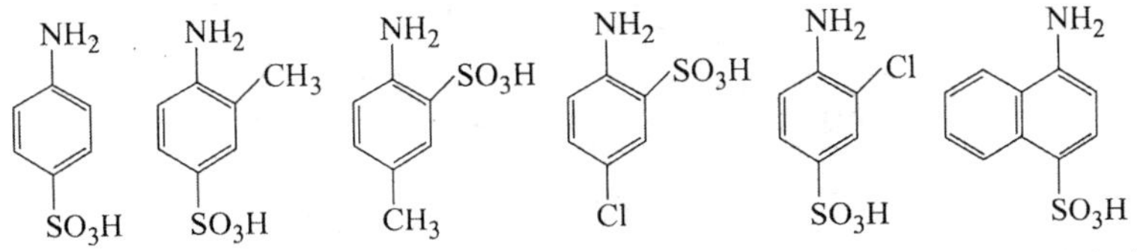

由于烘焙磺化温度较高,含羟基、甲氧基、硝基或多卤基的芳烃,不宜用此法磺化,防止被磺化物氧化、焦化和树脂化。

2.2.3 磺化反应的应用

下面介绍十二烷基苯磺酸钠的合成。

1. 磺化反应历程

（1）磺化与中和反应

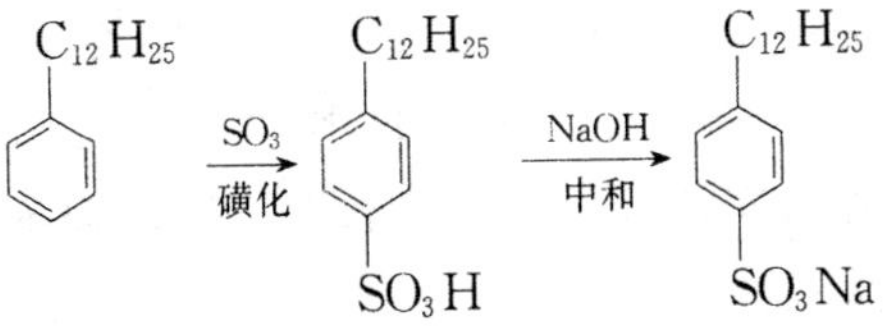

（2）磺化反应历程

磺化反应历程包括磺化和老化两步反应,即

$$R-C_6H_5+2SO_3 \xrightarrow{\text{磺化}} R-C_6H_4-SO_2-O-SO_3H$$
$$\text{焦磺酸}$$

$$R-C_6H_4-SO_2-O-SO_3H+R-C_6H_5 \xrightarrow{\text{老化}} 2R-C_6H_4SO_3H$$

磺化反应具有强烈放热,反应速度极快的特点,可在几秒钟内完成,有可能发生多磺化,生成砜、氧化、树脂化等副反应。老化反应是慢速的放热反应,老化时间约需 30 min。因此,两步反应要在不同的反应器中进行。因为苯环上有长碳链的烷基,使十二烷基苯磺酸在反应条件下呈液态,并具有适当的流动性。

2. 工艺流程

十二烷基苯磺酸钠的制备最初采用的是搅拌槽式串联连续反应器,后来又开发了多管降膜反应器、降膜反应器和冲击喷射式反应器三大类。

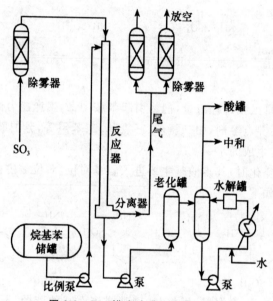

图 2-2　SO$_3$ 模式硫磺化流程示意图

如图 2-2 所示。SO$_3$ 与空气的混合物先经过静电除雾器以除去所含微量雾状硫酸,再与十二烷基苯按一定比例从顶部进入多管降膜磺化器,十二烷基苯沿管壁呈膜状向下流动,管中心气相中的 SO$_3$ 在液膜上发生磺化反应生成焦磺酸,反应热由管外的冷却水移除。从塔底逸出的尾气含有少量磺酸、SO$_2$ 和 SO$_3$,先经静电除雾器捕集雾状硫酸,再用氢氧化钠溶液洗涤后放空,从塔底流出的磺化液进入老化器,使焦磺酸完全转变为磺酸,再经水解器使残余的焦磺酸水解成磺酸作为商品,或再经中和制成十二烷基苯磺酸盐。

整个生产过程可用计算机进行控制,其主要反应工艺条件是:气体中 SO$_3$ 体积分数为 5.2%～5.6%,露点为 $-60\,℃\sim-50\,℃$。SO$_3$/RH 物质的量之比为(1.0～1.03)∶1;磺化温度为 35 ℃～53 ℃,磺化反应瞬间完成,SO$_3$ 停留时间小于 0.28 s;离开磺化器时磺化收率约 95%,老化、水解后收率可达 98%。

产品的 Klett 色泽可达 40～45,原料十二烷基苯的溴值和 SO$_3$ 气体中硫酸雾的含量都会影响产品的色泽。

2.3 硝化反应

向有机化合物分子的碳原子上引入硝基(—NO$_2$)的反应称硝化反应。在精细有机合成工业中,最重要的硝化反应是用硝酸作硝化剂向芳环或芳杂环中引入硝基:

$$\bigcirc + HNO_3 \xrightarrow{H_2SO_4} \text{(NO}_2\text{)} + H_2O$$

芳香族硝化反应像磺化反应一样是非常重要的一类化学过程,其应用十分广泛。引入硝基的目的主要有三个方面:

①硝基可以转化为其他取代基,尤其是制取氨基化合物的一条重要途径。

②利用硝基的强吸电性,使芳环上的其他取代基活化,易于发生亲核置换反应。

③利用硝基的强极性,赋予精细化工产品某种特性。

2.3.1 硝化反应的原理

1. 脂肪族化合物氨解反应历程

氨与有机化合物反应时通常是过量的,反应前后氨的浓度变化较小,因此常常按一级反应来处理,但实际为二级反应。

当进行酯的氨解时,几乎仅得到酰胺一种产物。而脂肪醇与氨反应则可以得到伯胺、仲胺、叔胺的平衡混合物,因此研究较多的是酯类氨解的反应历程。酯氨解的反应历程可以表示如下。

$$\begin{array}{ccc} R-O+NH_3 & \rightleftharpoons & R-O^+\cdots H\cdots NH_2^- \\ \quad | & & \quad | \\ \quad H & & \quad H \end{array}$$

$$R-\overset{+}{O}\cdots H\cdots \overset{-}{N}H_2 + R^1COOR^2 \rightleftharpoons [R-\overset{+}{O}\cdots H\cdots NH_2-\overset{R^1}{\underset{OR^2}{C^+-O^-}}] \longrightarrow R^1CONH_2 + R^2OH + ROH$$

式中,ROH 代表含羟基的催化剂;R^1 和 R^2 表示酯中的脂肪烃或芳烃基团。

必须注意,在进行酯氨解反应时,水的存在将会使氨解反应产生少部分水解副反应。另外,酯中烷基的结构对氨解反应速率的影响很大,烷基或芳基的分子量越大结构越复杂,氨解反应的速率越慢。

2. 芳香族化合物氨解反应历程

（1）氨基置换卤原子

①催化氨解。氯苯、1-氯萘、1-氯萘-4-磺酸和对氯苯胺等，在没有铜催化剂存在时，在235℃、加压下与氨不发生反应；但是当有铜催化剂存在时，上述氯衍生物与氨水共热至200℃时，都能反应生成相应的芳胺。以氯苯为例催化氨解的反应历程可表示如下。

$$ArCl+[Cu(NH_3)_2]^+ \xrightarrow{\text{慢}} [ArCl \cdot Cu(NH_3)_2]^+$$

$$[ArCl \cdot Cu(NH_3)_2]^+ \xrightarrow{+NH_3} ArNH_2+[Cu(NH_3)_2]^+ +NH_4Cl$$

$$[ArCl \cdot Cu(NH_3)_2]^+ \xrightarrow{+OH^-} ArOH+[Cu(NH_3)_2]^+ +Cl^-$$

此反应是分两步进行的：第一步是催化剂与氯化物反应生成正离子络合物，这是反应的控制阶段；第二步是正离子络合物与氨、氢氧根离子等迅速反应生成产物苯胺及副产苯酚等的同时又产生铜氨离子。

研究表明在氨解反应中反应速率与铜催化剂和氯衍生物的浓度成正比，而与氨水的浓度无关。全部过程的速度不决定于氨的浓度，但主、副产物的比例决定于氨、OH^- 的比例。

②非催化氨解。对于活泼的卤素衍生物，如芳环上含有硝基的卤素衍生物，通常以氨水为氨解剂，可使卤素被氨基置换。例如，邻硝基氯苯或对硝基氯苯与氨水溶液加热时，氯被氨基置换反应按下式进行。

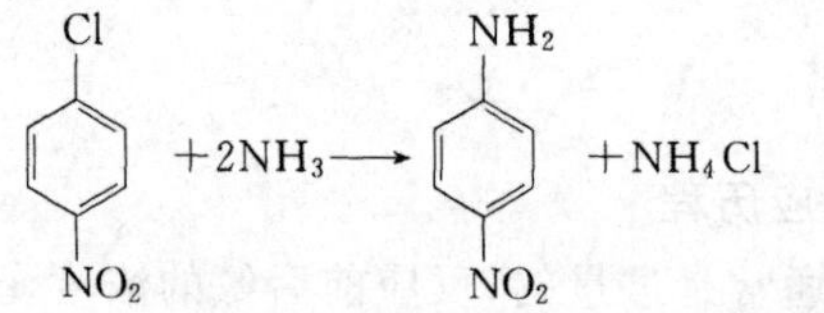

其反应历程属于亲核置换反应。反应分两步进行，首先是带有未共用电子对的氨分子向芳环上与氯原子相连的碳原子发生亲核进攻，得到带有极性的中间加成物，然后该加成物迅速转化为铵盐，并恢复环的芳香性，最后再与一分子氨反应，得到反应产物。决定反应速率的步骤是氨对氯衍生物的加成。例如，对硝基氯苯的氨解历程可表示如下。

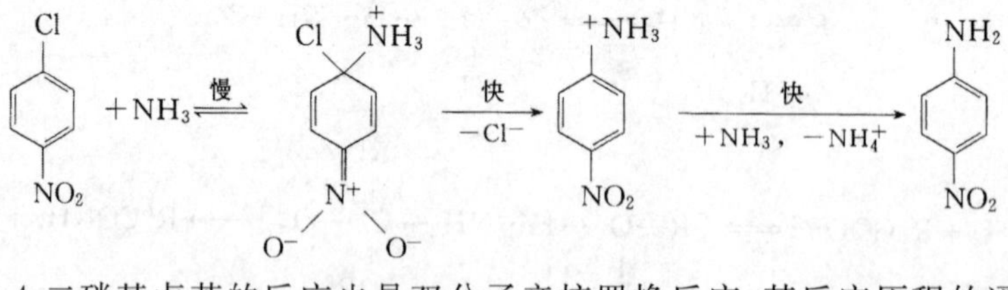

芳胺与2,4-二硝基卤苯的反应也是双分子亲核置换反应，其反应历程的通式表示如下。

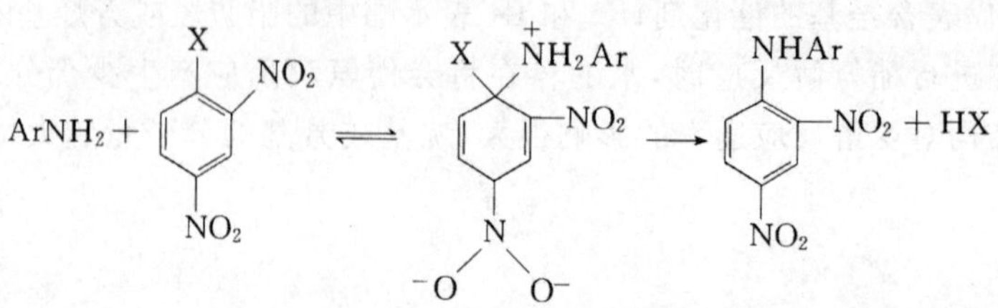

（2）氨基置换羟基

氨基置换羟基的反应以前主要用在萘系和蒽醌系芳胺衍生物的合成上，近年来又发展了在催化剂存在下，通过气相或液相氨解，制取包括苯系在内的芳胺衍生物。羟基被置换成氨基的难易程度与羟基转化成酮式（即醇式转化成酮式）的难易程度有关。一般来说，转化成酮式的倾向性越大，则氨解反应越容易发生。例如：苯酚与环己酮的混合物，在 Pd−C 催化剂存在下，与氨水反应，可以得到较高收率的苯胺。

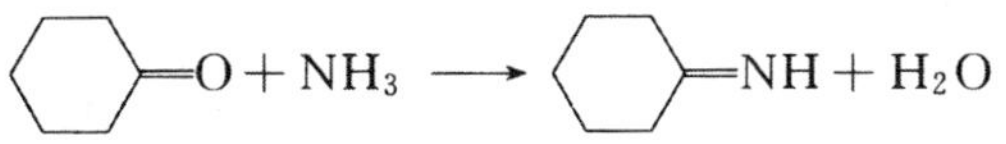

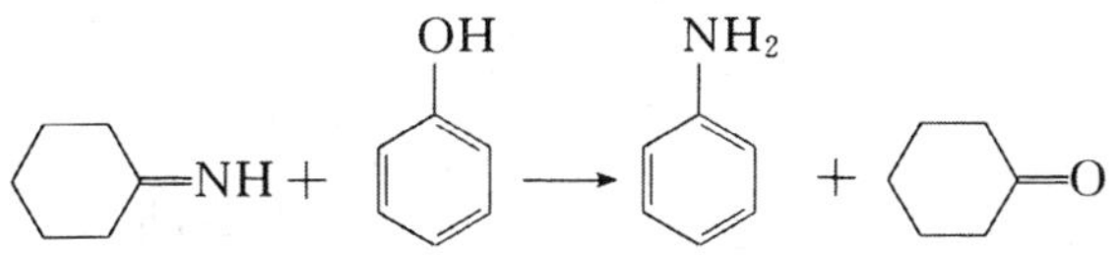

某些萘酚衍生物在酸式亚硫酸盐存在下，在较温和的条件下与氨水作用转变为萘胺衍生物的反应，称为布赫勒（Bucherer）反应。Bucherer 反应主要用于从 2-萘酚磺酸制备 2-萘胺磺酸。其反应可表示如下：

（3）氨基置换硝基

由于向芳环上引入硝基的方法早已成熟，因此近十几年来利用硝基作为离去基团在有机合成中的应用发展较快。硝基作为离去基团被其他亲核质点置换的活泼性与卤化物相似。氨基置换硝基的反应按加成消除反应历程进行。

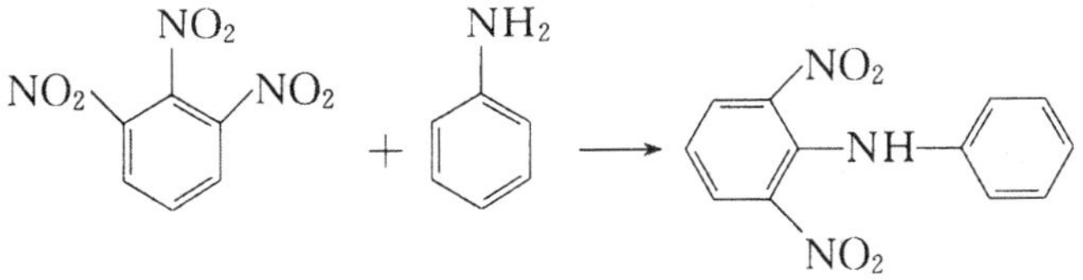

硝基苯、硝基甲苯等未被活化的硝基不能作为离去基团发生亲核取代反应。

2.3.2　硝化反应的方法

实施硝化的方法为硝化方法。根据硝基引入方式，分直接硝化法和间接硝化法。直接硝化法是以硝基取代被硝化物分子中的氢原子的方法。硝化剂不同，硝化能力就不同，直接硝化的方式也不相同，主要有混酸硝化法、硝酸硝化法、硝酸-有机溶剂硝化法等。间接硝化法是以硝基置换被硝化物分子中的磺酸基、重氮基、卤原子等原子或基团的方法。

1. 硝酸硝化法

硝酸可作为硝化剂直接进行硝化反应，但硝酸的浓度显著地影响其硝化和氧化两种功能。硝酸硝化按浓度不同，分为浓硝酸硝化和稀硝酸硝化。浓硝酸硝化易导致氧化副反应。稀硝酸硝化使用 30% 左右的硝酸浓度，设备腐蚀严重。一般地说，硝酸浓度越低，硝化能力越弱，而氧化作用越强。

（1）稀硝酸硝化法

用稀硝酸硝化，仅限于易硝化的活泼芳烃，使用时要求过量，因为稀硝酸是一种较弱的硝化剂，反应过程中生成的水又不断稀释硝酸，使其硝化能力逐渐下降。例如，含羟基和氨基的芳香化合物可用20%的稀硝酸硝化，但易被氧化的氨基应在硝化前将其转变为酰胺基，从而给予保护。由于稀硝酸对铁有严重的腐蚀作用，生产中必须使用不锈钢或搪瓷锅作为硝化反应釜。

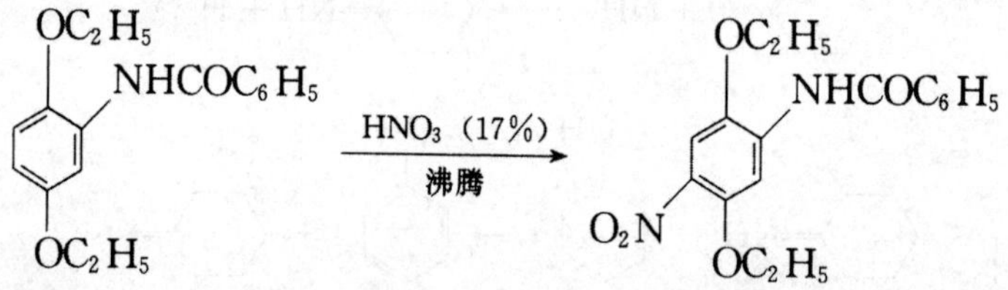

（2）浓硝酸硝化法

硝酸硝化法须保持较高的硝酸浓度，以避免硝化生成水稀释硝酸。为此，液相硝化、气相硝化、通过高分子膜硝化等是其努力的方向。由于经济技术原因，硝酸硝化法限于蒽醌硝化、二乙氧基苯硝化等少数产品生产。这种硝化一般要用过量许多倍的硝酸，过量的硝酸必须设法回收或利用，从而限制了该法的实际应用。

浓硝酸硝化，硝酸过量很多倍，例如，对氯甲苯的硝化，使用4倍量90%硝酸；邻二甲苯二硝化用10倍量的发烟硝酸；蒽醌用98%硝酸硝化，生产1-硝基蒽醌，蒽醌与硝酸的摩尔比为1：15，硝化为液相均相反应。

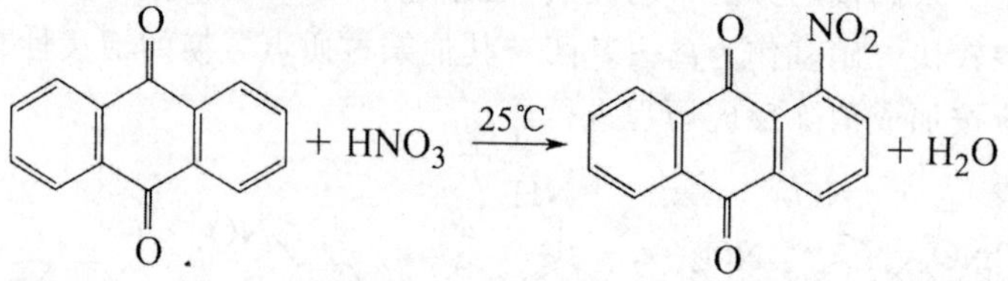

在终点控制蒽醌残留2%，则可得副产物主要是2-硝基蒽醌和二硝基蒽醌。

以浓硝酸作为硝化剂有一些缺点，但在工业中也有一定的应用。例如，染料中间体1-硝基蒽醌的制备即采用硝酸硝化法。

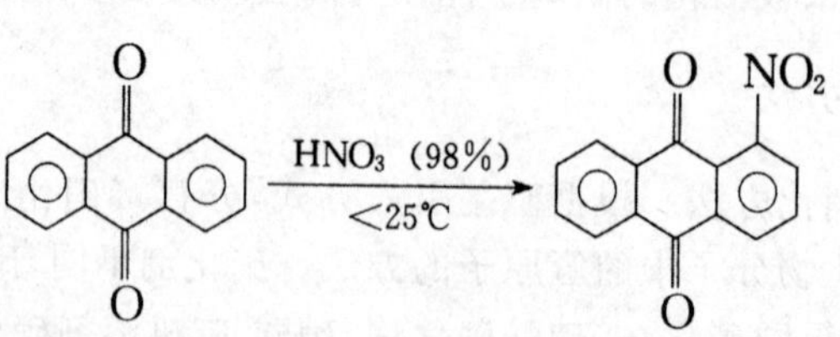

2. 混酸硝化法

混酸硝化法主要用于芳烃的硝化，其特点主要有：

①硝化能力强，反应速率快，生产能力大。

②硝酸用量接近理论量，其利用率高。

③硫酸的热容量大，硝化反应平稳。

④浓硫酸可溶解多数有机化合物,有利于被硝化物与硝酸接触。

⑤混酸对铁腐蚀性小,可用碳钢或铸铁材质的硝化器。

一般的混酸硝化工艺流程可以用图 2-3 表示。

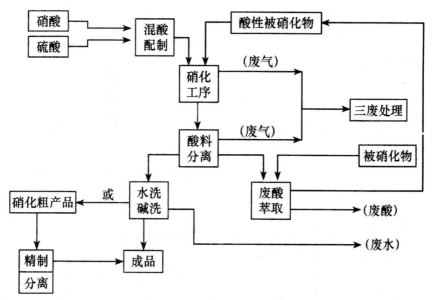

图 2-3　混酸硝化的流程示意图

(1)混酸的硝化能力

硝化能力太强,虽然反应快,但容易产生多硝化副反应;硝化能力太弱,反应缓慢,甚至硝化不完全。工业上通常利用硫酸脱水值(D. V. S)和废酸计算浓度(F. N. A)来表示混酸的硝化能力,并常常以此作为配制混酸的依据。

①硫酸的脱水值(D. V. S)。D. V. S 是指硝化结束时废酸中硫酸和水的计算质量比。

$$D. V. S = \frac{废酸中硫酸的质量}{废酸中水的质量} = \frac{废酸中硫酸的质量}{混酸中水的质量 + 硝化后生成水的质量}$$

混酸的 D. V. S 越大,表示其中的水分越少,硫酸的含量越高,它的硝化能力越强。

对于大多数芳香烃而言,D. V. S 介于 2～12 之间,具有给电子基团的活泼芳烃宜用 D. V. S 小的混酸,如苯的一硝化时,使用 D. V. S 为 2.4 的混酸;对于难硝化的化合物或引入一个以上的硝基时,需用 D. V. S 大的混酸。

假定反应完全进行,无副反应和硝酸的用量不低于理论用量。以 100 份混酸作为计算基准,D. V. S 可按下式计算求得

$$D. V. S = \frac{S}{(100 - S - N) + \frac{2}{7} \times \frac{N}{\varphi}}$$

式中,S 为混酸中硫酸的质量百分比浓度;N 为混酸中硝酸的质量百分比浓度;φ 为硝酸比。

②废酸计算浓度(F. N. A)。F. N. A 是指硝化结束时废酸中的硫酸浓度。当硝酸比 φ 接近于 1 时,以 100 份混酸为计算基准,其反应生成的水为:

$$水 = \frac{18}{63} \times N = \frac{2}{7}N$$

$$废酸量 = 100 - N + \frac{2}{7}N = 100 - \frac{5}{7}N$$

$$F.N.A = \frac{S}{100 - \frac{5}{7}N} \times 100 = \frac{140S}{140 - N}$$

当 $\varphi = 1$ 时,可得出 D.V.S 与 F.N.A 的互换关系式为:

$$D.V.S = \frac{F.N.A}{100 - F.N.A}$$

实际生产中,对每一个被硝化的对象,其适宜的 D.V.S 值或 F.N.A 值都由实验得出。

（2）混酸的配制

配制混酸的方法有连续法和间歇法两种。连续法适用于大吨位大批量生产,间歇法适用于小批量多品种的生产。

配制混酸时应注意:

①配制设备要有足够的移热冷却,有效的搅拌和防腐蚀措施。

②配酸过程中,要对废酸进行分析测定。

③补加相应成分,调整其组成,配制好的混酸经分析合格后才能使用。

④用几种不同的原料配制混酸时,要根据各组分的酸在配制后总量不变,建立物料衡算方程式即可求出各原料酸的用量。

（3）混酸硝化过程

硝化过程有连续与间歇两种方式。连续法的优点是小设备、大生产、效率高、便于实现自动控制。间歇法具有较大的灵活性和适应性,适用于小批量、多品种的生产。

由于被硝化物的性质和生产方式的不同,一般有正加法、反加法和并加法。正加法是将混酸逐渐加到被硝化物中。该反应比较温和,可避免多硝化,但其反应速度较慢,常用于被硝化物容易硝化的间歇过程。反加法是将硝化物逐渐加到混酸中。其优点是在反应过程中始终保持有过量的混酸与不足量的被硝化物,反应速度快,适用于制备多硝基化合物,或硝化产物难于进一步硝化的间歇过程。并加法是将混酸和被硝化物按一定比例同时加到硝化器中。这种加料方式常用于连续硝化过程。

（4）反应产物的分离

硝化产物的分离,主要是利用硝化产物与废酸密度相差大和可分层的原理进行的。让硝化产物沿切线方向进入连续分离器。

多数硝化产物在浓硫酸中有一定的溶解度,而且硫酸浓度越高其溶解度越大。为减少溶解度,可在分离前加入少量水稀释,以减少硝基物的损失。

硝化产物与废酸分离后,还含有少量无机酸和酚类等氧化副产物,必须通过水洗、碱洗法使其变成易溶于水的酚盐等而被除去。但这些方法消耗大量碱,并产生大量含酚盐及硝基物的废水,需进行净化处理。另外,废水中溶解和夹带的硝基物一般可用被硝化物萃取的办法回收。该法尽管投资大,但不需要消耗化学试剂,总体衡算仍很经济合理。

（5）废酸处理

硝化后的废酸主要组成是：73%～75%的硫酸，0.2%的硝酸，0.3%亚硝酰硫酸，0.2%以下的硝基物。

针对不同的硝化产品和硝化方法，处理废酸的方法不同，其主要方法有以下几种：

①分解吸收法。废酸液中的硝酸和亚硝酰硫酸等无机物在硫酸浓度不超过75%时，加热易分解，释放出的氧化氮气体用碱液进行吸收处理。工业上也有将废酸液中的有机杂质萃取、吸附或用过热蒸气吹扫除去，然后用氨水制成化肥。

②闭路循环法。将硝化后的废酸直接用于下一批的单硝化生产中。

③浸没燃烧浓缩法。当废酸浓度较低时，通过浸没燃烧，提浓到60%～70%，再进行浓缩。

④蒸发浓缩法。一定温度下用原料芳烃萃取废酸中的杂质，再蒸发浓缩废酸至92.5%～95%，并用于配酸。

（6）硝化异构产物分离

硝化产物常常是异构体混合物，其分离提纯方法有化学法和物理法两种。

①化学法。化学法是利用不同异构体在某一反应中的不同化学性质而达到分离的目的。例如，用硝基苯硝化制备间二硝基苯时，会产生少量邻位和对位异构体的副产物。因间二硝基苯与亚硫酸钠不发生化学反应，而其邻位和对位异构体会发生亲核置换反应，且其产物可溶于水，因此可利用此反应除去邻位和对位异构体。

②物理法。当硝化异构产物的沸点和凝固点有明显差别时，常采用精馏和结晶相结合的方法将其分离。随着精馏技术和设备的不断改进，可采用连续或半连续全精馏法直接完成混合硝基甲苯或混合硝基氯苯等异构体的分离。但由于一硝基氯苯异构体之间的沸点差较小，全精馏的能耗很大，因而非常不经济。因此，近年来多采用经济的结晶、精馏、再结晶的方法进行异构体的分离。

3. 间接硝化法

一些活泼芳烃或杂环化合物直接硝化，容易发生氧化反应，若先在芳或杂环上引入磺酸基，再进行取代硝化，可避免副反应。

芳香族化合物上的磺酸基经过处理后，可被硝基置换生成硝基化合物。硝化酚或酚醚类化合物时，广泛应用该方法。引入磺酸基后，使得苯环钝化，再进行硝化时可以减少氧化副反应的发生。

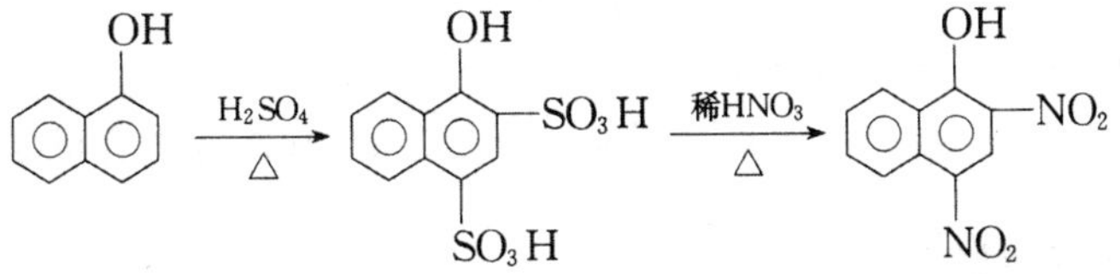

为了制备某些特殊取代位置的硝基化合物，可使用下述方法：芳伯胺在硫酸中重氮化生成重氮盐，然后在铜系催化剂的存在下，用亚硝酸钠处理，即分解生成芳香族硝基化合物。

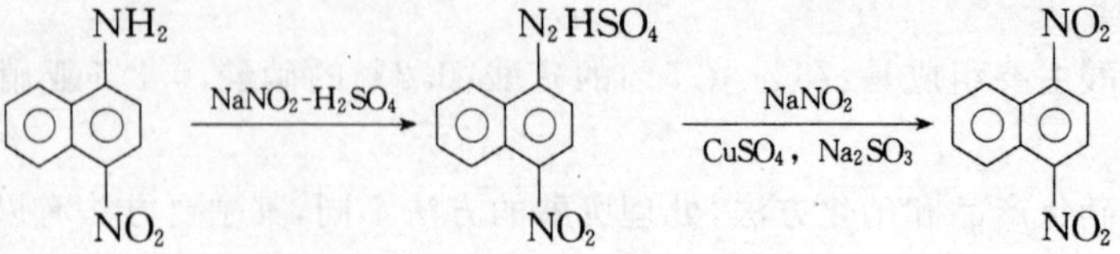

4. 浓硫酸介质中的均相硝化法

当被硝化物或硝化产物在反应温度下是固态时,多将被硝化物溶解在大量的浓硫酸中,然后加入硝酸或混酸进行硝化。这种均相硝化法只需使用过量很少的硝酸,一般产率较高,所以应用范围广。

5. 硝酸-乙酐法

浓硝酸或发烟硝酸与乙酐混合即为一种优良的硝化剂。大多数有机物能溶于乙酐中,使得硝化反应在均相中进行。此硝化剂具有硝化能力较强、酸性小和没有氧化副反应的特点,又可在低温下进行快速反应,所以很适用于易与强酸生成盐而难硝化的化合物或强酸不稳定物质的硝化过程。通常,产物中很少有多硝基存在,几乎是一硝基化合物。当硝化带有邻、对位取代基的芳烃时,主要得到邻硝基产物。

硝酸-乙酐混合物应在使用前临时配置,以免放置太久生成硝基甲烷而引起爆炸,反应式如下:

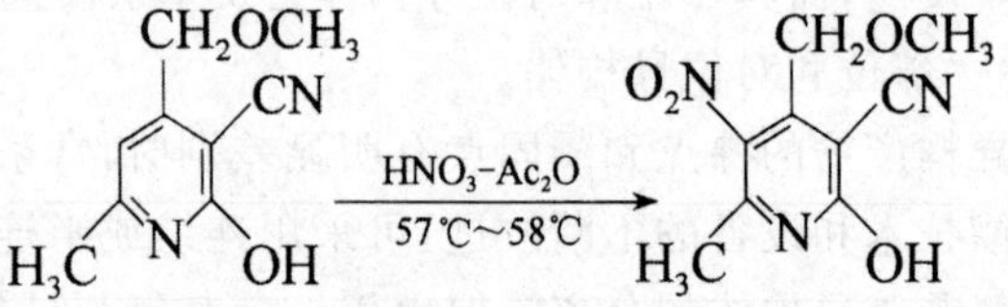

6. 非均相混酸硝化法

当被硝化物和硝化产物在反应温度下都呈液态且难溶或不溶于废酸时,常采用非均相的混酸硝化法。这时需剧烈的搅拌,使有机物充分地分散到酸相中以完成硝化反应。该法是工业上最常用、最重要的硝化方法。

7. 有机溶剂硝化法

该法可避免使用大量的硫酸作溶剂,从而减少或消除废酸量,常常使用不同的溶剂以改变硝化产物异构体的比例。常用的有机溶剂有二氯甲烷、二氯乙烷、乙酸或乙酐等。

硝化特点如下:

①进行硝化反应的条件下,反应是不可逆的。

②硝化反应速度快,是强放热反应。

③在多数场合下,反应物与硝化剂是不能完全互溶的,常常分为有机层和酸层。

2.3.3 硝化反应的应用

下面介绍苯—硝化制硝基苯的制备。

硝基苯主要用于苯胺等有机中间体,早期采用混酸间歇硝化法。随着苯胺需要量的迅速增长,逐步开发了锅式串联、泵-列管串联、塔式、管式、环行串联等常压冷却连续硝化法和加压连续硝化法。

1. 常压冷却连续硝化法

图 2-4 是锅式串联连续硝化流程示意图。首先萃取苯、混酸和冷的循环废酸连续加入 1 号硝化锅中,反应物再经过三个串联的硝化锅 2,停留时间约 10～15 min,然后进入连续分离器 3,分离成废酸层和酸性硝基苯层,废酸进入连续萃取锅 4,用工业苯萃取废酸中所含的硝基苯,并利用废酸中所含的硝酸,再经分离器 5,分离出的萃取苯用泵 6 连续地送出 1 号硝化锅,萃取后的废酸用泵 7 送去浓缩成浓硫酸。酸性硝基苯经水洗器 8、分离器 9、碱洗器 10 和分离器 11 除去所含的废酸和副产的硝基酚,即得到中性商品硝基苯。

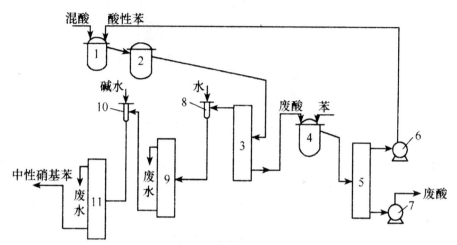

1,2—硝化锅;3,5,9,11—连续分离器;4—萃取锅;6,7—泵;8—水洗器;10—碱洗器

图 2-4　苯连续一硝化流程示意图

近年来改用四台环行硝基器串联或三环一锅串联的方法,该法优点有:

①减少了滴加混酸处的局部过热,减少了硝酸的受热分解,排放的二氧化氮少,有利于安全生产。

②热面积大,传热系数高,冷却效果好,节省冷却水。

③与锅式法比较,酸性硝基苯中二硝基苯的质量分数下降到 0.1% 以下,硝基酚质量分数下降到 0.005%～0.06%。

④物料停留时间分布的散度小,物料混合状态好,温度均匀,有利于生产控制;与锅式相比,未反应苯的质量分数下降到 0.5% 左右。

2. 加压绝热连续硝化法

加压绝热连续硝化法的要点是将超过理论量 5%～10% 的苯和预热到约 90℃ 的混酸连续地加到四个串联的无冷却装置的硝化锅进行反应,利用反应热升温,物料的出口温度达到 132℃～136℃,操作压力约 0.44 MPa,停留时间约 11.2 min。分离出的质量分数约 65.5% 的热废酸进入闪蒸器,在 90℃ 和 8 kPa 下,利用本身热量快速蒸出水分浓缩成 68%～70% 硫酸循环使用,有机相经水洗、碱洗、蒸出过量苯得工业硝基苯,收率 99.1%,二硝基物质的含量低于 0.05%。其生产流程如图 2-5 所示。

苯绝热硝化的优点:最后反应温度高、硝化速度快;硝化过程不需要冷却水;利用反应热浓缩废酸,能耗低,因此可降低生产成本。但绝热硝化的水挥发,损失热量,并防止空气氧化,需要在压力下密闭操作,闪蒸设备要用特殊材料钽。国内尚未采用绝热硝化法,而致力于常压冷却连续硝化法的工艺改进。

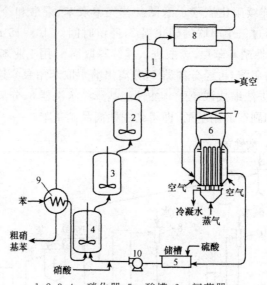

1,2,3,4—硝化器；5—酸槽；6—闪蒸器；
7—除沫器；8—分离器；9—热交换器；10—泵

图 2-5 苯绝热硝化工艺流程示意图

2.4 氨解反应

氨解反应是指含有各种不同官能团的有机化合物在胺化剂的作用下生成胺类化合物的过程。氨解有时也称为"胺化"或"氨基化"，但是氨与双键加成生成胺的反应则只能称为胺化，不能称为氨解。

从广义上来说，氨解反应也指用伯胺或仲胺与有机化合物中的不同官能团作用，形成各种胺类的反应。按被置换基团的不同，氨解反应包括卤素的氨解、羟基的氨解、磺酸基的氨解、硝基的氨解、羰基化合物的氨解和芳环上的直接氨解等，通过氨解可以合成得到伯、仲、叔胺。氨解反应的通式可简单表示如下：

$$R-Y+NH_3 \longrightarrow R-NH_2+HY$$

式中，R 可以是脂肪烃基或芳基，Y 可以是羟基、卤基、磺酸基或硝基等。

胺类化合物可分芳香胺和脂肪胺。脂肪胺中，又分为低级脂肪胺和高级脂肪胺。制备脂肪族伯胺的主要方法包括醇羟基的氨解、卤基的氨解以及脂肪酰胺的加氢等，其中以醇羟基的氨解最为重要。芳香胺的制备，一般采用硝化还原法，当此方法的效果不佳时，可采用芳环取代基的氨解的方法。这些取代基可以是卤基、酚羟基、磺酸基以及硝基等。其中，以芳环上的卤基的氨解最为重要，酚羟基次之。

脂肪胺和芳香胺是重要的化工原料及中间体，可广泛用于合成农药、医药、表面活性剂、染料及颜料、合成树脂、橡胶、纺织助剂以及感光材料等。例如，胺与环氧乙烷反应可得到非离子表面活性集，胺与脂肪酸作用形成铵盐可以作缓蚀剂、矿石浮选剂，季铵盐可用做阳离子表面活性剂或相转移催化剂等。

2.4.1　氨解反应的原理

1. 脂肪族化合物氨解反应历程

氨与有机化合物反应时通常是过量的,反应前后氨的浓度变化较小,因此常常按一级反应来处理,但实际为二级反应。

当进行酯的氨解时,几乎仅得到酰胺一种产物。而脂肪醇与氨反应则可以得到伯胺、仲胺、叔胺的平衡混合物,因此研究较多的是酯类氨解的反应历程。酯氨解的反应历程可以表示如下。

$$R-\underset{H}{\overset{|}{O}}+NH_3 \rightleftharpoons R-\underset{H}{\overset{|}{\overset{+}{O}}}\cdots H\cdots NH_2^-$$

$$R-\underset{H}{\overset{|}{\overset{+}{O}}}\cdots H\cdots \overset{-}{NH_2}+R^1COOR^2 \rightleftharpoons [R-\underset{H}{\overset{|}{O}}\cdots H\cdots NH_2-\underset{OR^2}{\overset{R^1}{\overset{|}{\underset{|}{C^+-O^-}}}}] \longrightarrow R^1CONH_2+R^2OH+ROH$$

式中,ROH 代表含羟基的催化剂;R^1 和 R^2 表示酯中的脂肪烃或芳烃基团。

必须注意,在进行酯氨解反应时,水的存在将会使氨解反应产生少部分水解副反应。另外,酯中烷基的结构对氨解反应速率的影响很大,烷基或芳基的分子量越大结构越复杂,氨解反应的速率越慢。

2. 芳香族化合物氨解反应历程

(1)氨基置换卤原子

①催化氨解。氯苯、1-氯萘、1-氯萘-4-磺酸和对氯苯胺等,在没有铜催化剂存在时,在 235℃、加压下与氨不发生反应;但是当有铜催化剂存在时,上述氯衍生物与氨水共热至 200℃时,都能反应生成相应的芳胺。以氯苯为例催化氨解的反应历程可表示如下。

$$ArCl+[Cu(NH_3)_2]^+ \xrightarrow{\text{慢}} [ArCl \cdot Cu(NH_3)_2]^+$$

$$[ArCl \cdot Cu(NH_3)_2]^+ \xrightarrow{+NH_3} ArNH_2+[Cu(NH_3)_2]^+ +NH_4Cl$$

$$[ArCl \cdot Cu(NH_3)_2]^+ \xrightarrow{+OH^-} ArOH+[Cu(NH_3)_2]^+ +Cl^-$$

此反应是分两步进行的:第一步是催化剂与氯化物反应生成正离子络合物,这是反应的控制阶段;第二步是正离子络合物与氨、氢氧根离子等迅速反应生成产物苯胺及副产苯酚等的同时又产生铜氨离子。

研究表明在氨解反应中反应速率与铜催化剂和氯衍生物的浓度成正比,而与氨水的浓度无关。全部过程的速度不决定于氨的浓度,但主、副产物的比例决定于氨、OH－的比例。

②非催化氨解。对于活泼的卤素衍生物,如芳环上含有硝基的卤素衍生物,通常以氨水为氨解剂,可使卤素被氨基置换。例如,邻硝基氯苯或对硝基氯苯与氨水溶液加热时,氯被氨基置换反应按下式进行。

$$\underset{\text{NO}_2}{\overset{\text{Cl}}{\bigcirc}} + 2NH_3 \longrightarrow \underset{\text{NO}_2}{\overset{\text{NH}_2}{\bigcirc}} + NH_4Cl$$

其反应历程属于亲核置换反应。反应分两步进行,首先是带有未共用电子对的氨分子向芳环上与氯原子相连的碳原子发生亲核进攻,得到带有极性的中间加成物,然后该加成物迅速转化为铵盐,并恢复环的芳香性,最后再与一分子氨反应,得到反应产物。决定反应速率的步骤是氨对氯衍生物的加成。例如,对硝基氯苯的氨解历程可表示如下。

$$\underset{\text{NO}_2}{\overset{\text{Cl}}{\bigcirc}} + NH_3 \underset{\text{慢}}{\rightleftharpoons} \underset{\text{N}^+}{\overset{\text{Cl}\ \overset{+}{N}H_3}{\bigcirc}} \xrightarrow[-Cl^-]{\text{快}} \underset{\text{NO}_2}{\overset{\overset{+}{N}H_3}{\bigcirc}} \xrightarrow[+NH_3,\ -NH_4^+]{\text{快}} \underset{\text{NO}_2}{\overset{\text{NH}_2}{\bigcirc}}$$

芳胺与 2,4-二硝基卤苯的反应也是双分子亲核置换反应,其反应历程的通式表示如下。

$$ArNH_2 + \underset{\text{NO}_2}{\overset{\text{X}\quad\text{NO}_2}{\bigcirc}} \rightleftharpoons \overset{\text{X}\ \overset{+}{N}H_2Ar}{\underset{\text{N}}{\bigcirc}}_{NO_2} \longrightarrow \underset{\text{NO}_2}{\overset{\text{NHAr}\quad\text{NO}_2}{\bigcirc}} + HX$$

（2）氨基置换羟基

氨基置换羟基的反应以前主要用在萘系和蒽醌系芳胺衍生物的合成上,近年来又发展了在催化剂存在下,通过气相或液相氨解,制取包括苯系在内的芳胺衍生物。羟基被置换成氨基的难易程度与羟基转化成酮式（即醇式转化成酮式）的难易程度有关。一般来说,转化成酮式的倾向性越大,则氨解反应越容易发生。例如:苯酚与环己酮的混合物,在 Pd－C 催化剂存在下,与氨水反应,可以得到较高收率的苯胺。

$$\bigcirc=O + NH_3 \longrightarrow \bigcirc=NH + H_2O$$

$$\bigcirc=NH + \underset{}{\overset{\text{OH}}{\bigcirc}} \longrightarrow \underset{}{\overset{\text{NH}_2}{\bigcirc}} + \bigcirc=O$$

某些萘酚衍生物在酸式亚硫酸盐存在下,在较温和的条件下与氨水作用转变为萘胺衍生物的反应,称为布赫勒（Bucherer）反应。Bucherer 反应主要用于从 2-萘酚磺酸制备 2-萘胺磺酸。其反应可表示如下:

（3）氨基置换硝基

由于向芳环上引入硝基的方法早已成熟，因此近十几年来利用硝基作为离去基团在有机合成中的应用发展较快。硝基作为离去基团被其他亲核质点置换的活泼性与卤化物相似。氨基置换硝基的反应按加成消除反应历程进行。

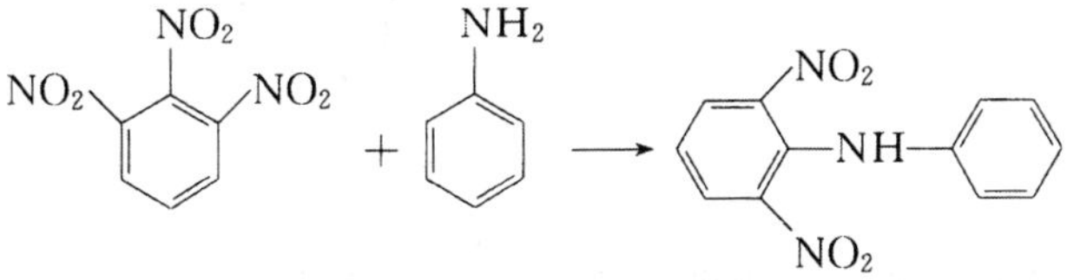

硝基苯、硝基甲苯等未被活化的硝基不能作为离去基团发生亲核取代反应。

2.4.2　氨解反应的方法

1. 氯代烃氨解

卤烷与氨、伯胺或仲胺的反应是合成胺的一条重要路线。由于脂肪胺的碱性大于氨，反应生成的胺容易与卤烷继续反应，所以用此方法合成脂肪胺时，产物常为混合物。

$$RX \xrightarrow{NH_3} RNH_2 \cdot HX$$

$$RX \xrightarrow{RNH_2} R_2NH \cdot HX$$

$$RX \xrightarrow{R_2NH} R_3N \cdot HX$$

一般来说，小分子的卤烷进行氨解反应比较容易，常用氨水作氨解剂；大分子的卤烷进行氨解反应比较困难，要求用氨的醇溶液或液氨作氨解剂。卤烷的活泼顺序是 $RI>RBr>RCl>RF$。叔卤烷氨解时，由于空间位阻的影响，将同时发生消除反应，副产生成大量烯烃。所以一般不用叔卤烷氨解制叔胺。另外，由于得到的是伯胺、仲胺与叔胺的混合物，要求庞大的分离系统，而且必须有廉价的原料卤烷，因此，除了乙二胺等少数品种外，一些大吨位的脂肪胺已不再采用此路线。

芳香卤化物的氨解反应比卤烷困难得多，往往需要强烈的条件（高温、催化剂和强氨解剂）才能进行反应。芳环上带有吸电子基团时反应容易进行，这时氟的取代速度远远超过氯和溴，反应的活泼顺序是：$F \gg Cl \approx Br > I$。原因是亲核试剂加成形成 σ-络合物是反应速率的控制阶段，氟的电负性最强，最容易形成 σ-络合物。

当卤代衍生物在醇介质中氨解时，部分反应可能是通过醇解的中间阶段，即反应遵循下述（a）、（b）两种途径，其中（b）途径先进行醇解，然后再进行甲氧基置换。

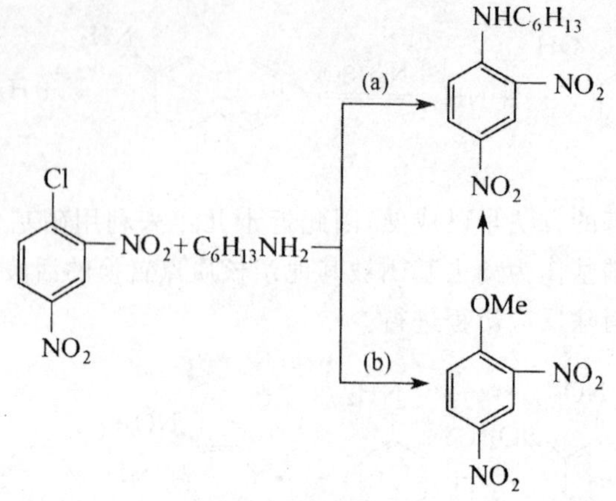

2. 醇的氨解

大多数情况下醇的氨解要求较强烈的反应条件,需要加入催化剂(如 Al_2O_3)和较高的反应温度。

$$ROH + NH_3 \xrightarrow[Al_2O_3]{\Delta} RNH_2 + H_2O$$

通常情况下,得到的反应产物也是伯胺、仲胺、叔胺的混合物,采用过量的醇,生成叔胺的量较多,采用过量的氨,则生成伯胺的量较多,除了 Al_2O_3 外,也可选用其他催化剂,例如,在 CuO/Cr_2O_3 催化剂及氢气的存在下,一些长链醇与二甲胺反应可得到高收率的叔胺。

$$ROH + HN(CH_3)_2 \xrightarrow[H_2/CuO, Cr_2O_3]{220℃\sim235℃} RN(CH_3)_2$$

式中,R 为 C_8H_{17}、$C_{12}H_{25}$、$C_{16}H_{33}$。

许多重要的低级脂肪胺即是通过相应的醇氨解制得的,例如由甲醇得到甲胺。

3. 酚的氨解

酚类的氨解方法与其结构有比较密切的关系。不含活化取代基的苯系单羟基化合物的氨解,要求十分剧烈的反应条件,例如,间甲酚与氯化铵在 350℃和一定压力下反应 2 h 可以得到等量的间甲苯胺和双间甲苯胺,其转化率仅有 35%,由苯酚制取苯胺的工艺始于 1947 年,直到 20 世纪 70 年代后才投入工业生产,称为赫尔(Hallon)合成苯胺法,在这以后,其他苯系羟基化合物的氨解也取得了较多的进展。例如,间甲酚在 Al_2O_3-SiO_2 催化剂存在下气相氨解可以制得间甲苯胺。

2-羟基萘-3-甲酸与氨水及氯化锌在高压釜中 195℃反应 36 h,得到 2-氨基萘-3-甲酸,收率 66%~70%。

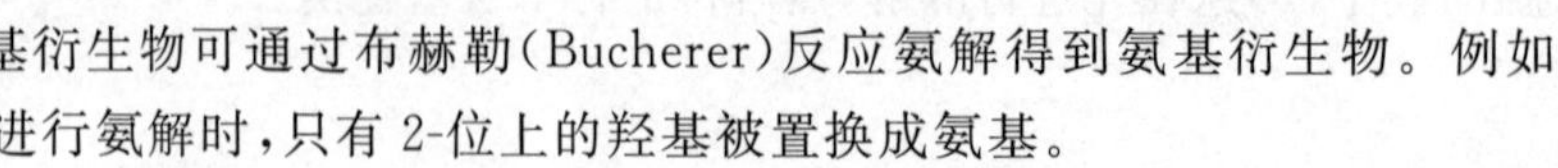

萘系羟基衍生物可通过布赫勒(Bucherer)反应氨解得到氨基衍生物。例如,当 2,8-二羟基萘-6-磺酸进行氨解时,只有 2-位上的羟基被置换成氨基。

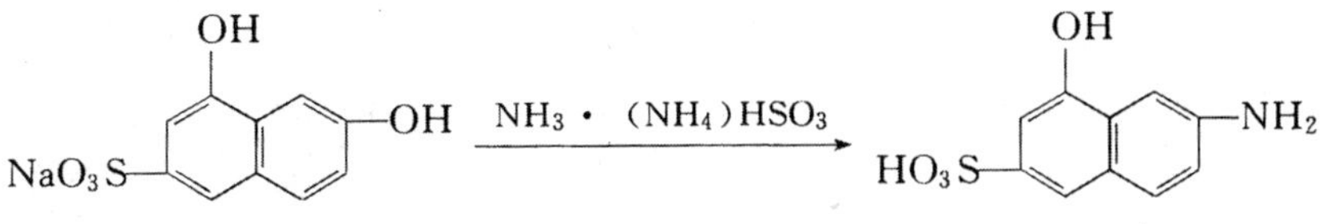

4. 磺酸基氨解

磺酸基氨解的一个实际用途是由 2,6-蒽醌二磺酸氨解制备 2,6-二氨基蒽醌,其反应式如下:

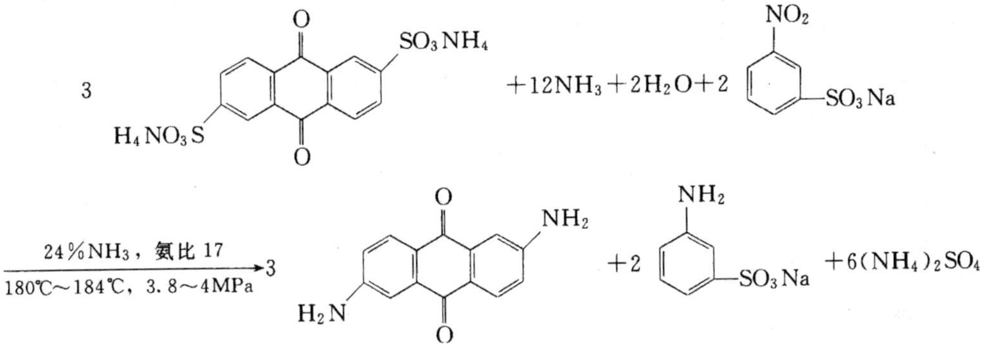

2,6-二氨基蒽醌是制备黄色染料的中间体,反应中的间硝基磺酸被还原成间氨基苯磺酸,使亚硫酸盐氧化成硫酸盐。

5. 硝基氨解

硝基氨解主要指芳环上硝基的氨解,芳环上含有吸电子基团的硝基化合物,环上的硝基是相当活泼的离去基团,硝基氨解是其实际应用的一个方面,例如,1-硝基蒽醌与过量的 25% 的氨水在氯苯中于 15℃和 1.7 MPa 压力下反应 8 h,可得到收率为 99.5% 的 1-氨基蒽醌,其纯度达 99%,采用 $C_1 \sim C_8$ 的直链一元醇或二元醇的水溶液作溶剂,使 1-硝基蒽醌与过量的氨水在 110℃～150℃反应,可以得到定量收率的 1-氨基蒽醌。

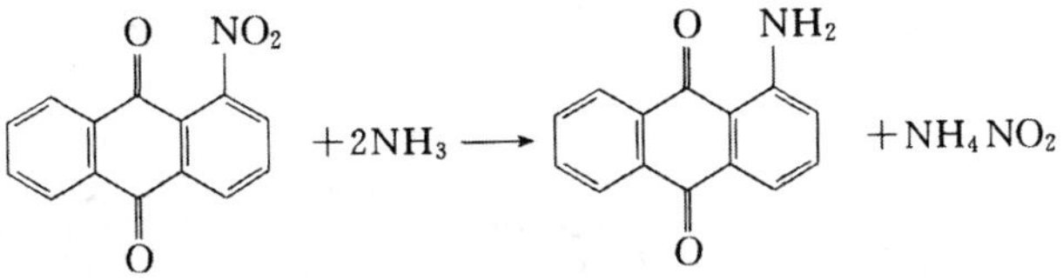

如果反应生成的亚硝酸铵大量堆积,干燥时有爆炸危险性,采用过量较多的氨水使亚硝酸铵溶在氨水中,出料后必须用水冲洗反应器,以防事故发生。

1-硝基蒽醌在苯介质中 50℃时与氢化吡啶的反应速率是 1-氯蒽醌进行同一反应的 12 倍。1-硝基-4-氯蒽醌与丁胺在乙醇中在 50℃～60℃反应,主要得到硝基被取代的产物,收率 74%。由此可见,作为离去基团,硝基比氯活泼得多。

当 2,3-二硝基萘与氢化吡啶相作用,定量生成 3-硝基-1-氢化吡啶萘。这是由于亲核攻击发生在 α-位,它属于加成-消除反应。

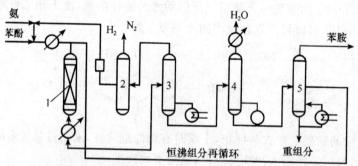

2.4.3　氨解反应的应用

1. 苯胺的生产

苯胺是最简单的芳伯胺。据粗略统计,目前大约有300多种化工产品和中间体是经由苯胺制得的,合成聚酯和橡胶化学品是它的最大的两种用途。

苯胺是一种有强烈刺激性气味的无色液体,微溶于水,易溶于醇、醚及丙酮、苯和四氯化碳中。它是一种重要的芳香胺,主要用作聚氨酯原料,市场需求量大。目前世界上生产苯胺主要有两种方法,即硝基苯加氢还原法和苯酚的氨解法。氨解法的优点是不需将原料氨氧化成硝酸,也不消耗硫酸,三废少,设备投资也少(仅为硝基还原法的25%)。但是,反应产物的分离精致比较复杂。氨解法中又可分为气相氨解法和液相氨解法,但前者更重要。

(1)方法

气固相催化氨解法。

(2)反应式

$$\text{(OH)} + NH_3 \longrightarrow \text{(NH}_2\text{)} + H_2O$$

(3)工艺过程

苯酚氨解制苯胺的生产流程如图2-6所示。

1—反应器;2—分离器;3—氨回收塔;4—干燥器;5—提纯蒸馏塔

图2-6　苯酚氨解制苯胺的生产流程示意图

苯酚气体与氨的气体(包括循环回用氨)经混和加热至385℃后,在1.5 MPa下进入绝热固定床反应器。通过硅酸铜催化剂进行氨解反应,生成的苯胺和水经冷凝进入氨回收蒸馏塔,自塔顶出来的氨气经分离器除去氢、氮,氨可循环使用。脱氨后的物料先进入干燥器中脱水,再进入提纯蒸馏塔,塔顶得到产物苯胺,塔底为含二苯胺的重馏分,塔中分出的苯酚-苯胺共沸物,可返回反应器继续反应。苯酚的转化率为95%,苯胺的收率为93%。

苯酚氨解法生产苯胺的设备投资仅为硝基苯还原法的1/4,且催化剂的活性高、寿命长,

"三废"量少。如有廉价的苯酚供应,此法是有发展前途的路线。

2. 邻硝基苯胺的生产

邻硝基苯胺为橙黄色片状或针状结晶,易溶于醇、氯仿,微溶于冷水。它是制作橡胶防老剂以及农药多菌灵和托布津的重要原料,也是冰染染料的色基(橙色基 GC),可用于棉麻织物的染色。邻硝基苯胺可通过邻硝基氯苯的氨解直接得到,其生产过程可以是间歇的,也可以是连续的。

(1)方法

高压管道连续氨解法。

(2)反应式

$$\text{（反应式）} +2NH_3 \longrightarrow \text{（产物）} +NH_4Cl$$

(3)工艺过程

合成工艺有间歇和连续两种。表 2-1 列出这两种合成方法的主要工艺参数。

表 2-1　两种生产邻硝基苯胺方法的工艺参数对比

反应条件	高压管道法	高压釜法
氨水浓度/(g/L)	300～320	290
邻硝基氯苯二氨/物质的量之比	1:15	1:8
反应温度/℃	230	170～175
压力/MPa	15	305
时间/min	15～20	420
收率/%	98	98
成品熔点/℃	69～70	69～69.5
设备生产能力/[kg/(L·h)]	0.6	0.012

由表 2-1 可见采用高压管道法可以大幅度提高生产能力,而且采用连续法生产便于进行自动控制。图 2-7 是采用高压管道法生产邻硝基苯胺的工艺流程。用高压计量泵分别将已配好的浓氨水及熔融的邻硝基氯苯 15:1 的物质的量之比连续送入反应管道中,反应管道可采用短路电流(以管道本身作为导体,利用电流通过金属材料将电能转化为热能,国内已有工厂采用这种电加热方式并取得成功)或管道生油加热。反应物料在管道中呈湍流状态,控制温度在 225℃～230℃,物料在管道中的停留时间约 20 min。通过减压阀后已降为常压的反应物料,经脱氨装置回收过量的氨,再经冷却结晶和离心过滤,即得到成品邻硝基苯胺。

近期专利报道,在高压釜中进行邻硝基氯苯氨解时,加入适量氯化四乙基铵相转移催化剂,在 150℃反应 10 h,邻硝基苯胺的收率可达 98.2%,如果不加上述催化剂,则收率仅有 33%。

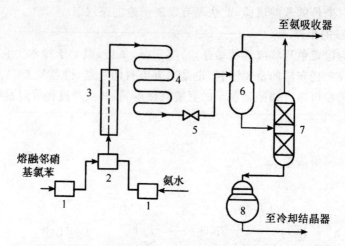

1—高压计量泵;2—混合器;3—预热器;4—高压管式反应器;

5—减压阀;6—氨蒸发器;7—脱氨塔;8—脱氨塔釜

图 2-7　邻硝基苯胺的生产流程示意图

必须指出,邻硝基苯胺能使血液严重中毒,在生产过程中必须十分注意劳动保护。

第3章 氧化还原反应

氧化还原反应是一类最普通、最常用的有机化学反应。

有机化学中常把加氧或脱氢反应称为氧化反应。从广义上讲,氧化反应是指参与反应的原子或基团失去电子或氧化数增加的反应,一般包括以下几个方面:

①氧对底物的加成,如酮转化为酯的反应。

②脱氢,如烃变为烯、炔,醇生成醛、酸等反应。

③从分子中失去一个电子,如酚的负离子转化成苯氧自由基的反应。

所以利用氧化反应可以制得醇、醛、酮、羧酸、酚、环氧化合物和过氧化物等有机含氧的化合物外,还可以制备某些脱氢产物,如环己二烯脱氢生成苯。氧化反应不涉及形成新的碳卤、碳氢、碳硫键。

还原反应在精细有机合成中占有重要的地位。广义地讲,在还原剂的作用下,能使某原子得到电子或电子云密度增加的反应称为还原反应。狭义地讲,能使有机物分子中增加氢原子或减少氧原子的反应,或者两者兼而有之的反应称为还原反应。

还原反应内容丰富,其范围广泛,几乎所有复杂化合物的合成都涉及还原反应。

3.1 化学氧化反应

化学氧化法由于选择性高,工业简单,条件温和,易操作,所以是日常应用的常规氧化反应方法。化学氧化是除空气或氧气以外的化学物质作氧化剂的氧化方法。

3.1.1 高锰酸钾氧化

高锰酸的钠盐易潮解,钾盐具有稳定结晶状态,故用高锰酸钾作氧化剂。高锰酸钾是强氧化剂,无论在酸性、中性或碱性介质中,都能发挥氧化作用。在强酸性介质中的氧化能力最强,Mn^{7+} 还原为 Mn^{2+};在中性或碱性介质中,氧化能力弱一些,Mn^{7+} 还原为 Mn^{4+}。

$$2KMnO_4 + 3H_2SO_4 \longrightarrow 2MnSO_4 + K_2SO_4 + 3H_2O + 5[O]$$

$$2KMnO_4 + 2H_2O \longrightarrow 2MnO_2 + 2KOH + 3[O]$$

在酸性介质中,高锰酸钾的氧化性太强,选择性差,不易控制,而锰盐难于回收,工业上很少用酸性氧化法。在中性或碱性条件下,反应容易控制,MnO_2 可以回收,不需要耐酸设备;反应介质可以是水、吡啶、丙酮、乙酸等。

高锰酸钾是强氧化剂,能使许多官能团或 α-碳氧化。当芳环上有氨基或羟基时,芳环也被氧化。例如:

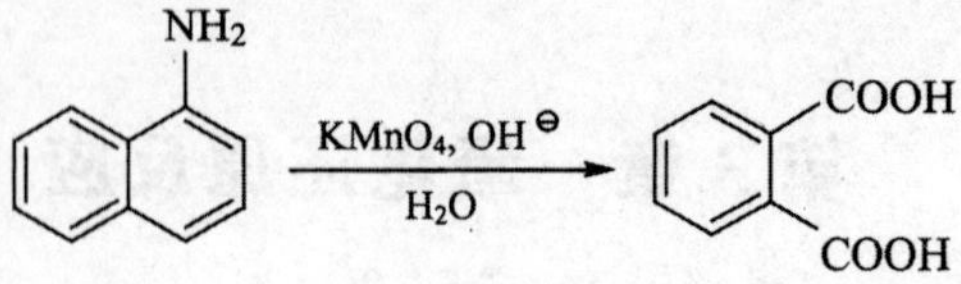

因此,当使用高锰酸钾作氧化剂时,对于芳环上含有氨基或羟基的化合物,要首先进行官能团的保护。

高锰酸钾氧化含有 α-氢原子的芳环侧链,无论侧链长短均被氧化成羧基。无 α-氢原子的烷基苯如叔丁基苯很难氧化,在激烈氧化时,苯环被破坏性氧化。当芳环侧链的邻位或对位含有吸电子基团时,很难氧化,但使用高锰酸钾作氧化剂反应能顺利进行。

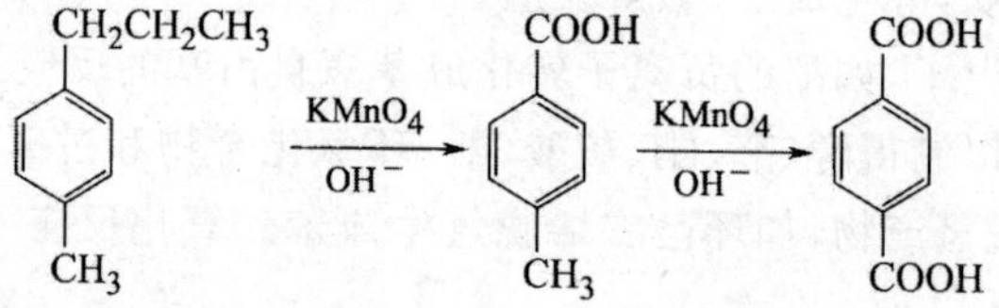

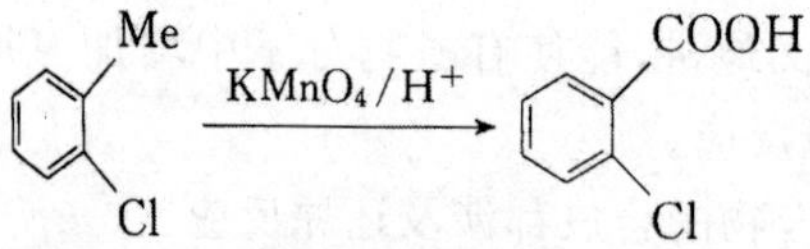

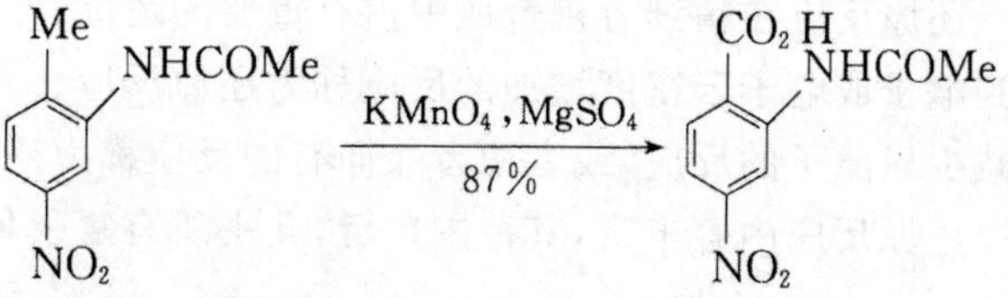

在酸性介质中,高锰酸钾氧化烯键,双键断裂生成羧酸或酮。如:

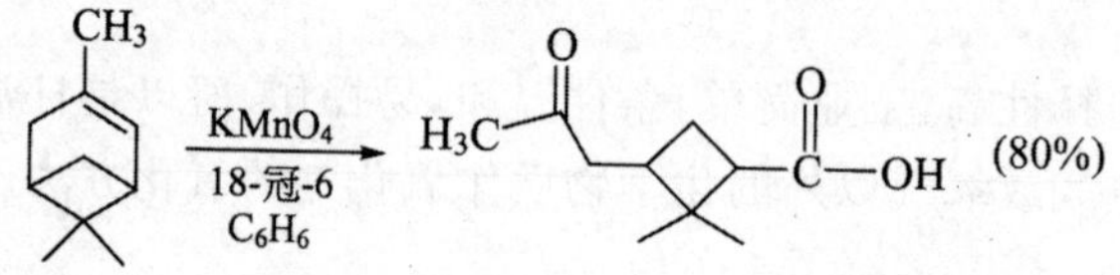

在碱性介质中,高锰酸钾和赤血盐一起氧化 3,4,5-三甲氧基苯甲酰肼得到磺胺增效剂 TMP 的中间体 3,4,5-三甲氧基苯甲醛。

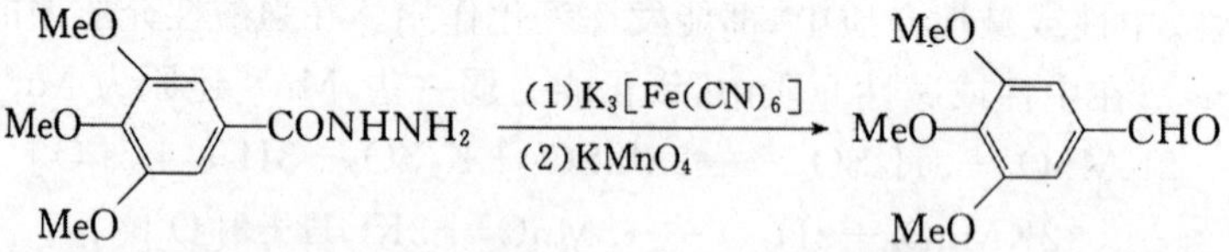

在碱性条件下异丙苯很容易被空气氧化生成过氧化氢异丙苯,后者在稀酸作用下,分解为苯酚和丙酮。这是生成苯酚和丙酮的重要工业方法。

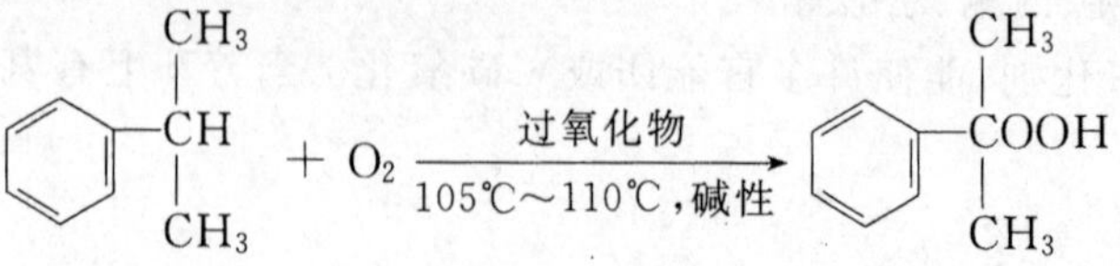

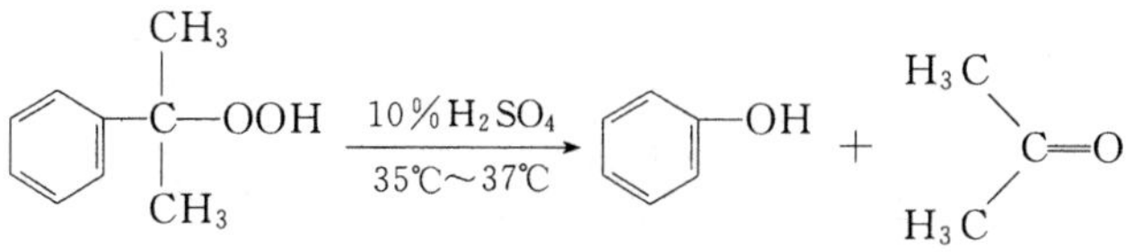

二氧化锰是较温和的氧化剂,可用于芳醛、醌类或在芳环上引入羟基等。二氧化锰特别适合于烯丙醇和苄醇羟基的氧化,反应在室温下,中性溶液(水、苯、石油醚和氯仿)中进行。在浓硫酸中氧化时,二氧化锰的用量可接近理论值,在稀硫酸中氧化时,二氧化锰需过量。

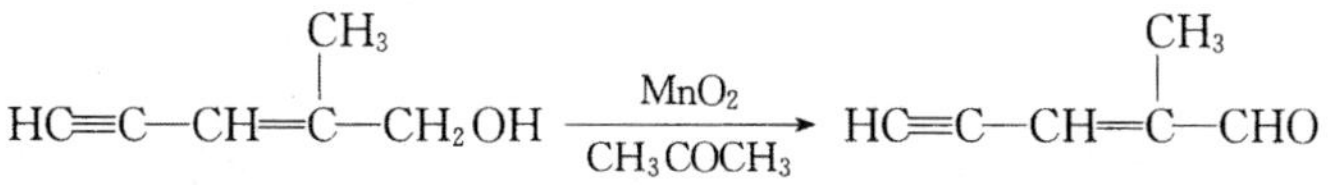

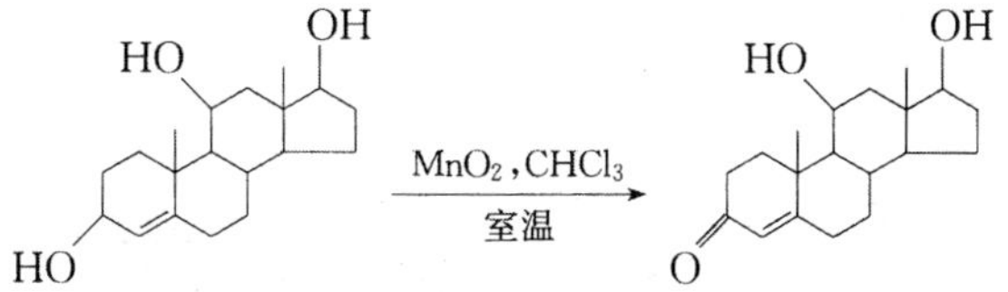

在脂肪醇存在下,二氧化锰能实现烯丙醇和苄醇的选择性氧化。例如,合成生物碱雪花胺的过程。

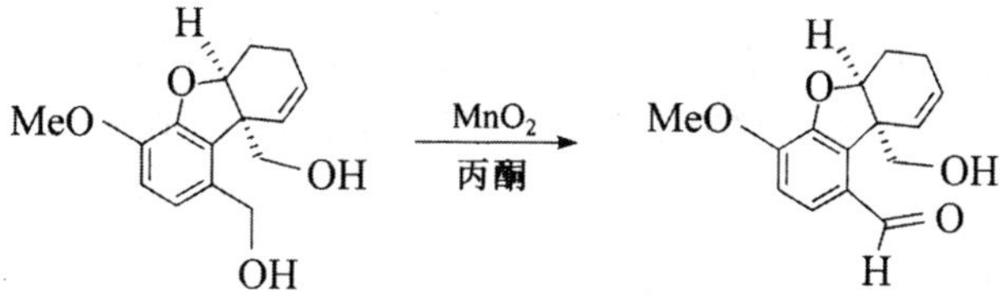

97%

三价硫酸锰也是温和的氧化剂,可将芳环侧链的甲基氧化成醛基。如:

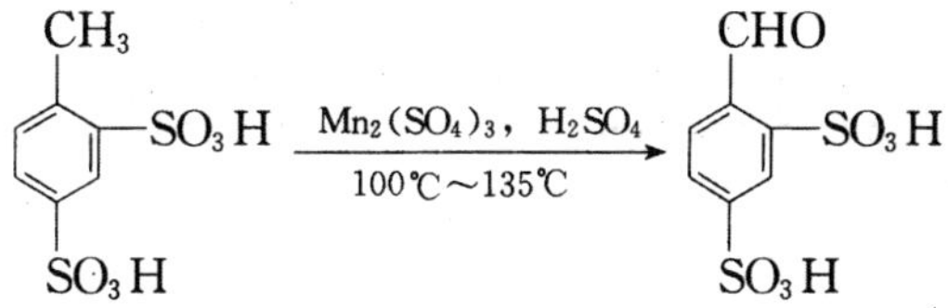

3.1.2　铬化合物的氧化

最常用的铬氧化物为[Cr(Ⅵ)],存在形式有 $CrO_3 + OH^-$ 、$HCrO_4^-$ 、$Cr_2O_7^{2-} + H_2O$ 。Cr(Ⅵ)氧化剂常用的有重铬酸钾(钠)的稀硫酸溶液($K_2Cr_2O_7\text{-}H_2SO_4$);三氧化铬溶于稀硫酸的溶液(Jones 试剂,$CrO_3\text{-}H_2SO_4$);三氧化铬加入吡啶形成红色晶体(Collins 试剂,$CrO_3\text{-}2$ 吡啶;Sarett 试剂,CrO_3/吡啶);三氧化铬加入吡啶盐酸中形成橙黄色晶体(PCC,$CrO_3\text{-}Pyr\text{-}HCl$);重铬酸吡啶盐亮橙色晶体(PDC,$H_2Cr_2O_7\text{-}2Pyr$)。

Sarett 试剂、Collins 试剂、PCC 和 PDC 试剂都是温和的选择性氧化剂,可溶于二氯甲烷、氯仿、乙腈、DMF 等有机溶剂,能将伯醇氧化成为醛,仲醇氧化成酮,碳碳双键不受影响。

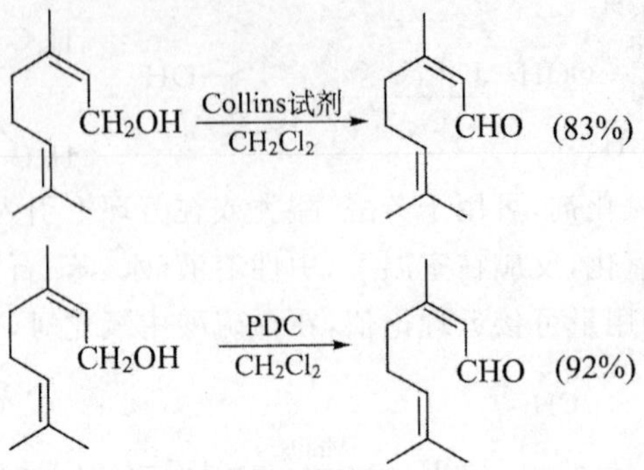

CH₂OH
Collins试剂
CH₂Cl₂
CHO (83%)
CH₂OH
PDC
CH₂Cl₂
CHO (92%)

溶剂的极性对氧化剂的氧化能力有很大的影响。如 PDC 氧化剂，在不同极性的溶剂中可得到不同的产物。

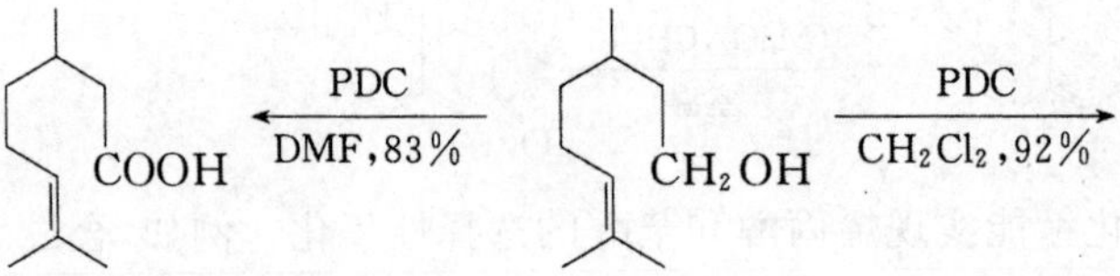

PDC
DMF,83%
COOH
CH₂OH
PDC
CH₂Cl₂,92%
CHO

3.1.3 过氧化氢的氧化

过氧化氢是温和的氧化剂，通常使用30%～42%的过氧化氢水溶液。过氧化氢氧化后生成水，无有害残留物。但是双氧水不够稳定，只能在低温下使用，工业上主要用于有机过氧化物和环氧化合物的制备。

1. 制备有机过氧化物

过氧化氢与羧酸、酸酐或酰氯反应生成有机过氧化物。如在硫酸存在下，甲酸或乙酸用过氧化氢氧化，中和得过甲酸或过乙酸水溶液。

$$CH_3\overset{O}{\overset{\|}{C}}-OH + H_2O_2 \xrightarrow{H_2SO_4} CH_3\overset{O}{\overset{\|}{C}}-O-OH + H_2O$$

酸酐与过氧化氢作用，可直接制得过氧二酸。

O
CH₂—C
O + 2H₂O₂
CH₂—C
O
t<10℃
O
C
OH
CH₂
O
CH₂
O
C
OH
O
+2H₂O

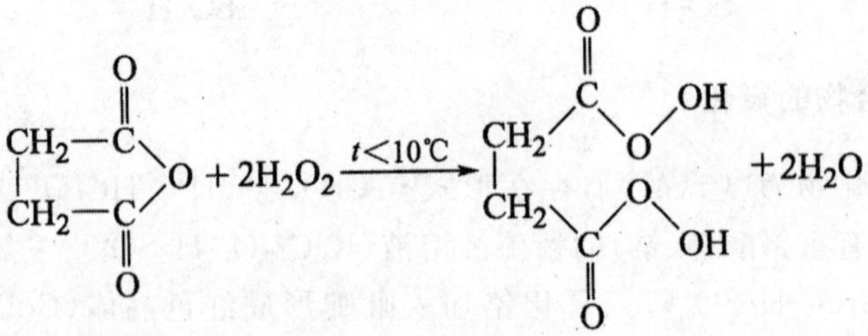

在碱性溶液中，苯甲酰氯用过氧化氢氧化，可得过氧化苯甲酰。

2
COCl +H₂O₂+2NaOH
O
C—O—O—C
O
+2NaCl+2H₂O

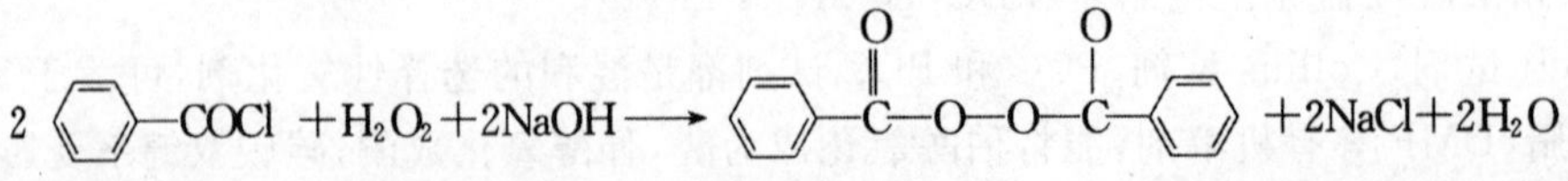

氯代甲酸酯与过氧化氢的碱性溶液作用，得多种过氧化二碳酸酯，其中重要的酯有二异丙

酯、二环己酯、双-2-苯氧乙基酯等。

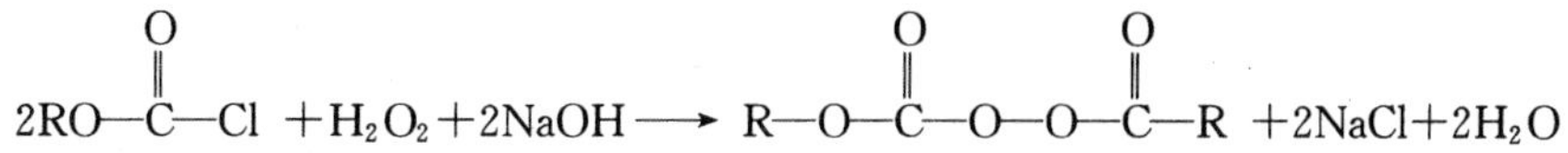

$$2RO-\overset{\overset{\displaystyle O}{\|}}{C}-Cl + H_2O_2 + 2NaOH \longrightarrow R-O-\overset{\overset{\displaystyle O}{\|}}{C}-O-O-\overset{\overset{\displaystyle O}{\|}}{C}-R + 2NaCl + 2H_2O$$

2. 制备环氧化物

用过氧化氢氧化不饱和酸或不饱和酯，可制得环氧化物。例如，精制大豆与在硫酸和甲酸或乙酸存在下与双氧水作用可制取环氧大豆油。

$$HCOOH + H_2O_2 \longrightarrow HCOOOH + H_2O$$

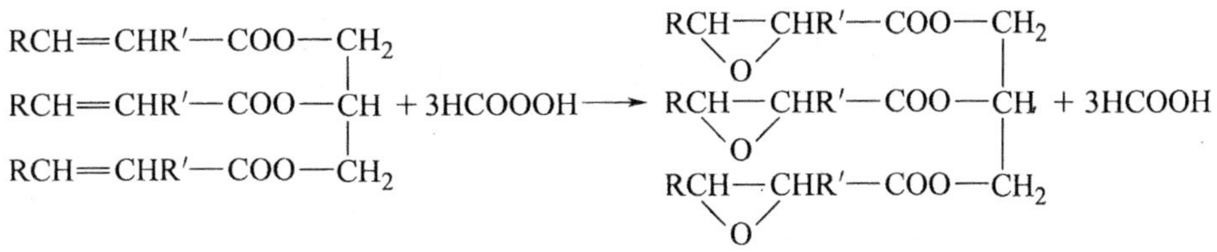

3.1.4 有机过氧酸的氧化

有机过氧酸是重要的氧化剂之一。过氧酸的氧化性主要是应用于对 C=C 双键的环氧化合把酮氧化成酯的反应。常用的有机过氧酸有过氧乙酸（CH_3CO_3H）、过氧三氟乙酸（F_3CCO_3H）、过氧苯甲酸（$C_6H_5CO_3H$，PBA）、过氧间氯苯甲酸（m-$ClC_6H_4CO_3H$，m-CPBA）。一般有机过氧酸不稳定，要在低温下储备或在制备后立即使用。过氧间氯苯甲酸（m-CPBA）的应用较广泛，主要是它的酸度适中，反应效果好，易于控制，比较稳定，可以在室温下储存。

过氧酸的氧化能力与其酸性的强弱成正比：

$$CF_3CO_3H > p\text{-}NO_2C_6H_4CO_3H > m\text{-}ClC_6H_4CO_3H > C_6H_5CO_3H > CH_3CO_3H$$

有机过氧酸一般用过氧化氢氧化相应的羧酸得到。例如：

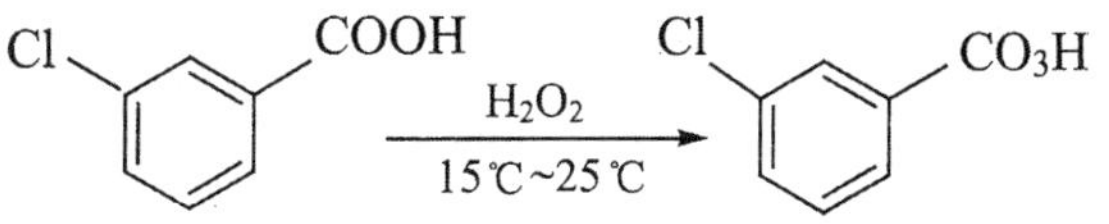

间氯苯甲酸　　　　　　　　　　过氧间氯苯甲酸

① 过氧酸与烯键环氧化反应是亲电性反应，该反应的机理如下：

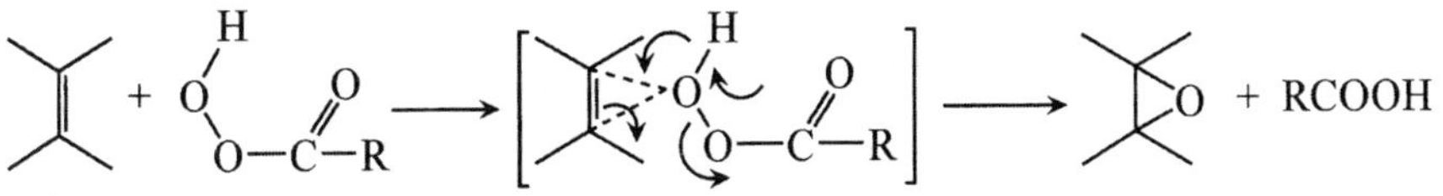

不同取代程度的烯烃，环化的相对速率不同。碳碳双键上的烷基越多，环氧化速率越大。当分子中有两个烯键时，优先环氧化碳碳双键上烷基多的烯烃。例如：

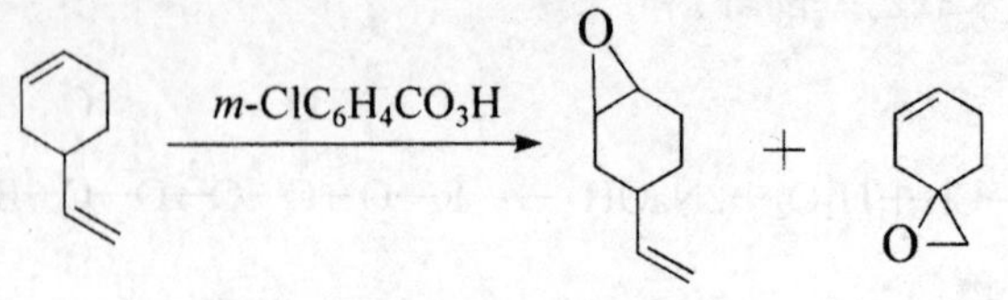

91%　　3%

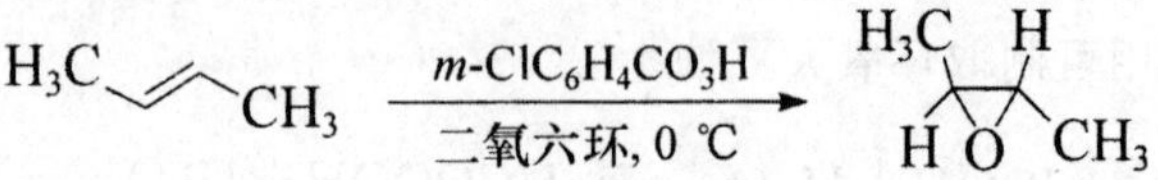

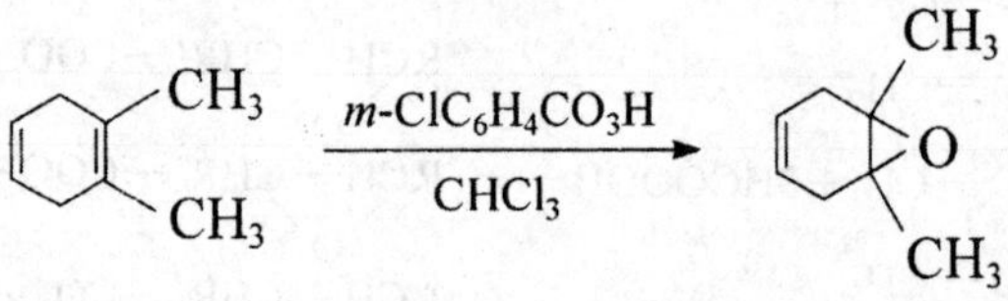

80%

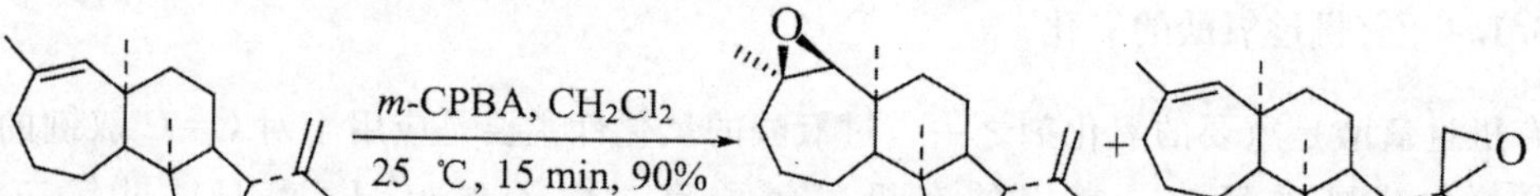

(86%)　　(4%)

烯烃与过氧酸的反应是空间立体定向的反应，当环烯烃上有取代基时，由于分子存在空间位阻的影响，过氧酸一般从位阻小的一面进攻双键，主要生成反式的环氧化物。例如：降冰片烯的环氧化，反应式如下：

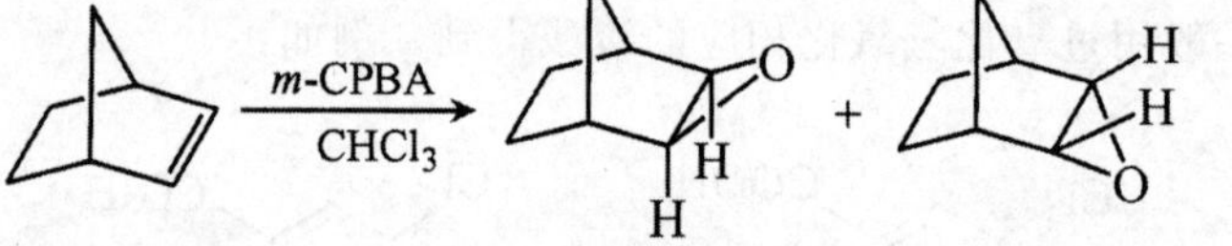

99%　　1%

但是烯丙式醇用过氧酸氧化时，由于过氧酸和醇羟基之间形成氢键，使过氧酸的亲电性氧原子与羟基在同一面进攻烯键，生成的产物 Syn 式。例如：

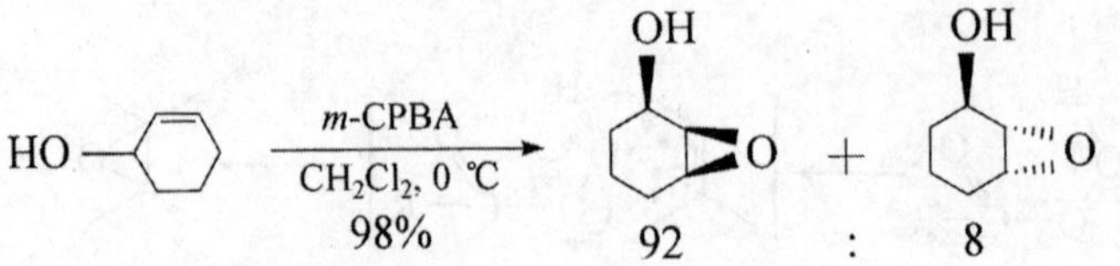

92　:　8

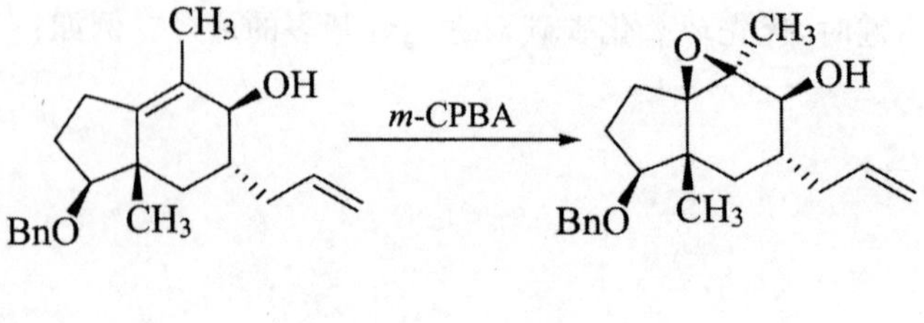

②Baeger-Villiger 反应,是酮类化合物在过氧化物或过氧化氢氧化下,在羰基和一个邻近烃基之间引入一个氧原子,得到相应的酯的反应。其反应机理如下:

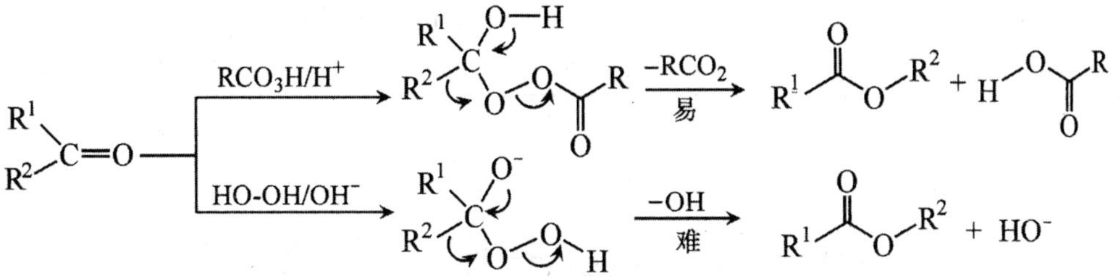

Baeger-Villiger 反应不仅适用于开链酮和脂环酮,也适用于芳香酮,在合成上用于制备多种甾族和萜类内酯以及中环和大环内酯化合物。此外,该反应还提供了一种有酮制备醇的方法,即将生成的酯水解。例如:

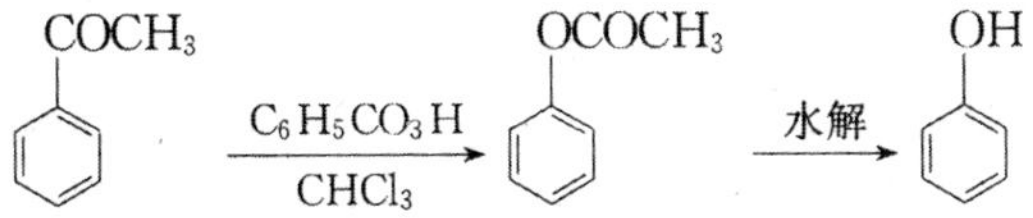

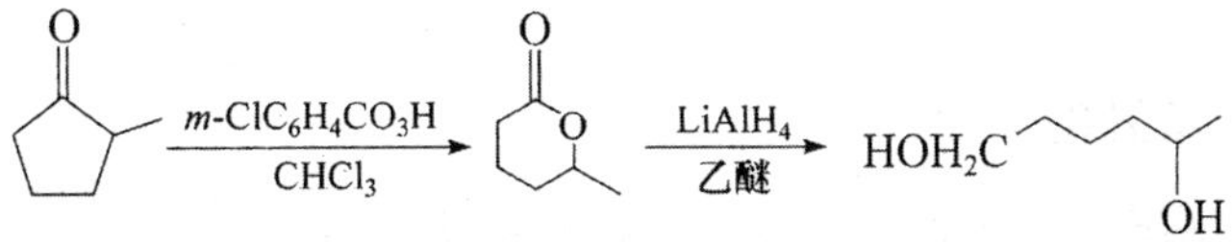

对于不对称酮,羰基两边的基团不同,两个基团都可以发生迁移,基团的亲核性越大,迁移的倾向性也越大,重排基团移位顺序大致为叔烷基>仲烷基,苯基>伯烷基>甲基,对甲氧苯基>苯基>对硝基苯基。在环己基苯甲酮的反应中,苯基迁移比环己快。所以在 Baeger-Villiger 反应中,甲基酮类总是生成乙酸酯;苯基对硝基苯基酮只生成对硝基苯甲酸酯;叔丁基甲基酮也只生成乙酸叔丁酯。这是因为基团的迁移的难易与其所处过渡态中容纳正电荷的能力有关,但在某些情况下似乎也与立体效应有关[①],同时与实验条件也有一定的关系。在桥环二酮的 Baeger-Villiger 反应中,这种影响特别明显。例如,1-甲基降樟脑用过氧乙酸氧化时,可以生成正常的内酯,而表樟脑则只生成反常产物。

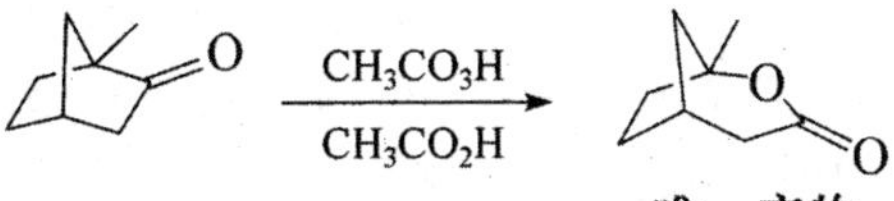

唯一产物

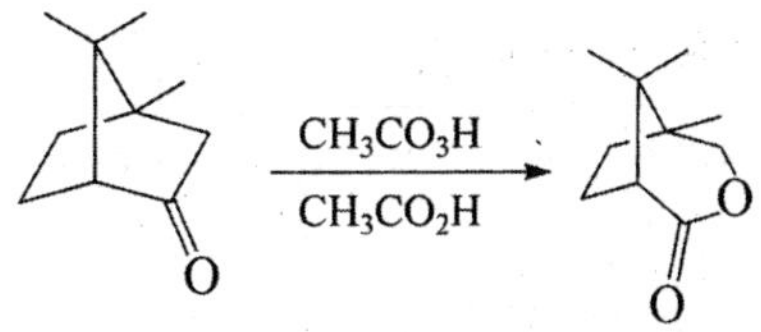

94%

① 王玉炉. 有机合成化学. 北京:科学出版社,2009

桥环二酮的 Baeger-Villiger 反应在天然产物的合成中也得到了广泛的应用。例如,合成前列腺素的中间体的制备:

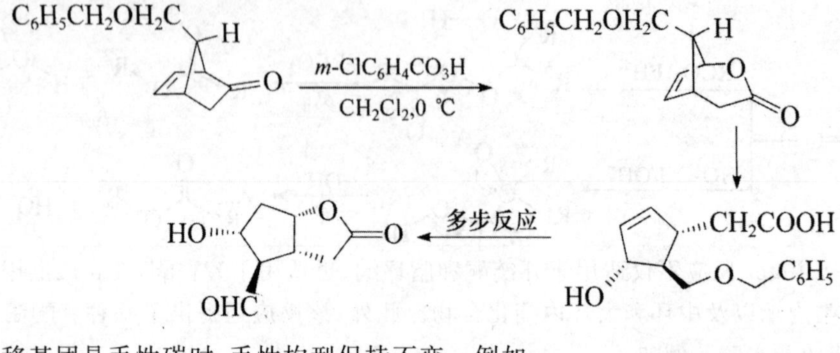

当迁移基团是手性碳时,手性构型保持不变。例如:

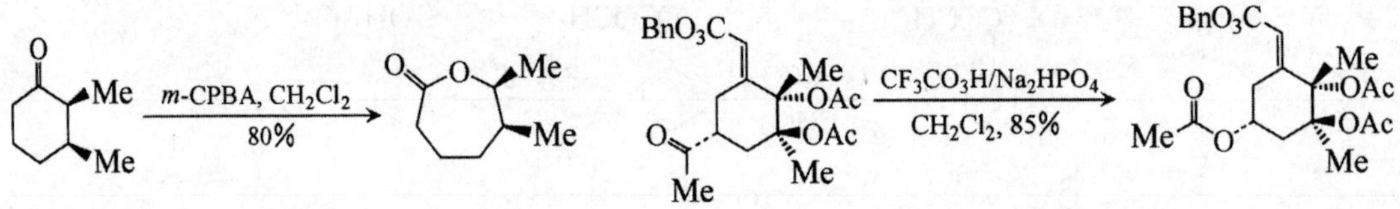

3.1.5 四氧化锇氧化

烯烃与四氧化锇反应是烯烃顺-全羟基化的最好方法,但由于四氧化锇昂贵而且有毒,这种反应只适合于实验室中少量制备顺式二醇。

四氧化锇氧化烯烃,首先生成锇-碳键的四元环状配合物,该配合物被还原水解或氧化水解后生成相应的顺式二醇,有机碱特别是吡啶能加速反应,通常将吡啶加至反应介质中,几乎定量地析出光亮的有色配合物,在该配合物中锇与两分子碱配位。如果用手性的碱代替吡啶,可以得到对映体过量的手性二醇。

四氧化锇可以作为催化剂和其他氧化剂一起配合使用。以前用的氧化剂是氯酸盐和过氧化氢,现在采用叔丁基过氧化氢和叔胺氧化物效果更好。在这种反应中,初始的锇酸酯被氧化剂氧化水解生成四氧化锇,再生的四氧化锇继续参与反应,因此少量四氧化锇就能满足需要。用氯酸盐和过氧化氢的缺点是在某些情况下能形成过度氧化的产物,不能氧化三取代和四取代双键,而采用叔丁基过氧化氢则可克服上述缺点。加入四氧化锇反应时由于试剂的空间要求较大,反应通常优先发生在位阻较小的双键一侧。

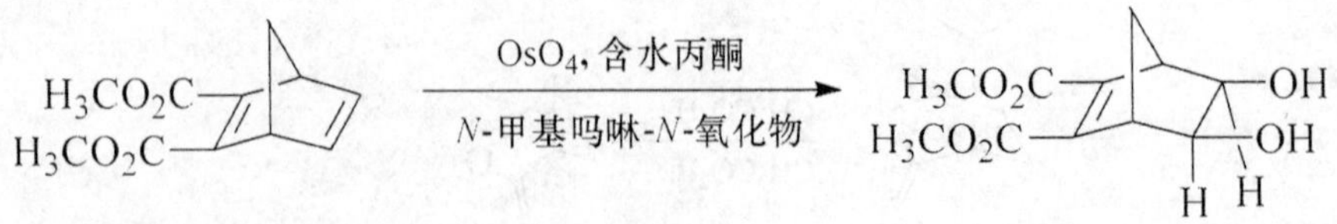

四氧化锇对烯丙醇类化合物的氧化是一种制备 1,2,3-三醇的方法。此外,四氧化锇与醇及相应醚的反应具有高度的立体选择性,选择地形成羟基和新导入的相邻羟基呈赤式关系的异构体。例如,2-环己烯醇被四氧化锇氧化生成三醇。反应是通过四氧化锇对烯丙醇的选择性加成进行的,即优先与羟基相反的双键一侧加成。

3.2　电解氧化反应

电解氧化是指有机化合物的溶液或悬浮液,在电流作用下,负离子向阳极迁移,失去电子的反应。电解氧化与化学氧化或催化氧化相比,具有较高的选择性和收率,所使用的化学试剂简单,反应条件比较温和,产物易分离且纯度高,"三废"污染较少。但是,电解氧化需要解决电极、电解槽和隔膜材料等设备、技术问题,电能消耗较大。由于是一种有效地绿色合成技术,近年来发展很快。

根据化学反应和电解反应是否在同一电解槽中进行,电解氧化分为直接电解氧化和间接电解氧化。

3.2.1　直接电解氧化法

直接电解氧化是在电解质存在下,选择适当的阳极材料,并配合以辅助电极(阴极),化学反应直接在电解槽中发生。该方法设备和工序都较简单,但不容易找到合适的电解条件。

对叔丁基苯甲醛可由对叔丁基甲苯经直接电解氧化得到。在无隔膜聚乙烯塑料电解槽中,碳棒为阳极和阴极,甲醇、乙酸和氟硼酸钠的混合液为电解液,电解对叔丁基甲苯,获得对叔丁基苯甲醛 40% 的选择性 E38J。

电化学方法是传统制备内酯的方法之一。Kashiwagi 等将 (6S,7R,10R)-SPIROX-YL 固定在石墨电极上,用于二元醇的催化氧化内酯化,可获得对映选择性非常高的内酯物。

例如,苯或苯酚在阳极氧化得对苯醌的反应,其反应式如下:

阳极反应:

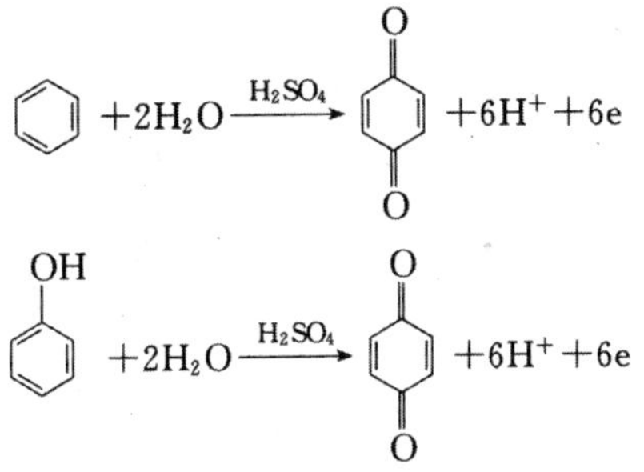

对苯醌在阴极还原为对苯二酚的反应如下:

阴极反应:

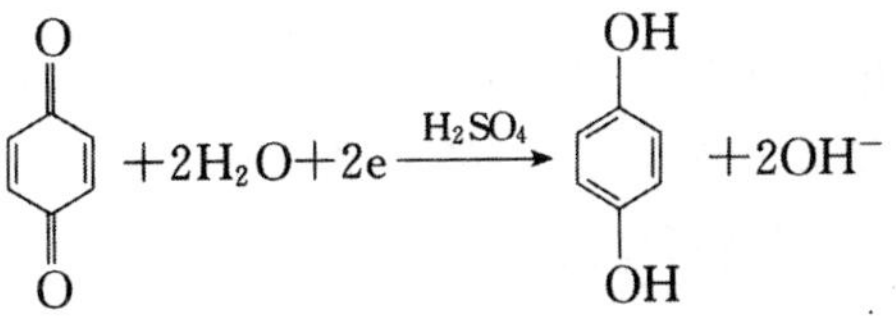

反应用的电解质溶液为 $10\% H_2SO_4$,阳极采用镀钛的二氧化钵,电极电压为 4.5 V,电流密度为 $4 A/dm^2$,电解温度为 $40℃$,压力为 $0.2\sim0.5 MPa$,停留时间为 $5\sim10 s$,对苯二酚收率可达 80%,电流效率 44%。

若反应以稀硫酸为电解质,以屏蔽的镍或铜为阳极,铂-钛合金为阴极,在 34℃～39℃下,苯酚氧化电解,对苯二酚收率可达 60%,而电流效率仅为为 28.1%。虽然对苯二酚的收率提高了,但是反应更加耗能。

对电解条件不易选择,不易解决电解质及电极表面污染等问题时,可用间接电解氧化法。

3.2.2　间接电解氧化法

间接电解氧化是化学反应与电解反应不在同一设备中进行。以可变价金属离子作为传递电子的媒介,高价金属离子作为氧化剂将有机物氧化,高价金属离子被还原成低价金属离子;在阳极,低价金属离子氧化为高价离子,并引出电解槽循环使用。

电解氧化的电极在工作条件下,应稳定,否则影响反应的方向及效率。用水作介质时,阳极应选氧超电压高的材料,防止氧气放出。阴极选用氢超电压低的材料,以有利于氢的放出。常用阳极材料有铂、镍、银、二氧化铅、二氧化铅/钛、钋/钛等,阴极材料有碳、镍、铁等。

用于间接电解氧化的媒质有金属离子对如 Ce^{4+}/Ce^{3+}、Co^{3+}/Co^{2+}、Mn^{3+}/Mn^{2+}、$Cr_2O_7^{2-}/Cr^{3+}$ 等和非金属媒质,如 BrO^-/Br、ClO^-/Cl^-、$S_2O_8^{2-}/SO_4^{2-}$、IO_3^-/IO_4^-。以 Mn^{3+}/Mn^{2+} 为媒质对甲苯电解氧化合成苯甲醛为例,媒质电解反应式为:

$$阳极 \quad Mn^{2+} \longrightarrow Mn^{3+} + e$$
$$阴极 \quad 2H^+ + 2e \longrightarrow H_2 \uparrow$$

反应物的氧化反应为:

$$C_6H_5CH_3 + 4Mn^{3+} + H_2O \longrightarrow C_6H_5CHO + 4Mn^{2+} + 4H^+$$

对二甲苯可被间接电解氧化为对甲基苯甲醛。电解液为偏钒酸铵的硫酸水溶液和对二甲苯的混合液。在无隔膜的槽内式间接电氧化过程中,电极反应与氧化反应在同一电解质中进行,电解槽发生的主要反应为:

$$阳极反应 \quad V^{4+} \longrightarrow V^{5+} + e$$
$$2H_2O \longrightarrow O_2 + 4H^+ + 4e$$
$$阴极反应 \quad O_2 + 2H^+ + 2e \longrightarrow H_2O_2$$
$$V^{5+} + e \longrightarrow V^{4+}$$

溶液中发生的反应为

$$p\text{-}C_6H_4(CH_3)_2 + 4V^{5+} + H_2O \longrightarrow p\text{-}CH_3C_6H_4O + 4V^{4+} + 4H^+$$
$$V^{4+} + H_2O_2 \longrightarrow V^{5+} + OH^- + HO\cdot$$
$$p\text{-}C_6H_4(CH_3)_2 + HO\cdot + O_2 \longrightarrow p\text{-}CH_3C_6H_4CHO + 其他$$
$$V^{4+} + HO\cdot \longrightarrow V^{5+} + OH^-$$

在硫酸浓度 10 mol/L、电流密度 1.5 mA/cm²、反应温度 60℃、反应时间 2 h、V^{5+} 浓度 0.4 mol/L 以及 CTAB 浓度 0.001 mol/L 的条件下,生成对甲基苯甲醛的电流效率为 61.9%,反应后的水溶液相可以循环利用。

3.3　催化氧化反应

为了提高氧化反应的选择性,并加快反应速度,在实际生产科研中,常选用适当催化剂。

在催化剂存在下进行的氧化反应称为催化反应。催化氧化反应根据反应的温度和反应物的聚集状态,分为液相催化氧化和气相催化氧化。

3.3.1　液相催化氧化

液相空气氧化即液相催化氧化是液态有机物在催化剂作用下,与空气或氧气进行的氧化反应,反应温度一般为 100℃～250℃。反应在气液两相间进行,通常采用鼓泡型反应器。烃类的液相空气氧化在工业上可直接制得有机过氧化物、醛、醇、酮、羧酸等一系列产品。有机过氧化物的进一步反应可以制得酚类和环氧化合物,因而应用广泛。

1. 液相空气氧化历程

液相空气氧化是一个气液相反应过程,其包括空气从气相扩散并溶解于液相和液相中的氧化反应历程。液相中的氧化属于自由基反应,其反应历程包括链引发、链传递、链终止三个步骤,其中决定性步骤为链引发。被氧化物在光照或热条件下生成自由基,再经链传递结合为过氧化氢物,烃类自动氧化产物可生产醇、酮、羧酸等。

(1)空气或纯氧的扩散过程

空气氧或纯氧的扩散及其溶解是液相催化氧化的前提,其过程可为:

①空气氧或纯氧从气相向气液相界面扩散,并在界面处溶解。

②界面处溶解的氧向液相内部扩散。

③溶解氧与液相中被氧化物反应,生产氧化产物。

④氧化产物向其浓度下降方向扩散。

空气氧或纯氧的扩散、溶解是物理过程,可用双模模型解释,如图 3-1 所示。图中,P_{O_2} 为气相主体中氧分压;$P_{O_2,i}$ 为相界面处氧分压;c_{O_2} 为液相主体中氧浓度;$c_{O_2,i}$ 为气液相界面氧浓度。

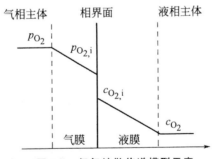

图 3-1　氧气扩散传递模型示意

在相界面,气液相达到平衡:

$$P_{O_2,i} = H_{O_2} c_{O_2,i}$$

式中,H_{O_2} 为亨利系数。

影响空气氧或纯氧扩散的因素有氧气分压、温度和压力气膜厚度;影响空气氧或纯氧溶解的因素有液相反应物对氧的溶解性、氧气分压、温度和压力等。为使空气氧或纯氧均匀分散并溶解在液相,便于其在液相中反应,一般采取提高气流速度,增强液相湍动程度,增加相接触面积,以提高氧的扩散和溶解速度。

（2）氧化反应的历程

液相中的氧化属于自由基反应，其反应历程包括链引发、链传递、链终止三个步骤。

①链引发。在能量（热能、光辐射和放射线辐射）、可变价金属盐或游离基 X· 的作用下，被氧化物 R—H 发生 C—H 键的均裂而生成游离基 R· 的过程（R 为各种类型的烃基）。例如，

$$R—H \xrightarrow{\text{能量}} R·+H·$$
$$R—H+Co^{3+} \longrightarrow R·+H^++Co^{2+}$$
$$R—H+X· \longrightarrow R·+HX$$

式中，X 是 Cl 或 Br；游离基 R· 的生成给自动氧化反应提供了链传递物。

若无引发剂或催化剂，氧化初期 R—H 键的均裂反应速率缓慢，R· 需要很长时间才能积累一定的量，氧化反应方能以较快速率进行。自由基 R· 的积累时间，称作诱导期。诱导期之后，氧化反应加速，此现象称自动氧化反应。链引发是氧化反应的决速步骤，加入引发剂或催化剂，可缩短氧化反应的诱导期。

②链传递。自由基 R· 与空气中的氧相互作用生成有机过氧化氢物，再生成自由基 R· 的过程。

$$R·+O_2 \longrightarrow R—H—O·$$
$$R—O—O·+R—H \longrightarrow R—O—OH+R·$$

③链终止。自由基 R· 和 R—O—O· 在一定条件下会结合成稳定的产物，从而使自由基消失。也可以加入自由基捕获剂终止反应。例如，

$$R·+R· \longrightarrow R—R$$
$$R·+R—O—O· \longrightarrow R—O—O—R$$

在反应条件下，如果有机过氧化氢物稳定，则为最终产物；若不稳定，则分解产生醇、醛、酮、羧酸等产物。

当被氧化烃为 R—CH₃（伯碳原子）时，在可变价金属作用下，生成醇、醛、羧酸的反应为：

有机过氧化氢物分解为醇：

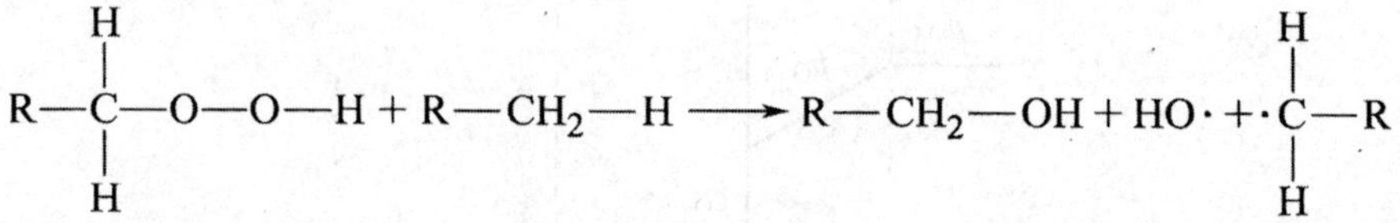

有机过氧化氢物分解为醛：

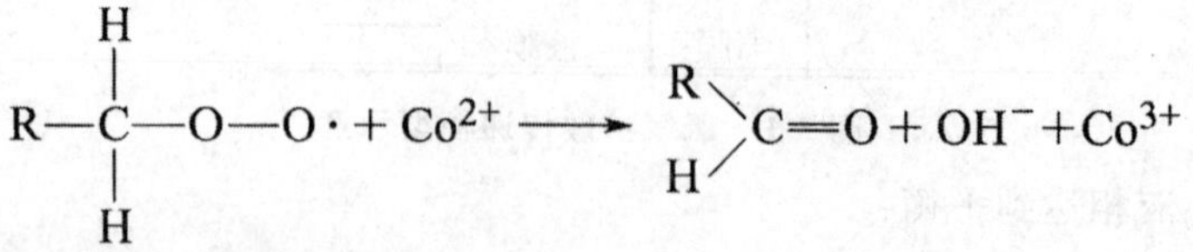

有机过氧化氢物分解为羧酸：

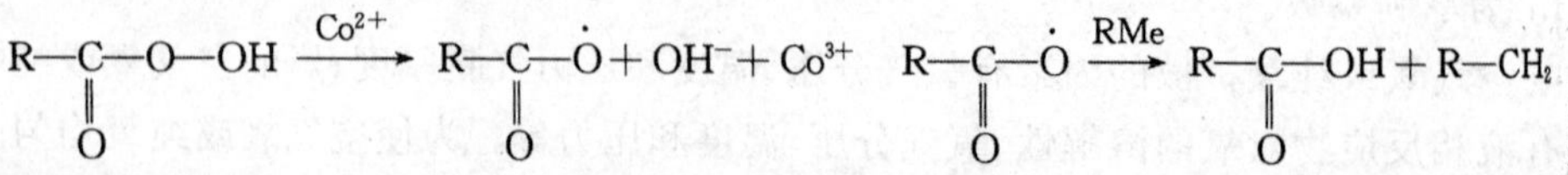

当被氧化烃为 R₂CH₂—（仲碳原子）或当被氧化烃为 R₃CH—（伯碳原子）时，则分解产物为酮。实际上，烃基在氧化成醛、醇、酮、羧酸的反应，十分复杂。

2. 液相空气氧化反应影响因素

(1)引发剂和催化剂

在不加引发剂或催化剂时,烃分子反应初期进行的非常缓慢,加入引发剂或催化剂后促使自由基产生,以缩短反应的诱导期。

常用的催化剂一般是可变价金属盐类,它利用可变价金属的电子转移,使被氧化物在较低温度下产生自由基;反应产生的低价金属离子再氧化为高价金属离子,反应过程中不消耗可变价金属催化剂,如 Co、Cu、Mn、V、Cr、Pb 的水溶性或油溶性有机酸盐,例如醋酸钴、丁酸钴、环烷酸钴、醋酸锰等,钴盐最常用水溶性的醋酸钴、油溶性的环烷酸钴、油酸钴,其用量仅占是被氧化物的百分之几至万分之几。

在铬、锰催化剂中加入溴化物,可以提高催化能力。因为产生的溴自由基,促进链的引发。

$$HBr + O_2 \longrightarrow Br\cdot + H-O-O\cdot$$
$$NaBr + Co^{3+} \longrightarrow Br\cdot + Na^+ + Co^{2+}$$
$$RCH_3 + Br\cdot \longrightarrow RCH_2\cdot + HBr$$

可变价拿属离子能促使有机过氧化氢的分解,若制备有机过氧化氢物或过氧化羧酸,不宜采用可变价金属盐催化剂。

在较低温度下,引发剂可产生活性自由基,与被氧化物作用产生烃自由基,引发氧化反应。常用引发剂有偶氮二异丁腈、过氧化苯甲酰等。异丙苯氧化产物过氧化氢异丙苯也有引发作用。

(2)捕获剂

捕获剂是能与自由基结合成稳定化合物的物质,会销毁自由基,造成链终止,导致自动氧化速率下降。常见的捕获剂有酚类、胺类、醌类和烯烃等。例如,

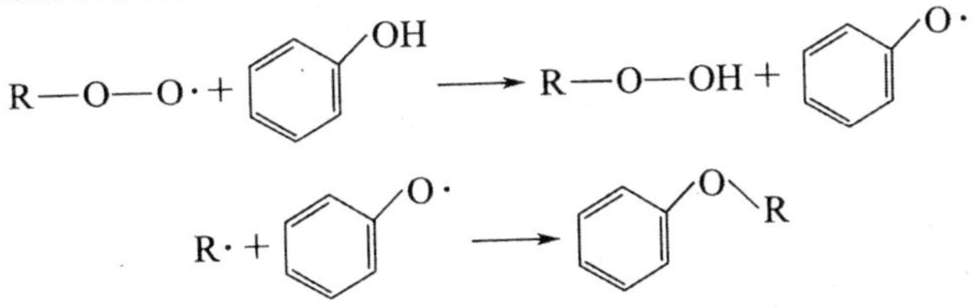

在催化氧化反应中,原料中不应含有抑制剂,此外反应过程中产生的抑制剂也应及时除去。例如,异丙苯氧化过程中产生微量的苯酚副产物,应及时除去。水也是捕获剂,丁烷氧化制醋酸,原料汗水 3% 时,氧化反应无法进行。

(3)被氧化物的结构

被氧化物 R—H 键均裂生成自由基的难易程度与被氧化物的结构有关。

一般来说,R—H 键均裂从易到难依次为:

$$R_3C-H > R_2-CH-H > R-CH_2-H$$

如,2-异丙基甲苯氧化时,主要生成叔碳过氧化氢物。

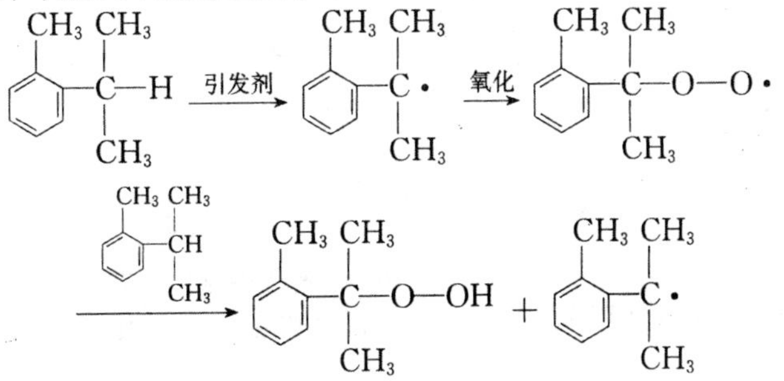

乙苯氧化时,主要生成仲碳过氧化氢物。

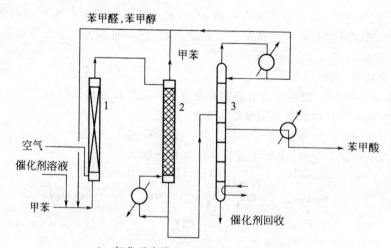

（4）转化率

大多数自动氧化反应,随着氧化深度提高,一部分进一步氧化或氧化产物分解,使副产物增多。有些副产物不仅会阻滞氧化反应,而且还会促进产物进一步分解,所以氧化反应的单程转化率不能太高。转化率控制须视具体情况而定。例如,制羧酸时,产品不易进一步氧化,可选取较高转化率。若氧化产物是反应的中间产物,它比原料更易氧化,当产物积累到一定程度后,其进一步氧化与原料的氧化产生竞争。要获得高选择性,必须控制转化率。

3. 液相空气氧化实例

液相空气氧化,可以生产多种化工产品,例如脂肪醇、醛或酮、羧酸和有机过氧化物等。下面介绍一些代表型的液相空气催化氧化过程。

（1）甲苯液相空气氧化制苯甲酸

苯甲酸是一种非常重要的化工产品,主要用作食品和医药的防腐剂,用苯甲酸作原料还可以合成染料中间体间硝基苯甲酸、农药中间体苯甲酰氯、塑料增塑剂二苯甲酸二甘醇酯等精细化工产品。在 150℃～170℃、1 MPa 下,以甲苯为原料,醋酸钴为催化剂,空气为氧化剂,进行液相空气催化氧化生产苯甲酸。

反应所用催化剂醋酸钴的用量为 0.005%～0.01%,反应器为鼓泡式氧化塔,物料混合借助空气鼓泡及塔外冷却循环,生产工艺流程如图 3-2 所示。

1—氧化反应塔；2—气提塔；3—精馏塔

图 3-2 甲苯液相氧化制苯甲酸流程

在鼓泡式反应塔中,原料液甲苯、2%醋酸钴溶液和空气从氧化塔底部连续通入,反应物料

第 3 章　氧化还原反应

借助空气鼓泡和反应液外循环混合及冷却，氧化液由氧化塔顶部溢流采出，其中苯甲酸含量约35％。未能反应的甲苯由气提塔回收，氧化的中间产物苯甲醇和苯甲醛在气提塔及精馏塔由塔顶采出后与未反应甲苯一起返回氧化塔循环使用。产品苯甲酸由精馏塔侧线出料，塔釜中主要成分为苯甲酸苄酯和焦油状物、催化剂钴盐等，醋酸钴可以回收重复使用。氧化塔尾气夹带的甲苯经冷却后再用活性炭吸附，吸附的甲苯可以用水蒸气吹出回收，活性炭同时得到再生。苯甲酸收率按消耗的甲苯计算，收率可达97％～98％，产品纯度可达99％以上。

（2）环己烷催化氧化制己二酸

己二酸是一种重要的有机二元酸，主要用于制造尼龙66，聚氨酯泡沫塑料，增塑剂、涂料等。在有机合成工业中，为己二腈、己二胺的基础原料。己二酸生产以环己烷为原料，环己酮为引发剂，醋酸钴为催化剂，醋酸为溶剂，在90℃～95℃、1.96～2.45 MPa与空气中的氧反应。

$$\text{环己烷} + O_2 \xrightarrow[90℃～95℃, 1.96～2.45MPa]{\text{醋酸钴}} HOOC(CH_2)_4COOH$$

氧化液经回收未反应的环己烷、醋酸及醋酸钴后，经冷却、结晶、离心分离、重结晶、分离、干燥后得到产品己二酸。

（3）异丙苯氧化制过氧化氢异丙苯

过氧化氢异丙苯（CHP）是制苯酚和丙酮的主要原料。过氧化氢异丙苯的生产，以异丙苯为原料，空气氧化剂，经液相催化氧化而得。

$$\Delta H_{298}^{\ominus}=116kJ/mol$$

过氧化氢异丙苯在反应条件下比较稳定，可作为液相空气氧化的最终产物。过氧化氢异丙苯受热易分解，氧化温度要求控制在110℃～120℃，否则容易引起事故。过氧化氢异丙苯作为引发剂，保持其一定浓度，反应可连续进行，不必再加引发剂。

异丙苯氧化使用鼓泡塔反应器，为了增强气液相接触，塔内由筛板分成数段，塔外设循环冷却器及时移出反应热，采用多塔串联流程，如图3-3所示。

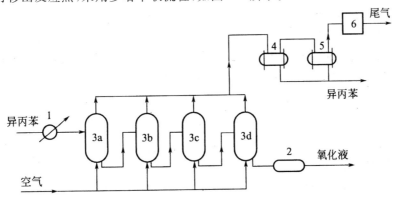

1—预热器；2—过滤器；3a～3d—氧化反应器；4,5—冷却器；6—尾气处理装置

图3-3　异丙苯液相氧化制过氧化氢异丙苯的工艺流程

—— 71 ——

异丙苯液相氧化的工艺过程：

①原料液异丙苯和循环回收的异丙苯及助剂碳酸钠，由第一反应器 3a 加入，依次通过各台反应器。

②每台氧化反应器均由底部鼓入空气。

③氧化产生的尾气由顶部排出，经冷却器 4、5 回收夹带的异丙苯后放空。

④含有过氧化氢异丙苯的氧化液，由最后一台氧化塔 3d 排出，经过滤器送下一工序。

由于过氧化氢异丙苯受热易分解，氧化反应温度要严格控制，逐台依次降低，由第一台的 115℃至第 4 台的 90℃，以控制各台的转化率；氧化液过氧化氢异丙苯的浓度（质量分数）控制，逐台增加依次为：9％～12％，15％～20％，24％～29％，32％～39％，反应总停留时间为 6h，过氧化氢异丙苯的选择性为 92％～95％。

在酸性催化剂条件下，过氧化氢异丙苯通过重排分解为苯酚和丙酮。如下：

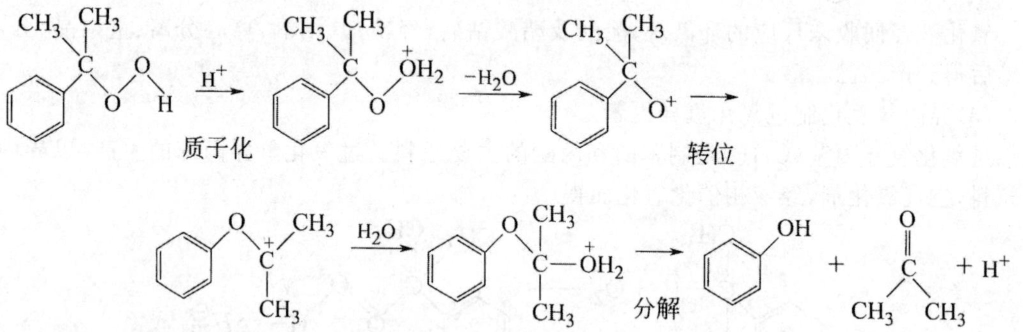

异丙苯氧化-酸解是工业生产苯酚和丙酮的重要方法，其合成路线为：

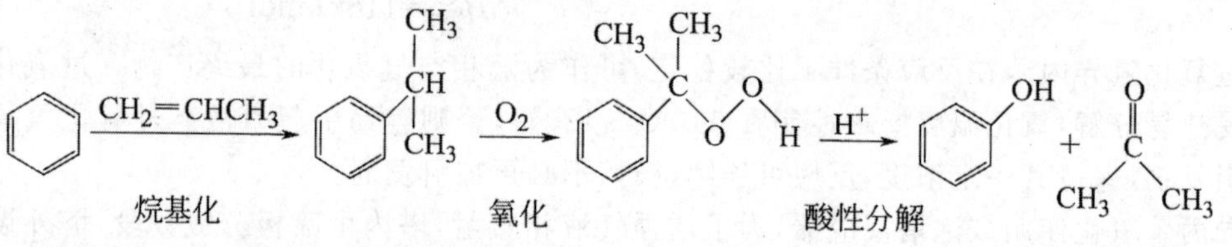

（4）直链烷烃氧化制高级脂肪醇

高级脂肪醇是制阴离子表面活性剂的重要原料。高级脂肪醇生产以正构高碳烷烃混合物（液体石蜡）为原料，$0.1％KMnO_4$ 为催化剂，硼酸为保护剂，空气为氧化剂，在 165℃～170℃、常压反应 3 h 所得。烷烃单程转化率可达 35％～45％，反应生成仲基过氧化物，分解为仲醇后，立即与硼酸作用，生成耐高温的硼酸酯，从而防止仲醇进一步氧化，氧化液经处理后，减压蒸馏出未反应烷烃，将硼酸酯水解，即得粗高级脂肪醇。

3.3.2 气相催化氧化

1. 气相空气氧化方法概述

气相空气氧化即气-固相催化氧化反应，气态相混合物在高温（300℃～500℃）下，通过固体催化剂，在催化剂表面进行选择性氧化反应。气相是气态被氧化物或其蒸气、空气或纯氧，固相是固体催化剂。常用于制备丙烯醛、甲醛、环氧乙烷、顺丁烯二酸酐、邻苯二甲酸酐及

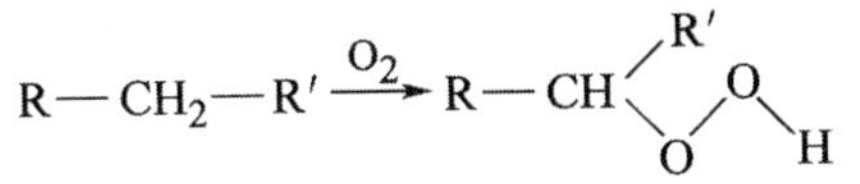

$$R-CH_2-R' \xrightarrow{O_2} R-CH\underset{O-O-H}{\overset{R'}{<}}$$

仲烷基过氧化物

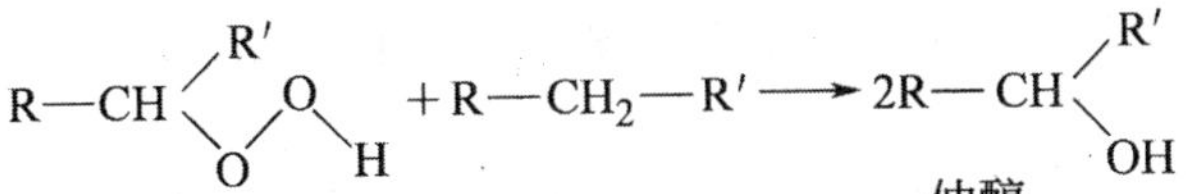

$$R-CH\underset{O-O-H}{\overset{R'}{<}} + R-CH_2-R' \longrightarrow 2R-CH\underset{OH}{\overset{R'}{<}}$$

仲醇

$$3R-CH\underset{OH}{\overset{R'}{<}} + H_3BO_3 \underset{水解}{\overset{酯化}{\rightleftharpoons}} \left(R-CH\underset{O}{\overset{R'}{<}}\right)_3 B + 3H_2O$$

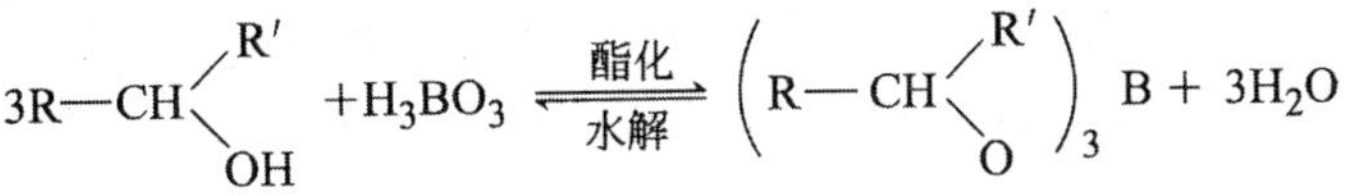

腈类。

气相催化氧化的催化剂,一般为两种以上金属氧化物构成的复合催化剂,活性成分是可变价的过渡金属的氧化物,如 MoO_3、BiO_3、Co_2O_3、V_2O_5、TiO_2、P_2O_5、CoO、WO_3 等;载体多为硅胶、氧化铝、活性炭、氧化钛等;也有可吸附氧的金属,用于环氧化和醇氧化的金属银;新型分子筛催化剂、杂多酸的应用研究,目前备受关注。

气相空气氧化反应的特点:

①由于固体催化剂的活性温度较高,通常在较高温度下进行反应,这有利于热能的回收与利用,但是要求有机原料和氧化产物在反应条件下足够稳定。

②反应速度快,生产效率高,有利于大规模连续化生产。

③由于气相催化氧化过程涉及扩散、吸附、脱附、表面反应等多方面因素,对氧化工艺条件要求高。

④由于氧化原料和空气或纯氧混合,构成爆炸性混合物,需要严格控制工艺条件。

2. 气相空气氧化过程

气相催化反应属非均相催化反应过程,可分为以下步骤:

①扩散,反应物由气相扩散到催化剂外表面,从催化剂外表面向其内表面扩散。

②表面吸附,反应物被吸附在催化剂表面。

③反应,吸附物在催化剂表面反应、放热、产物吸附于催化剂表面。

④脱附,氧化产物在催化剂表面脱附。

⑤反扩散,脱附产物从催化剂内表面向其外表面扩散,产物从催化剂外表面扩散到气流主体。

上述步骤中,①和⑤是物理传递过程,②、③和④为表面化学过程。物理过程的主要影响因素有反应物或产物的性质、浓度和流动速度,催化剂的结构、尺寸、形状、比表面积,反应温度和压力等。表面化学过程的主要影响因素有催化剂的表面活性,反应物浓度及其停留时间,反应温度和压力等。为防止深度氧化,应及时移走反应热,控制反应温度。

在工业生产中,通过开发高效能的催化剂,选择合适的反应器,改善流体流动形式,提高气流速度,选择适宜的温度、压力以及停留时间,以提高过程的传质、传热效率,避免对催化剂表面积累造成的深度氧化,提高氧化反应的选择性和生产效率。

3. 气相空气氧化实例

气固相催化氧化法适用于制备热稳定性好,而且抗氧化性好的羧酸和酸酐。如萘或邻苯二甲苯制邻苯二甲酸酐、丁烷氧化制顺丁烯二酸酐、乙烯氧化制环氧乙烷以及 3-甲基吡啶氧化制 3-吡啶甲酸等。

(1)芳烃催化氧化制邻苯二甲酸酐

邻苯二甲酸酐(简称苯酐)是重要的有机合成中间体,广泛用于涂料、增塑剂、染料、医药等精细化学品的生产。邻苯二甲酸酐的沸点为 284.5℃,凝固点(干燥空气中)131.11℃,具有刺激性的固体片状物。

苯酐的生产路线有两条,一条是邻二甲苯气相催化氧化法,另一条是萘催化氧化法。

①邻二甲苯气相催化氧化法。此法是将冷的二甲苯预热后喷入净化的热空气使之气化,然后让混合气体通过装有 V—Ti—O 体系催化剂的多管反应器,氧化产物经冷凝、分离、脱水减压蒸而得到产品苯酐。

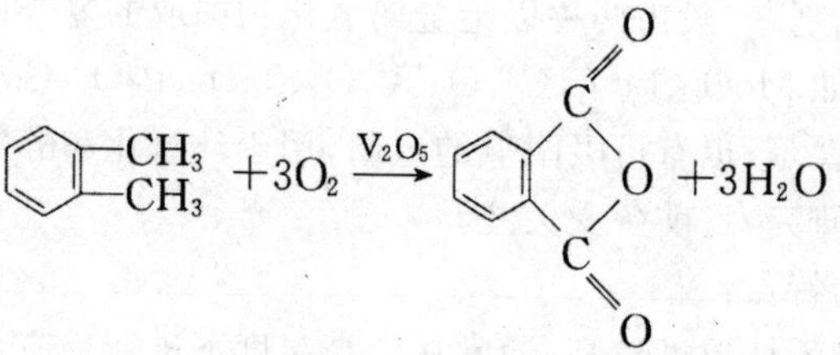

邻二甲苯催化氧化反应体系很复杂,主反应和副反应均为不可逆放热反应。

主反应为:

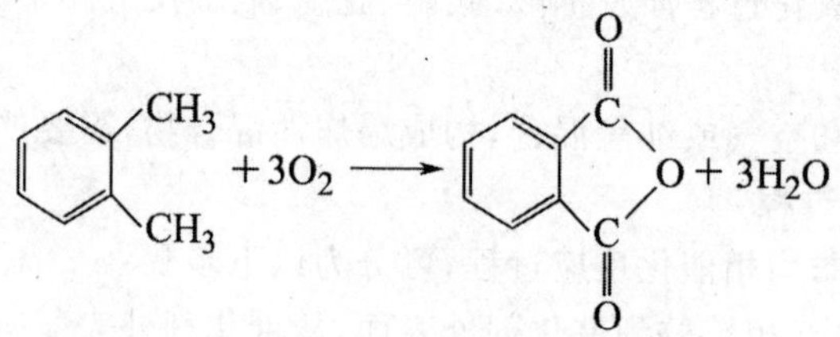

副反应产生的无副产物有很多,为减少反应脱羧副反应,必须使用表面型催化剂。固定床氧化器,催化剂活性组分是五氧化二钒-二氧化钛,载体选用低比表面的三氧化二铝或带釉瓷球等。催化剂可制成耐磨的环型或球型。此工艺优点为空气与原料配比小,可节省动力消耗,收率高,催化剂使用寿命长。

②萘气相催化氧化法:

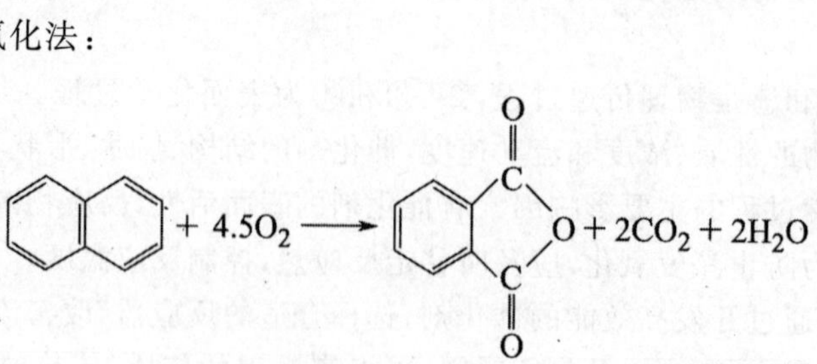

萘法是降解氧化反应,两个碳原子被氧化为二氧化碳,碳原子损失,常温下萘为固体,不易加工处理。而邻二甲苯氧化无碳原子损失,原子利用率高,邻二甲苯为液体,易于加工处理,来源丰富,价格比较便宜。目前苯酐工业生产以邻二甲苯气相催化氧化法为主。

（2）氨氧化制腈类

氨氧化法指在催化剂作用下，带甲基的有机物与氨和空气的混合物进行高温氧化反应，生成腈或含氮有机物的反应过程。例如：

$$CH_2=CHCH_3 + 1.5O_2 + NH_3 \longrightarrow CH_2=CHCN + 3H_2O$$

氨氧化反应工业应用的典型实例是丙烯氨氧化生产丙烯腈。丙烯腈具有不饱和双键和氰基，化学性质活泼，是优良的氰乙基化剂。丙烯腈大量用于合成纤维、合成橡胶、塑料以及涂料等产品的生产，是重要的有机化工中间产品。

丙烯腈沸点为 $77.3\,℃$，呈无色液体，味甜，微臭，有毒，室内允许浓度 $0.002\ mg/L$，在空气中的爆炸极限为 $3.05\% \sim 17.5\%$。丙烯腈可与水、甲醇、异丙醇、四氯化碳、苯等形成二元恒沸物。

丙烯氨氧化生产丙烯腈的化学反应是一个复杂的化学反应体系，伴随着许多副反应，反应除获得主产物丙烯腈之外，还有副产物乙腈、氢氰酸、羧酸、醛和酮类、一氧化碳和二氧化碳等。

丙烯氨氧化的催化剂常用 V_2O_5，此外，还要加入各种助催化剂以改善其选择性。载体一般是粗孔硅胶，常使用流化床反应器。

（3）乙烯环氧化制环氧乙烷

环氧乙烷是重要的化工原料，被广泛地应用于洗涤、制药、印染等工业，如为非离子表面活性剂脂肪醇聚氧乙烯醚（AEO-9）原料。反应的催化剂活性成分为银，常在反应气体中掺入少量二氯乙烷以控制副反应，采用固定床催化剂。以前用空气氧化法，催化剂寿命短，工艺流程复杂，尾气需要净化，乙烯消耗定额高。现在常采用氧气氧化法，催化剂寿命长，工艺流程简单，尾气排放少，乙烯消耗定额低。可循环利用反应生成的二氧化碳来调整反应气体中乙烯和二氧化碳的浓度以防止爆炸。

3.4　化学还原反应

当分子中有多个可被还原的基团时，如果需要氢化还原的是较易还原的基团，而保留较难还原的基团，则选用催化氢化的方法为佳；反之，若需还原的是较难还原的基团，而保留较易还原的基团，则要选用反应选择性较高的化学试剂还原法为好。有的化学还原剂还具有立体选择性。

常用的化学还原剂有：金属、金属复氢化物、肼及其衍生物、硫化物、硼烷等。

3.4.1　金属单质的还原反应

许多有机化合物能被金属还原。这些还原反应有的是在供质子溶剂存在下进行的，有的是反应后用供质子溶剂处理而完成的。常用的活泼金属有：锂、钠、钾、钙、锌、镁、锡、铁等。有时采用金属与汞的合金，以调节金属的反应活性和流动性。

当金属与不同的供质子剂配合时，和同一被还原物质作用，往往可得到不同的产物。

1. 钠和钠汞齐

（1）钠-醇

以醇为供质子剂，钠或钠汞齐可将羧酸酯还原成相应的伯醇，酮还原成仲醇，即所谓的 Bouvealt-Blanc 还原反应。主要用于高级脂肪酸酯的还原。例如十二烷醇的制备：

$$C_{11}H_{23}COOC_2H_5 \xrightarrow{Na, C_2H_5OH} C_{11}H_{23}CH_2OH$$

用同样的方法可以制得十一烷醇（产率 70%）、十四烷醇（产率 70%～80%）、十六烷醇（产率 70%～80%）。

金属钠-醇的还原及催化氢解两个方法都可用来将油脂还原为长链的醇，如果要得到不饱和醇，必须使用金属钠-醇的方法。

（2）钠-液氨-醇

在液氨-醇溶液中，钠可使芳核得到不同程度的氢化还原，称为 Birch 还原。反应过程为

芳核上的取代基性质对反应有很大影响，一般拉电子取代基使芳核容易接受电子，形成负离子自由基，因而使还原反应加速，生成 1,4-二氢化合物；而推电子取代基则不利于形成负离子自由基，反应缓慢，生成的产物为 2,5-二氢化合物。

当芳环上有—X、—NO₂、—C＝O 等基团时不能进行 Birch 还原。液氨在使用上不方便，改进方法是采用低分子量的甲胺、乙胺等代替液氨使用比较安全方便。

2. 锌与锌汞齐

锌的还原性能力依介质而异。它在中性、酸性与碱性条件下均具有还原能力，可还原羰基、硝基、亚硝基、氰基、烯键、炔键等生成相应的还原产物。若将有机化合物与锌粉共蒸馏，亦可起还原作用。

$$PhOH \xrightarrow[Zn 粉]{100℃} PhH$$

（1）中性及微碱性介质中的还原

通常 Zn 可单独使用，也可在醇液，或 NH₄Cl、MgCl₂、CaCl₂、水溶液中进行。硝基化合物在低温时用 Zn 进行中性或微碱性还原，可使还原停止在羟胺阶段。

（2）酸性介质中的还原

Zn 的酸性还原可在 HCl、H₂SO₄、HAc 中进行，锌汞齐与盐酸是特种还原剂，可将醛、酮中的羰基还原为亚甲基，该方法为 Clemmensen 还原法。

锌汞齐由锌粒与 HgCl₂ 在稀盐酸溶液中反应制得。锌将 Hg²⁺ 还原为 Hg，继而在锌表面形成锌汞齐。此法对于还原酮，尤其还原芳酮与芳脂混酮等效果较佳，从而是合成纯粹的侧链芳烃的良好方法。但对于醛、脂肪酮、脂环酮还原，可发生双分子还原，甚至生成聚合物而使产品不纯。本法对酮酸与酮酯进行还原时，仅还原酮基为亚甲基而不影响—COOH 与—CO-OR。

本法宜用于对酸稳定的羰基化合物的还原，若被还原物为对酸敏感的羰基化合物，可改用

Wolff-Kishner-黄鸣龙法进行还原。

$$PhCoMe \xrightarrow{Zn-Hg-HCl} PhEt$$

$$MeCOCOOEt \xrightarrow{Zn-Hg-HCl} MeCHOHCOOEt$$

（3）碱性介质中的还原

Zn 在 NaOH 介质中可使芳香族硝基化合物发生还原生成氧化偶氮化合物、偶氮化合物与氢化偶氮化合物等还原产物。

氧化偶氮化合物可能是由还原的中间体亚硝基化合物脱水缩合而成的。

3. 铁屑

铁屑还原法虽然产生大量的铁泥和废水，但是铁屑价格低廉，对反应设备要求低，生产较易控制，产品质量好，副反应少，可以将硝基还原为氨基，而卤基、烯基、羧基等存在对其无影响，选择性高，曾得到广泛应用。

铁屑在金属盐如氯化亚铁、氯化铵等存在下，在水介质中使硝基物还原，通过下列两个基本反应来完成。

$$ArNO_2 + 3Fe + 4H_2O \xrightarrow{FeCl_3} ArNH_2 + 3Fe(OH)_2$$

$$ArNO_2 + 6Fe(OH)_2 + 4H_2O \longrightarrow ArNH_2 + 6Fe(OH)_3$$

生成的二价铁和三价铁按下式转变为黑色的磁性氧化铁（Fe_3O_4）。

$$Fe(OH)_2 + 2Fe(OH)_3 \longrightarrow Fe_3O_4 + 4H_2O$$

$$Fe + 8Fe(OH)_3 \longrightarrow 3Fe_3O_4 + 12H_2O$$

总方程式为

$$ArNO_2 + 9Fe + 4H_2O \longrightarrow 4ArNH_2 + 3Fe_3O_4$$

其中 Fe_3O_4 俗称铁泥，为 FeO 与 Fe_2O_3 的混合物，其比例与还原条件及所用电解质有关。

铁屑还原法的适用范围较广，凡能用各种方法使与铁泥分离的芳胺均可采用铁屑还原法生产。因此，该方法的适用范围在很大程度上取决于还原产物的分离。

还原产物的分离可按胺类性质不同而采用不同的分离方法。

①对于容易随水蒸气蒸出的芳胺，可在还原反应结束后用水蒸气蒸馏法将其从反应混合物中蒸出。

②对于易溶于水且可以蒸馏的芳胺，可用过滤法使产物与铁泥分开，再浓缩母液，进行真空蒸馏得到芳胺。

③对于能溶于热水的芳胺，可用热过滤法使产物与铁泥分开，冷却滤液，使产物结晶析出。

④对于含有磺酸基或羧酸基等水溶性基团的芳胺，可将还原产物中和至碱性，使氨基磺酸溶解，滤去铁泥，再用酸化或盐析出产品。

⑤对于难溶于水而挥发性又很小的芳胺，可在还原后用溶剂将芳胺从铁泥中萃取出来。

4. 锡和氯化亚锡

锡与乙酸或稀盐酸的混合物也可以用于硝基、氰基的还原，产物为胺，是实验室常用的方法。工业上不用锡而用廉价的铁粉。

使用计算量的氯化亚锡可选择性还原多硝基化合物中的一个硝基，且对羰基等无影响。

$$\text{（邻硝基苯甲醛）} \xrightarrow{\text{SnCl}_2/\text{HCl}} \text{（邻氨基苯甲醛）}$$

3.4.2 金属复氢化物的还原反应

金属复氢化物是能传递负氢离子的物质。例如，氢化铝锂（$LiAlH_4$）、硼氢化钠（$NaBH_4$）、硼氢化钾（KBH_4）等，应用最多的是 $LiAlH_4$、$NaBH_4$。这类还原剂选择性好、副反应少、还原速率快、条件较缓和、产品产率高，可将羧酸及其衍生物还原成醇，羰基还原为羟基，也可还原氰基、硝基、卤甲基、环氧基等，能还原碳杂不饱和键，而不能还原碳碳不饱和键。

1. 氢化铝锂（$LiAlH_4$）

$LiAlH_4$ 是还原性很强的金属复氢化物，用 $LiAlH_4$ 还原可获得较高收率。氢化铝锂的制备是在无水乙醚中，由 LiH_4 粉末与无水 $AlCl_3$ 反应制得。

在水、酸、醇、硫醇等含活泼氢的化合物中，$LiAlH_4$ 易分解。因此用氢化铝锂还原，要求使用非质子溶剂，在无水、无氧和无二氧化碳条件下进行。无水乙醚、四氢呋喃是常用的溶剂。

四氢铝锂虽然还原能力较强，但价格比四氢硼钠和四氢硼钾贵，限制了它的使用范围。其应用实例列举如下。

（1）酰胺羰基还原成氨亚甲基或氨甲基

$$\text{（苯丙胺）} \xrightarrow[\substack{\text{回流} \\ N\text{-甲酰化}}]{\text{HCOOH}} \text{（N-甲酰化物）} \xrightarrow[(\text{C}_2\text{H}_5)_2\text{O}]{\text{LiAlH}_4} \text{（N-甲基苯丙胺）}$$

（2）羧基还原成醇羟基

$$\text{（噻吩乙酸）} \xrightarrow[\text{室温，回流}]{\text{LiAlH}_4/(\text{C}_2\text{H}_5)_2\text{O}} \text{（噻吩乙醇）}$$

医药中间体

2. 硼氢化钠和四氢硼钾

硼氢化钠是由氢化钠和硼酸甲酯反应制得。

四氢硼钠和四氢硼钾不溶于乙醚，在常温可溶于水、甲醇和乙醇而不分解，可以用无水甲醇、异丙醇或乙二醇二甲醚、二甲基甲酰胺等溶剂。四氢硼钠比四氢硼钾价廉，但较易潮解。其应用实例列举如下。

（1）环羰基还原成环羟基

$$\xrightarrow[0℃]{\text{KBH}_4/(\text{CH}_2\text{OCH}_3)_2}$$

此例中,只选择性地还原了一个环羰基,而不影响另一个环羰基和羧酯基。

(2)醛羰基还原成醇羟基

(3)亚氨基还原成氨基

3. 用异丙醇铝-异丙醇还原

醛、酮化合物的专用还原剂,可将羰基还原为羟基,而不影响被还原物分子中的官能团,反应选择性好。异丙醇铝是催化剂,异丙醇是还原剂和溶剂。此类还原剂还有乙醇铝-乙醇、丁醇铝-丁醇等。

用异丙醇铝-异丙醇的还原操作:将异丙醇铝、异丙醇与羰基化合物共热回流,若羰基化合物难以还原,则加入共溶剂甲苯或二甲苯,以提高其回流温度。由于反应是可逆的,因而异丙醇铝和异丙醇需要大大过量。另外,加入适量氯化铝,可提高反应速率和收率。还原反应生成丙酮,需要不断蒸出,直至无丙酮蒸出即为终点。

异丙醇铝极易吸潮,遇水分解,反应要求无水条件。

由于 β-二酮及 β-二酮酯易烯醇化,含酚羟基或羧基的羰基化合物,其羟基容易与异丙醇铝生成铝盐,故不宜用此法还原;含氨基的羰基化合物与异丙醇铝能形成复盐,故用异丙醇钠;对热敏感的醛类还原,可改用乙醇铝-乙醇,在室温下,用氮气置换乙醛气体,使还原反应顺利进行。

3.4.3 含硫化合物的还原

含硫化合物一般为较缓和的还原剂,按其所含元素可以分为两类:一类是硫化物、硫氢化物以及多硫化物即含硫化合物;另一类是亚硫酸盐、亚硫酸氢盐和保险粉等含氧硫化物。

1. 硫化物的还原

使用硫化物的还原反应比较温和,常用的硫化物有:硫化钠(Na_2S)、硫氢化钠(NaHS)、硫化铵[$(NH_4)_2S$]、多硫化物(Na_2S_x,x 为硫指数,等于 1~5)。工业生产上主要用于硝基化合物的还原,可以使多硝基化合物中的硝基选择性地部分还原,或者还原硝基偶氮化合物中的硝基而不影响偶氮基,可从硝基化合物得到不溶于水的胺类。采用硫化物还原时,产物的分离比较方便,但收率较低,废水的处理比较麻烦。这种方法目前在工业上仍有一定的应用。

(1)反应历程

硫化物作为还原剂时,还原反应过程是电子得失的过程。其中硫化物是供电子者,水或者醇是供质子者。还原反应后硫化物被氧化成硫代硫酸盐。

硫化钠在水-乙醇介质中还原硝基物时,反应中生成的活泼硫原子将快速与 S^{2-} 生成更活泼的 S_2^{2-},使反应大大加速,因此这是一个自动催化反应,其反应历程为:

$$ArNO_2 + 3S^{2-} + 4H_2O \longrightarrow ArNH_2 + 3S + 6OH^-$$

$$S + S^{2-} \longrightarrow S_2^{2-}$$

$$4S + 6OH^- \longrightarrow S_2O_3^{2-} + 2S^{2-} + 3H_2O$$

还原总反应式为：

$$4ArNO_2 + 6S^{2-} + 7H_2O \longrightarrow 4ArNH_2 + 3S_2O_3^{2-} + 6OH^-$$

用 $NaHS$ 溶液还原硝基苯是一个双分子反应，最先得到的还原产物是苯基羟胺，进一步再被 HS_2^- 和 HS^- 还原成苯胺。

（2）影响因素

①被还原物的性质。芳环上的取代基对硝基还原反应速率有很大的影响。芳环上含有吸电子基团，有利于还原反应的进行；芳环上含有供电子基团，将阻碍还原反应的进行。如间二硝基苯还原时，第一个硝基比第二个硝基快 1000 倍。因此可选择适当的条件实现多硝基化合物的部分还原。

②反应介质的碱性。使用不同的硫化物，反应体系中介质的碱性差别很大。使用硫化钠、硫氢化钠和多硫化物为还原剂使硝基物还原的反应式分别为：

$$4ArNO_2 + 6Na_2S + 7H_2O \longrightarrow 4ArNH_2 + 3Na_2S_2O_3 + 6NaOH$$

$$4ArNO_2 + 6NaHS + H_2O \longrightarrow 4ArNH_2 + 3Na_2S_2O_3$$

$$ArNO_2 + Na_2S_2 + H_2O \longrightarrow ArNH_2 + Na_2S_2O_3$$

$$ArNO_2 + Na_2S_x + H_2O \longrightarrow ArNH_2 + Na_2S_2O_3 + (x-2)S$$

Na_2S 作还原剂时，随着还原反应的进行不断有氢氧化钠生成，使反应介质的 pH 值不断升高，将发生双分子还原生成氧化偶氮化合物、偶氮化合物、氢化偶氮化合物等副产物。为了减少副反应的发生，在反应体系中加入氯化铵、硫酸镁、氯化镁等来降低介质的碱性。

使用 Na_2S_2 或 Na_2S 时，反应过程中无氢氧化钠生成，可避免双分子还原副产的生成。但是多硫化钠作为还原剂时，反应过程中有硫生成，使反应产物难分离，实用价值不大。因此对于需要控制碱性的还原反应，常用 Na_2S_2 为还原剂。

2. 用含氧硫化物的还原

常用的含氧硫化物还原剂是亚硫酸盐、亚硫酸氢盐和连二亚硫酸盐。亚硫酸盐和亚硫酸氢盐可以将硝基、亚硝基、羟氨基和偶氮基还原成氨基，而将重氮盐还原成肼，此法可以在硝基、亚硝基等基团被还原成氨基的同时在环上引入磺酸基。连二亚硫酸钠在稀碱性介质中是一种强还原剂，反应条件较为温和、反应速率快、收率较高，可以把硝基还原成氨基，但是保险粉价格高且不易保存，主要用于蒽醌及还原染料的还原。

亚硫酸盐和亚硫酸氢盐为还原剂主要用于对硝基、亚硝基、羟氨基和偶氮基中的不饱和键进行的加成反应，反应后生成的加成还原产物 N-氨基磺酸，经酸性水解得到氨基化合物或肼。

其中亚硫酸钠将重氮盐还原成肼的反应历程如下。

$$Ar-\overset{+}{N}\equiv N : \overset{O^-}{\underset{O}{\overset{|}{S}}}-O^- \longrightarrow Ar-N=N-SO_3^- \xrightarrow{SO_3^{2-}} Ar-\underset{\underset{SO_3^-}{|}}{N}-N-SO_3^- \xrightarrow[H_2O]{H^+} ArNHNH_2 + 2H_2SO_4$$

亚硫酸盐与芳香族硝基物反应，可以得到氨基磺酸化合物。在硝基还原的同时，还会发生环上磺化反应,这种还原磺化的方法在工业生产中具有一定的重要性。而亚硫酸氢钠与硝基物的摩尔比为$(4.5\sim6):1$,为了加快反应速率常加入溶剂乙醇或吡啶。

间二硝基苯与亚硫酸钠溶液共热,然后酸化煮沸,得到 3-硝基苯胺-4-磺酸。

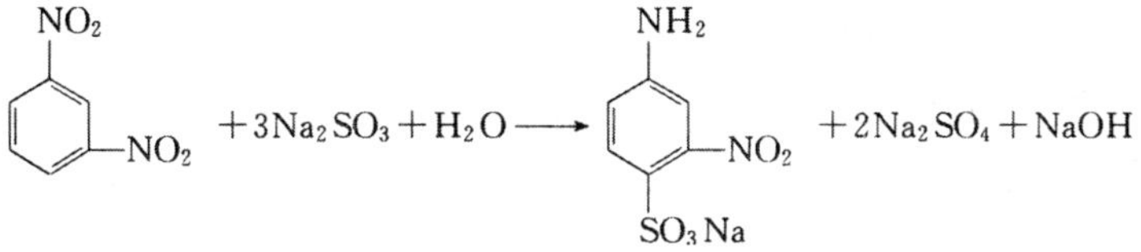

3.4.4　硼烷还原反应

有机硼烷的还原作用在近年来得到很快的发展。硼烷 BH_3 为一种强还原剂,其能进攻许多不饱和官能团,反应在室温下就易进行,所得硼化物中间体水解可得高产率的产物。然而硼烷易与水反应,所以反应要在无水条件下进行。

二硼烷能够十分容易地将羧酸还原为伯醇,即使在有其他不饱和基团存在下也能选择性地进行。

二硼烷还原环氧化物主要生成取代基较少的醇,这恰与络合氢化的还原产物相反。例如:

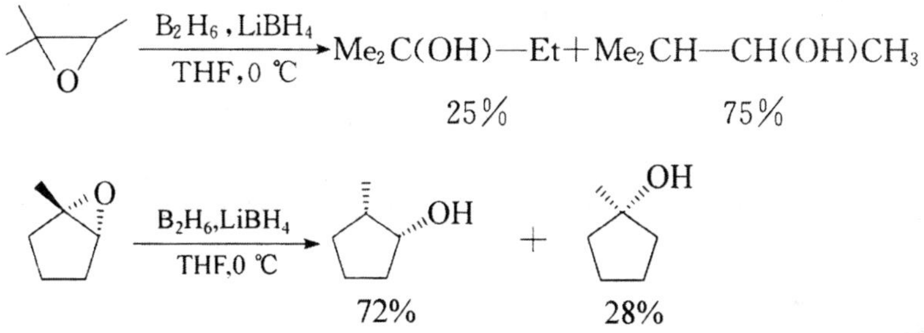

二硼烷与 $NaBH_4$ 的反应并不完全相同,由于 $NaBH_4$ 是亲核试剂,通过负氢离子对偶极重键电性较正的一端进行加成,而二硼烷是 Lewis 酸,进攻的是负电子中心。例如,$NaBH_4$ 易将酰氯还原为伯醇,反应被卤原子的吸电子效应促进,然而二硼烷在通常条件下不反应。羰基也可进行选择性反应,如 α,β-不饱和酮和饱和酮,因为它们的电子离域情况不同,亲核性还原剂用于还原饱和酮,而亲电性试剂则用来还原不饱和酮。例如:

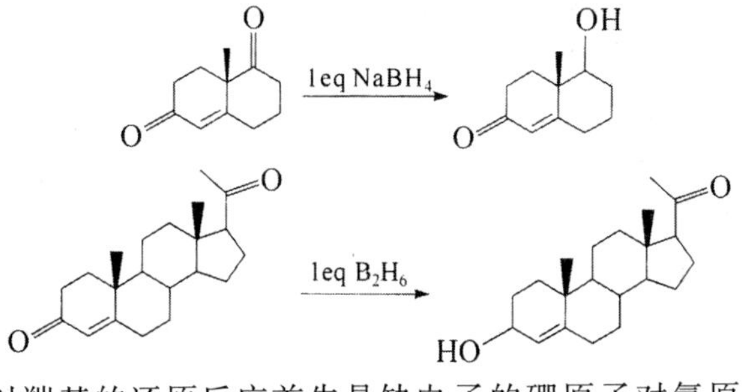

一般认为二硼烷对羰基的还原反应首先是缺电子的硼原子对氧原子的加成,然后将负氢不可逆地从硼原子转移到碳原子上。例如:

$$\ce{>=O + BH3 <=> \underset{H}{C}=\overset{+}{O}-\overset{-}{B}H2 -> \underset{H}{-C-O-BH2} ->[\ce{H2O}] \underset{H}{-C-OH}}$$

立体障碍较大的硼烷均比硼烷温和、选择性高,且由于烷基的立体效应,反应速率受被还原物结构影响。尽管酮的反应活性受其结构的影响变化很大,然而是醛和酮都能转化为相应的醇。酰氯、酸酐和酯不发生反应。环氧化物只能很慢地被还原,与二硼烷相反,羧酸并不被还原,它们简单地形成二烷基硼的羧酸盐,这种盐水解后重新生成羧酸。这可能是由于形成的羧酸盐中体积大的二烷基硼基阻止了试剂对羰基的进一步进攻。

3.5 电解还原反应

3.5.1 电解还原方法的特点与影响因素

1. 电解还原反应的特点

电解还原是一种重要的还原方法。它是电化学反应的重要部分。

电解还原产生于电解池的阴极。在阴极上,电解液离解产生的氢离子接受电子,形成原子氢,再由原子氢还原有机化合物,此类还原方法称为电解还原。电极的不同和电解液的不同,就会有不同的还原反应。

例如,用 Pt/Pt 电极或用 Ni/Ni 电极的还原反应为催化氢化反应;而以汞为电极,以钠盐为电解液时,还原反应则是钠汞齐的作用。因而电解还原在不同的情况下有不同的反应机理,产生不同的还原效果。

电解还原有许多特点,它没有催化剂中毒的问题;与化学还原法相比,有产率高、纯度好、易分离和对环境污染小等优点。而且电解还原的操作简便,在电化学反应中,作为基本反应剂的电子的活性可以通过电极电势加以调整和控制,从而控制反应速度或改变反应进程。由此可见,无论在实验室还是在工业上,电解还原都有着广阔的应用前景。

电解还原反应速度缓慢,设备投资和维修费用庞大,耗电量大,电池的设计和材料问题较难解决。此外,影响反应的因素比较复杂,除影响热化学反应的反应参数,如温度、压力、时间、pH、溶剂和试剂浓度等因素仍然起作用外,还必须考虑电流密度、电极电势、电极材料、支持电解质、隔膜、双电层以及吸附和解吸等因素的影响。因而电解还原的发展受到了诸多条件的限制。

电解还原还用于硝基化合物、酯、酰胺、腈、羰基等化合物的还原,还可使羧酸还原成醛、醇甚至烃,炔还原成烯,共扼烯烃还原成烷等反应。在国外已有一些产品实现了工业化,如丙烯腈电解还原法生产己二腈。

2. 电解还原方法的影响因素

影响电解还原的反应机理和最终产物的因素很多,主要有阴极电位、阴极材料和电解液等。

（1）阴极电位

阴极电位是影响电解还原的最重要因素。对于同一被还原物,如果阴极电位不同,则能产生不同的产物。例如:

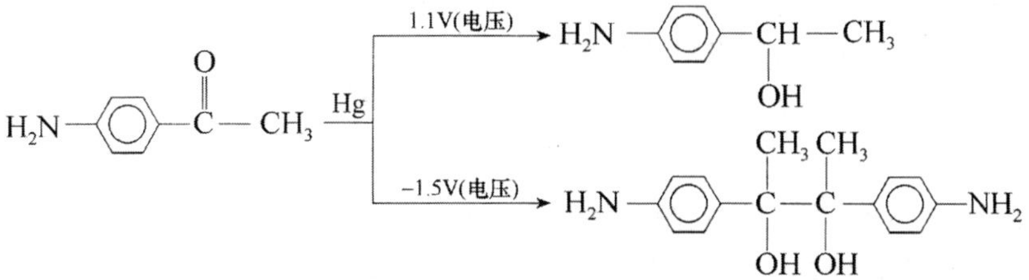

（2）阴极材料

阴极材料对还原反应有决定性的影响。通常电极的材料不同，不仅还原能力有限，而且还可能影响产物的组成和构型。例如：

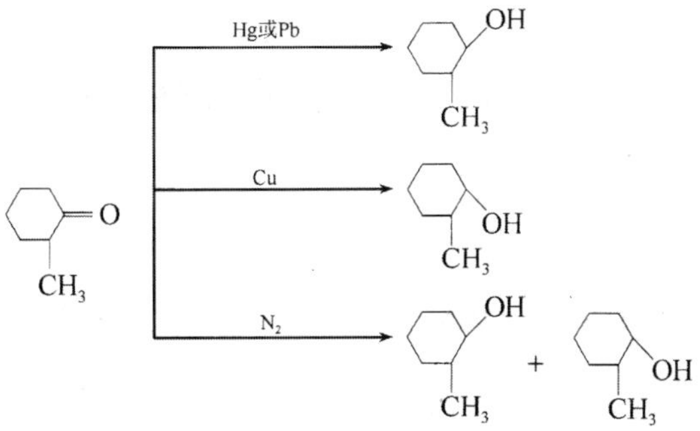

阴极材料最常用的是纯汞和铅，其次是铂和镍。阳极材料可采用石墨、铂、铅、镍。

（3）电解液

电解液最好采用水或某些盐类的水溶液。对于难溶于水的有机物，可以使用水-有机溶剂混合物，常用乙醇、乙酸、丙酮、乙腈、二噁烷、N,N-二甲基甲酰胺等。也可直接采用介电常数较大的有机溶剂作为电解液，如乙醇、乙酸、吡啶、二甲基甲酰胺等。

3.5.2　电解还原方法的应用

1. 己二腈的生产

纯的己二腈为无色透明油状液体，溶于甲醇、乙醇、乙醚和氯仿，微溶于水和四氯化碳，主要用于生产尼龙-66 的中间体己二胺。己二腈可由丙烯腈电解二聚法制得。

该生产采用丙烯腈电解二聚法，其反应式为：

$$2CH_2=CH-CN \xrightarrow[\text{电解二聚}]{Pb} NC(CH_2)_4CN$$

电解池的阴极为铅板，阳极为特殊合金。阴极液为 60% 的对甲苯三乙铵硫酸盐的水溶液，阳极液为稀硫酸。阴极室与阳极室之间用阳离子交换膜隔开。电解槽采用聚丙烯材料组装成的立式板框型结构。

将丙烯腈溶于电解液中，再导入电解槽阴极室。电流密度为 $15\sim30$ A/dm^2，电解槽温度 50℃，阴极电解液的 pH 为 $7.0\sim9.5$。丙烯腈通过电解液的还原发生二聚作用，生成己二腈，收率可达 90% 以上。

2. 偶氮苯的生产

偶氮苯为黄色或橙黄色片状结晶。易溶于醇、醚、苯和冰乙酸，但不溶于水。主要用做染料中间体,也用于制备橡胶促进剂。它可由硝基苯电解还原制得。

该生产采用电解还原法,其反应式为:

$$\text{NO}_2 \xrightarrow[\text{70℃}]{\text{Ni}} \text{N}=\text{N}$$

电解池内设有素瓷筒将阳极和阴极隔开。阳极是由 1 mm 厚铅片筒状放于素瓷筒内;阴极是由镍网环绕在素瓷筒外,下缘比素瓷筒略长一些。

阴极液为硝基苯、乙醇和醋酸钠组成的液体,阳极液是碳酸钠的饱和水溶液。在 70℃ 水浴中温热,通以 16～20 A 电流,直到阴极上有氢气放出。电解过程中应随时补充挥发掉的乙醇。电解结束后,取出阴极液,通入空气以氧化可能生成的氢化偶氮苯。待溶液冷却后,偶氮苯呈红色晶体析出。

3.6 其他还原方法

3.6.1 二酰亚胺还原法

二酰亚胺一般在反应溶液中用氧化剂氧化肼或氧制得,也可用对甲苯磺酰肼的热分解或偶氮二甲酸制得,反应式如下:

$$\text{Me}\text{—}\text{SO}_2\text{NHNH}_2 \xrightarrow[\text{二甘醇二甲醚}]{\text{煮沸}} \text{Me}\text{—}\text{SO}_2\text{H} + \text{HN}=\text{NH}$$

二酰亚胺是一种选择性很高的试剂。通常条件下,对称的重键极易被还原;而不对称的极性较大的键则不易被还原。例如,二烯丙基硫醚几乎能定量地被还原成二丙基硫醚,反应式如下:

$$(\text{CH}_2=\text{CHCH}_2)_2\text{S} \xrightarrow[\text{沸腾的乙二醇}]{\text{对甲苯磺酰肼}} \underset{93\%～100\%}{(\text{CH}_3\text{CH}_2\text{CH}_2)_2\text{S}}$$

通常认为,二酰亚胺还原反应为一对氢原子通过六元环过渡态进行同步转移的。从而解释了反应的高立体专一性——氢原子都是按顺式进行加成。在基态下进行的氢的协同顺式转移是对称性允许的反应。例如:

$$\underset{\text{HN}=\text{NH}}{} \longrightarrow \underset{\text{N}=\text{N}}{\text{H} \quad \text{H}} \longrightarrow \underset{\text{N}=\text{N}}{\text{H} \quad \text{H}}$$

3.6.2 沃尔夫-凯惜纳还原法

将许多醛和酮的羰基还原为甲基或亚甲基的极好方法为沃尔夫-凯惜纳还原法。该方法是将羰基化合物、水合肼和氢氧化钠或氢氧化钾的混合物在高沸点的溶剂中,于 180℃～200℃ 下加热几个小时即可。通常情况下还原产物的产率特别高。还原共轭不饱和酮或醛时,有时会伴随有双键的移位。有时还可能生成吡唑啉衍生物,该衍生物分解时生成所预想的烃的环丙烷异构体。例如：

80%

$$Me_2C=CHCOMe \xrightarrow{H_2NNH_2} \text{(吡唑啉结构)} \longrightarrow \text{(环丙烷结构)}$$

一般认为此类反应的过程如下：

$$RR'C=O+H_2NNH_2 \Longrightarrow RR'C=NNH_2+H_2O \xrightarrow{OH^-} RR'C=N\ddot{N}H^-$$

$$\longrightarrow RR'CHN=\ddot{N}^- \xrightarrow{-N_2} RR'CH^- \longrightarrow RR'CH_2$$

3.6.3　烷基氢化锡还原法

芳基、烷基和烯基卤化物的碳-卤键的还原裂解是非常有用的试剂为烷基氢化锡,经常使用的是三正丁基氢化锡,反应通式如下：

$$R_3SnH+R'X \longrightarrow R_3SnX+R'H$$

一般情况下,溴化物比氯化物容易被还原,各种溴化物的反应活性次序如下：

叔烷基＞仲烷基＞伯烷基

烯丙基卤化物或苄基卤化物的反应极易进行。溴化金刚烷在三正丁基氢化锡存在下,以己烷为溶剂,用紫外光照射,以定量的产率转化为金刚烷。环己基溴以偶氮二异丁腈作为引发剂生成环己烷。由二溴卡宾对烯烃加成生成的1,1-二溴环丙烷,可分步被还原,成功得到一溴丙烷和环丙烷。对于氯溴同时存在的衍生物还原时,氯优先消去。例如：

$$Cl-\!\!\!\!\bigcirc\!\!\!\!-Br \xrightarrow[150\ ℃]{(n\text{-}C_4H_9)_3SnH} \bigcirc\!\!\!\!-Br$$

75%

2.5　　　：　　　1

97%

三正丁基氢化锡可还原酰氯成醛。例如：

$$RCOCl \xrightarrow{(n\text{-}C_4H_9)_3SnH} RCHO$$

研究发现,该类反应是通过自由基链机理进行的。一般是在自由基引发剂存在下,或在紫外光照射下才能有效地进行。其机理如下：

$$R_3SnH+In\cdot \longrightarrow R_3Sn\cdot +In\text{-}H$$

$$R_3Sn\cdot +R'X \longrightarrow R'\cdot +R_3SnX$$

$$R'\cdot +R_3SnH \longrightarrow R'H+R_3Sn\cdot$$

　　三正丁基氢化锡对于叔脂肪族硝基和一些仲脂肪族硝基被氢取代也是一种良好的试剂。在其反应条件下,许多常见的其他官能团都不发生反应。这种性质大大地扩大了硝基化合物在有机合成中的应用,硝基化合物在烷基化和 Michael 加成反应中是十分有用的反应组分。例如:

$$PhCH_2NO_2 + CH_2\!=\!CHCOOCH_3 \longrightarrow PhCHNO_2\!\!-\!\!CH_2CH_2COOCH_3 \xrightarrow[\text{偶氮二异丁腈,苯,回流}]{(n\text{-}C_4H_9)_3SnH} Ph(CH_2)_3COOCH_3 \quad 64\%$$

　　在 Diels-Alder 反应中,硝基化合物同样是很有用的化学组分,根据硝基的定位性,从而实现控制 Diels-Alder 反应的位置选择性,再用三正丁基氢化锡还原硝基,则可得到选择性产物。例如:

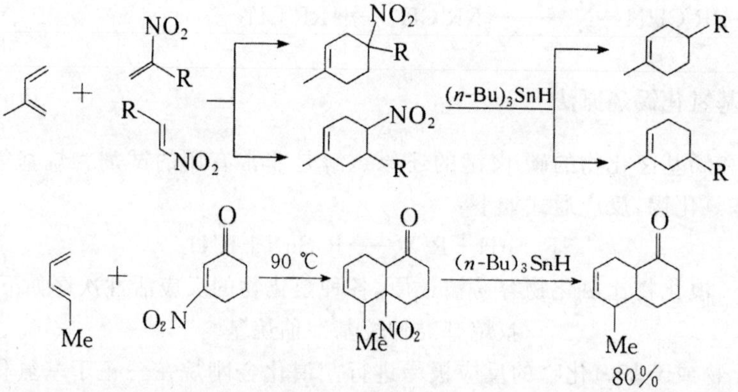

80%

　　具有 Sn—H 结构的聚合物共价型还原剂比相应的低分子锡的氢化物更稳定,无味,低毒,易分离。例如,在对苯二甲醛的还原产物中,单官能团还原的占 86%,反应式如下:

$$OHC\!-\!C_6H_4CHO \xrightarrow[\text{产率}91\%]{\underset{n\text{-Bu}}{\overset{\textcircled{P}\!-\!C_6H_4\!-\!SnH_2}{|}}} HOCH_2\!-\!C_6H_4CHO + HOCH_2\!-\!C_6H_4CH_2OH$$

$$86\% \qquad\qquad 14\%$$

第4章　重氮化及偶合反应

重氮化反应指的是芳香伯胺和亚硝酸作用生成重氮盐的反应。工业中常用亚硝酸钠作为亚硝酸的来源，其反应式为：

$$ArNH_2 + 2HX + NaNO_2 \xrightarrow[HX, 3℃以下]{} ArN_2^+ X^- + NaX + 2H_2O$$

式中，X 可以是 Cl、Br、NO_3、H_2SO_4 等。工业上常采用盐酸，其理论用量为每 1mol 芳伯胺用 2 mol 盐酸。反应后生成的重氮化合物，是以重氮盐的形式溶在水中的。

在重氮化的过程中和反应终了要始终保持反应介质对刚果红试纸呈强酸性，若酸量不足，则可能导致生成的重氮盐与没有起反应的芳胺生成重氮氨基化合物：

$$ArN_2X + ArNH_2 \rightarrow ArN=NNH—Ar + HX$$

在重氮化反应过程中，加入亚硝酸钠溶液的速度要适当，过慢可能会生成重氮氨基化合物；加入亚硝酸要过量，反应过程中可用碘化钾淀粉试纸检验亚硝酸是否过量。微过量的亚硝酸可以将试纸中的碘化钾氧化，游离出碘而使试纸变为蓝色。

重氮化反应是放热反应，必须及时移除反应热。一般在 $0℃ \sim 10℃$ 进行，温度过高，会使亚硝酸分解，同时加速重氮化合物的分解。

重氮化反应结束时，过量的亚硝酸通常加入尿素或氨基磺酸分解掉，或加入少量芳胺，使之与过量的亚硝酸作用。

4.1　重氮化反应

4.1.1　重氮化反应历程

1. 重氮化反应机理

（1）成盐学说

根据重氮化反应均在过量酸液中进行，且弱碱性芳胺如 2,4-二硝基-6-溴苯胺必先溶解在浓酸中才能重氮化的事实，学者们提出了重氮反应的成盐学说。该学说认为苯胺在酸液中先生成铵盐后，铵盐再和亚硝酸作用生成重氮盐。其步骤是：

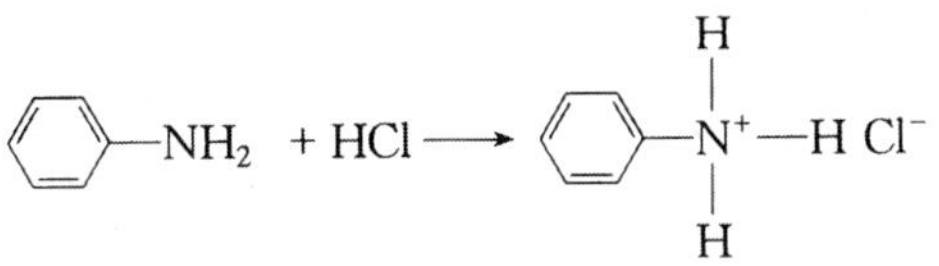

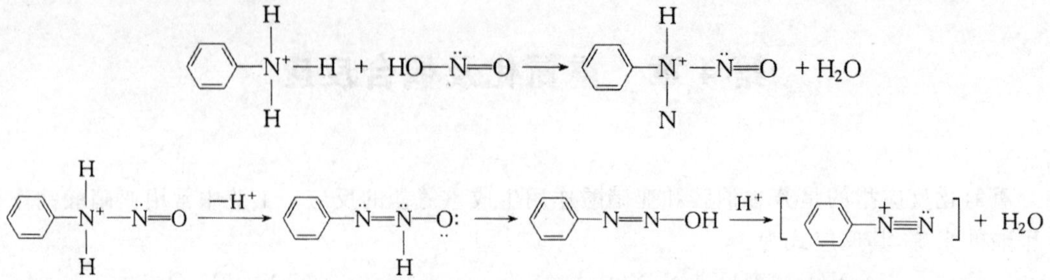

但是成盐学说无法解释在大量酸分子存在下苯胺重氮化反应速度反而降低这一事实,这说明了参加重氮化反应的并不是芳胺的铵盐。在后来的研究中成盐学说被否定,现在普遍接受的是重氮化反应的亚硝化学说。

(2)亚硝化学说

重氮化反应的亚硝化学说认为:游离的芳胺首先发生 N-亚硝化反应,然后 N-亚硝化物在酸液中迅速转化生成重氮盐。

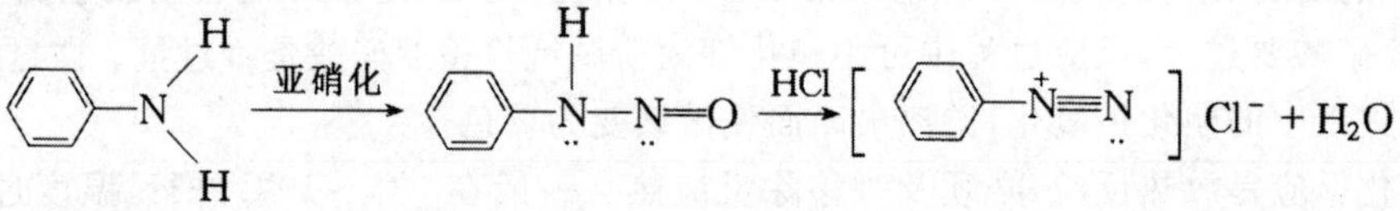

真正参加重氮化反应的是溶解的游离胺而不是芳胺的铵盐,这个机理和从反应动力学得到的结论是一致的。

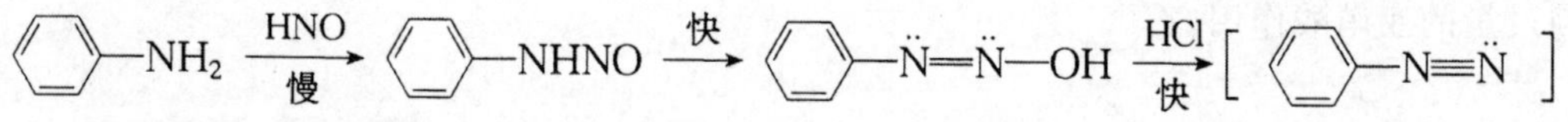

2. 重氮化反应动力学

(1)稀硫酸中苯胺重氮化

在稀硫酸中苯胺重氮化速度和苯胺浓度与亚硝酸浓度的平方乘积成正比。

$$r = \frac{d[C_6H_5N_2^+]}{dt} = k[C_6H_5NH_2][HNO_2]^2$$

先是两个亚硝酸分子作用生成中间产物 N_2O_3,然后和苯胺分子作用,转化为重氮盐。

$$2HNO_2 \Longrightarrow N_2O_3 + H_2O$$

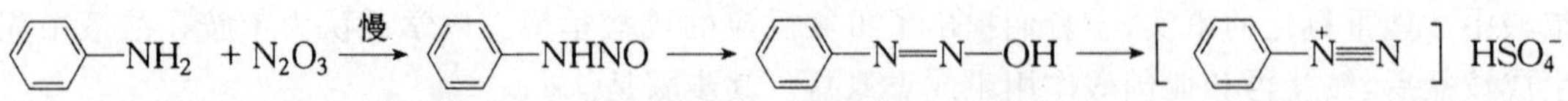

真正参加反应的是游离苯胺与亚硝酸酐,从动力学方程式的表面形式来看,是一个三级反应。

当反应介质的酸性降低至某一值时,重氮化反应速度和胺的浓度无关。

$$r = k_1[HNO_2]^2$$

此时反应速度的决定步骤为亚硝化试剂 N_2O_3 的生成,N_2O_3 生成后,立即和游离胺反应。

(2)盐酸中苯胺重氮化

盐酸中苯胺重氮化动力学方程式可表示为:

$$r = k_1[C_6H_5NH_2][HNO_2]^2 + k_2[C_6H_5NH_2][HNO_2][H^+][Cl^-]$$

式中,k_1、k_2 为常数,$k_2 \gg k_1$。

此为两个平行反应,其一和在稀硫酸中相同,是游离苯胺和亚硝酸酐的反应;其二是苯胺、亚硝酸和盐酸的反应。真正向苯胺分子进攻的质点是亚硝酸和盐酸反应的产物亚硝酰氯分子。

$$HNO_2 + HCl \Longrightarrow NOCl + H_2O$$

由于亚硝酰氯是比亚硝酸酐还强的亲电子试剂,所以可认为苯胺在盐酸中的反应,主要是与亚硝酰氯反应。

盐酸中苯胺的重氮化反应,需经两步,首先是亚硝化反应生成不稳定的中间产物,然后是不稳定中间产物迅速分解,整个反应受第一步控制。

4.1.2　反应影响因素

芳伯胺的重氮化是亲电反应,反应进行的难易与多种因素有关。

1. 芳胺碱性

反应历程表明,芳胺碱性愈大愈有利于 N-亚硝化反应,并加速了重氮化反应速度。但是强碱性的芳胺很容易与无机酸生成盐,而且又不易水解,使得参加反应的游离胺浓度降低,抑制了重氮化反应速度。因此,当酸的浓度低时,芳胺碱性的强弱是主要影响因素,碱性愈强的芳胺,重氮化反应速度愈快。在酸的浓度较高时,铵盐水解的难易程度成为主要影响因素,碱性弱的芳胺重氮化速度快。

2. 无机酸的性质

无机酸的作用表现为:

① 与 $NaNO_2$ 作用产生重氮化剂 HNO_2。

② 将不溶性芳胺转化成为可溶性铵盐。

$$ArNH_2 + H^+ \Longrightarrow ArNH_3^+$$

可溶性铵盐水解成游离胺,再参与重氮化反应。

使用不同性质的无机酸时,在重氮化反应中向芳胺进攻的亲电质点也不同。在稀硫酸中反应质点为亚硝酸酐,在浓硫酸中则为亚硝基正离子。过程如下:

$$O = N - OH + 2H_2SO_4 \Longrightarrow NO^+ + 2HSO_4^- + H_3^+O$$

而在盐酸中,除亚硝酸酐外还有亚硝酰氯。在盐酸介质中重氮化时,如果添加少量溴化物,由于溴离子存在则有亚硝酰溴生成:

$$HO - NO + H_3^+O + Br^- \Longrightarrow ONBr + 2H_2O$$

各种反应质点亲电性大小的顺序如下:

$$NO^+ > ONBr > ONCl > ON - NO_2 > O = N - OH$$

对于碱性很弱的芳胺,不能用一般方法进行重氮化,只有采用浓硫酸作介质。浓硫酸不仅可以溶解芳胺,更主要的是它与亚硝酸钠可生成亲电性最强的亚硝基正离子。作为重氮化剂,NO^+ 可以在电子云密度低的氨基上发生 N-亚硝化反应,再转化为重氮盐。在盐酸介质中重氮化,加入适量的溴化钾,生成高活性亚硝酰溴。在相同条件下,亚硝酰溴的浓度要比亚硝酰氯的浓度大 300 倍左右,提高了重氮化反应速度。

3. 无机酸浓度

无机酸浓度较低时,芳胺变为铵盐而溶解,同时在水溶液中又能水解成为自由胺,有利于 N-亚硝化反应。随着酸浓度的提高,增加了亚硝酰氯的浓度,使重氮化反应速度增加。当无机酸浓度很高时,虽然有利于芳胺转化成铵盐而溶解,但对于铵盐水解成自由胺则不利,使参与重氮化反应的自由胺浓度明显下降,重氮化反应速度降低。

4. 反应温度

重氮化反应速率随温度升高而加快,如在 10℃时反应速率较 0℃时的反应速率增加 3~4 倍。但因重氮化反应是放热反应,生成的重氮盐对热不稳定,亚硝酸在较高温度下亦易分解,因此反应温度常在低温进行,在该温度范围内,亚硝酸的溶解度较大,而且生成的重氮盐也不致分解。

为保持此适宜温度范围,通常在稀盐酸或稀硫酸介质中重氮化时,可采取直接加冰冷却法;在浓硫酸介质中重氮化时,则需要用冷冻氯化钙水溶液或冷冻盐水间接冷却。

一般说来,芳伯胺的碱性越强,重氮化的适宜温度越低,若生成的重氮盐较稳定,亦可在较高的温度下进行重氮化。

4.1.3 重氮化方法

1. 重氮化操作方法

在重氮化反应中,由于副反应多,亚硝酸也具有氧化作用,而不同的芳胺所形成盐的溶解度也各有不同。

(1)直接法

直接法又称顺重氮化法或正重氮化法。这是最常用的一种方法,是把亚硝酸钠水溶液在低温下加到胺盐的酸性水溶液中进行重氮化。

本法适用于碱性较强的芳胺,或含有给电子基团的芳胺,包括苯胺、甲苯胺、甲氧基苯胺、二甲苯胺、甲基萘胺、联苯胺和联甲氧苯胺等。盐酸用量一般为芳伯胺的 3~4 倍(物质的量)为宜。这些胺类可与无机酸生成易溶于水,但难以水解的稳定铵盐。水的用量一般应控制在到反应结束时,反应液总体积为胺量的 10~12 倍。应控制亚硝酸钠的加料速率,以确保反应正常进行。

其操作方法为:将计算量的亚硝酸钠水溶液在冷却搅拌下,先快后慢地滴加到芳胺的稀酸水溶液中,进行重氮化,直到亚硝酸钠稍微过量为止。

(2)反加法

反加法又称反式法或反重氮化法,适用于在酸中溶解度极小,生成的重氮盐也非常难溶解的一些氨基磺酸类。

其操作方法是:先用碱溶解氨基物,再与亚硝酸钠溶液混合,最后把这个混合液加到无机酸的冰水中进行重氮化。

另外,像间苯二胺类的重氮化,也不能用直接法,只能用反加法。因为这类胺的重氮盐易于和未反应的胺偶合,而得不到重氮盐。二元芳伯胺有邻、间、对三种异构体,其重氮化分为三种情况。

①邻苯二胺类和亚硝酸作用,一个氨基先重氮化,生成的重氮基与邻位未重氮化的氨基作用,生成不具偶合能力的三氮化合物。

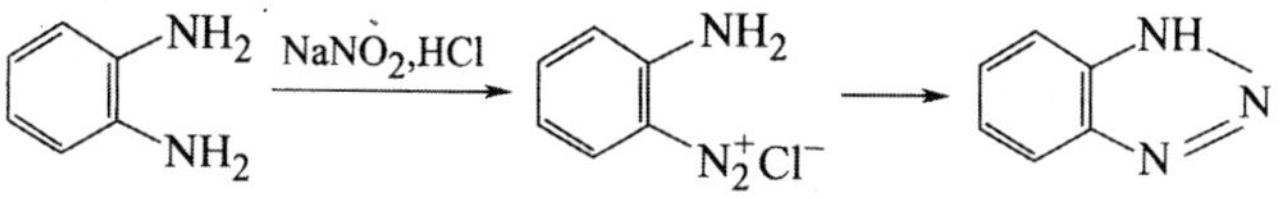

②间苯二胺易发生重氮化、偶合反应,间苯二胺的两个氨基可同时重氮化,并与间二胺偶合,如偶氮染料俾士麦棕 G 的制备。

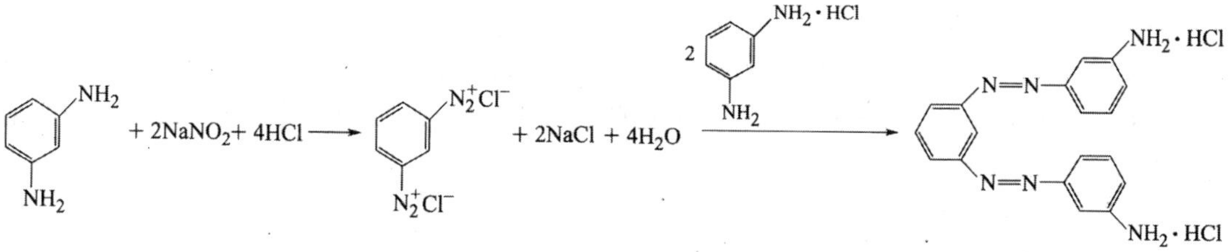

俾士麦棕G

③对苯二胺类化合物用顺加法重氮化,可顺利地将其中一个氨基重氮化,得到对氨基重氮苯。

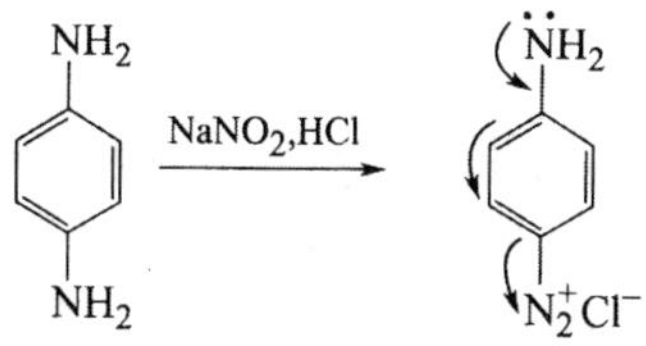

重氮基属强吸电子基,与氨基同处共轭体系,氨基受其影响,从而使重氮化更加困难,需在浓硫酸介质中进行重氮化。

(3)连续操作法

连续操作法也是适用于弱碱性芳伯胺的重氮化。工业上以重氮盐为合成中间体时多采用这一方法。由于反应过程的连续性,可较大地提高重氮化反应的温度以增加反应速率。

重氮化反应通常在低温下进行,以避免生成的重氮盐发生分解和破坏。采用连续化操作时,可使生成的重氮盐立即进入下步反应系统中,而转变为较稳定的化合物。这种转化反应的速率常大于重氮盐的分解速率。连续操作可以利用反应产生的热量提高温度,加快反应速率,缩短反应时间,适合于大规模生产。

例如,对氨基偶氮苯的生产中,由于苯胺重氮化反应及产物与苯胺进行偶合反应相继进行,可使重氮化反应的温度提高到 90℃左右而不至于引起重氮盐的分解,大大提高生产效率。

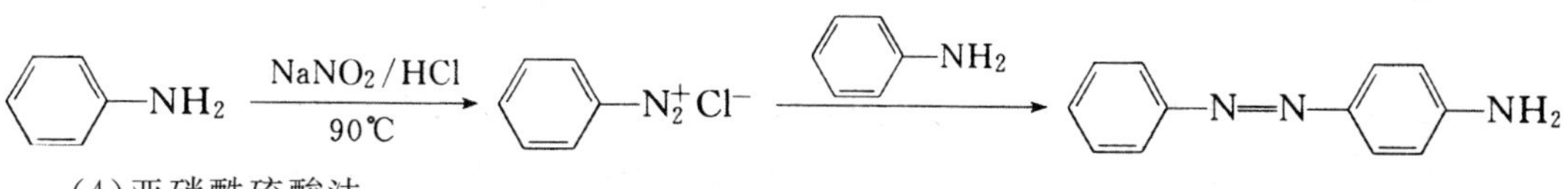

(4)亚硝酰硫酸法

亚硝酰硫酸法是把干燥的亚硝酸钠粉末加到 70％以上的浓硫酸中,在搅拌下升温到 70℃制得的。亚硝酰硫酸法适用于一些在水、盐酸或碱的水溶液中都难溶解的胺类。该法是借助于最强的重氮化活泼质点（NO^+），才使电子云密度显著降低的芳伯胺氮原子能够进行反应。

由于亚硝酰硫酸放出亚硝酰正离子（NO^+）较慢，可加入冰醋酸或磷酸以加快亚硝酰正离子的释放而使反应加速，如：

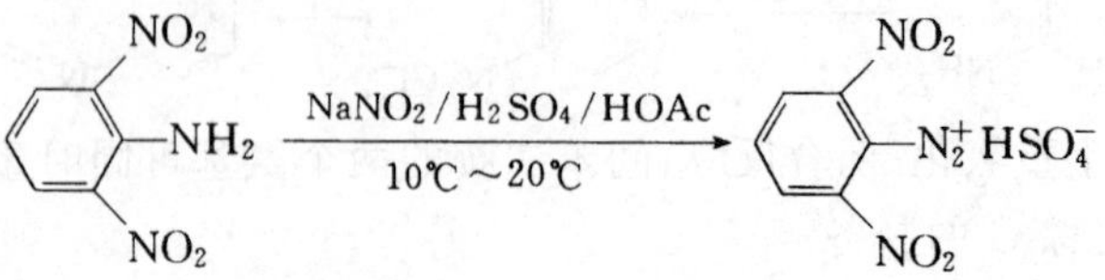

（5）硫酸铜触媒法

此法适用于容易被氧化的氨基苯酚和氨基萘酚及其衍生物的重氮化。例如，邻间氨基苯酚等。若用直接重氮化时，这种氨类很易被亚硝酸氧化成醌，无法进行重氮化。所以要用弱酸或易于水解的无机盐（$ZnCl_2$），在硫酸铜存在下，和亚硝酸钠作用，缓慢放出亚硝酸进行重氮化。

（6）亚硝酸酯法

亚硝酸酯法是将芳伯胺盐溶于醇、冰醋酸或其他有机溶剂中，用亚硝酸酯进行重氮化。常用的亚硝酸酯有亚硝酸戊酯、亚硝酸丁酯等。此法制成的重氮盐，可在反应结束后加入大量乙醚，使其从有机溶剂中析出，再用水溶解，可得到纯度很高的重氮盐。

（7）盐析法

在生产多偶氮染料时，要先制成带氨基的单偶氮染料，然后再进行重氮化、偶合反应。部分氨基偶氮化合物要采用盐析法进行重氮化。例如，4-(3′-磺酸。苯偶氮基)-1-萘胺，4-苯偶氮基-1-萘胺-6-磺酸等。

其操作方法为：把氨基偶氮化合物溶于苛性钠水溶液后，进行盐析，再往这个悬浮液中加入亚硝酸钠溶液，最后把这个混合液倾到含酸的冰水中进行重氮化。

2. 芳伯胺重氮化时操作要求

经重氮化反应制备的产物众多，其反应条件和操作方法也不尽相同，但在进行重氮化时需要注意几点：

①重氮化反应所用原料应纯净且不含异构体。若原料中含较多氧化物或已部分分解，在使用前应先进行精制。原料中含无机盐、如氯化钠，一般不会产生有害影响，但在计量时必须扣除。另外，重氮化用原料芳胺有毒，活性越强其毒性越大，并在操作过程中可能有毒性气体CO、Cl_2等逸出，因而要求重氮化设备密闭，保持环境通风良好。

②重氮化反应的终点控制要准确。由于重氮化反应是定量进行的，亚硝酸钠用量不足或过量均严重影响产品质量。因此事先必须进行纯度分析，并精确计算用量，以确保终点的准确。

③重氮化用的无机酸腐蚀性较强，使用时应注意遵守工艺规程，避免灼伤。

④重氮化过程必须注意生产安全。重氮化合物对热和光都极不稳定，因此必须防止其受热和强光照射，并保持生产环境的潮湿。

⑤重氮化反应的设备要有良好的传热措施。由于重氮化是放热反应，容易导致燃烧事故，因而要求经常清理、冲刷通风管道，并要求重氮化釜装有搅拌装置和传热措施。

4.2　重氮盐的转化及应用

4.2.1　重氮盐的结构与性质

重氮盐由重氮正离子和强酸负离子构成,其结构式为 $ArN_2^+ X^-$,X^- 表示一价酸根。

重氮盐易溶于水,在水溶液中呈离子状态,类似铵盐性质,故称重氮盐。在水中,重氮盐的结构随 pH 值大小而变,如图 4-1 所示。

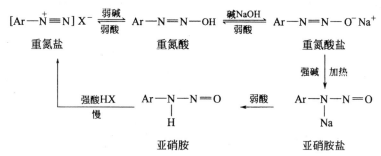

图 4-1　重氮盐结构随介质 pH 值变化

其中,亚硝胺和亚硝胺盐比较稳定,重氮盐、重氮酸和重氮酸盐比较活泼。故重氮盐反应在强酸性至弱碱性的介质中进行。

在酸性溶液中,重氮盐比较稳定;在中性或碱性介质中易与芳胺反应,生成重氮氨基化合物或偶氮化合物。反应式为:

$$ArN_2^+ X^- + ArNH_2 \longrightarrow ArN=NNHAr + HX$$
$$ArN_2^+ X^- + ArNH_2 \longrightarrow ArN=NNHAr + HX$$

重氮盐在低温水溶液中比较稳定,反应活性较高。重氮化后不必分离,可直接用于下一转化反应。重氮盐不溶于有机溶剂,根据重氮化反应液澄清与否,可判别重氮化反应是否正常。

重氮盐性质非常活泼,干燥的重氮盐极不稳定,受热或摩擦、震动、撞击等因素,使其剧烈分解出氮气,甚至会发生爆炸事故。在一定条件下铜、铁、铅等及其盐类,某些氧化剂、还原剂,能加速重氮化物分解。因此,残留重氮盐的设备,停用时必须清洗干净。生产或处理重氮化合物,需用清洁设备或容器,避免外来杂质,忌用金属设备,而常用衬搪瓷或衬玻璃的设备容器。

重氮盐自身无使用价值,但在一定条件下,重氮基转化为偶氮基(偶合)、肼基(还原),或被羟基、烷氧基、卤基、氰基、芳基等取代基置换,制得一系列重要的有机合成中间体、偶氮染料和试剂等。

4.2.2　重氮盐的置换

在一定条件下,重氮化合物的重氮基可被卤素、羟基、氰基、烷氧基、巯基、芳基等基团置换,释放氮气,生成其他取代芳烃,该反应即重氮盐的置换,又称重氮化合物的分解。

重氮盐置换的产率一般不太高,用其他方法难以引入某种取代基(如—F,—CN 等),或用其他方法不能将取代基引入所指定位置时,才采用重氮盐置换法。

1. 重氮基置换为卤基

由芳胺重氮盐的重氮基置换成卤基,对于制备一些不能采用卤化法或者卤化后所得异构体难以分离的卤化物很有价值。

(1)桑德迈耶尔(Sandmeyer)反应

在氯化亚铜存在下,重氮基被置换为氯、溴或氰基的反应称桑德迈耶尔反应,将重氮盐溶液加入到卤化亚铜的相应卤化氢溶液中,经分解即释放出氮气而生成 ArX。反应为:

$$ArN_2^+ X^- \xrightarrow{CuX, HX} ArX + N_2 \uparrow + CuX$$

亚铜盐的卤离子必须与氢卤酸的卤离子一致才可以得到单一的卤化物。但是碘化亚铜不溶于氢碘酸中无法反应。而氟化亚铜性质很不稳定,在室温下即迅速自身氧化还原,得到铜和氟化铜,因此,不适用于氟化物和碘化物的制备。

桑德迈耶尔反应历程很复杂,现在公认的历程是重氮盐首先和亚铜盐形成配合物 $Ar\overset{+}{N}\equiv N \rightarrow CuCl_2^-$,经电子转移生成自由基,而后进行自由基偶联得反应产物。其中,配合物 $Ar\overset{+}{N}\equiv N \rightarrow CuCl_2^-$ 与重氮盐结构有关,重氮基对位上有不同取代基,其反应速率按下列次序递减:

$$NO_2 > Cl > H > CH_3 > OCH_3$$

此顺序与取代基对偶合反应速度的影响是一致的,因此重氮基转化卤基的桑德迈耶尔反应速度是随着与重氮基相连碳原子上的正电荷增加而增大。此外,还与反应组分的浓度、加料方式和反应温度等有关。

重氮盐溶液加至氯化亚铜盐酸溶液,温度为 50℃~60℃。反应完毕,蒸出二氯甲苯,分出水层,油层用硫酸洗、水洗和碱洗后得粗品,经分馏得 2,6-二氯甲苯成品。

(2)希曼(Schiemann)反应

重氮盐转化为芳香氟化物是芳环上引入氟基的有效方法,反应称希曼反应。

$$Ar—N_2^+ X^- \xrightarrow{BF_4^-} Ar—N_2^+ BF_4^- \xrightarrow{\Delta} ArF + N_2 \uparrow + BF_3$$

重氮基的氟硼酸配盐分解,须在无水条件下进行,否则易分解成酚类和树脂状物。

$$ArN_2^+ BF_4^- + H_2O \xrightarrow{\Delta} ArOH + N_2 + HF + BF_3 + 树脂物$$

重氮络盐分解收率与其芳环上取代基性质有关,一般芳环没有取代基或有供电性取代基时,分解收率较高,而有吸电性取代基分解收率则较低。重氮络盐中其络盐性质不同,分解后产物收率也不同。例如邻溴氟苯的制备,其络盐若采用氟硼酸络盐,反应收率只有 37%,而改用六氟化磷络盐,收率可提高到 73%~75%。

芳环上无取代基或有第一类取代基的芳胺重氮盐,制备相应的氟苯衍生物时,多采用氟硼酸络盐法。

制备氟硼酸络盐时,可以将一般方法制得的重氮盐溶液加入氟硼酸进行转化,也可以采用芳胺在氟硼酸存在下进行重氮化。

（3）盖特曼（Gatteman）反应

除用亚铜盐作催化剂外，也可将铜粉加入重氮盐的氢卤酸溶液中反应，用铜粉催化重氮基转化为卤基的反应称为盖特曼反应。在亚铜盐较难得到时，本反应有特殊意义。例如：

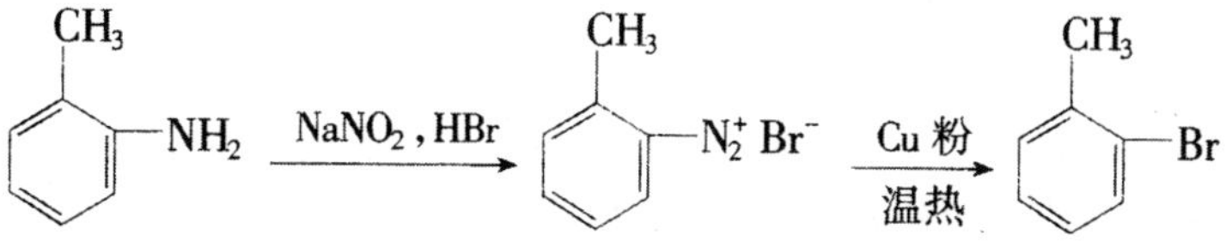

将铜粉加入到 0℃～5℃的邻甲苯胺重氮盐溶液中，升温使反应温度不超过 50℃，蒸出油状物即为产品。邻溴甲苯用作有机合成原料，医药工业用于制备溴得胺。

由重氮盐转化为芳碘化合物，可将碘化钾直接加入到重氮盐溶液中分解而得，邻、间和对碘苯甲酸，都是由相应的氨基苯甲酸制得的。例如：

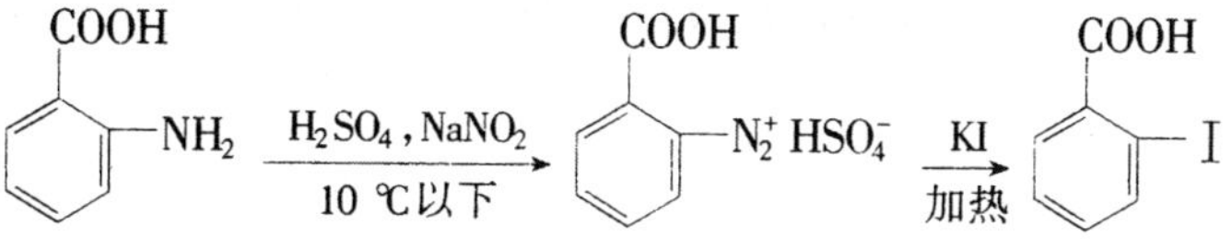

用于转化为碘化物重氮盐的制备，最好在硫酸介质中进行，若用盐酸则有氯化物杂质。

某些反应速度较慢的碘置换反应，可以加入铜粉作催化剂，如制备对羟基碘苯：

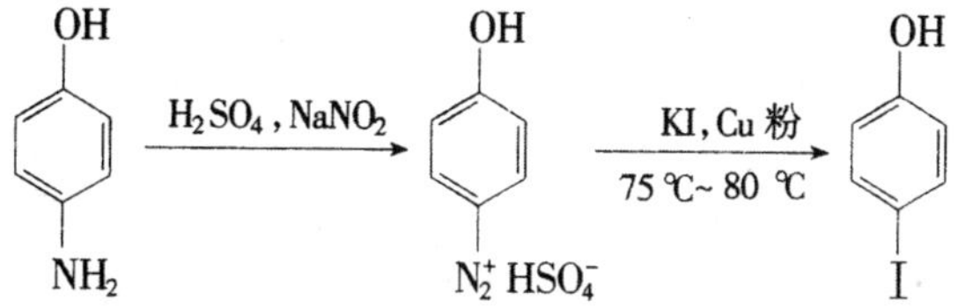

2. 重氮基置换为氰基

重氮基置换为氰基与转化为卤基的方法相似，也是桑德迈耶尔反应，氰化亚铜配盐为催化剂，其制备由氯化亚铜与氰化钠溶液作用。

$$CuCl + 2NaCN \longrightarrow Na[Cu(CN_2)] + NaCl$$

该转化反应的催化剂除上述络盐外，还可用四氰氨络铜钠盐、四氰氨络铜钾盐、氰化镍络盐。四氰氨络铜的络盐为催化剂的转化反应可表示为：

$$2CuSO_4 + NaCu(CN)_4NH_3 \longrightarrow 2ArCN + 2NaCl + NH_3 + CuCN + 2N_2 \uparrow$$

重氮化物与氰化亚铜配盐合成芳腈，此法用于靛族染料中间体的制备。例如，邻氨基苯甲醚盐酸盐的重氮化，重氮盐与氰化亚铜反应，产物邻氰基苯甲醚用于制造偶氮染料。

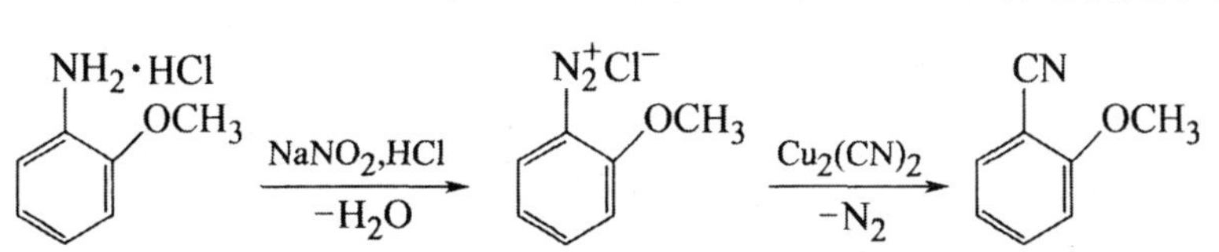

制备的化合物如对甲基苯腈，是合成 1,4-二酮吡咯并吡咯（DPP）类颜料、C. I. 颜料红 272 的专用中间体。

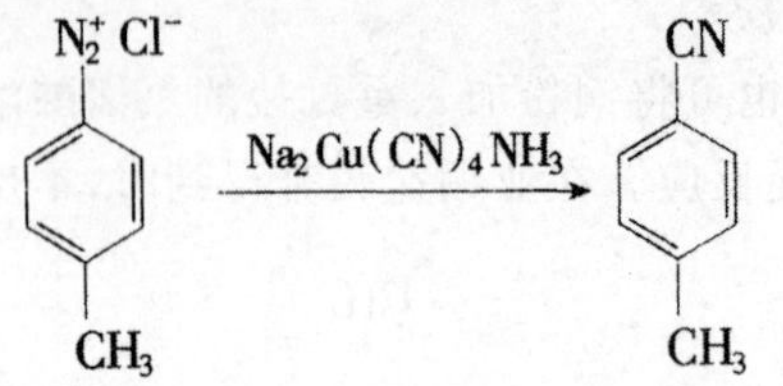

反应中用氰化亚铜催化，收率仅为 64%～70%；用四氰氨络铜钠盐催化，收率可提高到 83.4%。如果氰化亚铜改为氰化镍络盐，在某些情况下也可以提高产物收率。例如对氰基苯甲酸的制备，当采用氰化亚铜催化时，产物收率仅为 30%；改用氰化镍络盐催化时，产物收率可达到 59%～62%。

氰基易水解为酰胺基（—$CONH_2$）和羧基（—COOH），该反应也是在芳环上引入酰胺基和羧基的一个方法。

在芳环上引入氰基，还可以氰基取代氯素或磺酸基，以及酰胺基脱水的方法。

3. 重氮基置换为巯基

重氮盐与含硫化合物反应，重氮基被巯基置换。重氮盐与烷基黄原酸钾（ROCSSK）作用，制备邻甲基苯硫酚、间甲基苯硫酚和间溴苯硫酚等，例如：

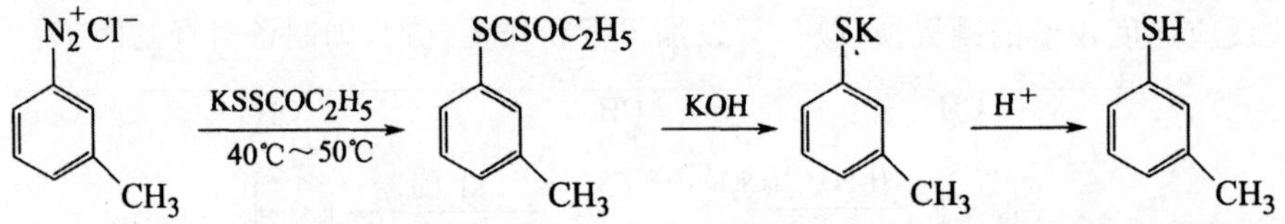

反应用二硫化钠，将重氮盐缓慢加入二硫化钠与苛性钠的混合溶液，得产物芳烃二硫化物（Ar—S—S—Ar），用二硫化钠将芳烃二硫化物还原为硫酚。利用该反应，可由邻氨基苯甲酸制取硫代水杨酸。

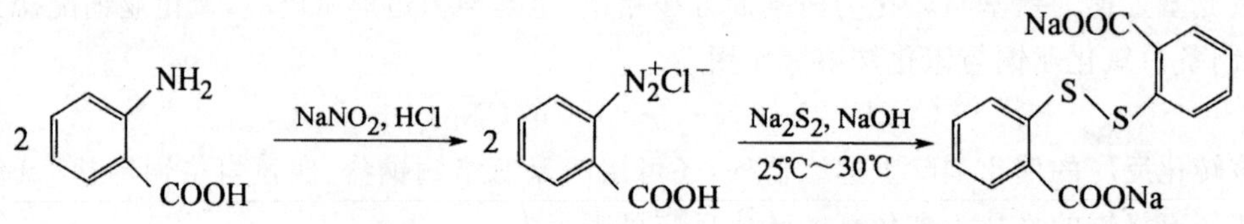

重氮化　　　　还原　　　　（二硫代水杨酸）

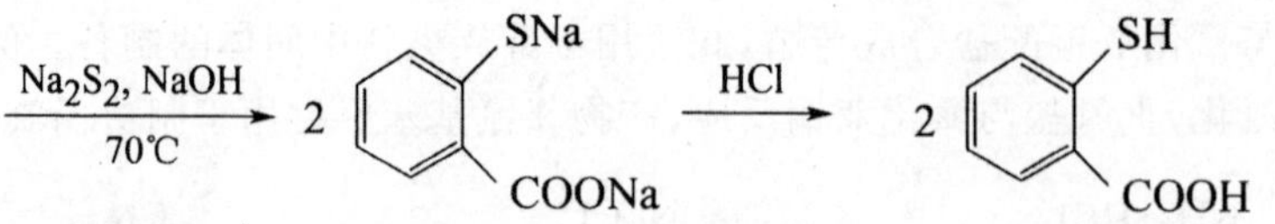

还原　　　　酸化　　　　（硫代水杨酸）

硫代水杨酸是合成硫靛染料的重要中间体。

4. 重氮基置换为羟基

将重氮硫酸盐溶液慢慢加至热或沸腾的稀硫酸中，重氮基水解为羟基。

$$ArN_2^+HSO_4^- + H_2O \xrightarrow{\text{稀 } H_2SO_4} ArOH + H_2SO_4 + N_2\uparrow$$

为使重氮盐迅速水解，避免与酚类偶合，要保持较低的重氮盐浓度，水蒸气蒸馏法移除产物酚,如果不能蒸出酚,可加入二甲苯、氯苯等溶剂,使生成的酚转移到有机相,减少副反应。反应中硝酸存在,重氮盐水解成硝基酚,例如:

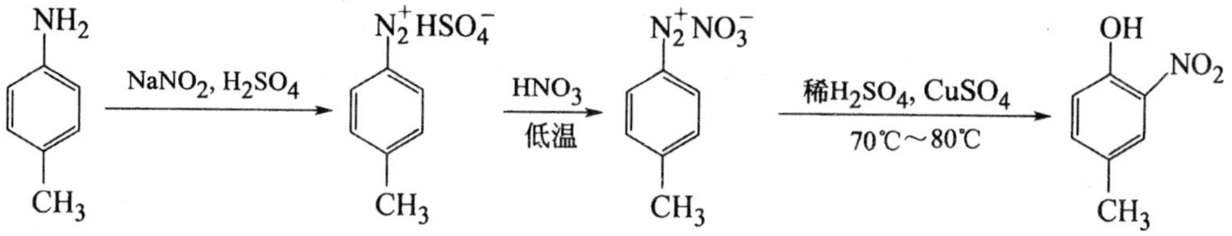

在反应液中加入硫酸钠,可提高反应温度,有利于重氮基水解。

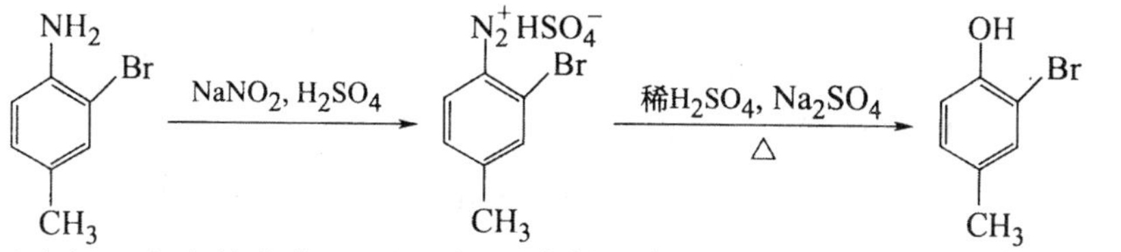

铜离子对水解反应有催化作用,硫酸铜可降低反应温度,如愈创木酚的合成:

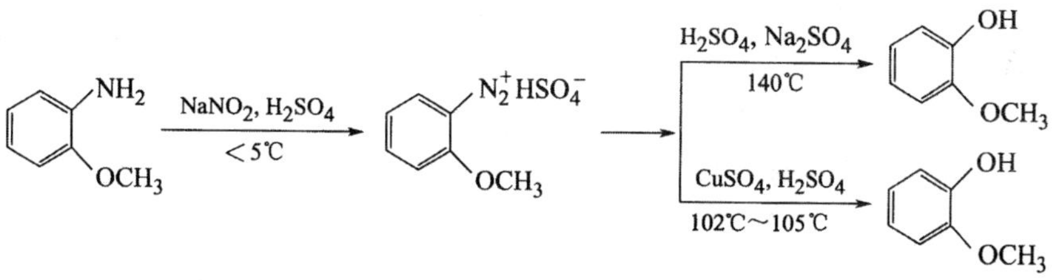

5. 重氮基置换为烷氧基

干燥的重氮盐和乙醇共热,重氮基被烷氧基取代生成为酚醚。

$$ArN_2^+ X^- + C_2H_5OH \longrightarrow ArOC_2H_5 + HX + N_2\uparrow$$

为避免产生卤化物,重氮盐以硫酸盐为好。醇类可以是乙醇,也可以是甲醇、异戊醇、苯酚等,与重氮盐反应得到含甲氧基、乙氧基、异戊氧基或苯氧基等芳烃衍生物。例如,邻氨基苯甲酸重氮硫酸盐与甲醇共热,得邻甲氧基苯甲酸。

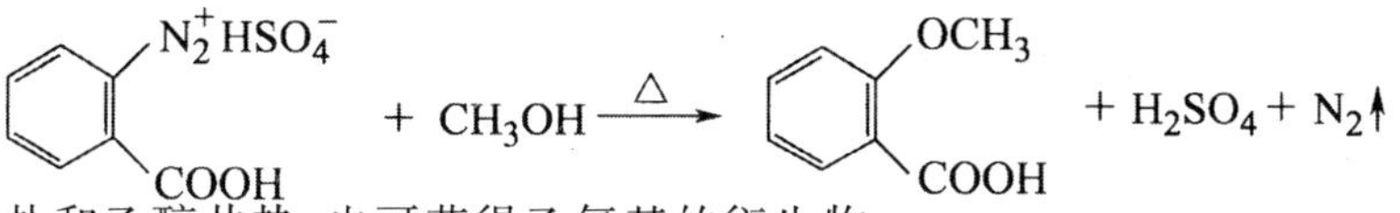

某些重氮盐和乙醇共热,也可获得乙氧基的衍生物。

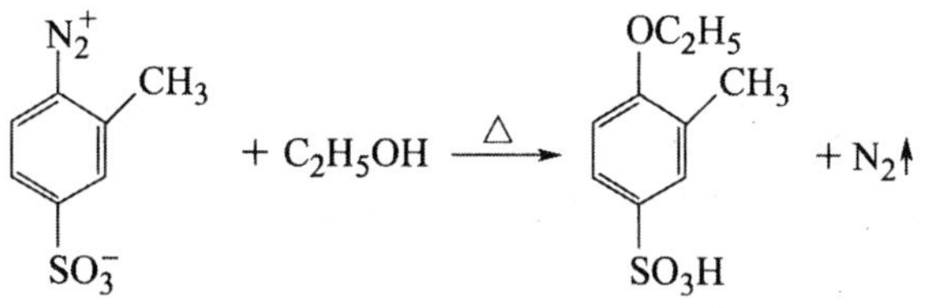

增加反应压力,提高醇的沸点,有利于重氮基置换为烷氧基。

6. 重氮基置换为芳基

重氮盐在碱性溶液中形成重氮氢氧化物,它可以裂解为重氮自由基,再失去氮形成芳基自由基。

$$ArN^+ \equiv NCl^- \xrightarrow{NaOH} ArN^+ \equiv NOH^- \xrightarrow{NaOH} ArN = N—OH$$

$$ArN = N—OH \longrightarrow ArN = N \cdot + \cdot OH$$

$$ArN = N \cdot \longrightarrow Ar \cdot + N_2 \uparrow$$

生成的自由基可以与不饱和烃类或芳族化合物进行如下芳基化反应。

（1）迈尔瓦音（Weerwein）芳基化反应

重氮盐在铜盐催化下与具有吸电性取代基的活性烯烃作用，重氮盐的芳烃取代了活性烯烃的 13-氢原子或在双键上加成，同时放出氮。其反应为：

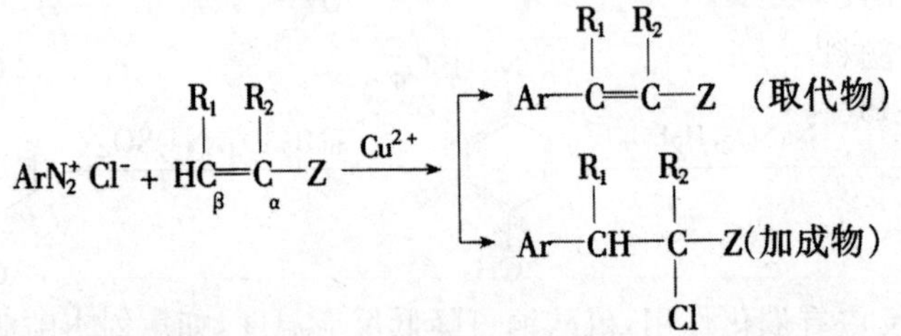

生成取代产物还是加成产物取决于反应物结构和反应条件，但加成产物仍可以消除，得到取代产物。其中，Z 一般为—NO_2、—CO—、—COOR、—CN、—COOH 和共轭双键等。

（2）贡贝格（Gomberg）反应

贡贝格（Gomberg）反应是由芳胺重氮化合物制备不对称联芳基衍生物的方法。

$$ArN = N—OH + Ar'H \longrightarrow Ar—Ar'$$

按常规方法进行芳胺重氮化，但要求尽可能少的水和较浓的酸，用饱和的亚硝酸钠溶液重氮化，把重氮盐加入到待芳基化的芳族化合物中，通过该转化方法可制备如 4-甲基联苯、对溴联苯等化合物。

（3）盖特曼（Gattermann）反应

重氮盐在弱碱性溶液中用铜粉还原，即发生脱氮偶联反应，形成对称的联芳基衍生物。反应式如下：

$$2ArN_2Cl + Cu \longrightarrow Ar—Ar + N_2 \uparrow + CuCl_2$$

反应用的铜是在把锌粉加到硫酸铜溶液中得到的泥状铜沉淀。铜粉的效果不如沉淀铜。锌粉、铁粉也可还原重氮盐成联芳基化合物，但产率低，锌铜齐较好。重氮盐如果是盐酸盐，产物中将混有氯化物，所以最好用硫酸盐。

4.2.3 重氮盐的还原

在重氮盐水溶液中，加入适当还原剂如乙醇、次磷酸、甲醛、亚锡酸钠等，可使重氮基还原为氢原子，利用此反应可制备多种芳烃取代产物，例如 2,4,6-三溴苯甲酸的合成：

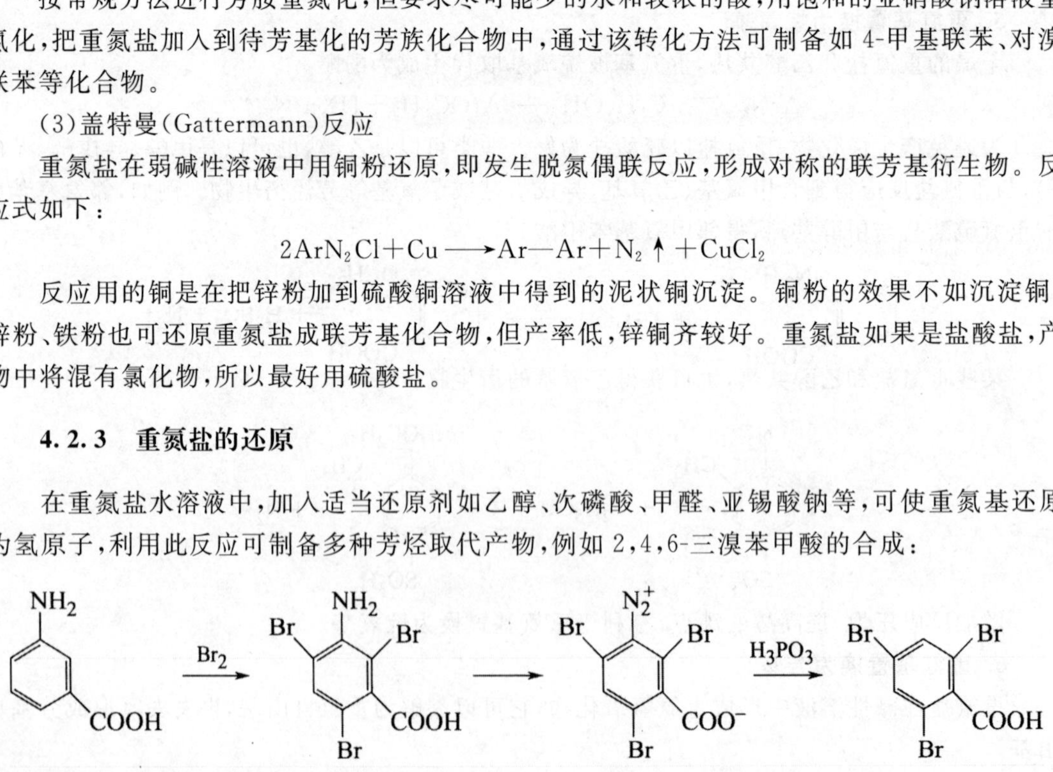

还原剂常用乙醇、次磷酸,乙醇将重氮基还原为氢原子、释放氮气,乙醇被氧化成乙醛。

$$ArN_2^+Cl^- + C_2H_5OH \longrightarrow ArH + HCl + N_2\uparrow + CH_3CHO$$

在这个去氨基反应中,可能同时有酚的烃基醚生成,这一副反应使脱氨基反应收率降低。

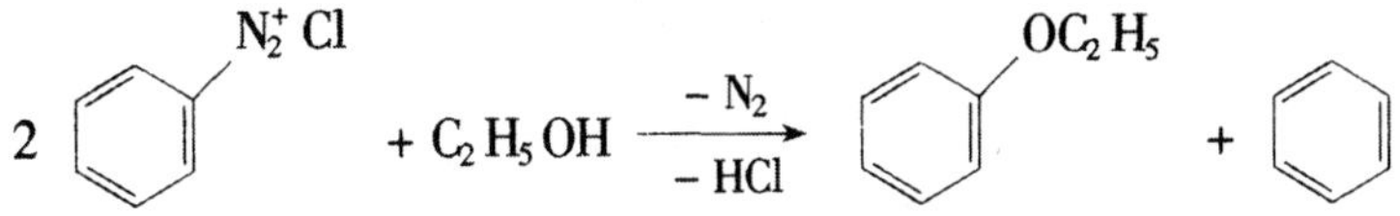

若重氮基的邻位有卤基、羧基或硝基时,还原效果较好,锌粉、铜粉的存在有利于还原。

用次磷酸的方法与乙醇法相似。

重要的芘系有机颜料品种,C. I. 颜料红 149 的专用中间体 3,5-二甲基苯胺,也是经过重氮化、水解脱氮的重氮基转化反应制备。

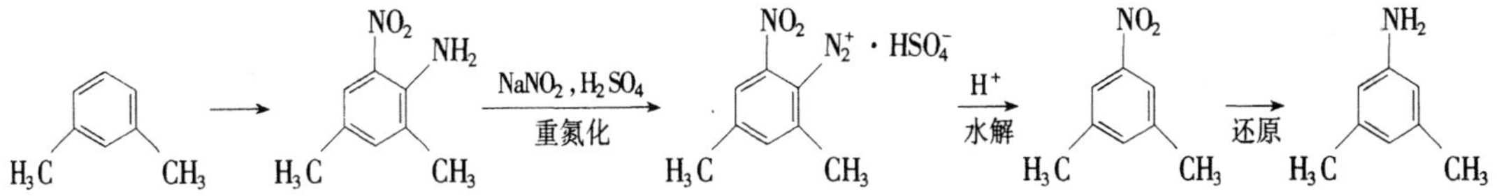

在合成药物和染料中,肼类有重要用途。重氮化物还原的另一用途是制取芳肼。

$$ArN_2^+X^- + Na_2SO_3 \xrightarrow{-NaX} ArN{=}N{-}SO_3Na \xrightarrow{NaHSO_3} ArN{-}NH{-}SO_3Na$$

上式中 ArN 上方有 SO₃Na 取代基

$$\xrightarrow[-NaHSO_3]{H_2O} ArNHNHSO_3Na \xrightarrow[-NaHSO_3]{HCl, H_2O} ArNHNH_2 \cdot HCl$$

还原剂是亚硫酸盐与亚硫酸氢盐(1∶1)的混合物,其中亚硫酸盐稍过量。还原终了时,可加少量锌粉以使反应完全。

用酸性亚硫酸盐还原,介质酸性不可太强,否则生成亚磺酸($ArSO_2H$)与芳肼作用形成 N'-芳亚磺酰基芳肼($ArNHNHSO_2Ar$),芳肼收率降低。若在碱性介质中还原,重氮基被氢置换。

脂环伯胺重氮化形成的碳正离子,可发生重排反应,使脂环扩大或缩小。例如,医药中间体环庚酮的合成:

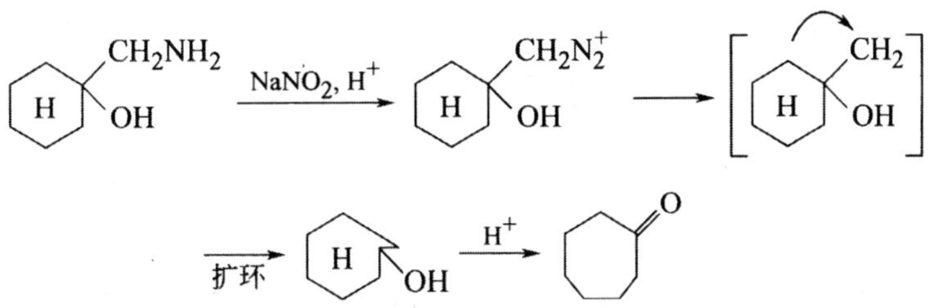

4.2.4　重氮盐的应用

重氮盐能发生置换、还原、偶合、加成等多种反应。因此,通过重氮盐可以进行许多有价值的转化反应。

1. 制备偶氮染料

重氮盐经偶合反应制得的偶氮染料,其品种居现代合成染料之首。它包括了适用于各种用途的几乎全部色谱。

例如,对氨基苯磺酸重氮化后得到的重氮盐与 2-萘酚-6-磺酸钠偶合,得到食用色素黄 6。

$$HO_3S-\bigcirc-NH_2 \xrightarrow{NaNO_2/HCl} HO_3S-\bigcirc-N_2^+Cl^-$$

$$HO_3S-\bigcirc-N_2^+Cl^- + \underset{NaO_3S}{\bigcirc\bigcirc}-OH \longrightarrow HO_3S-\bigcirc-N=N-\underset{SO_3Na}{\overset{OH}{\bigcirc\bigcirc}}$$

2. 制备中间体

例如,重氮盐还原制备苯肼中间体。

$$\bigcirc-NH_2 \xrightarrow[低温]{NaNO_2/HCl} \bigcirc-N_2^+Cl^- \xrightarrow[2.H_2O/H^+]{1.(NH_4)_2SO_3 \atop NH_4HSO_3} \bigcirc-NH-NH_2$$

又如,重氮盐置换得对氯甲苯中间体。

$$\underset{NH_2}{\overset{CH_3}{\bigcirc}} \xrightarrow[低温]{NaNO_2/HCl} \underset{N_2^+Cl^-}{\overset{CH_3}{\bigcirc}} \xrightarrow{Cu_2Cl_2/HCl} \underset{Cl}{\overset{CH_3}{\bigcirc}}$$

若用甲苯直接氯化,产物为邻氯甲苯和对氯甲苯的混合物。两者物理性质相近,很难分离。

由此可见,利用重氮盐的活性,可转化成许多重要的、用其他方法难以制得的产品或中间体,这也是在精细有机合成中重氮化反应被广泛应用的原因。

4.3 偶合反应及其应用

4.3.1 偶合反应及其特点

偶合反应指的是重氮化合物与酚类、胺类等(偶合组分)相互作用,形成带有偶氮基(—N=N—)化合物的反应。

$$Ar-N_2Cl+Ar'OH \rightarrow Ar-N=N-Ar'-OH$$
$$Ar-N_2Cl+Ar'NH_2 \rightarrow Ar-N=N-Ar'-NH_2$$

①酚。如苯酚、萘酚及其衍生物。

②芳胺。如苯胺、萘胺及其衍生物。

③氨基萘酚磺酚。如 H 酸、J 酸、芝加哥 SS 酸等。

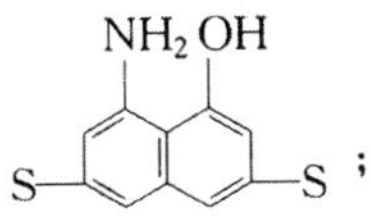

H 酸 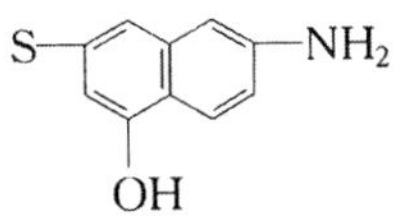　　　　　　　J 酸 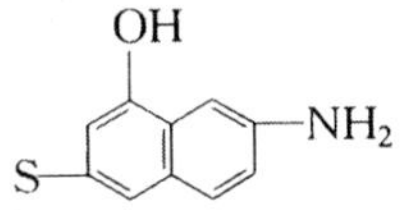　　　　　　　γ 酸 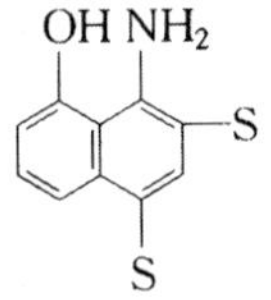　　　　　　芝加哥 SS 酸

④活泼的亚甲基化合物。如乙酰苯胺等。

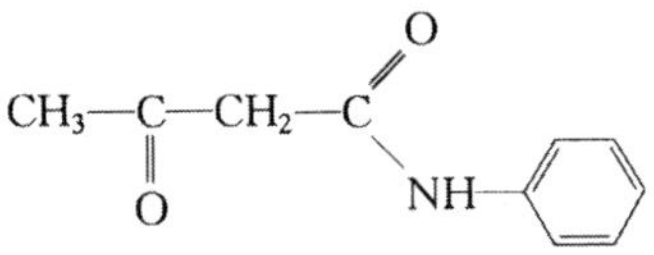

乙酰乙酰苯胺 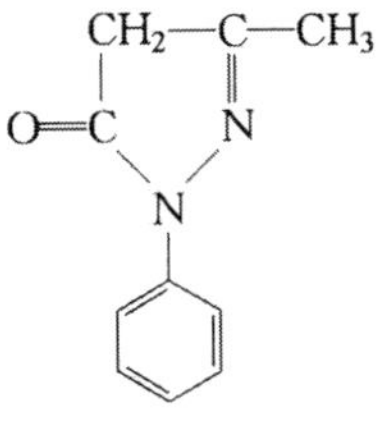　　　　　　　吡唑啉酮 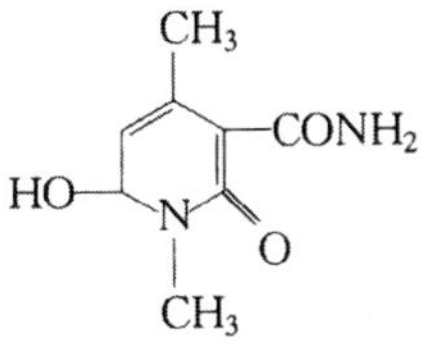　　　　　　　　吡啶酮

4.3.2　偶合反应的原理

1. 偶合反应机理

偶合反应是一个亲电取代反应,由于重氮正离子中氮原子上的正电荷可以离域到苯环上,因此它是一个很弱的亲电试剂,只能与高度活化的苯环才能发生偶合反应。

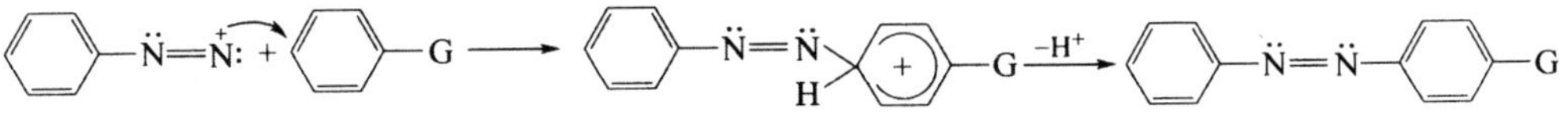

G=OH、NH₂、NHR、NR₂

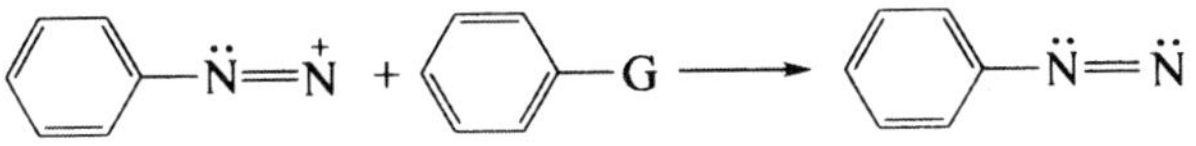

①重氮盐正离子向偶合组分核上电子云密度较高的碳原子进攻形成中间产物,这一步反应是可逆的。

②中间产物迅速失去一个氢质子,不可逆地转化为偶氮化合物。

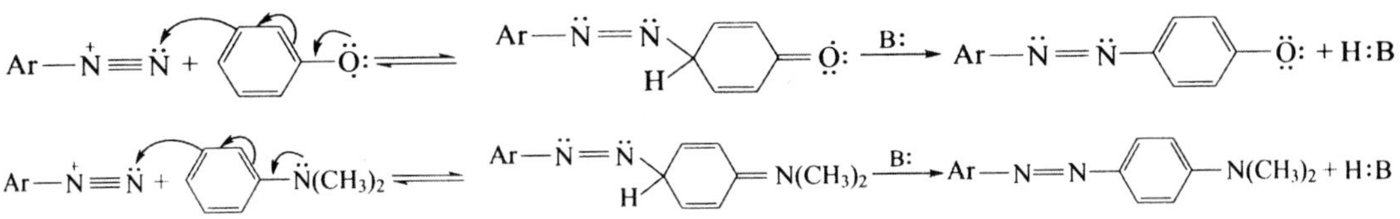

③这一步反应是碱催化的。

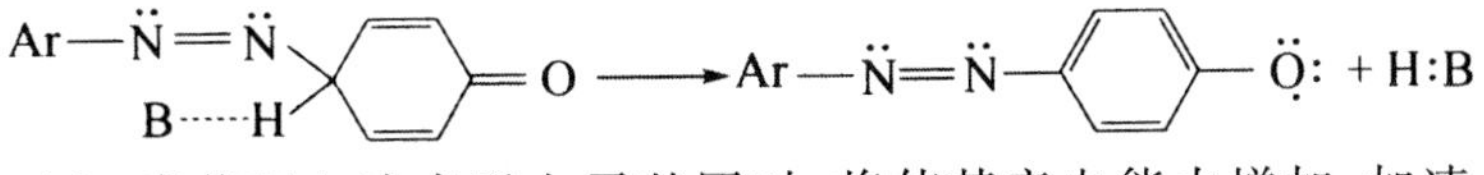

对重氮盐而言,当芳环上连有吸电子基团时,将使其亲电能力增加,加速反应的进行;反之,将不利于反应的进行。对偶合组分而言,能使芳环电子云密度增大的因素将有利于反应的进行。在进行偶合反应时,要考虑到多种因素,选择最适宜的反应条件,才能收到预期的效果。

2. 偶合反应动力学

当重氮盐和酚类在碱性介质中偶合时,参加反应的具体形式是重氮盐阳离子 ArN_2^+ 和酚盐阳离子 ArO^-,反应速度公式为

$$r = k[ArN_2^+][ArO^-]$$

式中,k 为反应速度常数。

测定反应物浓度时,酚类除活泼形式 $Ar'O^-$ 外还包括有 $Ar'OH$,重氮盐除活泼形式 ArN_2^+ 外,还包括 ArN_2O^-,所以实际测定的反应速度常数 k_p 应符合下列方程式:

$$r = k_p[ArN_2^+ + ArN_2O^-][Ar'O^- + Ar'OH]$$

在水溶液中,ArO^- 及 $ArOH$ 之间存在下列平衡:

$$Ar'OH \Longleftrightarrow Ar'O^- + H^+$$

得平衡常数

$$K_p = \frac{[Ar'O^-][H^+]}{[Ar'OH]}$$

即

$$[Ar'OH] = \frac{[Ar'O^-][H^+]}{K_p}$$

在水溶液中,重氮盐及重氮酸盐间也存在着下列平衡:

$$ArN_2^+ + H_2O \Longleftrightarrow ArN_2O^- + 2H^+$$

由此

$$k_d = \frac{[ArN_2O^-][H^+]^2}{[ArN_2^+]}$$

即

$$[ArN_2O^-] = \frac{[ArN_2^+]K_d}{[H^+]^2}$$

由以上各式联立,得

$$k[ArN_2^+][Ar'O] = k_p\left\{[ArN_2^+] + \frac{[ArN_2^+]k_d}{[H^+]^2}\right\}\left\{[Ar'O^-] + \frac{[Ar'O^-][H^+]^2}{k_p}\right\}$$

即

$$k = k_p\left(1 + \frac{K_d}{[H^+]^2}\right)\left(1 + \frac{[H^+]}{K_p}\right)$$

当酸浓度较大时,$\dfrac{K_d}{[H^+]^2} \to 0$,$1 + \dfrac{[H^+]}{K_p} \to \dfrac{[H^+]}{K_d}$,于是上式变为:

$$k_p = \frac{kK_p}{[H^+]}$$

即

$$\lg k_p = \lg \cdot K_p - \lg[H^+]$$

或

$$\lg k_p = a + pH$$

式中,a 为常数。此式反映了当酸浓度较大时,反应速度常数和 pH 值成线型关系,pH 值增加反应速度也上升。

当酸浓度较小时,$1+\dfrac{K_d}{[H^+]^2}\to\dfrac{K_d}{[H^+]^2}$;$\dfrac{[H^+]}{K_p}\to 0$,于是有:

$$k_p=\frac{k[H^+]^2}{K_d}$$

即

$$\lg k_p=\lg\frac{k}{K_d}+2\lg[H^+]$$

或

$$\lg k_p=b-2pH$$

式中,b 为常数。此式反映了当酸浓度较小时,增加介质 pH 值,反应速度下降。

当重氮盐和胺类在酸性介质中偶合时,参加反应的具体形式是重氮盐阳离子 ArN_2^+ 和游离胺 $ArNH_2$,反应速度公式为:

$$r=k'[ArN_2^+][ArNH_2]$$

式中,k' 反应速度常数。

在水溶液中 $Ar'NH_2$ 和 H^+ 间存在着下列平衡:

$$Ar'NH_3^+ \rightleftharpoons Ar'NH_2+H^+$$

所以

$$K_a=平衡常数=\frac{[Ar'NH_2][H^+]}{[Ar'NH_3^+]}$$

用同样方法处理可得:

$$k=k_p\left(1+\frac{K_d}{[H^+]^2}\right)\left(1+\frac{[H^+]}{K_a}\right)$$

式中,k_p 实际测定的反应速度常数。

当酸浓度较大时,可得:

$$\lg k_p=a'+pH$$

当酸浓度较小时,可得:

$$\lg k_p=b'-2pH$$

以上两式中 a' 和 b' 均为常数。

对大多数芳铵盐及重氮盐来说,$K_a=10^{-5}$,$K_d=10^{-24}$,故有 $K_a\gg K_d^{1/2}$。

在相当宽的范围内 $\dfrac{K_d}{[H^+]^2}$ 及 $\dfrac{[H^+]}{K_a}$ 均 $\ll 1$。

于是有式 $k'=k_p$,在这种情况下,芳胺的偶合反应速度常数和介质 pH 值无关。

3. 偶合反应的影响因素

(1)偶合剂

芳环上取代基的性质对偶合反应有显著影响。给电子取代基如—OH、—NH_2、—OCH_3

等,能增强芳环上电子云密度,偶合反应易于进行。重氮盐正离子进攻电子云密度较高的邻或对位碳原子,当与羟基或氨基定位作用一致时,反应活性非常高,可多次偶合;吸电子取代基导致偶合剂活性下降,偶合反应不易进行,需要高活性重氮剂和强碱性介质。偶合剂的反应活性顺序如下:

$$ArO^- > ArNR_2 > ArNHR > ArNH_2 > ArOR > ArNH_3^+$$

偶合的位置常是偶合剂羟基或氨基的对位,若对位被占据,则进入邻位,或重氮基置换对位取代基。

(2)重氮剂

重氮剂的化学结构对偶合反应有影响。重氮盐芳环上的吸电子基,如—COOH、—NO$_2$、—SO$_3$H、—Cl 等,可增强重氮基正电性,有利于亲点取代反应;给电子取代基,如—NH$_2$、—OH、—CH$_3$、—OCH$_3$ 等,可削弱重氮基正电性,降低反应活性。取代基不同的芳胺重氮盐,偶合反应速率的次序如下:

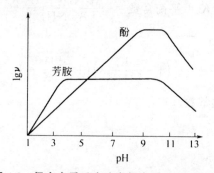

(3)介质的 pH 值

介质的 pH 值影响偶合反应速率和定位。动力学研究表明,酚和芳胺类的偶合反应速率和介质 pH 值的关系如图 4-2 所示。

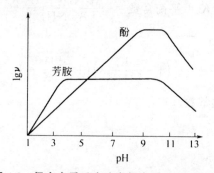

图 4-2 偶合介质反应速率与介质 pH 值的关系

图 4-2 中,对酚类偶合剂,介质酸度较大时,偶合速率和 pH 值呈线性关系。pH 值升高,偶合速率直线上升,当 pH=9 时,偶合速率达最大值。pH>9 时,偶合速率下降,最佳 pH 值为 9~11。故重氮剂与酚类的偶合,常在弱碱性介质(碳酸钠溶液,pH=9~10)中进行。在相当宽的 pH 值范围(pH=4~9)内,芳胺类偶合速率与介质 pH 值无关,在 pH<4 和 pH>9 时,反应速率分别随 pH 值增大而上升和下降,最佳 pH 值为 4~9。

弱碱条件下,芳胺与重氮剂容易生成重氮氨基化合物,影响偶合反应,故芳胺偶合剂常使用弱酸(如醋酸)介质。例如,在弱酸性介质中,间氨基苯磺酸重氮盐与 α-萘胺偶合;联苯胺重氮盐与水杨酸在 Na$_2$CO$_3$ 介质中偶合。

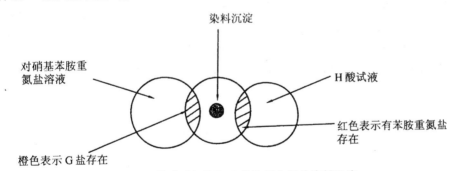

（4）温度

由于重氮盐极易分解，故在偶合反应同时必然伴有重氮盐分解的副反应。若提高温度，会使重氮盐的分解速率大于偶合反应速率。因此偶合反应通常在较低温度下（0℃～15℃）进行。

此外，催化剂种类及用量、反应中的盐效应等对偶合也有一定的影响。

4.3.3　偶合反应终点控制

图4-3偶合反应进行时，要不断地检查反应液中重氮盐和偶合组分存在的情况，一般要求在反应终点重氮盐消失，剩余的偶合组分仅有微量。例如，苯胺重氮盐和G盐的偶合，用玻璃棒蘸反应液1滴于滤纸上，染料沉淀的周围生成无色润圈，其中溶有重氮盐或偶合组分，以对硝基苯胺重氮盐溶液在润圈旁点1滴，也生成润圈，若有G盐存在，则两润圈相交处形成橙色；同样以H酸试验检查，若生成红色，则表示有苯胺重氮盐存在。

染料沉淀

对硝基苯胺重氮盐溶液

H酸试液

红色表示有苯胺重氮盐存在

橙色表示G盐存在

图4-3　苯胺重氮盐和G盐的偶合时的染料沉淀

如此每隔数分钟检查一次，直至重氮盐完全消失，反应中仅余微量偶合组分为止。有时重氮盐本身颜色较深，溶解度不大，偶合速度很慢，在这种情况下，如果用一般指示剂效果不明显，需要采用更活泼的偶合组分如间苯二酚、间苯二胺作指示剂。

偶合反应生成的染料溶解度如果太小，滴在滤纸上不能得到无色润圈，在这种情况下可在滤纸上先放一小堆食盐，将反应液滴在食盐上，染料就会沉淀生成无色润圈；也可以取出少量反应液置于小烧杯中，加入食盐或醋酸钠盐析，然后点滴试验，就可得到明确指示。

4.3.4　偶合反应的应用

1. 酸性嫩黄G的合成

酸性嫩黄G的合成分为重氮化和偶合两步，反应式如下：

重氮化：

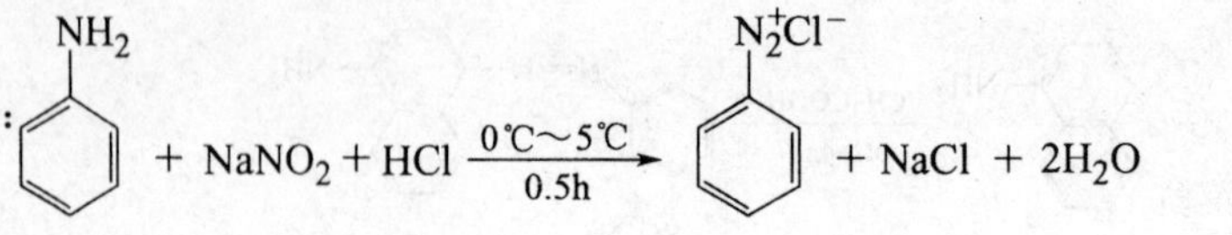

偶合：

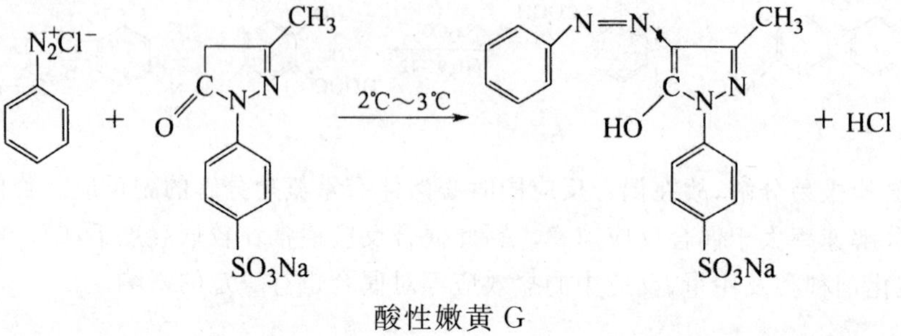

酸性嫩黄 G

（1）重氮化

在重氮釜加水 560 L、30%盐酸 163 kg、100%苯胺 55.8 kg，搅拌溶解，加冰降温至 0℃，在液面下加入 30%亚硝酸钠溶液 41.4 kg，温度为 0℃～2℃，时间为 30 min，重氮化反应至刚果红试纸呈蓝色，碘化钾淀粉试纸呈微蓝色，调整体积至 1100 L。

（2）偶合

在偶合釜中加水 900 L，加热至 40℃，加纯碱 60 kg，搅拌至溶解，然后加入 1-(4′-磺酸基)苯基-3-甲基-5-吡唑啉酮 154.2 kg，溶解后加 10%纯碱溶液，加冰及水调整体积至 2400 L，调整温度至 2℃～3℃，加重氮液过滤放置 40 min。整个过程保持 pH 值为 8～8.4，温度不超过5℃，偶合完毕，1-(4′-磺酸基)苯基-3-甲基-5-吡唑啉酮应过量，pH 在 8.0 以下，如 pH 值较低，应补纯碱溶液，继续搅拌 2 h，升温至 80℃，体积约 4000 L，按体积 20%～21%计算加入食盐量，盐析，搅拌冷却至 45℃以下，过滤、干燥，干燥温度为 80℃，产量为 460 kg(100%)。

2. 酸性橙 II 的合成

由对氨基苯磺酸钠重氮化，与 2-萘酚偶合，盐析而得：

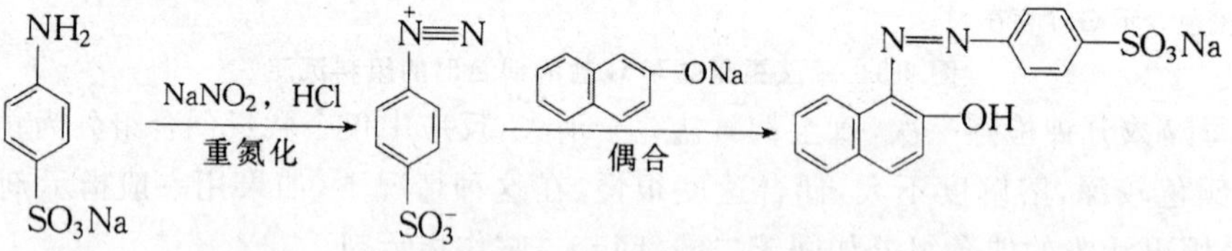

将 15%左右质量分数的对氨基苯磺酸钠溶液和质量分数为 30%～35%的亚硝酸钠溶液加入混合桶内搅匀。在重氮桶内加水，再加入适量的冰，搅拌下加入 30%盐酸，控制温度 10℃～15℃，将混合桶的物料于 10 min 左右均匀加入重氮桶，于 10℃～15℃保持酸过量，亚硝酸微过量的条件下搅拌半小时，得重氮物为悬浮体。于偶合桶内加水，2-萘酚，搅拌下将液碱（30%）加入，升温到 45℃～50℃，使之溶解后加冰冷却至 8℃，加盐，快速加入重氮盐全量的一半。再加盐，然后将另一半重氮盐在 1 h 内均匀加完，并调整 pH7.1，搅拌 1 h，再加盐，继续搅拌至重氮盐消失为偶合终点（约 1 h）。压滤，滤饼于 100℃～105℃烘干。

酸性橙 II 主要用于蚕丝、羊毛织品的染色，也用于皮革和纸张的染色。在甲酸浴中可染锦纶。在毛、丝、锦纶上直接印花,也可用于指标剂和生物着色。

3. 蓝光酸性红(苋菜红)的合成

蓝光酸性红(苋菜红)是典型的酸性染料,可将毛织品(在加有芒硝的酸性浴中)染成带浅蓝色的红色,也可染天然丝、木纤维、羽毛等,其合成反应如下。

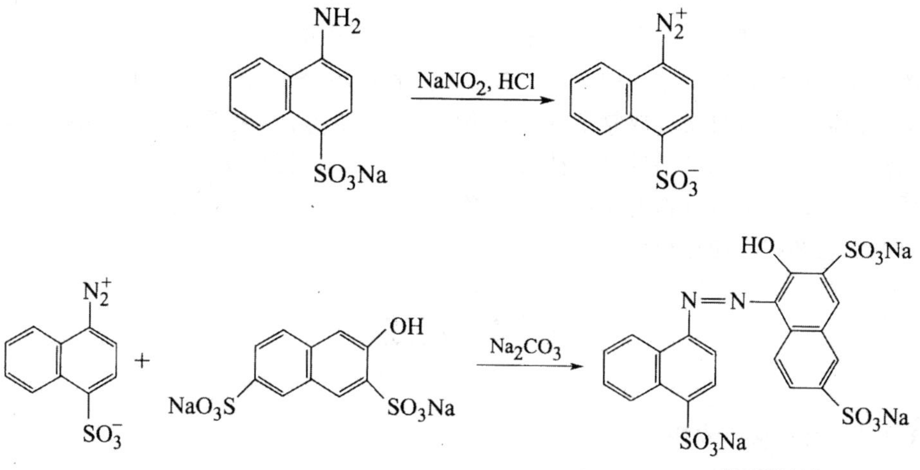

蓝光酸性红

第5章 缩合与聚合反应

缩合反应一般指两个或两个以上分子通过生成新的碳-碳、碳-杂或杂-杂键，从而形成较大的分子的反应。在缩合反应过程中往往会脱去某一种简单分子，如 H_2O、HX、ROH 等。缩合反应能提供由简单的有机物合成复杂的有机物的许多合成方法，包括脂肪族、芳香族和杂环化合物，在香料、医药、农药、染料等许多精细化工生产中得到广泛应用。

由低分子单体合成聚合物的反应总称作聚合。

本章将对这两种反应进行讨论。

5.1 概述

5.1.1 缩合反应基本概念

缩合反应一般分为非成环缩合和成环缩合。非成环缩合包括 C-烷基化、C-酰化、脂肪链中亚甲基和甲基的活泼氢被取代，形成碳碳链的缩合。成环缩合包括形成五元及六元碳环、五元及六元杂环的缩合。

缩合反应可分酸催化反应和碱催化反应。酸催化缩合反应包括芳烃、烯烃、醛、酮和醇等在催化剂无机酸或 Lewis 酸催化下，生成正离子并与亲核试剂作用，从而生成碳-碳键或碳-氮键等的反应。碱催化缩合反应或碱催化烃基化反应是指含活泼氢的化合物在碱催化下失去质子形成碳负离子并与亲电试剂的反应。碱催化反应可以用来增长碳链和合成环状化合物。

除生成结构比较复杂的目的产物外，缩合过程还常有结构比较简单的副产物生成，如水、卤化氢、氨、醇等小分子。脱除并回收这些小分子产物，不仅可以提高产品质量、降低生产成本，而且还能改善工作环境、避免环境污染。

缩合是使用结构比较简单的一种或多种原料，通过缩合反应，合成结构较为复杂或具有某种特定功能的化合物。缩合在有机合成中占有十分重要地位。

缩合的主要原料包括以下几类：

①醛类及其衍生物，如甲醛、乙醛、苯甲醛等。

②酮类及其衍生物，如丙酮、甲基乙基酮、苯甲酮等。

③羧酸及其衍生物，如乙酸、醋酸酐、乙酸乙酯、丙二酸、丙二酸乙酯、邻苯二甲酸酐等。

④烯烃及其衍生物，如丙烯腈、丙烯醛、丙烯酸、顺丁烯二酸酐、丁二烯等。

缩合常用的溶剂有乙醇、乙醚、苯、甲苯、二甲苯、四氢呋喃、环己烷等。

缩合的主要辅料包括缩合溶剂、催化剂等。碱性催化剂主要有氢氧化钠、氢氧化钙、碳酸钾、氢化钾或钠、氢化钠/乙醇、甲醇钠/乙醇钠、叔丁醇钠、甲氨基钠、吡啶、哌啶等；酸性催化剂主要有硫酸、盐酸、对甲苯磺酸、阳离子交换树脂、柠檬酸、三氟化硼、三氯化钛、羧酸钾或钠盐等。

缩合生产涉及的原辅料及产品,其化学加工程度深,生产成本高,并且多为低或中闪点的液体,其燃烧性、爆炸性和毒害性较强,因此应严格依照生产工艺规程、安全操作规程实施操作,避免物料泄漏,减少废物料排放,保护环境,避免生产事故。

5.1.2 酯链中亚甲基和甲基上氢原子的酸性

脂链中亚甲基和甲基上连有较强的吸电基时,这个亚甲基或甲基上的氢一般都表现出一定的酸性,其酸性值可以用 pK_a 值表示,酸性值越强,pK_a 值就越小,如表 5-1 所示。

表 5-1 各种活泼甲基和活泼亚甲基化合物的酸性值(以 pK_a 表示)

化合物类型 CH₃—Y	pK_a	化合物类型 X—CH₂—Y	pK_a
$CH_3—NO_2$	9	$N\equiv C—CH_2—\overset{\displaystyle O}{\underset{\displaystyle \parallel}{C}}—OC_2H_5$	9
$CH_3—\overset{O}{\underset{\parallel}{C}}—C_6H_5$	19	$CH_2(COCH_3)_2$	9
$CH_3—\overset{O}{\underset{\parallel}{C}}—CH_3$	20	$CH_3—\overset{O}{\underset{\parallel}{C}}—CH_2—\overset{O}{\underset{\parallel}{C}}—OC_2H_5$	10.7
$CH_3—\overset{O}{\underset{\parallel}{C}}—OC_2H_5$	约 24	$CH_2(CN)_2$	11
$CH_3—C\equiv N$	约 25	$CH_2(\overset{O}{\underset{\parallel}{C}}—OC_2H_5)_2$	13
$CH_3—\overset{O}{\underset{\parallel}{C}}—NH_2$	约 25		

分析表 5-1 可知,各种吸电基 Y 对 α-甲基上氢原子的活化能力次序如下:

$$—NO_2 \ > \ —\overset{\displaystyle O}{\underset{\displaystyle \parallel}{C}}—R \ > \ —\overset{\displaystyle O}{\underset{\displaystyle \parallel}{C}}—OR \ > \ —C\equiv N \ > \ —\overset{\displaystyle O}{\underset{\displaystyle \parallel}{C}}—NH_2$$

而在亚甲基上连有两个吸电基 X 和 Y 时,亚甲基上氢原子的酸性明显增加。

5.1.3 一般反应历程

吸电基 α 位碳原子上的氢具有一定的酸性,因此在碱(B)的催化作用下,可脱去质子而形成碳负离子。例如:

$$CH_3—\overset{O}{\underset{\parallel}{C}}—H + B \underset{脱质子}{\overset{快}{\rightleftharpoons}} \left[\ ^-CH_2—\overset{O}{\underset{\parallel}{C}}—H \rightleftharpoons CH_2=\overset{O^-}{\underset{}{C}}—H \right] + BH^+$$

碳负离子　　　氧负离子

$$CH_2(\overset{O}{\underset{\parallel}{C}}—OC_2H_5)_2 + B \underset{脱质子}{\overset{快}{\rightleftharpoons}} \ ^-CH(\overset{O}{\underset{\parallel}{C}}—OC_2H_5)_2 + BH^+$$

碳负离子

这种碳负离子可以与醛、酮、羧酸酯、羧酸酐以及烯键、炔键和卤烷发生亲核加成反应或亲核取代反应,形成新的碳-碳键而得到多种类型的产物。对于不同的缩合反应需要使用不同的碱性催化剂。

这类缩合反应一般都采用碱催化法,至于酸催化法则很少采用。

5.1.4 聚合反应的分类

由低分子单体合成聚合物的反应总称作聚合。聚合反应曾有两种重要分类方法。

1. 按照聚合反应中有无小分子生成分类

20 世纪 30 年代,卡罗瑟斯(Wallace Hume Carothers)曾将聚合物按聚合过程中单体-聚合物的结构变化,分成缩聚和加聚两类。随着高分子化学的发展,目前还可以增列开环聚合,即下列三类聚合反应:官能团间的缩聚、双键的加聚、环状单体的开环聚合。

(1)缩聚反应

缩聚反应是数目众多的单体按照一定规律及彼此连接方式,连续、重复进行的多步缩合反应并最终生成大分子的过程。单体在形成缩聚物的同时,均伴随着小分子副产物的生成。例如,在聚酯和聚酰胺等的合成反应中,会伴随着小分子水的生成。大多数缩聚物大分子链上结构单元的化学组成与其单体不同,作为单体的低分子有机化合物的官能团多为—OH、—COOH、—NH$_2$、—NHR 等,这些官能团一般会部分或全部在缩聚反应中被生成对应小分子而被脱去,进入大分子的其余部分使大分子主链上含有 O、N 等杂原子,因此缩聚物通常都为杂链聚合物。

(2)加聚反应

加聚反应是数目众多的含不饱和双键或三键的单体(多为烯烃)所进行的连续、多步的加成反应并最终生成大分子的过程。加聚反应过程中无小分子化合物生成,聚合物大分子链结构单元的化学组成与单体完全相同,只是化学结构有所不同,这种结构单元有时也称为单体单元。由于加聚物的分子主链一般不含除碳原子以外的其他杂原子,所以一般加聚物都属于碳链聚合物。如氯乙烯加聚生成聚氯乙烯:

$$n\text{CH}_2\!=\!\text{CH} \longrightarrow -\!\!\left[\text{CH}_2\text{CH}\right]_n\!\!-$$
$$\qquad\quad |\qquad\qquad\qquad |$$
$$\qquad\quad \text{Cl}\qquad\qquad\qquad \text{Cl}$$

(3)开环聚合

环状单体 σ-键断裂而后聚合成线形聚合物的反应称作开环聚合。杂环开环聚合物是杂链聚合物,其结构类似缩聚物;反应时无低分子副产物产生,又有点类似加聚。如:环氧乙烷开环聚合成聚氧乙烯:

$$n\text{CH}_2\!-\!\!-\!\text{CH}_2 \longrightarrow -\!\!\left[\text{OCH}_2\text{CH}_2\right]_n\!\!-$$
$$\qquad\backslash\;\;/$$
$$\qquad\;\text{O}$$

环氧乙烯　　　　聚氧乙烯

2. 按聚合机理分类

(1)逐步聚合反应

多数缩聚和聚加成反应属于逐步聚合,其特征是低分子转变成高分子是缓慢逐步进行的,每步反应的速率和活化能大致相同。两单体分子反应，形成二聚体；二聚体与单体反应，形成三聚体；二聚体相互反应，则成四聚体。反应早期，单体很快聚合成二、三、四聚体等低聚物，这些低聚物常称为齐聚物。短期内单体转化率很高，但反应基团的反应程度却很低。随着低聚物间相互缩聚，分子量增加，直至基团反应程度很高，高达 98％以上时，分子量才达到较高的数值。在逐步聚合过程中，体系由单体和分子量递增的系列中间产物组成。

(2)连锁聚合反应

连锁聚合从活性种开始，活性种可以是自由基、阴离子或阳离子。连锁聚合反应有自由基聚合、阴离子聚合和阳离子聚合。连锁聚合过程包括链引发、链增长、链终止等基元反应。各基元反应的速率和活化能差别很大。链引发是活性种的形成，活性种与单体加成使链迅速增长，活性种的破坏就是链终止。自由基聚合过程中，分子量变化不大，除微量引发剂外，体系始终由单体和高分子量聚合物组成，没有分子量递增的中间产物。转化率随时间而增大，单体相应减少。活性阴离子聚合的特征是分子量随转化率的增大而线性增加。多数烯类单体的加聚反应属于连锁聚合。

5.2　羟醛缩合反应

醛酮缩合包括醛醛、酮酮及醛酮缩合。在碱或酸作用下，含活泼 α-氢的醛或酮缩合，生成 β-羟基醛或 β-羟基酮的反应，又称奥尔德(Aldol)缩合。

5.2.1　醛醛缩合

醛或酮羰基氧的电负性高于羰基碳的电负性，使羰基碳具有一定的亲电性，致使亚甲基(或甲基)的氢具有酸性，在碱作用下形成 α-碳负离子。

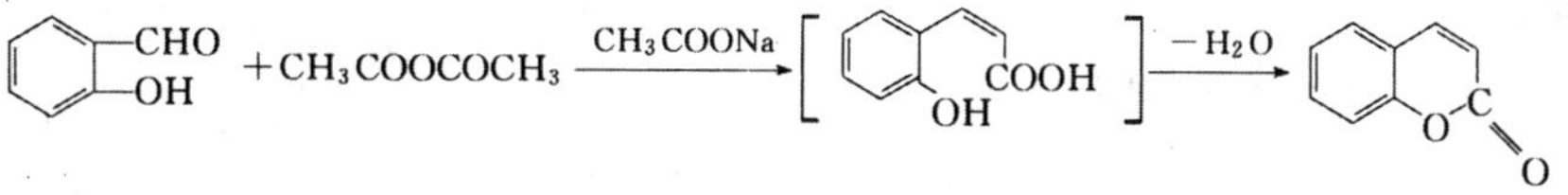

形成 α-碳负离子(烯醇负离子)的醛，与另一分子醛(酮)进行羰基加成，生成 β-羟基醛。

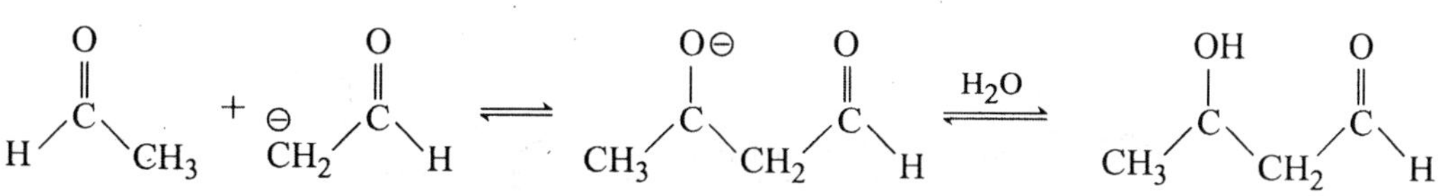

醛醛缩合可以是同分子醛缩合，也可以是异分子醛缩合。

1. 同醛缩合

乙醛缩合是一个典型的同醛缩合。2 mol 乙醛经缩合、脱水生成 α，β-丁烯醛。

$$2CH_3CHO \xrightleftharpoons{\text{稀NaOH}} \underset{\displaystyle OH}{CH_3\overset{}{C}HCH_2CHO} \xrightarrow{-H_2O} CH_3CH{=}CHCHO$$

α，β-丁烯醛经催化还原，得正丁醛或正丁醇。

$$CH_3CH{=\!=}CHCHO \xrightarrow{H_2/Ni} CH_3CH_2CH_2CHO \xrightarrow{H_2/Ni} CH_3CH_2CH_2CH_2OH$$

正丁醛缩合、脱水、加氢还原,产物 2-乙基己醇是合成增塑剂 DOP 原料。

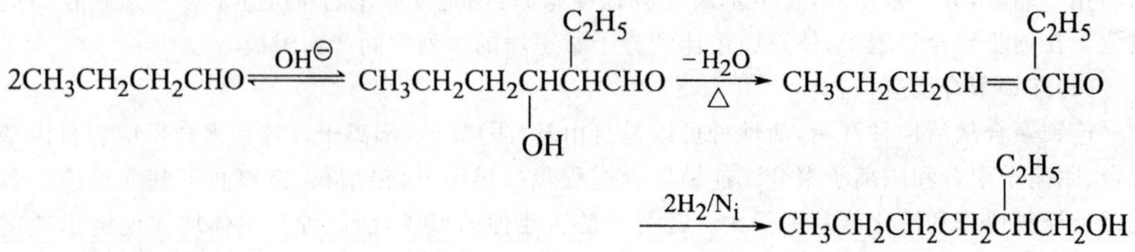

$$2CH_3CH_2CH_2CHO \rightleftharpoons CH_3CH_2CH_2\underset{OH}{\underset{|}{CH}}\overset{C_2H_5}{\overset{|}{CH}}CHO \xrightarrow[\triangle]{-H_2O} CH_3CH_2CH_2CH{=}\overset{C_2H_5}{\overset{|}{C}}CHO$$

$$\xrightarrow{2H_2/N_i} CH_3CH_2CH_2CH_2\overset{C_2H_5}{\overset{|}{CH}}CH_2OH$$

2. 异醛缩合

若异醛分子均含 α-氢,含氢较少的 α-碳形成的 α-碳负离子与 α-碳含氢较多的醛反应。

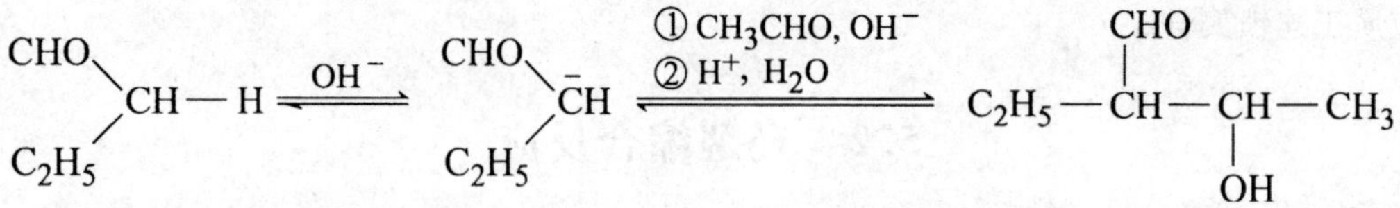

产物 2-乙基-3-羟基丁醛再脱水、加氢还原,主要产物是 2-乙基丁醛(异己醛)。

在碱存在下,异分子醛缩合生成四种羟基醛的混合物,若继续脱水缩合,产物更复杂。

(1)芳醛缩合

芳醛与含 α-氢的醛缩合生成 β-苯基-α,β-不饱和醛的反应,称克莱森-斯密特(Claisen-Schmidt)反应。苯甲醛与乙醛的缩合产物是 β-苯丙烯醛(肉桂醛)。

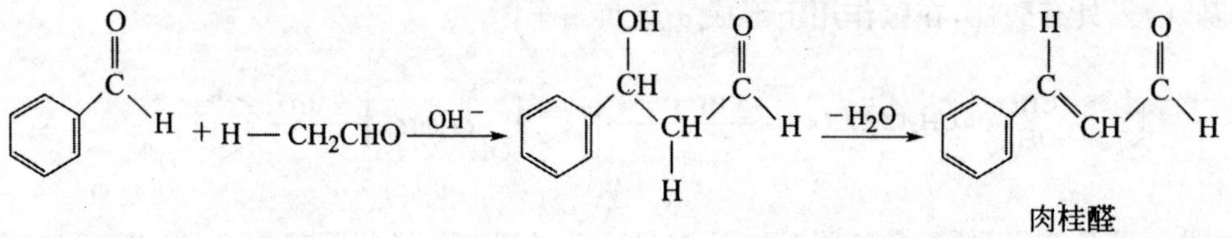

肉桂醛

在氰化钾或氰化钠作用下,两分子芳醛缩合生成 α-羟基酮的反应称为安息香缩合。

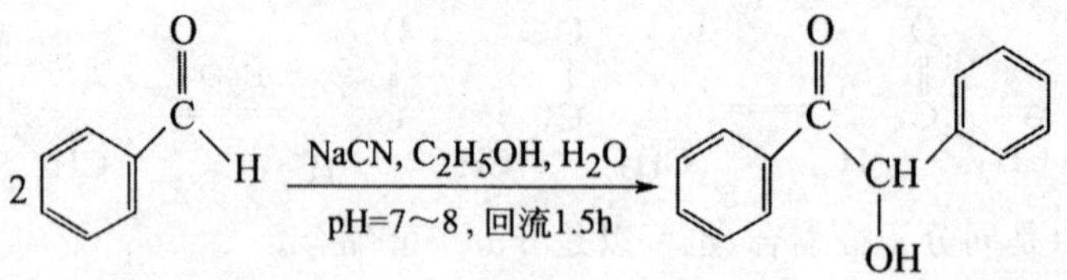

其反应历程如下:

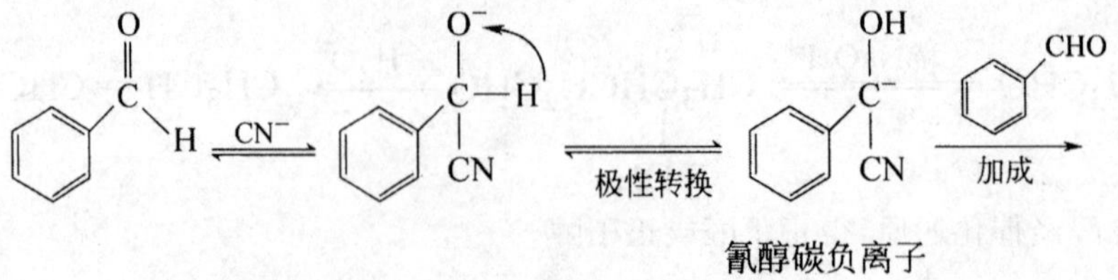

氰醇碳负离子

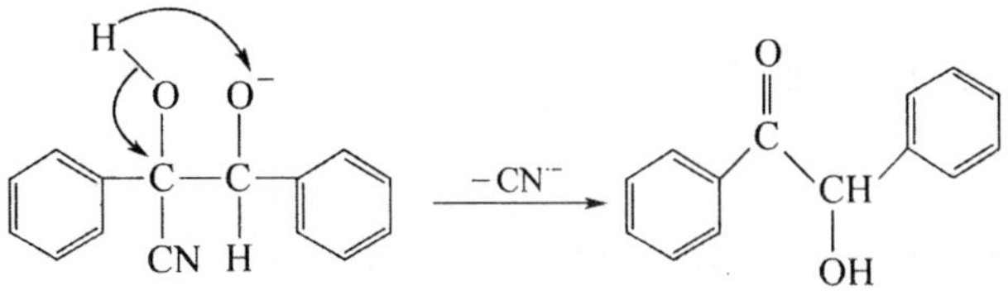

芳醛的苯环上具有给电子基团时,不能发生安息香缩合,但可与苯甲醛缩合,产物为不对称 α-羟基酮。

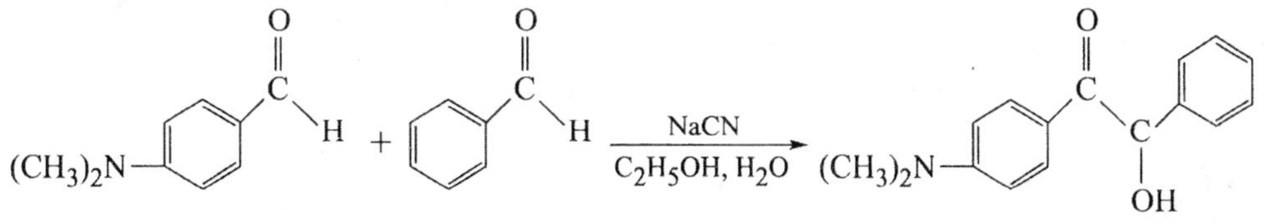

芳醛不含 α-活泼氢,不能在酸或碱催化下缩合。但是,在含水乙醇中,芳醛能够以氰化钠或氰化钾为催化剂,加热后可以发生自身缩合,生成 α-羟酮。该反应称为安息香缩合反应,也称为苯偶姻反应。反应通式如下:

$$2ArCHO \xrightarrow{\text{NaCN 或 KCN}} Ar\text{---}\overset{\displaystyle O}{C}\text{---}\overset{\displaystyle OH}{CH}\text{---}Ar$$

具体的反应步骤如下:

①氰根离子对羰基进行亲核加成,形成氰醇负离子,由于氰基不仅是良好的亲核试剂和易于脱离的基团,而且具有很强的吸电子能力,因此,连有氰基的碳原子上的氢酸性很强,在碱性介质中立即形成氰醇碳负离子,它被氰基和芳基组成的共轭体系所稳定。

②氰醇碳负离子向另一分子的芳醛进行亲核加成,加成产物经质子迁移后再脱去氰基,生成 α 羟基酮,即安息香。

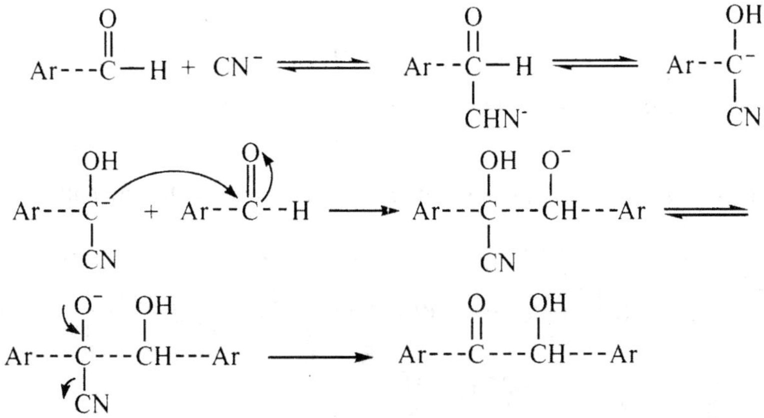

上述反应为氰醇碳负离子向另一分子芳醛进行亲核加成反应。需要注意的是,由于氰化物是剧毒品,对人体易产生危害,且"三废"处理困难,因此在 20 世纪 70 年代后期开始采用具有生物学活性的辅酶纤维素 B1 代替氰化物作催化剂进行缩合反应。

（2）羟醛缩合

羟醛缩合反应的通式如下：

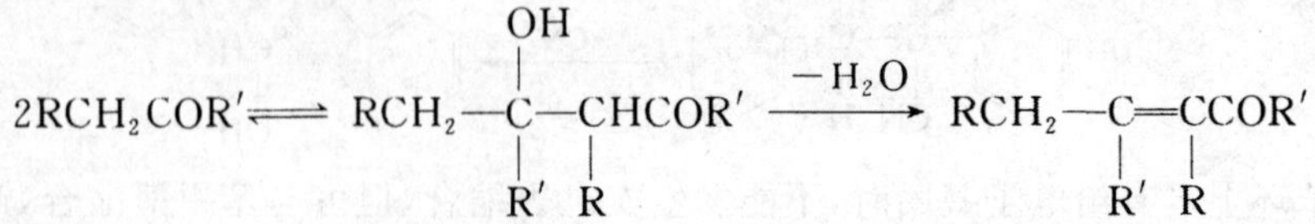

$$2RCH_2COR' \Longleftrightarrow RCH_2-\underset{\underset{R'}{|}}{\overset{\overset{OH}{|}}{C}}-CHCOR' \xrightarrow{-H_2O} RCH_2-\underset{\underset{R}{|}}{\overset{\overset{|}{R'}}{C}}=CCOR'$$

羟醛缩合反应中应用的碱催化较多，有利于夺取活泼氢形成碳负离子，提高试剂的亲核活性，并且和另一分子醛或酮的羰基进行加成，得到的加成物在碱的存在下可进行脱水反应，生产 α,β-不饱和醛或酮类化合物。其反应机理如下：

$$RCH_2COR' + B^- \Longleftrightarrow RC^-HCOR' + HB$$

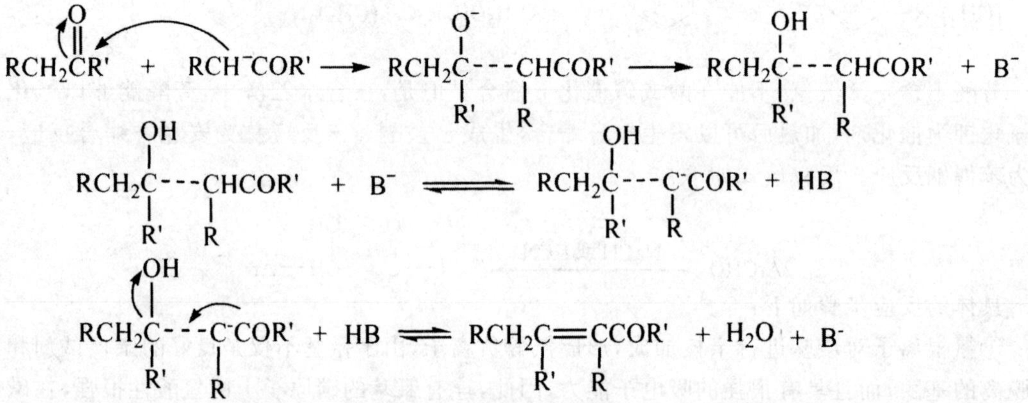

在羟醛缩合中，转变成碳负离子的醛或酮称为亚甲基组分；提供羰基的称为羰基组分。

酸催化作用下的羟醛缩合反应的第一步是羰基的质子化生成碳正离子。这不仅提高了羰基碳原子的亲电性；同时碳正离子进一步转化成烯醇式结构，也增加了羰基化合物的亲核活性，使反应进行更容易。

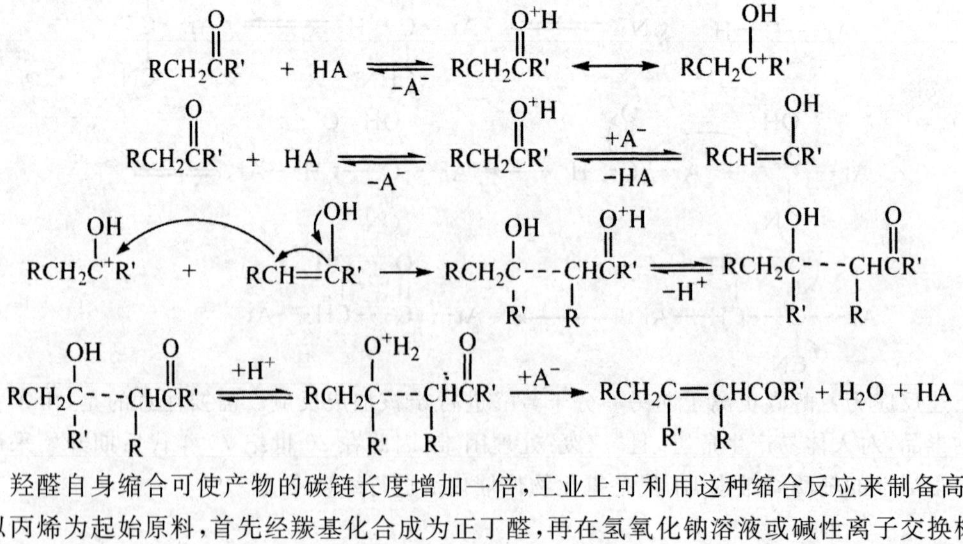

羟醛自身缩合可使产物的碳链长度增加一倍，工业上可利用这种缩合反应来制备高级醇。如以丙烯为起始原料，首先经羰基化合成为正丁醛，再在氢氧化钠溶液或碱性离子交换树脂催

化下成为 β 羰基醛,这样就具有了两倍于原料醛正丁醛的碳原子数,再经脱水和加氢还原可转化成 2-乙基己醇。

$$CH_3-CH=CH_2+CO+H_2 \xrightarrow{\text{Co 催化剂}} CH_3CH_2CH_2CHO \xrightarrow{OH^-} CH_3CH_2CH_2\underset{\underset{CH_2CH_3}{|}}{\overset{}{C}}H\underset{\underset{}{|}}{\overset{}{C}}HCHO$$

$$\xrightarrow{-H_2O} CH_3CH_2CH_2CH=\underset{\underset{CH_2CH_3}{|}}{\overset{}{C}}CHO \xrightarrow{+H_2,\text{ Ni 催化剂}} CH_3CH_2CH_2CH_2\underset{\underset{CH_2CH_3}{|}}{\overset{}{C}}HCH_2OH$$

在工业上 2-乙基己醇常用来大量合成邻苯二甲酸二辛酯,作为聚氯乙烯的增塑剂。

(3)其他缩合反应

甲醛是无 α-氢的醛,自身不能缩合。在碱作用下甲醛与含 α-氢的醛缩合得 β-羟甲基醛,脱水后的产物为丙烯醛。

$$\underset{H}{\overset{H}{>}}C=O + H-CH_2CHO \rightleftharpoons \underset{\underset{OH}{|}}{\overset{}{C}}H_2-\underset{\underset{H}{|}}{\overset{}{C}}H-CHO$$

$$\xrightarrow{-H_2O} CH_2=CH_2-CHO$$

季戊四醇是优良的溶剂,也是增塑剂、抗氧剂等精细化学品的原料,过量甲醛与乙醛在碱作用下缩合制得三羟甲基乙醛,再用过量甲醛还原,得季戊四醇。

$$HC\underset{\underset{H}{|}}{\overset{\overset{O}{||}}{}}\underset{\underset{H}{|}}{\overset{\overset{H}{|}}{C}}-H + 3 \underset{H}{\overset{\overset{O}{||}}{C}}-H \xrightarrow[15℃\sim16℃]{25\%Ca(OH)_2} HC\underset{\underset{CH_2OH}{|}}{\overset{\overset{O}{||}}{}}\underset{}{\overset{CH_2OH}{C}}-CH_2OH$$

$$\xrightarrow[55℃\sim60℃]{HCHO,\ 25\%Ca(OH)_2} HOCH_2\underset{\underset{CH_2OH}{|}}{\overset{\overset{CH_2OH}{|}}{C}}-CH_2OH + HCOOH$$

季戊四醇

5.2.2 酮酮缩合

酮酮缩合包括对称酮、非对称酮、醛与酮的缩合。

1. 对称酮的缩合

对称酮的缩合产物比较单一。例如,20℃时,丙酮通过固体氢氧化钠,缩合产物是 4-甲基-4-羟基戊-2-酮(双丙酮醇)。

$$\underset{CH_3}{\overset{CH_3}{>}}C=O + H-CH_2\underset{}{\overset{\overset{O}{||}}{C}}CH_3 \xrightarrow{OH^-} \underset{CH_3}{\overset{CH_3}{}}\underset{\underset{OH}{|}}{\overset{}{C}}-CH_2-\underset{}{\overset{}{C}}CH_3$$

4-甲基-4-羟基-2-戊酮

双丙酮醇进一步反应,合成的产品如下:

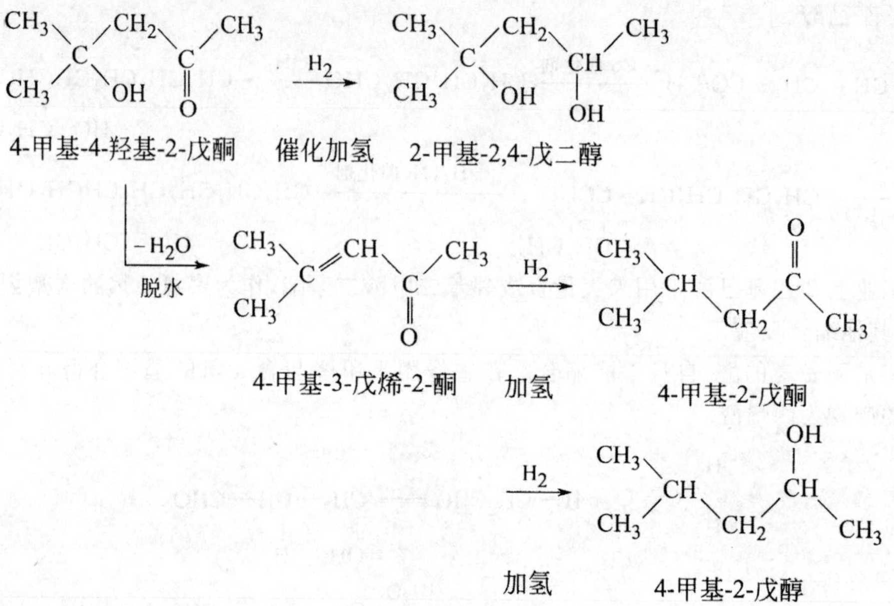

4-甲基-4-羟基-2-戊酮　催化加氢　2-甲基-2,4-戊二醇

4-甲基-3-戊烯-2-酮　加氢　4-甲基-2-戊酮

加氢　4-甲基-2-戊醇

2. 非对称酮的缩合

非对称酮的缩合产物有四种,虽通过反应可逆性可获得一种为主的产物,但其工业意义不大。例如,丙酮与甲乙酮缩合,主要得 2-甲基-2-羟基-4-己酮,经脱水、加氢还原可制得 2-甲基-4-己酮。

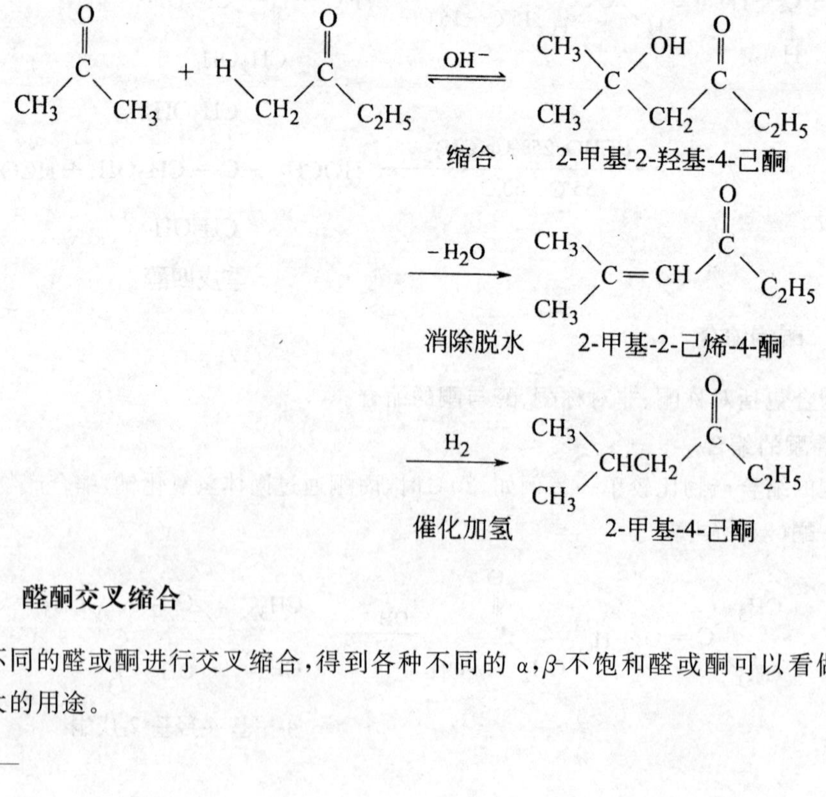

缩合　2-甲基-2-羟基-4-己酮

消除脱水　2-甲基-2-己烯-4-酮

催化加氢　2-甲基-4-己酮

5.2.3　醛酮交叉缩合

利用不同的醛或酮进行交叉缩合,得到各种不同的 α,β-不饱和醛或酮可以看做是羟醛缩合反应更大的用途。

1. 含有活泼氢的醛或酮的交叉缩合

含 α-氢原子的不同醛或酮分子间的缩合情况是极其复杂的,它可能产生 4 种或 4 种以上的产物。根据反应性质,通过对反应条件的控制可使某一产物占优势。

在碱催化的作用下,当两个不同的醛缩合时,一般由 α-碳上含有较多取代基的醛形成碳负离子向 α-碳原子上取代基较少的醛进行亲核加成,生成 β 羟基醛或 α,β 不饱和醛:

$$CH_3CHO + CH_3CH_2CHO \xrightarrow{KOH} CH_3-\underset{\underset{OH}{|}}{CH}-\underset{\underset{CHO}{|}}{CH}-CH_3 \xrightarrow{-H_2O} CH_3CH=\underset{\underset{CHO}{|}}{C}-CH_3$$

在含有 α-氢原子的醛和酮缩合时,醛容易进行自缩合反应。当醛与甲基酮反应时,常是在碱催化下甲基酮的甲基形成碳负离子,该碳负离子与醛羰基进行亲核加成,最终得到 α,β-不饱和酮:

$$(CH_3)_2CHCHO + CH_3\overset{\overset{O}{\|}}{C}C_2H_5 \xrightarrow{NaOEt} (CH_3)_2CHCH=CHCC_2H_5$$

当两种不同的酮之间进行缩合反应时,需要至少有一种甲基酮或脂环酮反应才能进行:

2. Cannizzaro 反应

没有 α-H 的醛,如甲醛、苯甲醛、2,2-二甲基丙醛和糠醛等,尽管其不能发生自身缩合反应,但是在碱的催化作用下可以发生歧化反应,生成等摩尔比的羧酸和醇。其中一摩尔醛作为氢供给体,自身被氧化成酸;另一摩尔醛则作为氢接受体,自身被还原成醇。其反应历程如下:

Cannizzaro 反应既是形成 C—O 键的亲核加成反应,又是形成 C—H 键的亲核加成反应。若 Cannizzaro 反应发生在两个不同的没有 α 氢的醛分子之间,则称为交叉 Cannizzaro 反应。

3. 甲醛与含有 α-H 的醛、酮的缩合

甲醛不含 α-氢原子,它不能自身缩合,但是甲醛分子中的羰基却很容易和含有活泼 α-H 的醛所生成的碳负离子发生交叉缩合反应,主要生成 β-羧甲基醛。例如,甲醛与异丁醛缩合可

制得 2,2-二甲基-2-羟甲基乙醛:

$$\underset{甲醛}{H_2C=O} + \underset{异丁醛}{H-\overset{\overset{\displaystyle CH_3}{|}}{\underset{\underset{\displaystyle CH_3}{|}}{C}}-C \! \! \nwarrow^H_O} \xrightarrow[\text{缩合}]{OH^- \text{ 催化}} \underset{2,2-二甲基-2-羟甲基乙醛}{HO-CH_2-\overset{\overset{\displaystyle CH_3}{|}}{\underset{\underset{\displaystyle CH_3}{|}}{C}}-C \! \! \nwarrow^H_O}$$

在碱性介质中,上述这个没有 α-H 的高碳醛可以与甲醛进一步发生交叉 Cannizzaro 反应。这时高碳醛中的醛基被还原成羟甲基(醇基),而甲醛则被氧化成甲酸。例如,异丁醛与过量的甲醛作用,可直接制得 2,2-二甲基-1,3-丙二醇(季戊二醇):

$$HO-CH_2-\overset{\overset{\displaystyle CH_3}{|}}{\underset{\underset{\displaystyle CH_3}{|}}{C}}-C\!\!\nwarrow^H_O + H_2C=O + H_2O \xrightarrow[\text{交叉 Cannizzaro 反应}]{OH^- \text{ 催化}} HOCH_2-\overset{\overset{\displaystyle CH_3}{|}}{\underset{\underset{\displaystyle CH_3}{|}}{C}}-CH_2OH + HC-OH$$

2,2-二甲基-2-羟甲基乙醛 　　　　　　　　2,2-二甲基-1,3-丙二醇　甲酸

利用甲醛向醛或酮分子中的羰基 α-碳原子上引入一个或多个羟甲基的反应叫做羟甲基化或 Tollens 缩合。利用这个反应可以制备多羟基化合物。例如,过量甲醛在碱的催化作用下与含有三个活泼 α-H 的乙醛结合可制得三羟甲基乙醛,它再被过量的甲醛还原即得到季戊四醇:

$$3\,H_2C=O + H-\overset{\overset{\displaystyle H}{|}}{\underset{\underset{\displaystyle H}{|}}{C}}-C\!\!\nwarrow^H_O \xrightarrow[\text{缩合}]{OH^- \text{ 催化}} (HOCH_2)_3-C-C\!\!\nwarrow^H_O \xrightarrow[-\,HCOOH]{+\,H_2C=O\ \text{还原}} \underset{季戊四醇}{C(CH_2OH)_4}$$

4. 芳醛与含有 α-H 的醛、酮的缩合

芳醛也没有羰基 α-H,但是它可以与含有活泼 α-H 的脂醛缩合,然后消除脱水生成 β-苯基 α,β 不饱和醛。这个反应又可称为 Claisen-Schimidt 反应。例如,苯甲醛与乙醛缩合可制得 β-苯基丙烯醛(肉桂醛):

$$\underset{苯甲醛}{C_6H_5-C\!\!\nwarrow^H_O} + \underset{乙醛}{CH_3-C\!\!\nwarrow^H_O} \xrightarrow[\text{缩合}]{OH^- \text{ 催化}} \left[C_6H_5-\underset{\underset{\displaystyle OH}{|}}{C}H-CH-C\!\!\nwarrow^H_O \right]$$

$$\xrightarrow[\text{消除脱水}]{-\,H_2O} \underset{\beta-苯基丙烯醛(肉桂醛)}{C_6H_5-CH=CH-C\!\!\nwarrow^H_O}$$

5.2.4　氨甲基化

氨甲基化是甲醛与含 α-氢的醛、酮、酯,及氨或胺(伯胺、仲胺)缩合、脱水,在醛、酮或酯的 α-碳上引入氨甲基的反应,即曼尼期(Mannich)反应。

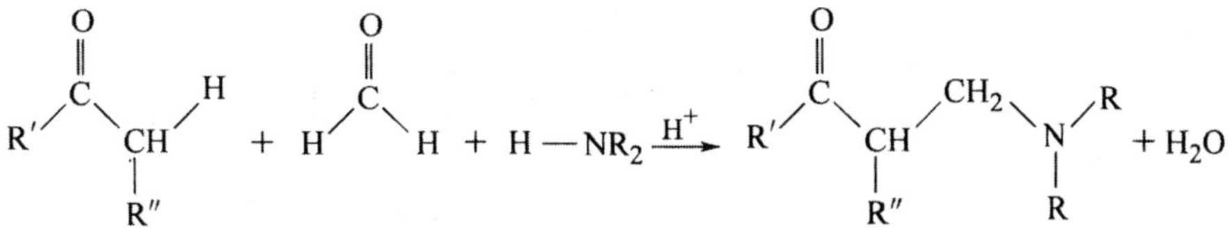

甲醛可以是甲醛水溶液、三聚甲醛或多聚甲醛；采用仲胺，反应简单、副反应少，常用二甲胺、二乙胺、吗啉、哌啶、四氢吡咯等；当用不对称酮时，氨甲基化发生在取代程度较高的 α-碳上。

氨甲基化反应在酸性条件、溶剂的沸点温度下进行，操作简便，条件温和。溶剂为水、甲醇或乙醇等，若反应温度要求较高，可选用高级醇；反应温度不宜过高，否则副反应增多。氨甲基化产物多是有机合成中间体，在精细化学品合成中有着重要意义。

例如，苯海索中间体的合成：

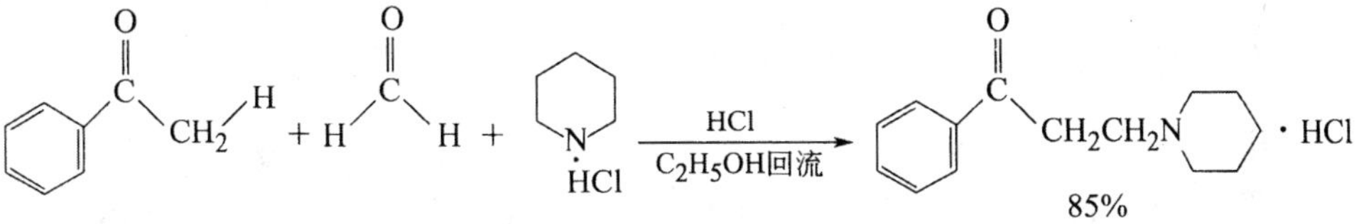

又如色氨酸中间体的合成：

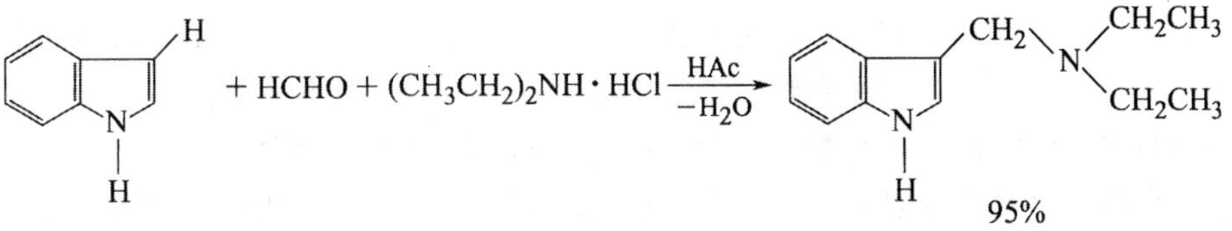

1-甲基-2,6-二(苯甲酰甲基)哌啶是中枢兴奋药物山梗菜碱盐酸盐的中间体，其合成如下：

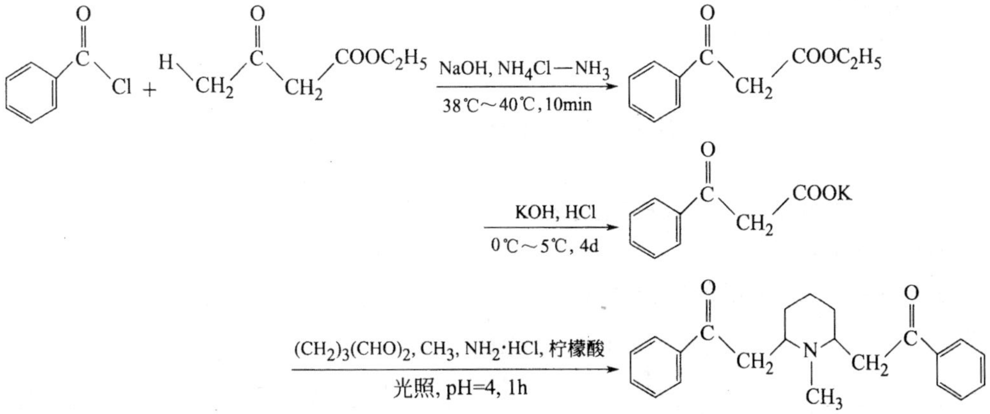

在氢氧化钠作用下，苯甲酰氯与乙酰乙酸乙酯进行苯甲酰基化，然后在氨-氯化铵存在下，脱乙酰基得苯甲酰乙酸乙酯，用氢氧化钾溶液水解得苯甲酰乙酸钾。在酸性条件下，苯甲酰乙酸钾与戊二醛、盐酸甲胺进行氨甲基化，合成 1-甲基-2,6-二(苯甲酰甲基)哌啶，工艺过程如图5-1 所示。

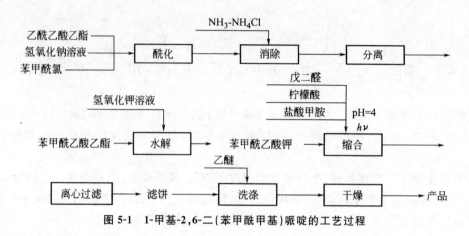

图 5-1 1-甲基-2,6-二(苯甲酰甲基)哌啶的工艺过程

5.2.5 醛酮与醇缩合

在酸性催化剂作用下,醛或酮与两分子醇缩合、脱水,生成缩醛或缩酮。

$$\begin{matrix} R' \\ \ \ \diagdown \\ \ \ C{=}O \\ \diagup \\ R \end{matrix} + 2HO{-}CH_2{-}R'' \underset{H^+}{\overset{}{\rightleftharpoons}} \begin{matrix} R' \ \ OCH_2{-}R'' \\ \diagdown \diagup \\ C \\ \diagup \diagdown \\ R \ \ OCH_2{-}R'' \end{matrix} + H_2O$$

式中,$R' = H$ 时为缩醛;$R' = R$ 时为缩酮;两个 R'' 构成—CH_2—CH_2—时为茂烷类;构成—CH_2—CH_2—CH_2—时为嗯烷类。缩合需要无水醇或酸作催化剂,常用干燥的氯化氢气体或对甲苯磺酸,也可用草酸、柠檬酸、磷酸或阳离子交换树脂等作催化剂。

缩醛和缩酮可制备缩羰基化物,缩羰基化物多为香料,此类香料化学稳定性好,香气温和,具有花香、木香、薄荷香或杏仁香,可增加香精的天然感。

1. 单一醇缩醛

醛与一元醇缩合,例如:

$$\begin{matrix} CH_3 \\ \ \ \diagdown \\ \ \ C{=}O \\ \diagup \\ H \end{matrix} + 2HO{-}CH_3 \overset{H^+}{\longrightarrow} CH_3{-}CH \begin{matrix} O{-}CH_3 \\ \diagdown \\ \ \\ \diagup \\ O{-}CH_3 \end{matrix} + H_2O$$

产物 1,1-二甲氧基乙烷为香料,俗称乙醛二甲缩醛。

2. 混合缩醛

醛与两种不同的一元醇的缩合,例如:

$$\begin{matrix} CH_3 \\ \ \ \diagdown \\ \ \ C{=}O \\ \diagup \\ H \end{matrix} + CH_3{-}OH + \text{(苯基)}CH_2CH_2{-}OH \overset{H^+}{\longrightarrow} \begin{matrix} CH_3 \ \ O{-}CH_3 \\ \diagdown \diagup \\ C \\ \diagup \diagdown \\ H \ \ O{-}CH_2CH_2\text{(苯基)} \end{matrix} + H_2O$$

缩合产物 1-甲氧基-1-苯乙氧基乙烷为香料,俗称乙醛甲醇苯乙醇缩醛。

3. 环缩醛

醛与二元醇的缩合,例如:

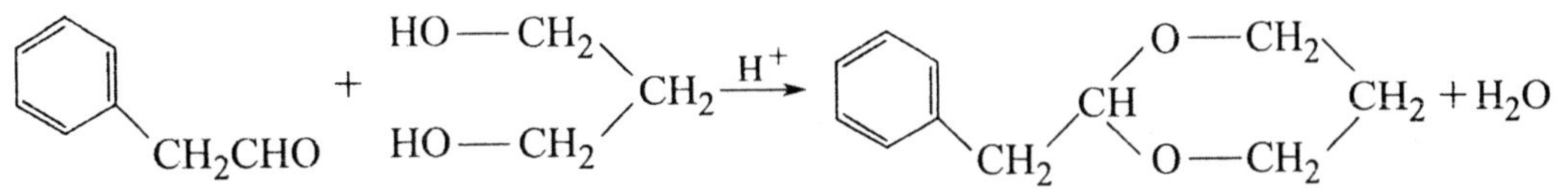

醛或酮与二醇缩合具有工业意义。如在硫酸催化下聚乙烯醇与甲醛缩合得聚乙烯醇缩甲醛。

在柠檬酸催化下,苯为溶剂兼脱水剂,β-丁酮酸乙酯(乙酰乙酸乙酯)和乙二醇缩合,收率为 60%,减压精馏得到产品苹果酯。

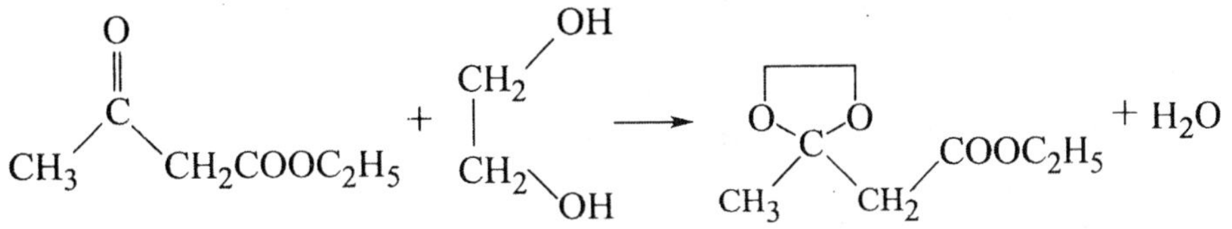

苹果酯(2-甲基-2-乙酸乙酯基-1,3-二氧戊烷)是具有新鲜苹果香气的香料。

醛酮与醇缩合不仅用于合成产品,还常用于有机合成保护羰基和羟基,待预定反应完成,再水解恢复原来的羰基或羟基。

5.3　羧酸及其衍生物的缩合

5.3.1　Knoevenagel 反应

在氨、胺或它们的羧酸盐等弱碱性催化剂的作用下,醛、酮与含活泼亚甲基的化合物(如丙二酸、丙二酸酯、氰乙酸酯等)将发生缩合反应,生成 α,β-不饱和化合物的反应称为 Knoevenagel 反应。该缩合反应通式为:

式中,R、R′为脂烃基、芳烃基或氢;X、Y 为吸电子基团。

这个反应的机理解释主要有以下两种:

①类似羟醛缩合反应机理。具有活泼亚甲基的化合物在碱性催化剂(B)存在下,首先形成碳负离子,然后向醛、酮羰基进行亲核加成,加成物消除水分子,形成不饱和化合物。

$$H_2C \underset{Y}{\overset{X}{\diagdown}} + B \; \rightleftharpoons \; {}^-HC \underset{Y}{\overset{X}{\diagdown}} + BH^+$$

$$\underset{R}{\overset{R'}{\diagdown}}C{=}O + {}^-HC\underset{Y}{\overset{X}{\diagdown}} \longrightarrow \underset{R}{\overset{R'}{\diagdown}}\underset{O^-}{\overset{|}{C}}{-}HC\underset{Y}{\overset{X}{\diagdown}} \xrightarrow{+BH^+} \underset{R}{\overset{R'}{\diagdown}}\underset{OH}{\overset{|}{C}}{-}HC\underset{Y}{\overset{X}{\diagdown}}$$

$$\underset{R}{\overset{R'}{\diagdown}}\underset{OH}{\overset{|}{C}}{-}HC\underset{Y}{\overset{X}{\diagdown}} + B \; \underset{-BH^+}{\rightleftharpoons} \; \underset{R}{\overset{R'}{\diagdown}}\underset{OH}{\overset{|}{C}}{\frown}C\underset{Y}{\overset{X}{\diagdown}} \xrightarrow{-HO^-} \underset{R}{\overset{R'}{\diagdown}}C{=}C\underset{Y}{\overset{X}{\diagdown}}$$

②亚胺过渡态机理。在铵盐、伯胺、仲胺催化下,醛或酮形成亚胺过渡态后,再与活泼亚甲基的碳负离子加成,加成物在酸的作用下消除氨分子,得不饱和化合物。

$$H_2C\underset{Y}{\overset{X}{\diagdown}} \; \rightleftharpoons \; {}^-HC\underset{Y}{\overset{X}{\diagdown}} + H^+$$

$$\underset{R}{\overset{R'}{\diagdown}}C{=}O + NH_4^+ \; \rightleftharpoons \; \underset{R}{\overset{R'}{\diagdown}}\underset{NH_3^+}{\overset{|}{C}}{-}OH \xrightarrow{-H_2O} \underset{R}{\overset{R'}{\diagdown}}C{=}NH_2^+$$

$$\underset{R}{\overset{R'}{\diagdown}}C{=}NH_2^+ + {}^-HC\underset{Y}{\overset{X}{\diagdown}} \longrightarrow \underset{R}{\overset{R'}{\diagdown}}\underset{NH_2}{\overset{|}{C}}{-}HC\underset{Y}{\overset{X}{\diagdown}} \xrightarrow{+NH_4^+}$$

$$\underset{R}{\overset{R'}{\diagdown}}\underset{NH_3^+}{\overset{|}{C}}{-}HC\underset{Y}{\overset{X}{\diagdown}} \xrightarrow{-NH_4^+} \underset{R}{\overset{R'}{\diagdown}}C{=}C\underset{Y}{\overset{X}{\diagdown}}$$

Knoevenagel 反应在有机合成中,尤其在药物合成中应用很广。例如,丙二酸在吡啶的催化下与醛缩合、脱羧可制得 β-取代丙烯酸。

$$RCHO + H_2C\underset{COOH}{\overset{COOH}{\diagdown}} \xrightarrow{-H_2O} R{-}CH{=}C\underset{COOH}{\overset{COOH}{\diagdown}} \xrightarrow{-CO_2} R{-}CH{=}CH{-}COOH$$

采用该反应制备 β-取代丙烯酸适用于有取代基的芳醛或酯醛的缩合,反应条件温和,速度快,收率高,产品纯度高。但是,丙二酸的价格比乙酸酐贵得多,在制备 β-取代丙烯酸时,经济方面不如 Perkin 反应。

这类反应是以 Lewis 酸或碱为催化剂的,在液相中,特别是在有机溶剂中通过加热来进行,也可采用胺、氨、吡啶、哌啶等有机碱或它们的羧酸盐等作为催化剂,在均相或非均相中反应,一般需要时间较长,而且产率较低。随着新技术、新试剂及新体系的引入,对此类反应也不断出现新的研究成果。

5.3.2 Perkin 反应

Perkin 反应指的是在强碱弱酸盐(如醋酸钾、碳酸钾)的催化下,不含 α-H 的芳香醛加热

与含 α-H 的脂肪酸酐(如丙酸酐、乙酸酐)脱水缩合,生成 β-芳基 α,β-不饱和羧酸的反应。通常使用与脂肪酸酐相对应的脂肪酸盐为催化剂,产物为较大基团处于反位的烯烃。以脂肪酸盐为催化剂时,反应的通式为:

$$ArC(=O)-H + CH_3COOCOCH_3 \xrightarrow[\triangle]{CH_3COONa} ArCH=CHCOOH$$

式中,Ar 为芳基。反应的机理表示如下:

$$CH_3COOCOCH_3 \underset{}{\overset{CH_3COONa}{\rightleftharpoons}} \overset{-}{C}H_2COOCOCH_3$$

$$ArC(=O)-H + \overset{-}{C}H_2COOCOCH_3 \longrightarrow ArC(O^-)(H)-CH_2COOCOCH_3 \longrightarrow ArC(OH)(H)-CH_2COOCOCH_3$$

$$\xrightarrow{-H_2O} ArCH=CHCOOCOCH_3 \xrightarrow{H_2O} ArCH=CHCOOH$$

取代基对 Perkin 反应的难易有影响,如果芳基上连有吸电子基团会增加醛羰基的正电性,易于受到碳负离子的进攻,使反应易于进行,且产率较高;相反,如果芳基上连有供电子基团会降低醛羰基的正电性,碳负离子不易进攻醛羰基上的碳原子,使反应难以进行,产率较低。

由于脂肪酸酐的 α-H 的酸性很弱,反应需要在较高的温度和较长的时间下进行,但由于原料易得,目前仍广泛用于有机合成中。例如,苯甲醛与乙酸酐在乙酸钠催化下在 170℃～180℃温度下加热 5 h,得到肉桂酸。若苯甲醛与丙酸酐在丙酸钠催化下反应则可以合成带有取代基的肉桂酸。

$$PhC(=O)-H + CH_3COOCOCH_3 \xrightarrow[\triangle]{CH_3COONa} PhCH=CHCOOH$$

$$PhC(=O)-H + CH_3CH_2COOCOCH_2CH_3 \xrightarrow[\triangle]{CH_3CH_2COONa} PhCH=C(CH_3)COOH$$

Perkin 反应的主要应用是合成香料-香豆素,在乙酸钠催化下,水杨醛可以与乙酸酐反应一步合成香豆素。反应分两个阶段:①生成丙烯酸类的衍生物,②发生内酯化进行环合。

Perkin 反应一般只局限于芳香醛类。但某些杂环醛,如呋喃甲醛也能发生 Perkin 反应产生呋喃丙烯酸,这个产物是医治血吸虫病药物呋喃丙胺的原料。

与脂肪酸酐相比,乙酸和取代乙酸具有更活泼的 α-H,也可以发生 Perkin 反应。如取代苯乙酸类化合物在三乙胺、乙酸酐存在下,与芳醛发生缩合反应生成取代 α-H 苯基肉桂酸类化合物,该产物为一种心血管药物的中间体。

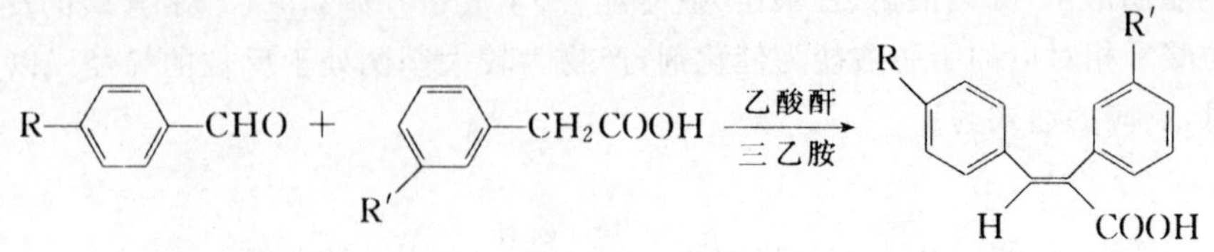

5.3.3 Darzens 反应

Darzens 缩合反应指的是 α-卤代羧酸酯在强碱的作用下活泼 α 氢脱质子生成碳负离子,然后与醛或酮的羰基碳原子进行亲核加成,再脱卤素负离子而生成 α,β-环氧羧酸酯的反应。其反应通式:

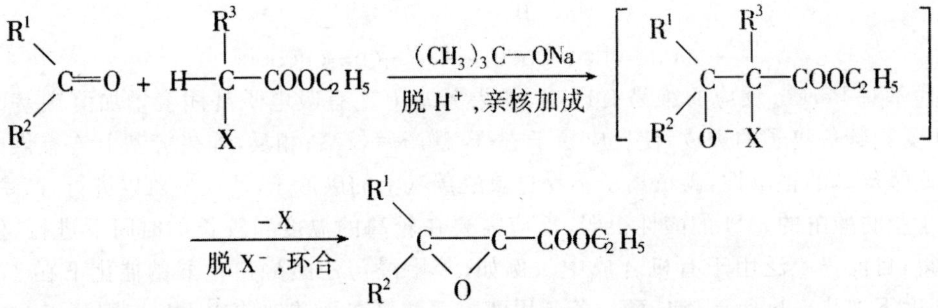

常用的强碱有醇钠、氨基钠和叔丁醇钾等。其中,叔丁醇钾的碱性很强,效果最好,因为脱落的卤素负离子要消耗碱,所以每摩尔 α-卤代羧酸酯至少要用 1 mol 碱。缩合反应发生时,为了避免卤基和酯基的水解,要在无水介质中进行。这个反应中所用的 α-卤代羧酸酯一般都是 α-氯代羧酸酯,也可用于 α-氯代酮的缩合。除用于脂醛时收率不高外,用于芳醛、脂酮、脂环酮以及 α,β-不饱和酮时都可得到良好结果。

由 Darzens 缩合制得的 α,β-环氧酸酯用碱性水溶液使酯基水解,再酸化成游离羧酸,并加热脱羧可制得比原料所用的酮(或醛)多一个碳原子的酮(或醛)。其反应通式:

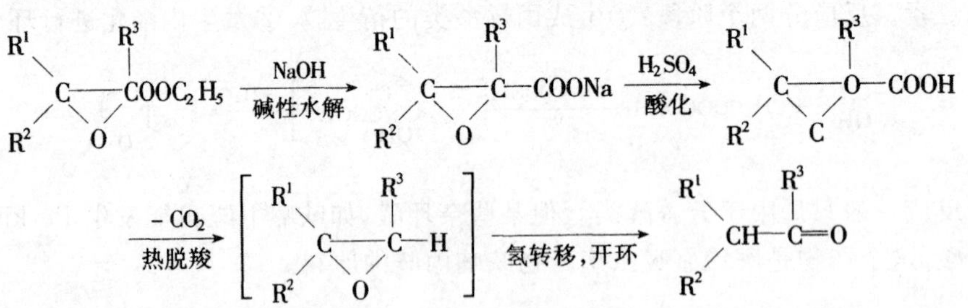

该反应对于某些酮或醛的制备有一定的用途。例如,由 2-十一酮与氯乙酸乙酯综合、水解、酸化、热脱羧可制得 2-甲基十一醛:

$$CH_3(CH_2)_8-\overset{CH_3}{\underset{\parallel}{C}}=O + H-\overset{H}{\underset{\underset{Cl}{|}}{C}}-COOC_2H_5 \xrightarrow[\text{脱 } H^+,\text{亲核加成,脱 } Cl^-]{C_2H_5ONa/-H^+,-Cl^-} CH_3(CH_2)_8-\overset{CH_3}{\underset{O}{C}}\diagdown\overset{H}{\underset{}{C}}-COOC_2H_5$$

$$\xrightarrow[\text{酯基水解}]{NaOH} \xrightarrow[\text{酸化}]{H^+} CH_3(CH_2)_8-\overset{CH_3}{\underset{O}{C}}\diagdown\overset{H}{\underset{}{C}}-COOH \xrightarrow[\substack{\text{热脱羧}\\\text{氢转移,开环}}]{-CO_2} CH_3(CH_2)_8-\overset{CH_3}{\underset{}{CH}}-\overset{H}{\underset{\parallel}{C}}=O$$

5.3.4　Stobbe 反应

Stobbe 反应是指在强碱的催化作用下,丁二酸二乙酯与醛、酮羰基发生缩合,生成 α-亚烃基丁二酸单酯的反应。Stobbe 缩合主要用于酮类反应物。该反应常用的催化剂为醇钠、醇钾、氢化钠等。反应的通式为:

$$\overset{O}{\underset{\parallel}{R^2-C-R^1}} + H_2\overset{COOEt}{\underset{|}{C}}-CH_2-COOEt \xrightarrow{R^3CONa} R^2-\overset{R^1}{\underset{}{C}}=\overset{COOEt}{\underset{}{C}}-CH_2-COONa + R^3COH + EtOH$$

式中,R^1、R^2 为烷基、芳基或氢;R^3 为烷基。

在强碱的催化作用下,丁二酸二酯上的活泼 α-H 脱去,生成碳负离子,然后亲核进攻醛、酮羰基的碳原子。

α-亚烃基丁二酸单酯盐在稀酸中可以酸化成羧酸酯,如果在强酸中加热,则可发生水解脱羧的反应,产物为比原来的醛酮多三个碳的 β,γ-不饱和酸。

$$\overset{R^1}{\underset{R^2}{C}}=\overset{CH_2COO^-}{\underset{COOEt}{C}} \quad\begin{cases} \xrightarrow{H_3O^+} & \overset{R^1}{\underset{R^2}{C}}=\overset{CH_2COOH}{\underset{COOEt}{C}} \\ \\ \xrightarrow[-CO_2]{H^+,\triangle} & \overset{R^1}{\underset{R^2}{C}}=CHCH_2COOH \end{cases}$$

α-萘满酮是生产选矿阻浮剂和杀虫剂的重要中间体,以苯甲醛为原料,通过 Stobbe 反应进行合成。

$$\text{Ph-CHO} \xrightarrow[\text{EtONa}]{(CH_2COOEt)_2} \text{Ph-CH}=\overset{COOEt}{\underset{}{C}}CH_2COO^- \xrightarrow[-CO_2]{H^+,\triangle} \text{Ph-CH}=CHCH_2COOH \xrightarrow{H_2,Pd/C}$$

$$\text{Ph-CH_2CH_2CH_2COOH} \xrightarrow{H^+} \text{（}\alpha\text{-萘满酮）}$$

5.3.5　Wittig 反应

Wittig 反应指的是羰基化合物与 Wittig 试剂——烃代亚甲基三苯基膦反应合成烯类化合物的反应。该反应的结果是把烃代亚甲基三苯基膦的烃代亚甲基与醛、酮的氧原子交换,产生一个烯烃。Wittig 反应是形成碳碳双键的一个重要方法。

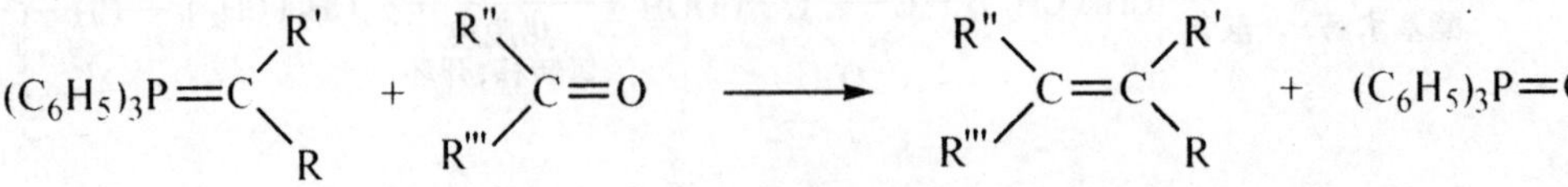

烃代亚甲基三苯基膦是一种黄红色的化合物,由三苯基膦与卤代烷反应得到。根据 R、R′ 结构的不同,可将磷叶立德分为三类:当 R、R′ 为强吸电子基团(如—COOCH$_3$、—CN 等时,为稳定的叶立德;当 R、R′ 为烷基时,为活泼的叶立德;当 R、R′ 为烯基或芳基时,为中等活度的叶立德。磷叶立德是由三苯基膦和卤代烷反应而得。在制备活泼的叶立德时必须用丁基锂、苯基锂、氨基锂和氨基钠等强碱;而制备稳定的叶立德,由于季磷盐 α-H 酸性较大,用醇钠甚至氢氧化钠即可,反应式为:

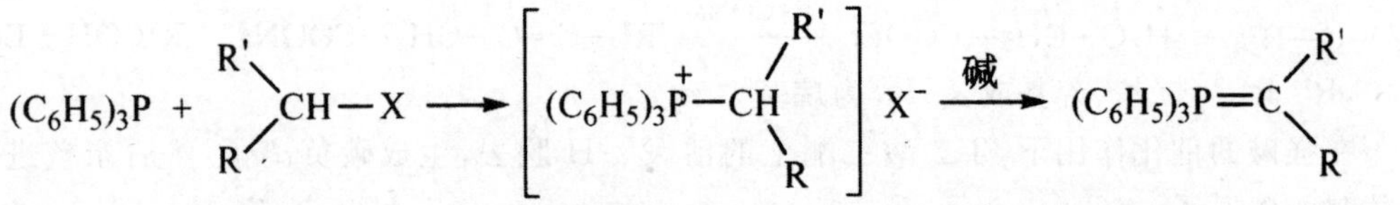

基于 Wittig 反应产率好、立体选择性高且反应条件温和的特点,它在有机合成中的应用较为广泛,尤其在合成某些天然有机化合物(如萜类、甾体、维生素 A 和 D、植物色素、昆虫信息素等)领域内,具有独特的作用。例如,维生素 D$_2$ 的合成:

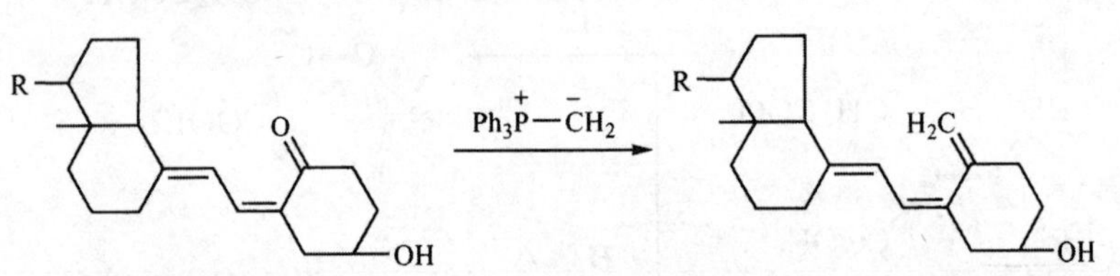

在荧光增白剂的生产和合成研究中 Wittig 反应的应用也比较广泛,如聚合型荧光增白剂中的带水溶性基团的聚酯型共聚物,其中间体就是通过 Wittig 反应来制备的。

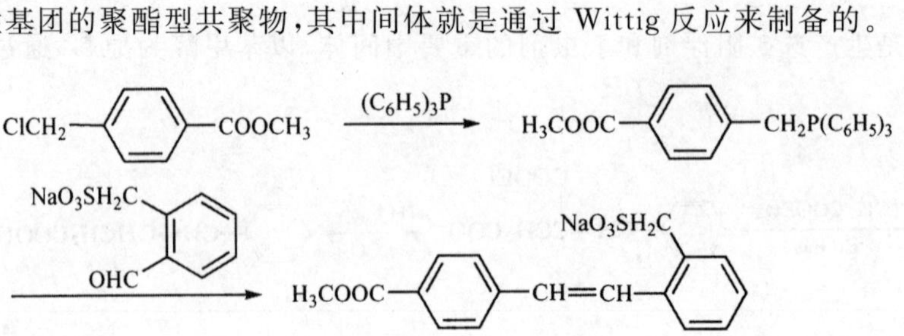

5.3.6　酯-酮缩合

酯-酮缩合的反应机理与酯-酯缩合类似。在碱性催化剂作用下,酮比酯更容易形成碳负离子,因此产物中常混有酮自身缩合的副产物;若酯比酮更容易形成碳负离子,则产物中混有酯自身缩合的副产物。显然,不含 α-活泼氢的酯与酮间的缩合所得到的产物纯度更高。

在碱性条件下,具有 α-H 的酮与酯缩合失去醇生成 β-二酮:

$$\begin{array}{c} RH_2C \\ \diagdown \\ (H)R^1 \diagup \end{array} C{=}O + R^2COOEt \xrightarrow{B^{\ominus}} \underset{\underset{COR^2}{|}}{R{-}CH{-}COR^1}$$

在 Claisen 酮-酯缩合中,为了防止醛酮和酯都会发生自缩合反应,一般将反应物醛酮和酯的混合溶液在搅拌下滴加到含有碱催化剂的溶液中。醛酮的 α-碳负离子亲核进攻酯羰基的碳原子。由于位阻和电子效应两方面的原因,草酸酯、甲酸酯和苯甲酸酯比一般的羧酸酯活泼。

5.3.7　酯酯缩合

酯酯缩合反应指的是酯的亚甲基活泼 α-氢在强碱性催化剂的作用下,脱质子形成碳负离子,然后与另一分子酯的羰基碳原子发生亲核加成并进一步脱 RO⁻ 而生成 β-酮酸酯的反应。

最简单的典型实例是两分子乙酸乙酯在无水乙醇钠的催化作用下缩合,生成乙酰乙酸乙酯:

$$C_2H_5O^-Na^+ + H{-}CH_2\underset{\underset{O}{\|}}{C}{-}OC_2H_5 \rightleftharpoons C_2H_5OH + {}^-CH_2\underset{Na^+}{\underset{\underset{O}{\|}}{C}}{-}OC_2H_5$$

$$CH_3\underset{\underset{O}{\|}}{\overset{\overset{OC_2H_5}{|}}{C}} + {}^-CH_2\underset{Na^+}{\underset{\underset{O}{\|}}{C}}{-}OC_2H_5 \underset{\text{亲核加成}}{\rightleftharpoons} \left[CH_3\underset{\underset{O^-}{|}\cdot Na^+}{\overset{\overset{OC_2H_5}{\vdots}}{C}}{-}CH_2\underset{\underset{O}{\|}}{C}{-}OC_2H_5 \right]$$

$$\xrightarrow[\text{脱} C_2H_5O^-Na^+]{} CH_3\underset{\underset{O}{\|}}{C}{-}CH_2\underset{\underset{O}{\|}}{C}{-}OC_2H_5$$

酯酯缩合可分为同酯自身缩合和异酯交叉缩合两类。

异酯缩合时,如果两种酯都有活泼 α-氢,则可能生成四种不同的 β-酮酸酯,难以分离精制,没有实用价值。如果其中一种酯不含活泼 α-氢,则缩合时有可能生成单一的产物。常用的不含活泼 α-氢的酯有甲酸酯、苯甲酸酯、乙二酸二酯和碳酸二酯等。

为了促进酯的脱质子转变为碳负离子,需要使用强碱性催化剂。最常用的碱是无水醇钠,当醇钠的碱性不够强,不利于形成碳负离子,也不够使产物 β-酮酸酯形成稳定的钠盐时,就需要改用碱性更强的叔丁醇钾、金属钠、氨基钠、氢化钠等。因为碱催化剂必须使 β-酮酸酯完全形成稳定的钠盐,所以催化剂的用量要多于原料酯的用量。

为了避免酯的水解,缩合反应要在无水溶剂中进行。一般可用苯、甲苯、煤油等非质子传递非极性溶剂。有时为了使碱催化剂或 β-酮酸酯的钠盐溶解可用非质子极性或弱极性溶剂,如二甲基甲酰胺、二甲基亚砜、四氢呋喃等。另外,用叔丁醇钾作催化剂时可用叔丁醇作溶剂,用氨基钠作催化剂时可用液氨作溶剂。

与两种都含活泼 α-氢的异酯缩合相类似的例子是氰乙酰胺与乙酰乙酸乙酯的缩合与环合。

5.4　加成聚合方法

5.4.1　本体聚合

本体聚合系指不用溶剂和介质,仅有单体和少量引发剂(或热、光、辐照等引发条件)进行的聚合反应。根据产品的需要有时可以加入适量色料、增塑剂和相对分子质量调节剂等。本体聚合的温度并未严格界定,可以在聚合物熔点以上,也可以在聚合物熔点以下。

(1)实验本体聚合

在进行聚合物的开发应用研究时,需要对单体的聚合能力和聚合反应的条件进行判断,少量聚合物的实验性合成,聚合物动力学、速率常数的测定等都需要在实验室实施本体聚。在实验室本体聚合物的容器可选择试管、玻璃膨胀计、玻璃烧瓶和特定的聚合膜等。

(2)工业本体聚合

工业本体聚合包括不连续聚合和连续聚合两种,前者的聚合反应设备为聚合釜,后者的聚合设备多为长达数百米乃至上千米的聚合管。工业上本体聚合生产控制的关键是聚合反应温度的控制,一般而言,烯烃单体的聚合热($55\sim95$ kJ·mol^{-1})并不算高,在聚合反应初期转化率不高、黏度不大时散热并无困难。但是,当转化率超过 $20\%\sim30\%$ 以后,体系黏度增大造成散热困难,此阶段的自动加速过程往往导致温度的急速上升,从而引起局部过热和相对分子质量分布变宽,严重时发生暴聚事故。分段聚合或悬浮聚合是解决大型本体聚合反应器散热问题的两个有效办法。

5.4.2　溶液聚合

溶液聚合中聚合体系的黏度较低、传质和传热容易、温度控制方便有效、不易发生自动加速过程和自由基向大分子的链转移反应,采用溶液聚合得到的聚合物的分散度较窄。溶液聚合缺点是链自由基向溶剂的转移反应使聚合物相对分子质量较低、聚合物与溶剂的彻底分离难度大、纯度较低、设备生产效率较低等。因此,一般情况下不采用溶液聚合。也有些特殊情况要采用溶液聚合,例如:聚合物以其溶液形式出售和使用,如涂料、胶黏剂等;采用溶液纺丝的聚合物的合成。

溶剂选择的一般原理包括化学惰性即溶剂不参与聚合反应或其他副反应;选择能够同时溶解单体和聚合物的溶剂进行的聚合反应属于真正的溶液聚合;采用只能溶解单体而不溶解聚合物的溶剂进行的聚合反应属于沉淀聚合反应;合适的沸点,溶剂的沸点必须高于聚合反应温度若干度,可以减少溶剂的挥发损失和空气污染;溶剂的毒性和价格要低。

除了上述溶剂的选择外,离子型聚合反应对溶剂还具有其他的要求。

(1)高纯度

高纯度是离子型聚合反应溶剂的基本条件。

（2）非质子性

不得含水、醇、酸等质子性物质和氧、二氧化碳等能够破坏离子型聚合反应引发剂的一切活性物质。

（3）适当的极性

按照对聚合物的相对分子质量及其分布、聚合速率等具体要求选择极性适当的溶剂。一般而言，溶剂极性强则聚合速率快，但聚合物结构规整性较差；溶剂极性较弱，则聚合反应速率较慢，而聚合物结构规整性较好。

5.4.3　悬浮聚合

悬浮聚合是指非水溶性单体在溶有分散剂的水中借助于搅拌作用分散成细小液滴而进行的聚合反应。水溶性单体在溶有油溶性分散剂的有机介质中借助搅拌作用而进行的悬浮聚合通常称为反相悬浮聚合。

1. 悬浮缩合的特点

悬浮缩合体系具有黏度低、散热和温度好控制、产物相对分子质量与本体聚合接近，高于溶液聚合；相对分子质量小于本体聚合；聚合物纯净度高于溶液聚合而稍低于本体聚合；悬浮聚合生产的聚合物呈珠粒状，后处理和加工使用比较方便，生产成本较低，特别适宜于合成离子交换树脂的母体。

2. 悬浮聚合的基本配方

悬浮聚合的基本配方如表 5-2 所示。

表 5-2　悬浮聚合的基本配方

组分	水相			油相
	水	分散剂	单体	引发剂
用量/份	100	0.5~2	30~100	0.5~2

3. 分散剂和分散作用

悬浮聚合所用的分散剂的主要作用是提高单体液滴在聚合反应过程中的稳定性，避免含有聚合物的液滴在反应中期发生黏结。通常用于悬浮聚合的分散剂以天然高分子明胶和合成高分子聚乙烯醇最为主，其他如聚丙烯酸盐类、蛋白质、高细度的无机粉末如轻质碳酸钙、滑石粉、高岭土、淀粉等也可以作为悬浮分散剂，但只在特殊情况下使用。两类分散剂的分散机理有所不同，高分子分散剂除了能够降低界面张力有利于单体的分散外，还会在单体液滴表面形成一层保护膜以提高其稳定性；粉末型分散剂主要起机械隔离作用。

4. 悬浮聚合操作的基本要点

（1）单体在水中的溶解度必须很低

单体在水中的溶解度应低于 1‰，否则会同时进行溶液聚合导致聚合成收率低、污染严重等问题。对于在水中溶解度高的单体，一般在水相中加入适量的无机盐，利用盐析作用降低单体在水中的溶解度。

（2）耐心调控搅拌速度

将单体加入水相以后必须耐心、缓慢、由慢到快地调节搅拌速度，并反复取样观察直至单体液滴的直径在 0.3～1 mm。若搅拌速度由快到慢或大起大落地变化会导致聚合物颗粒大小不均匀。

（3）必须选择油溶性引发剂

在单体液滴中进行的悬浮聚合反应必须选择油溶性引发剂。分别配制水相和单体相（油相），将引发剂溶解在单体之中，同时将分散剂溶解在水中。通常水相和油相的体积比在 1：1～5：1 的范围内。

（4）水相中加入适量聚合反应历程指示剂

为了监控聚合反应过程、减轻聚合过程中单体在水相中同时进行溶液聚合而导致的水相过度乳化以及便于观察和调控单体液滴的粒度，通常在水相中加入少许水溶性芳胺类阻聚剂次甲基蓝的水溶液。

（5）梯度控制反应温度

单体液滴的粒度基本达到要求以后开始慢慢升高温度，并始终维持搅拌速度基本恒定。

一般悬浮聚合在 80℃左右聚合 1～2 h，液滴经过发黏阶段以后慢慢变硬，维持搅拌以避免非均相液体过分猛烈的喷沸。升高温度到 95℃以上继续反应 4～6 h 即可结束反应。

总之，悬浮聚合本质上属于在较小空间内进行的本体聚合，其聚合反应机理与本体聚合相同，服从一般自由基聚合动力学规律，引发剂浓度和温度对聚合速率和聚合度的影响是相反的。

5.4.4 乳液聚合

乳液聚合是指非水溶性或低水溶性单体借助搅拌作用以乳状液形式分散在溶解有乳化剂的水中进行的聚合反应。乳液聚合常用来获得高相对分子质量的聚合物，特别适用于合成橡胶的生产和乳胶涂料和胶黏剂等的合成。

1. 乳化聚合的基本配方

乳化聚合的基本配方见表 5-3。

表 5-3　乳化聚合的基本配方

组分	水相			油相
	水	乳化剂（水溶性）	引发剂（水溶性）	单体
用量/份	100	0.5～2	0.5～2	20～80

实际上乳化聚合的配方要复杂得多。一般乳化聚合采用氧化还原引发体系，其中氧化剂可以是水溶性的，也可以是油溶性的，但还原剂必须是水溶性的；还需要加入助分散剂、相对分子质量调节剂、pH 缓冲剂等保证溶液的稳定性和聚合反应的顺利进行。

2. 乳化剂和乳化作用

乳化是指将不相容的油水两相转化为热力学稳定态的乳状液的过程。乳化包括两个基本要素即乳化剂和机械搅拌。乳化剂是一类分子中同时带有亲水基团和亲油（疏水）基团的物质,如肥皂和洗衣粉等。

（1）乳化剂在水中的存在形态

由于不溶于水的单体与水的极性和表面张力相差太远,加到一起以后始终会分层互不相容。在水中加入适量乳化剂以后,乳化剂以分子或"胶束"的形式均匀地分散在水中。以分子分散形式溶解在水中的乳化剂的多少决定于乳化剂在水中的溶解度,超过溶解度的乳化剂则以所谓"胶束"的形式稳定地存在于水中。

（2）单体在溶液乳化剂的水中的存在状态

将不溶或难溶于水的单体加入到含有乳化剂的水中,同时施以机械搅拌,达到平衡以后单体将以表 5-4 中所列的 3 种形态存在于水中。

表 5-4　油溶性的单体在乳化剂水溶液中的存在状态

存在形态	分子分散	进入胶束	单体液滴
绝对量/份	<1	1~5	>95
微粒浓度个/cm^{-3}	10^{18}分子	10^{16}增溶胶束	10^{10}~10^{12}液滴
微粒直径/nm	10^{-1}	5	>10^4
微粒表面积/(m^2/cm^2)	—	80	3

由上表的数据可知,单体饱和溶解于水中之后,有相当部分单体将按照"相似相容"的原理进入胶束内部,这种包容有单体的胶束称为"增溶胶束"。增溶胶束属于热力学稳定状态。由于乳化剂的存在而增大了难溶单体在水中溶解度的现象称为"胶束增溶现象"。若没有乳化剂的存在,烯烃在水中的溶解度都很低,加入乳化剂后可以提高烯烃的溶解度 3~4 个数量级,由此可见胶束增溶作用非常明显。

3. 乳液聚合特点

乳液聚合的主要特点如下:

①以水作分散介质安全廉价,散热和温度控制相对容易。

②即使在较低温度下进行乳液聚合,也可以同时达到较高的聚合速率和聚合度。

③即使像合成橡胶之类的特高相对分子质量的聚合物,乳液聚合时的黏度都很低,这给大规模工业生产提供了许多方便。

④除合成橡胶外,乳液聚合也是合成水性乳胶、水性涂料、胶黏剂等的最好方法。尽管乳液聚合具有上述优点,但是也存在一定缺点,如聚合物与乳化剂的彻底分离相当困难,聚合物的某些性能(如电绝缘性)必然受到一定影响。

4. 乳液聚合的场所

乳液聚合反应过程中链引发、链增长和链终止 3 基元反应发生的场所有所不同。

（1）链引发反应,在水相中开始

在乳液聚合反应中采用水溶性引发剂,引发剂的分解和初级自由基的生成是在水中进行的。即使是不溶于水的单体,在水中也会有极少量溶解,会被溶解在水中的引发剂引发而发生水相溶液聚合。由于溶解于水中的单体浓度极低,生成的聚合物比单体更不溶解于水,所以即使发生水相中的聚合,所得"聚合物"的相对分子质量在很低的时候就会从水中沉淀出来而停止聚合。

（2）溶解于水的单体和单体液滴都不是乳液聚合的主要场所

单体液滴尽管拥有 95% 以上的单体总量，但是液滴数目却仅仅是增溶胶束数目的 1.0×10^{-6}，其表面积仅是胶束表面积的 4%。由于产生于水相中的初级自由基和短链自由基开始链增长反应必须通过粒子表面才能进入其内部，因此表面积小得多的液滴不是聚合反应主要场所。

（3）增溶胶束才是乳液聚合的主要场所

由此可见，数目浩瀚、表面积很大的增溶胶束才是乳液聚合链增长反应和链终止反应的主要场所。亲油性的初级自由基或短链自由基一旦进入胶束内开始链增长反应以后，随着其分子链的增长和亲水性的进一步降低，它们将更不可能从胶束内部再重新进入水相之中。

5.5　缩合聚合方法

合成聚合物所能选择的聚合方法有熔融缩聚、溶液缩聚、界面缩聚和固相缩聚四种。其中熔融缩聚、溶液缩聚反应应用最为广泛。

5.5.1　熔融缩聚

熔融聚合是聚合反应的温度在单体和聚合物的熔点之上，聚合物处于熔融状态下进行的熔融聚合反应。熔融聚合是一种简单而有效的缩聚反应方法。反应物只有单体和适量的催化剂，因此所得产物比较单一、无需分离、相对分子质量高、反应器的生产效率也高。

（1）熔融聚合反应器

通常要求配备加热、换热和温度控制装置、减压和通入惰性气体装置、可调速搅拌装置等三大要件。当然对于平衡常数很大的缩聚反应这些条件可以适当放宽。

（2）单体配料要求

缩聚反应的单体配料要求计量准确。如果反应平衡常数较小，同时期望得到尽可能高聚合度的产物，要求单体高纯度，同时要严格控制物质的量配比，催化剂选用要适量且能够充分溶解或分散于单体中。

（3）熔融缩合的操作要点

①缓慢升温，连续搅拌，反应初期不需减压，如单体沸点较低，反应初期还须密闭反应器。

②反应中后期再进一步升高温度，同时逐步减压，维持连续搅拌等以便小分子副产物的排除。

③减压时通常采用毛细管导入惰性气体鼓泡来有效避免高度黏稠物料可能发生暴沸甚至外喷的危险。

④对于体型缩聚反应，注意跟踪检测物料黏度，在反应程度接近凝胶点以前立即停止反应并出料。

5.5.2　溶液缩聚

溶液缩聚是单体在惰性溶剂中进行的缩聚反应。溶液聚合反应要受溶剂沸点的限制，聚合反应温度相对较低，要求单体具有较高的反应活性。溶液缩聚在相对较低温度条件下进行时副反应较少，产物的相对分子质量较熔融缩聚物低，而且溶剂的分离回收颇为困难，反应器的生产效率较低,聚合物的生产成本相对较高。一般很适合涂料和粘合剂的合成和热稳定性较低、在熔融温度条件下可能发生分解的单体。

选择溶液缩聚反应的溶剂时,应该考虑:溶剂对缩聚反应表现惰性;沸点相对适中,因为沸点太低必然限制反应温度,同时溶剂挥发损失和对空气造成污染,沸点过高则存在分离回收困难;价格相对较低;毒性相对较小等。

5.5.3　界面缩合

在两种互不相溶、分别溶解有两种单体的溶液的界面附近进行的缩聚反应称为界面聚合。该方法只能适用于由两种单体进行混缩聚的情况。

1. 影响界面反应进行的因素

界面缩聚能否顺利进行取决于几方面的因素:

①为保证聚合反应持续进行,一般要求聚合产物具有足够的力学强度,以便将析出的聚合物以连续膜或丝的形式从界面持续地拉出。

②在水相中必须加入无机碱,否则聚合反应生成的 HCl 可与二元胺反应后,单体将转化为低活性的二元胺盐酸盐,使反应速度大大下降;但无机碱的浓度必须适中,因为在高无机碱浓度下,酰氯可水解成相应的酸,而酸在界面缩聚的低反应温度下不具反应活性,结果不仅会使聚合反应速度大大下降,而且会大大地限制聚合产物的分子量。

③单体反应活性要高,如果聚合反应速度太慢,酰氯有足够的时间从有机相扩散穿过界面进入水相,因此水解反应严重,导致聚合反应不能顺利进行。此外界面缩聚不适于反应活性较低的二元酰氯和脂肪醇的聚酯化反应。

④有机溶剂的选择对控制聚合产物的分子量很重要。因为在大多数情况下,聚合反应主要发生在界面的有机相一侧,聚合产物的过早沉淀会妨碍高分子量聚合产物的生成,因此,为获得高分子量的聚合产物,要求有机溶剂对不符合要求的低分子量产物具有良好的溶解性。

2. 界面反应的特点

界面反应具有如下特点:

①两种单体中至少有一种高活性单体,以保证界面缩聚反应的快速进行。

②两种溶剂互不相溶,且密度有一定的差异,以保证界面的相对稳定和溶剂分离回收时方便可行。

③不要求两种单体的高纯度和严格的等物质的量配比,就能获得高相对分子质量的聚合物,这是界面缩聚的最大特点。

虽然界面聚合反应有不少优点,但由于高活性单体的价格昂贵,大量使用有毒性的溶剂的回收和环境污染等原因,该方法不能普遍使用。聚碳酸酯脂是目前工业上采用界面缩合的极少数界面缩合的例子之一。

5.5.4　固相缩聚

固相聚合指单体或预聚物在聚合反应过程中始终保持在固态条件下进行的聚合反应。由于一些熔点高的单体或结晶低聚物如果用熔融聚合法可能会因反应温度过高而引起显著的分解、降解、氧化等副反应而使聚合反应无法正常进行,因此固相聚集主要应用于一些熔点高的单体或部分结晶低聚物的后聚合反应。

固相聚合的反应温度一般比单体熔点低 15℃～30℃,如果是低聚物,为防止在固相聚合反应过程中固体颗粒间发生黏结,在聚合反应前必须先让低聚物部分结晶,聚合反应温度一般介于非晶区的玻璃化温度和晶区的熔点之间,在这样的温度范围内由于链段运动可使分子链末端基团具有足够的活动性,以使聚合反应正常进行,另外,还能保证聚合物始终处于固体状态,不发生熔融或黏结。此外,一般需采用惰性气体或对单体和聚合物不具溶解性而对聚合反应的小分子副产物具有良好溶解性的溶剂作为清除流体,把小分子副产物从体系中带走,促进聚合反应的进行。

5.6 缩合与聚合反应应用

5.6.1 甲基壬基乙醛($C_{12}H_{24}O$)的合成

$C_{12}H_{24}O$ 的结构式为:

$$\overset{\overset{\displaystyle CH_3}{|}}{CH_3(CH_2)_8CHCHO}$$

$C_{12}H_{24}O$ 即为 2-甲基十一醛,制备方法如下所示。

将甲基壬酮与烷基氯代醋酸酯(如氯代乙酸酯)在乙醇钠溶液中反应,生成缩水甘油酯,再经皂化和脱羧等反应制取。

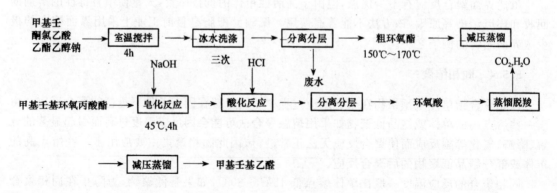

$C_{12}H_{24}O$ 的工艺流程为:

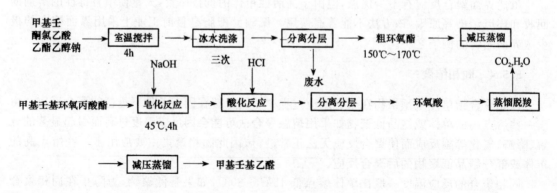

$C_{12}H_{24}O$ 尚未发现其天然存在,是一种常有熏香及少许龙涎香香韵的无色至淡黄色液体,不溶于水。另外,$C_{12}H_{24}O$ 可作为头香剂,在各种化妆品、香水香精中的使用量相当大,而且经常被用作幻想型香精的香料组分。

5.6.2 紫罗兰酮($C_{13}H_{20}O$)的合成

$C_{13}H_{20}O$ 的结构式为:

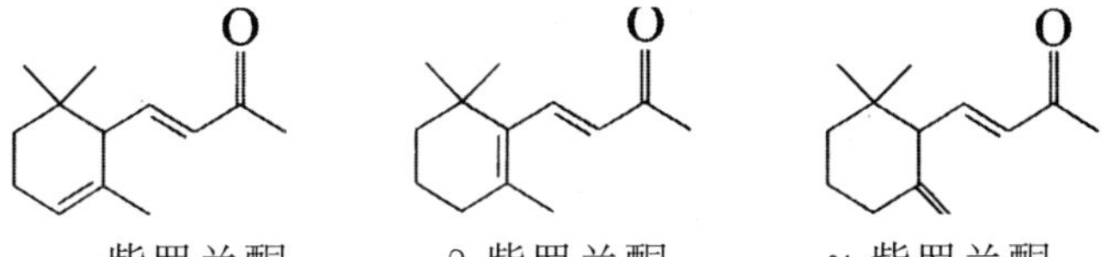

α-紫罗兰酮   β-紫罗兰酮   γ-紫罗兰酮

紫罗兰酮的合成有半合成和全合成两种方法。

1. 半合成法制备紫罗兰酮

合成法以柠檬醛为原料:

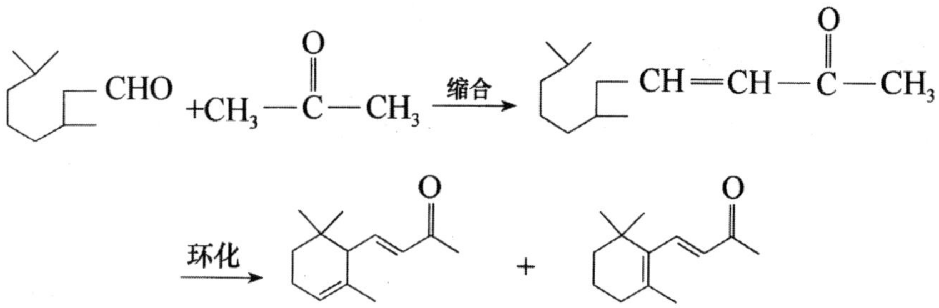

我国山苍子油来源广泛,内含 68% 左右的柠檬醛,是人工合成紫罗兰酮的主要原料。

因 α-紫罗兰酮较 β-紫罗兰酮香气更加幽雅,下面简要介绍 α-紫罗兰酮为主要产品的生产过程。

首先进行缩合反应,其原料比山苍子油∶丙酮∶氢氧化钠=1∶2∶2。

将原料按比例加一定量水投入反应釜中,连续搅拌升温至 50℃ 并保温 2 h,后升温至 60℃,保持 3.5 h。静置分层,除去下层碱水,于搅拌下加入稀醋酸中和呈酸性。静置分层,所得油状物先常压蒸馏,除去低沸点组分,再减压分馏于 145℃~155℃/(1.60 kPa)下收集淡黄色油状假性紫罗兰酮。收率约为原料油的 65%。

然后进行环化重排,其原料比假性紫罗兰酮∶62%硫酸∶苯=1∶1.5∶1.23。

将 62% 的硫酸置于反应釜中,加入苯,混合后冷却至 20℃,缓慢加入假性紫兰酮,控制温度低于 30℃,当反应物呈黄色时,在 30℃~35℃下保温 0.5 h,迅速加入冰块,当冰块溶解后即分为两层。上层水相用苯萃取数次后与油相混合,用纯碱中和至弱碱性,除去水层即用醋酸中和至微酸性,常压蒸馏回收苯,然后在 120℃~130℃/(1.60 kPa)下收集 α-异构体为主的产品。

2. 全合成法制备紫罗兰酮

合成路线以乙炔、丙酮为基本原料,经一系列反应制成脱氢芳樟醇,脱氢芳樟醇再与乙酸乙酯或双乙烯酮反应生成乙酸乙酯脱氢芳樟酯,经脱去二氧化碳经分子重排反应生成假性紫罗兰酮。假性紫罗兰酮再经环化重排制得紫罗兰酮。

　　自然界中存在的紫罗兰酮极少，它是最重要的人工合成香料之一。其中 γ-紫罗兰酮难以人工合成，市场销售的产品是 α-及 β-异构体的混合物，为淡黄色油状液体，有紫罗兰香气，是紫罗兰香精的主体香料，广泛用于化妆品、食品中。

　　紫罗兰酮结构上的差异对香气有一定影响。α-异构体有浓郁花香，稀释后香气较 β-异构体更令人喜爱。β-异构体稀释后，具有紫罗兰花香及柏木香气。而 γ-异构体则具有珍贵的龙涎香气。

第6章　逆合成反应

　　"逆合成法"(Retrosynthetic Analysis)主要来源于英文 retro synthesis 一词。全词的涵义，就是"与合成路线方向相反的方法"，或者说"倒退的合成法"，也叫反向合成(Antithetic Synthesis)。近年来，随着有机合成的发展，各种新型的有机合成方法已经应用于工业生产中，但是传统的有机合成方法仍在实践中有着广泛的应用。逆合成法是有机合成路线设计最简单、最基本的方法，其他一些更复杂的合成路线设计方法技巧，都是建立在本方法的基础之上的。就像盖房子必须先打好基础一样，学习设计有机合成路线，也应当首先掌握"逆合成法"。

6.1　逆合成分析

6.1.1　逆合成法的涵义及使用

　　1964 年，哈佛大学化学系的 E. J. Corey 教授首先提出逆合成的观念，将合成复杂天然物的工作提升到了艺术的层次。他创造了逆合成分析的原理，并提出了合成子(Synthon)和切断(Disconnection)这两个基本概念，获得了 1990 年的诺贝尔化学奖。他的方法是从合成产物的分子结构入手，采用切断(一种分析法，这种方法就是将分子的一个键切断，使分子转变为一种可能的原料)的方法得到合成子(在切断时得到的概念性的分子碎片，通常是个离子)，这样就获得了不太复杂的、可以在合成过程中加以装配的结构单元。

　　有机合成中采用逆向而行的分析方法，从将要合成的目标分子出发，进行适当分割，导出它的前体，再对导出的各个前体进一步分割，直到分割成较为简单易得的反应物分子。然后反过来，将这些较为简单易得的分子按照一定顺序通过合成反应结合起来，最后就得到目标分子。逆合成分析是确定合成路线的关键，是一种问题求解技术，具有严格的逻辑性，将人们积累的有机合成经验系统化，使之成为符合逻辑的推理方法。与此相适应，也发展了计算机辅助有机合成的工作，促进了有机合成化学的发展。

　　从起始原料经过一步或多步反应经过中间产物制成目标分子。这一个过程可表示为：

$$甲 \xleftarrow[\text{试剂,条件?}]{(反应)?} 乙 \xleftarrow[\text{条件?}]{(反应)?} 丙 \xleftarrow[\text{条件?}]{(反应)?} 产物丁(TM)$$

　　这一系列的反应过程，通常称之为合成路线。但是，在设计合成路线时，都是由目标分子逐步往回推出起始的合适的原料。这个顺序正好和合成法(Synthesis)相反，所以称为反向合成，即逆合成法。

　　如此类推下去，直到推出允许使用的、合适的原料甲为止。经过这样反向的推导过程，再将之反过来，即得一条完整的合成路线。其过程也可示意如下：

丁 ←── (反应)? ── 丙 ←── (反应)? ── 乙 ←── (反应)? ── 甲
　　　　试剂,条件?　　　　如何制得?　　　　如何制得?

目标分子(TM)　　　　　　　　　　　　　　　　　原料

例如,TM1 这个分子被 Corey 用作合成美登木素的中间体:

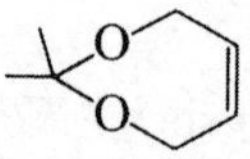

TM1

Corey 采用的逆推是这样的:

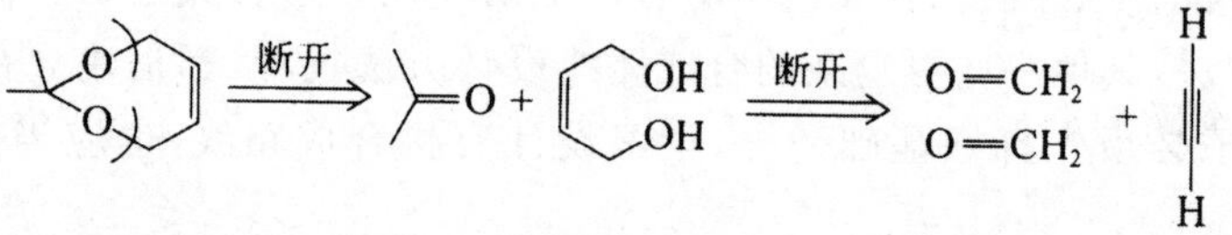

合成一般是由简单的原料开始,逐步发展成为复杂的产物,其过程可看成是逐步"前进"的。同时也要认识到,在设计合成路线时,需要采取由产物倒推出原料,也可称之为"倒退"的办法。当然,在此处"退"是为了"进",这体现了一种以退为进的辩证的思维方法,因此可以说,逆合成法实质上是起点即终点,通过"以退为进"的手段来设计合成路线。

6.1.2 逆合成分析原理

在设计合成路线时,一般只知道要合成化合物的分子结构,有时,即使给了原料,也需要分析产物的结构,而后结合所给原料设计出合成路线。除了由产物回摊出原料外,没有其他可以采用的办法。

基本分析原理就是把一个复杂的合成问题通过逆推法,由繁到简地逐级地分解成若干简单的合成问题,而后形成由简到繁的复杂分子合成路线,此分析思路与真正的合成正好相反。合成时,即在设计目标分子的合成路线时,采用一种符合有机合成原理的逻辑推理分析法:将目标分子经过合理的转换(包括官能团互变,官能团加成,官能团脱去、连接等)或分割,产生分子碎片(合成子)和新的目标分子,后者再重复进行转换或分割,直至得到易得的试剂为止。

综上所述,逆合成法,简而言之,就是 8 个字"以退为进、化繁为简"的合成路线设计法。

6.2 逆合成路线类型

既然合成路线的设计是从目标分子的结构开始,我们就应对分子结构进行分析,研究分子结构的组成及其变化的可能性。一般来说,分子主要包含碳骨架和官能团两部分。当然也有不含官能团的分子如烷烃、环烷烃等,但它们在一定的条件下,也会发生骨架的重新排列组合或增、减。所以,有机合成的问题,根据分子骨架和官能团的变与不变,大体可分为以下 4 种类型。

6.2.1 骨架和官能团都无变化

这里不是说官能团绝无变化,而是指反应前后,官能团的类型没有改变,改变的只是官能

团的位置。例如,下面两个反应:

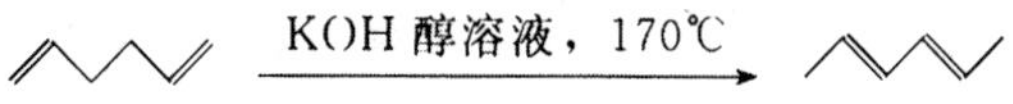

非共轭烯　　　　　　　　　　　　　　　　共轭烯

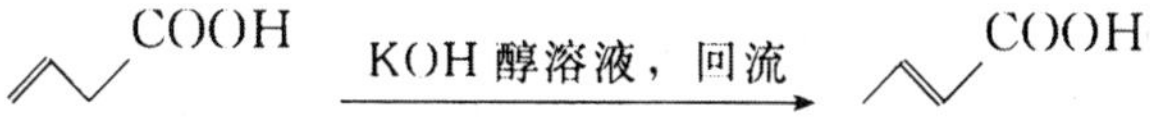

非共轭丁烯酸　　　　　　　　　　　　　　共轭丁烯酸

6.2.2　骨架不变,但官能团变

许多苯系化合物的合成属于这一类型,因为苯及其若干同系物大量来自于煤焦油及石油中产品的二次加工,在合成过程中一般不需要用更简单的化合物去构成苯环。例如:

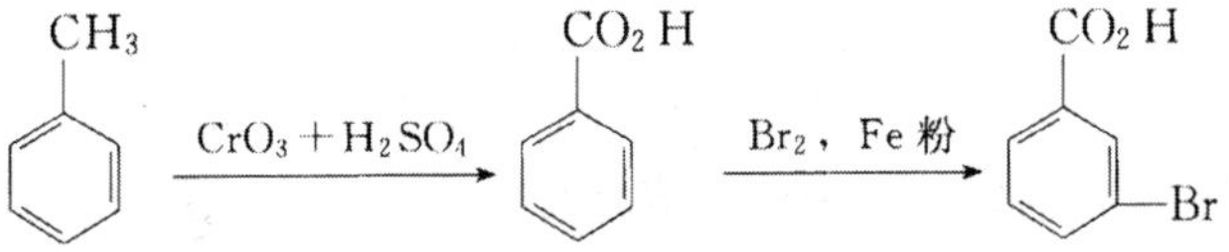

在这个反应中,只有官能团的变化而无骨架的改变。

6.2.3　骨架变,但官能团不变

例如,重氮甲烷与环己酮的扩环反应。反应中除得到约 60% 的环庚酮外,还有环氧化物和环辛酮副产物形成。

6.2.4　骨架与官能团均变

在复杂分子的合成中,常常用到这样的方法技巧,在变化碳骨架的同时,把官能团也变为需要者。当然,这里所说碳骨架的变化,并不一定都是大小的变化,有时,仅仅是结构形状的变化,就可达到合成的目的,如分子重排反应等。例如:

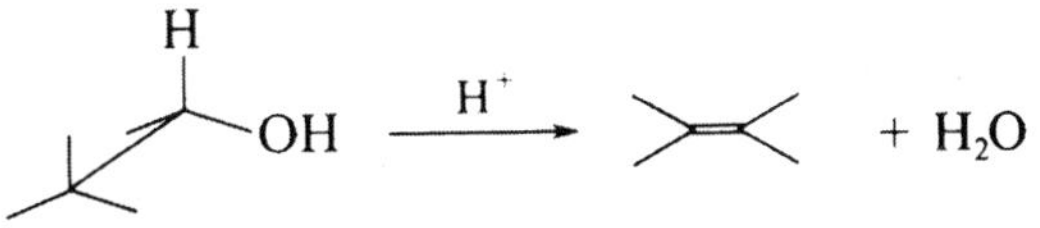

但是,有骨架大小变化的反应在合成上显得更为重要。骨架大小的变化可以分为由大变小和由小变大两种,其中,最重要的是骨架由小变大的反应。因为复杂大分子的合成,常常使用此种类型的反应所组成的合成路线。乙烯酮合成法就是骨架由大变小的例子。

6.3　逆合成设计及评价

将目标分子通过一系列逆合成操作使之简化,最终得出与市售原料结构相同的分子。如何进行逆合成操作? 这里介绍根据目标分子的结构特征,用与其相应的理论、知识和反应进行逆合成操作的一般方法。

$$CH_3-\overset{\displaystyle OCOCH_3}{\underset{\displaystyle C=O}{|}} \xrightarrow{500℃\sim510℃} CH_2=C=O + CH_3COOH$$

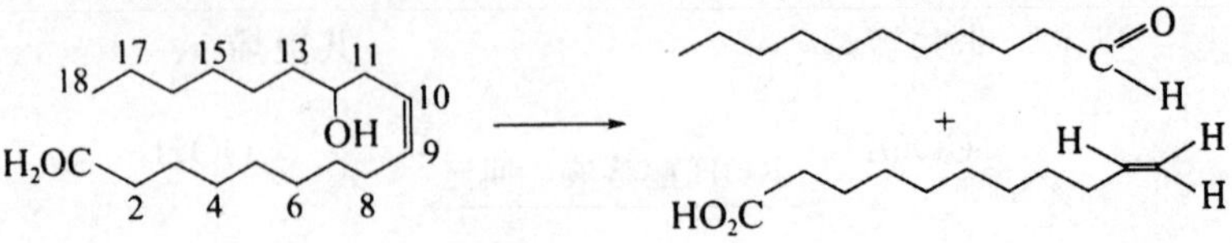

蓖麻酸的热裂解（由大变小）

6.3.1 逆合成分析法的一般策略

1. 在不同部位将分子切断

在逆合成分析中，简化目标分子最有效的手段是切断，分子切断部位的选择是否合适，对合成的成败有决定性的影响。当分子有一个以上可供切断的部位时，更多的情况是在某一部位切断比在其他部位优越，甚至改在其他部位切断会导致合成的失败。因此，必须尝试在不同部位将分子切断，以便从中选择最合理的合成路线。

例 6-1 对 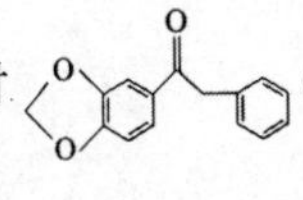 （3,4-甲二氧苯基苄基甲酮）的逆合成分析（以下简称分析）。

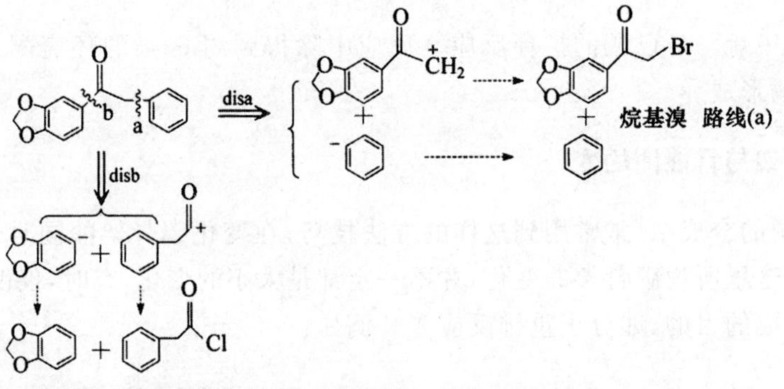

苯环被活化　酰氯比烷基卤活泼　路线(b)

显然路线(b)优于路线(a)。

例 6-2 对 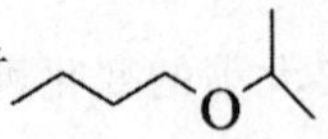 的分析。

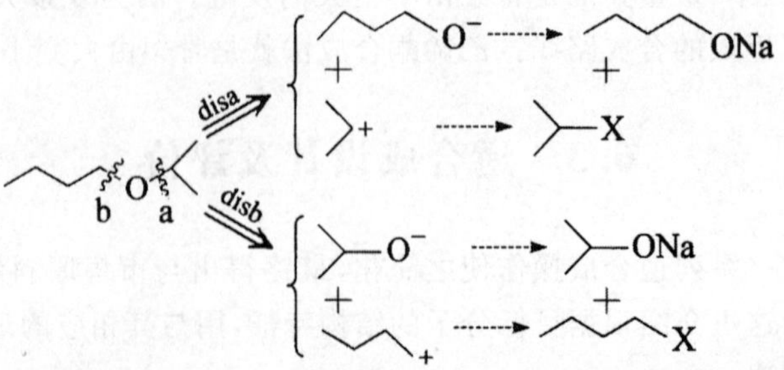

在醇钠存在下，烷基卤脱去卤化氢，其倾向是仲烷基卤大于伯烷基卤，所以应选择 b 处

切断。

例 6-3 对 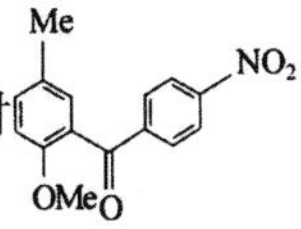 （4-硝基苯基-2-甲氧基-5-甲基苯基甲酮）的分析。

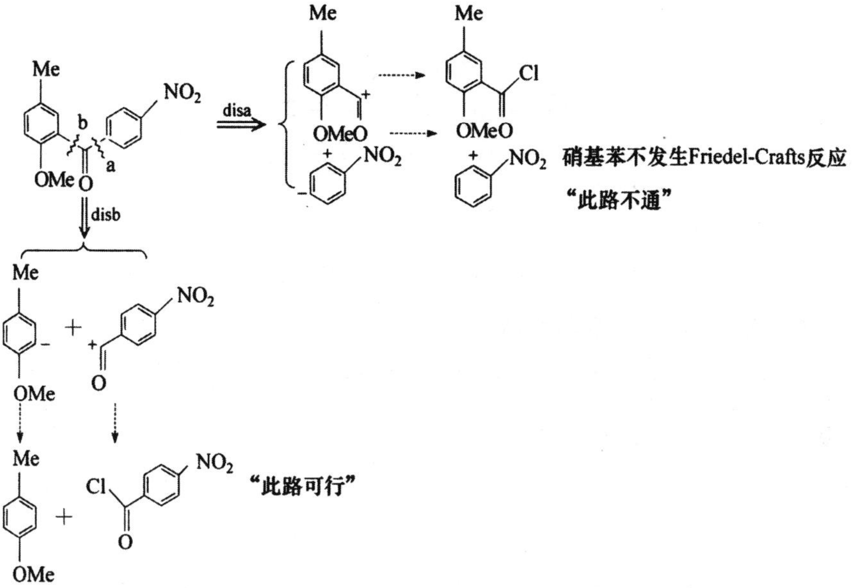

硝基苯不发生Friedel-Crafts反应
"此路不通"

"此路可行"

2. 在逆合成转变中将分子切断

有些目标分子并不是直接由合成子构成,合成子构成的只是它的前体,而这个前体在形成后,又经历了不包括分子骨架增大的多种变化才成为目标分子,所以,应先将目标分子变回到那个前体,然后进行切断。

例 6-4 对 $CH_3CHCH_2CH_2OH$（OH）的分析。

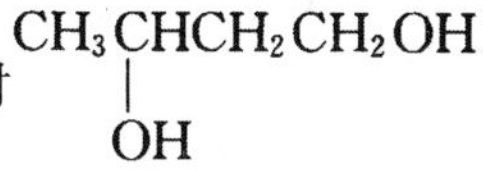

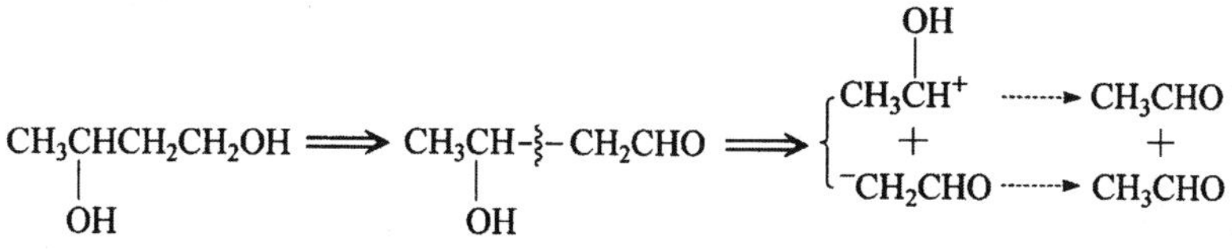

1,3-丁二醇

例 6-5 对 $H_3C-C(CH_3)(CH_3)-C(CH_3)=O$ 的分析。

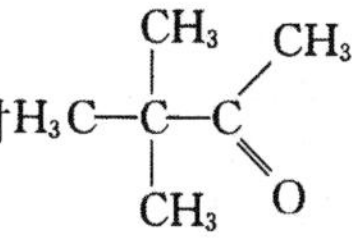

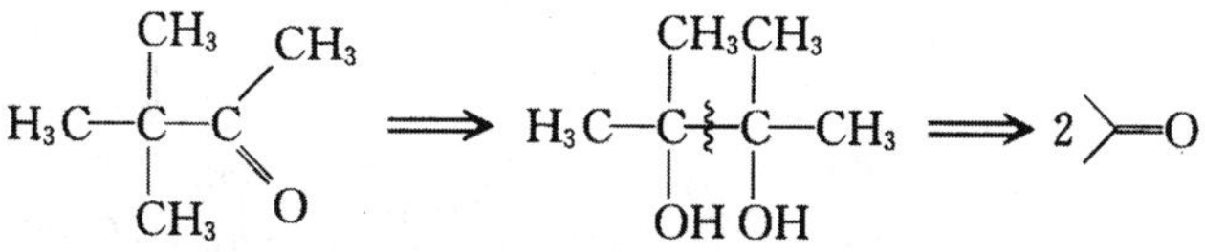

注意频哪醇重排前后结构的变化:

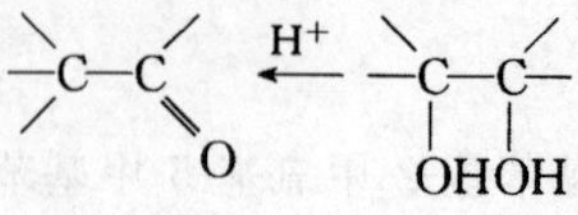

$$\begin{array}{c}
| & | \\
-C - C - \\
\underset{\displaystyle \underset{O}{\|}}{} \\
\end{array} \xleftarrow{H^+} \begin{array}{c}
| & | \\
-C - C - \\
| & | \\
OH & OH
\end{array}$$

就可以解决 $\overset{O}{\underset{}{\bigcirc\hspace{-0.5em}\square}}$ 的合成问题，如下所示：

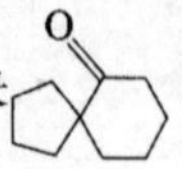

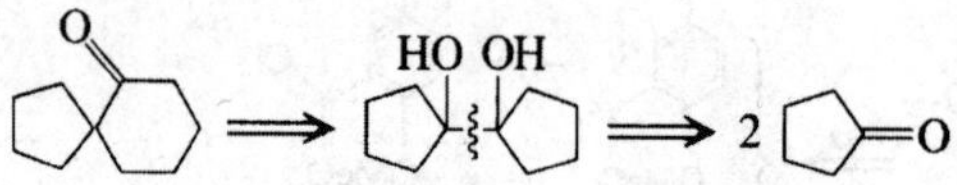

合成：

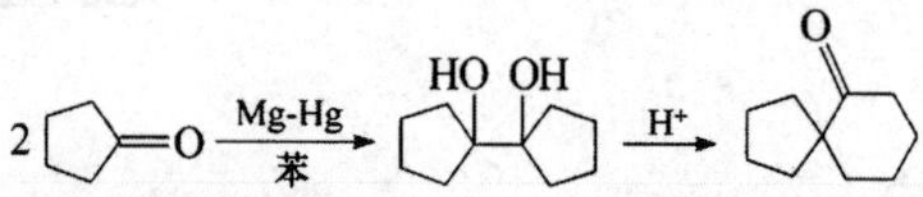

3. 添加辅助基团(官能团)后再切断

有些目标分子要加入某些基团(或官能团)才能切断，从而找出正确的合成路线。

例 6-6 对 $\bigcirc\!\!\!-\!\!\!\bigcirc$ 的分析。

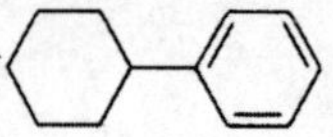

这是一个惰性的目标分子，当在环己基中引入羟基后，便可进行下一步的切断：

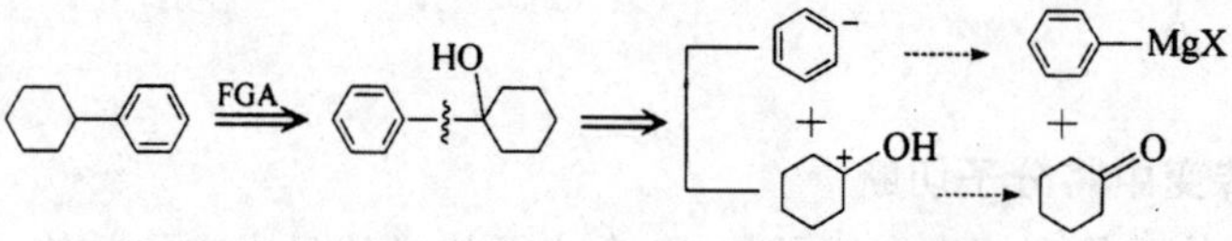

合成：

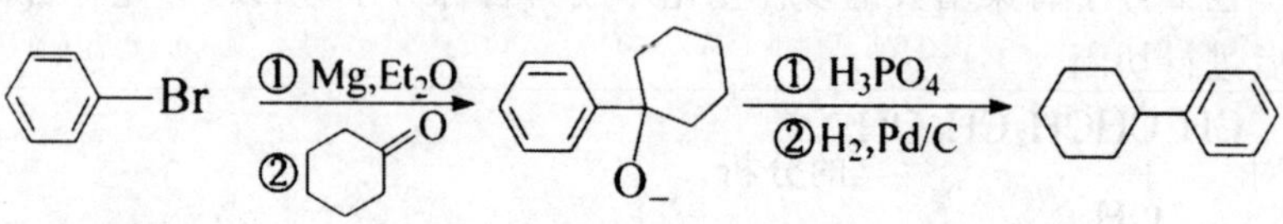

在进行逆合成转变时，可以省去亲核体和亲电体过程，对逆合成转变进一步简化。

例 6-7 对 $\overset{\displaystyle CH_3}{\underset{\displaystyle CH_3}{\bigotimes}}\!\!CH_3$ 的分析。

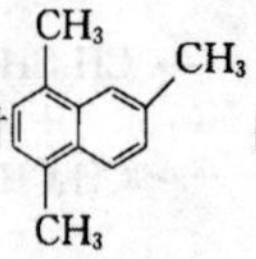

在目标分子中加入 $\rangle\!\!=\!\!O$，使分子活化，从而便于切断：

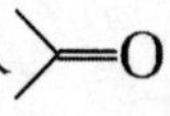

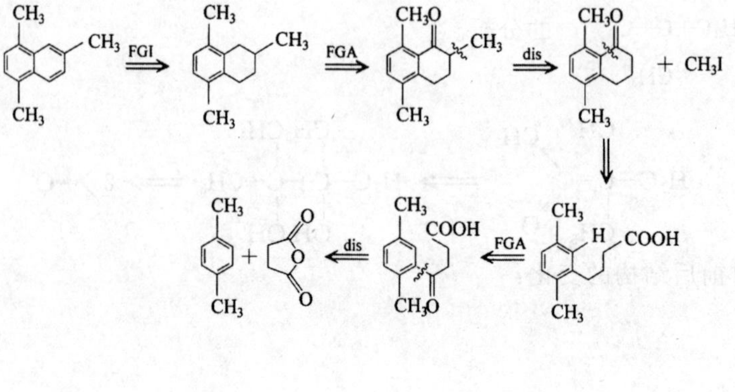

合成：

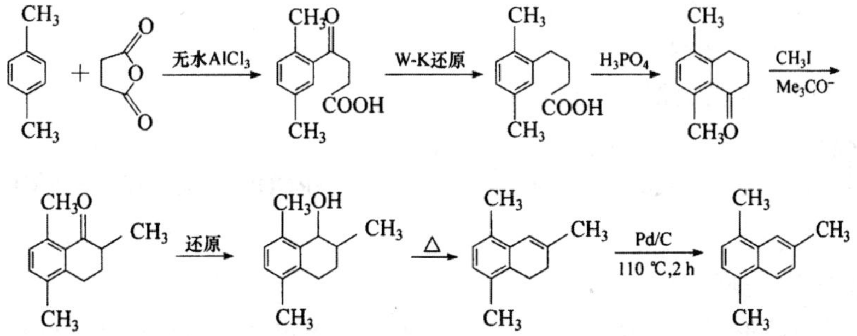

例 6-8 ⟩⸺Ph 对的分析。

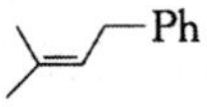

在目标分子中引入羟基帮助切断：

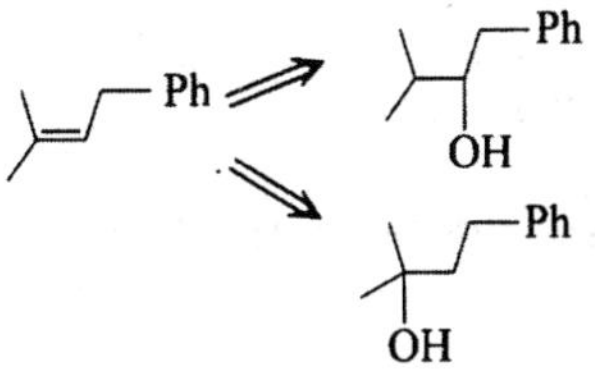

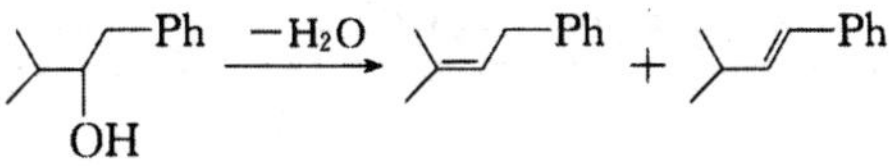

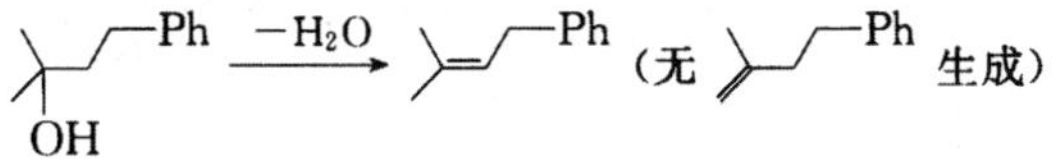

所以，选用 ⟩⸺Ph(OH)，再做如下切断：

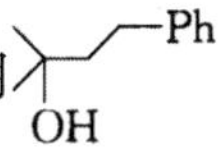

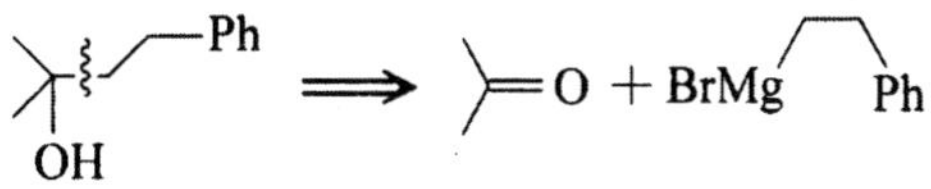

合成：

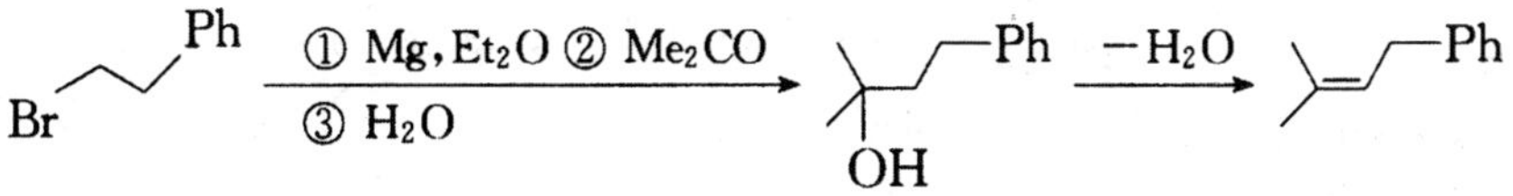

例 6-9　对 $H_3C—N$⟩$=O$ 的分析。

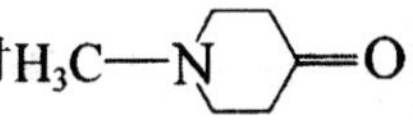

在目标分子中引入酯基帮助切断。例如，N-甲基哌啶酮的切断：

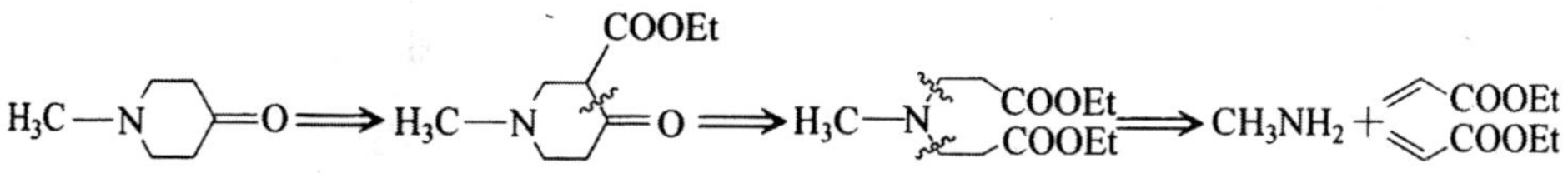

利用 Michael 反应进行合成。

例 6-10 对 $\begin{array}{c}OH\\R\end{array}\begin{array}{c}R'\\OH\end{array}$ 的分析。

在目标分子中引入叁键帮助分析：

$$\overset{OH}{\underset{R}{\bigwedge}}\overset{R'}{\underset{OH}{\bigwedge}}\xrightarrow{FGA}\overset{HO}{\underset{R}{\bigwedge}}\overset{R'}{\underset{OH}{\bigwedge}}\Longrightarrow RCHO+HC\equiv CH+R'CHO$$

4. 优先在杂原子处切断

碳原子与杂原子形成的键是极性共价键，一般可由亲电体和亲核体之间的反应形成，对分子框架的建立及官能团的引入可起指导作用，所以目标分子中有杂原子时，可优先选用这一策略。由于 C—X 键通常相对较弱，因此，在许多情况下优先切断 C—X 键是较好的选择。

例 6-11 对 $\bigvee\limits_{O}^{O}$ 的分析。

丁烯二醇必须具有顺式构型，方可进一步切断：

$$\overset{HO}{\underset{HO}{\bigcirc}}\Longrightarrow\overset{HO}{\underset{HO}{\bigvee}}\Longrightarrow 2HCHO + H—C\equiv C—H$$

合成：

$$H—C\equiv C—H\xrightarrow{Na,液氨,190\sim220\ ℃}Na—C\equiv C—Na\xrightarrow{2HCHO}\overset{HO}{\underset{HO}{\diagdown}}$$

$$\xrightarrow[BaSO_4]{H_2,Pd/C}\overset{HO}{\underset{HO}{\bigvee}}\xrightarrow{\overset{O,H^+}{\diagup}}\overset{O}{\underset{O}{\bigvee}}\ .$$

例 6-12 对 $\underset{CH_3}{\overset{CH_3}{\bigcirc}}\!\!-OCH_2\underset{NH_2}{CHCH_3}\cdot HCl$ 的分析。

合成有以下两种方法。

方法 1：

—— 144 ——

此法较成熟,但氯丙酮为催泪剂,操作不方便。

方法 2:

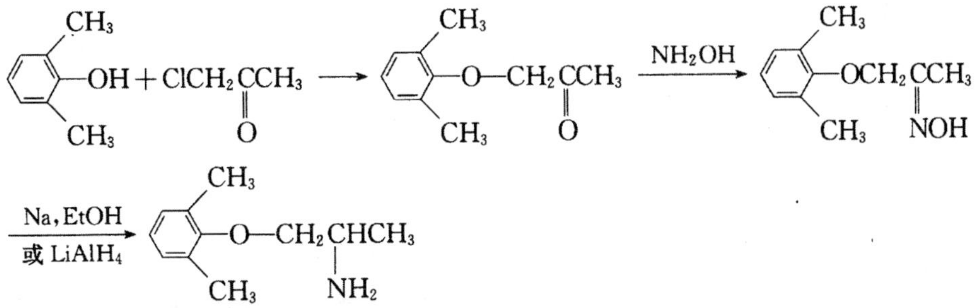

目标物 1-(2,6-二甲苯氧基)异丙胺盐酸盐是一种抗心律失常用药。

例 6-13　对 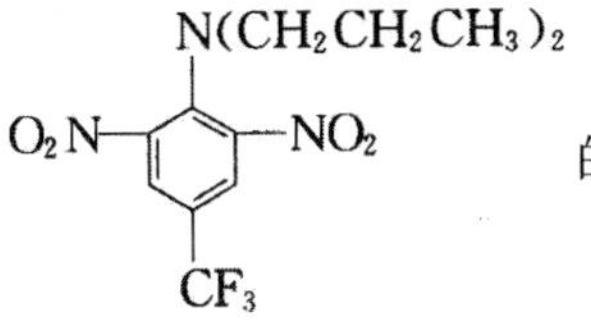 的分析。

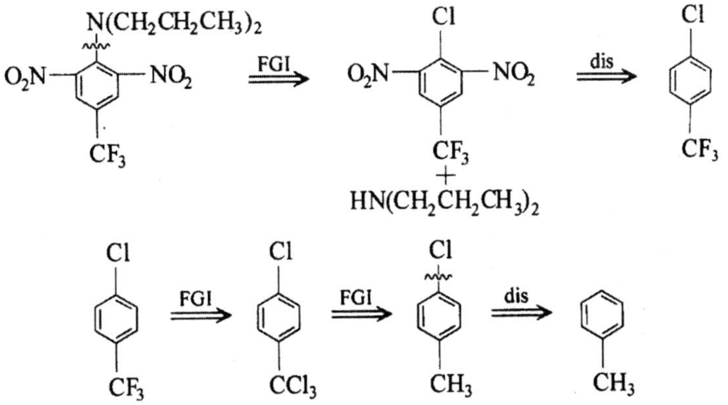

目标分子中苯环上有三个吸电子基团,其氨基可由卤代苯的亲核取代反应引入。在对氯三氟甲基苯中氯原子是第一类定位基,三氟甲基是强间位定位基,硝基可顺利引入既定位置。经卤素交换反应可将—CCl₃ 转变为—CF₃,而—CCl₃ 可以从—CH₃ 的彻底卤代得到。甲基和三氯甲基是两类不同性质的定位基,所以要在甲基阶段引入对位氯原子。

合成:

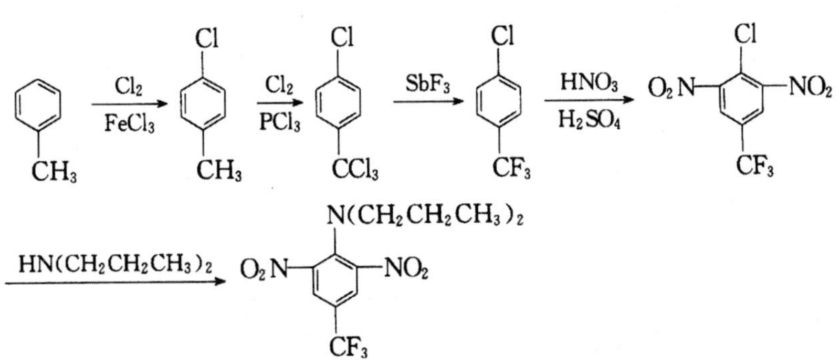

苯环侧链氯代是自由基反应。

5. 围绕官能团处切断

官能团是分子最活跃的地方。

例 6-14 对 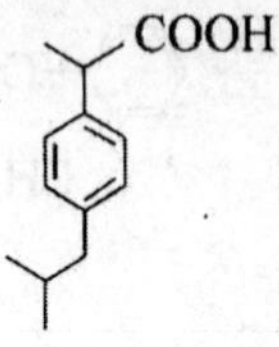 的分析。

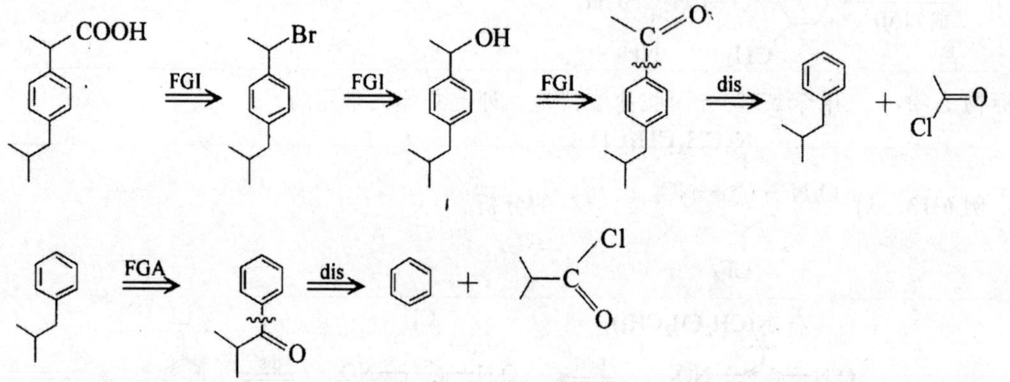

合成：

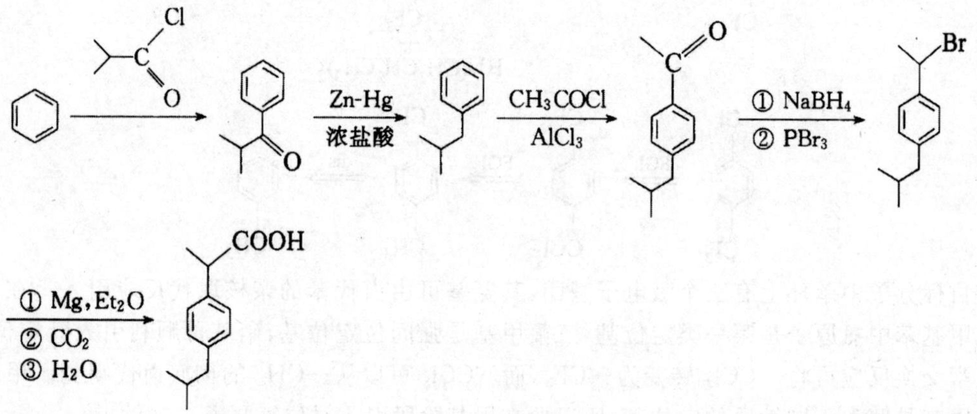

例 6-15 对 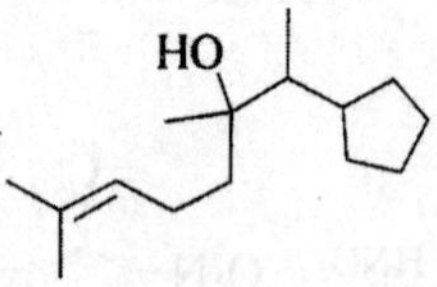 的分析。

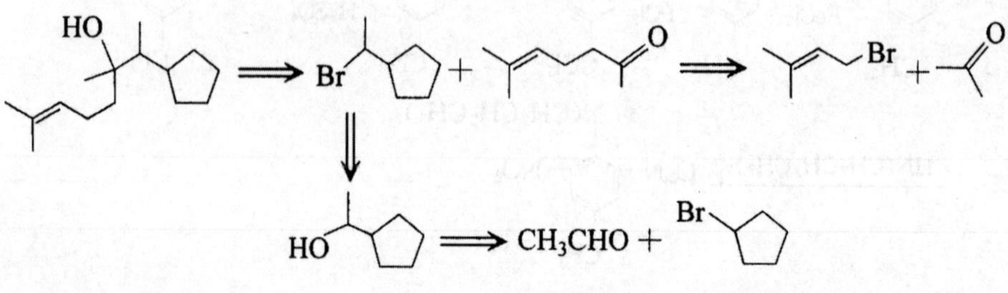

合成:

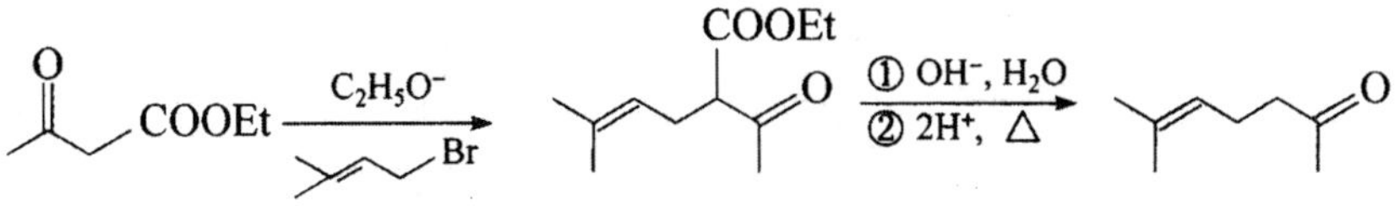

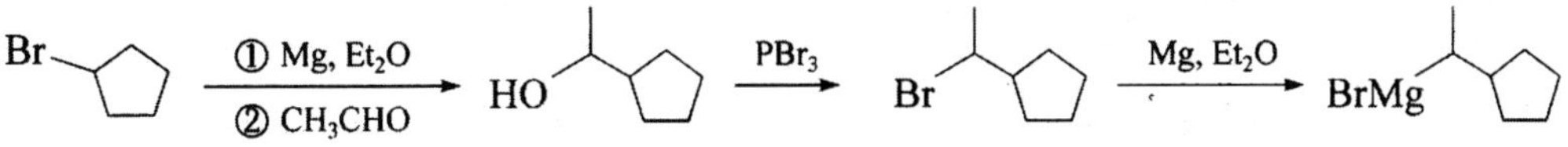

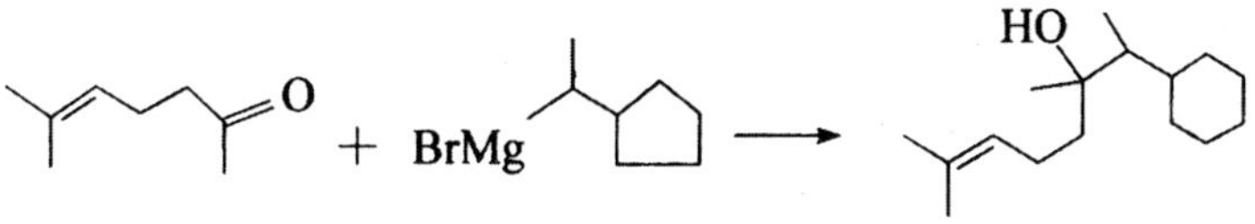

6. 合理利用分子的对称性或潜在对称性

以分子的对称性为依据而设计的高效率和简洁的合成路线正广泛受到人们的关注,这样的合成路线既可以是对称两部分的会集合成,也可以是从中心开始的双向合成(two-directional Synthesis)。

鹰爪豆碱分子具有对称性,在中心亚甲基上引入羰基,然后在两侧对称地利用逆 Mannich 切断,将分子高度简化。这样得到 3 种基本原料:派啶、甲醛和丙酮,其合成方法均是经典的标准反应。

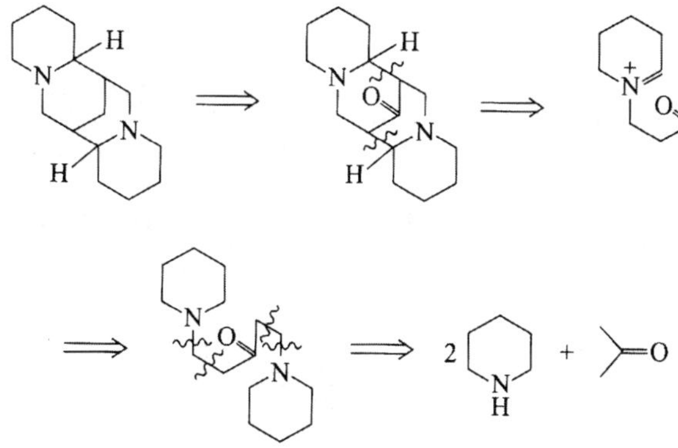

某些目标分子本身并没有对称性,但具有潜在对称性,经过一定的逆合成转化后可以得到一个对称的分子或一条对称的合成路线,从而简化了合成设计。

例如,普梅雷尔酮(Pummerer's ketone)分子中并不存在对称因素,但经切断后得到的两个自由基都出自同一前体。Corey 将其称为潜对称因素。

下例所涉及的"对称性"具有广义性,指切断后得到两种相同的原料。目标物是一个非对称分子,但是通过逆合成分析可知,它是通过环己酮的羟醛缩合而得。

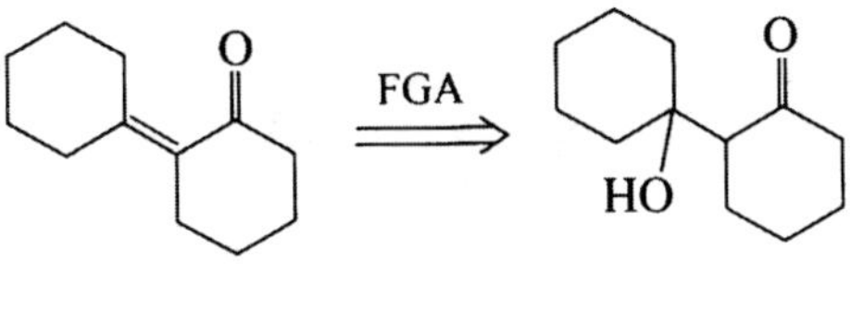

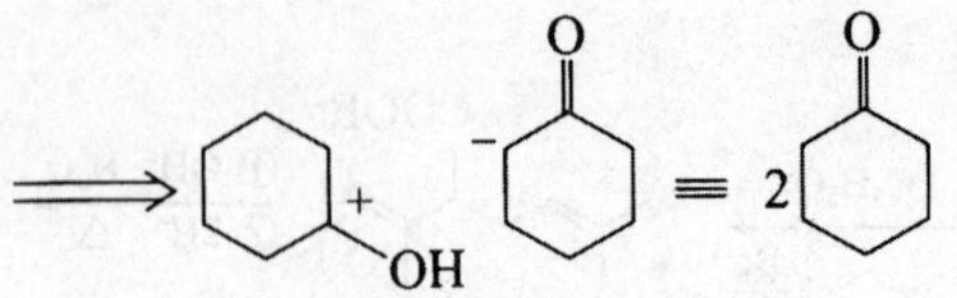

例 6-16 从常见原料合成 5-(2-甲基丙烯)-2 氧代-1-环己甲酸乙酯。

分析：

①首先看骨架，进而看官能团，是一个多官能团环状化合物。

②有不饱和侧链，但表面看，还不是实在对称分子。

③根据优先拆开的部位的拆开原则，β-羰基-α-环己甲酸乙酯可由 Dieckmann 缩合反应而得。所以，分子可拆开如下：

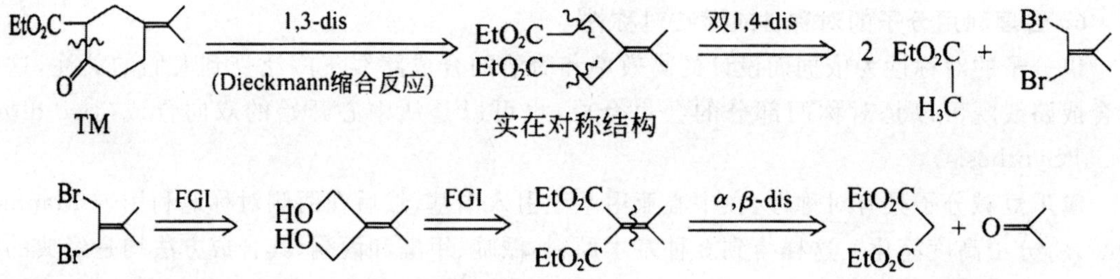

丙二酸二乙酯　丙酮

合成：

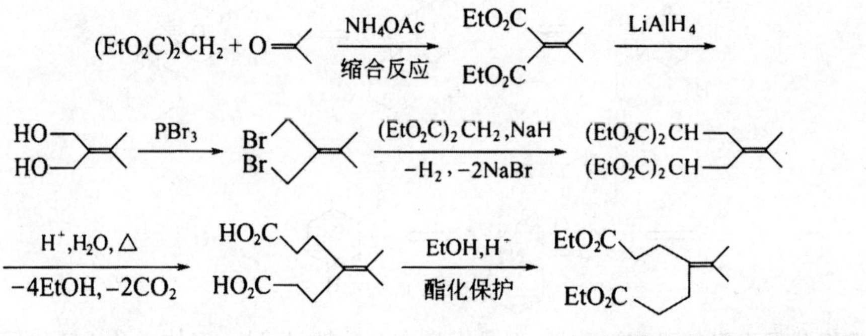

4-(2-甲基丙烯)庚二酸二乙酯

5-(2-甲基丙烯)-2-氧代-1-环己甲酸乙酯

例 6-17 试设计 2,4-二苯基-3-氧代丁酸乙酯的合成路线。

分析：

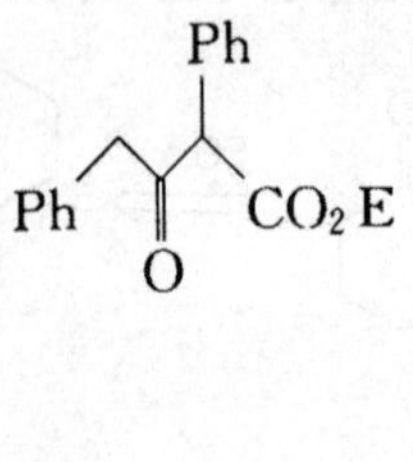

它又称 2,4-二苯基乙酰乙酸乙酯。

①从结构看,不是实在对称分子。

②其优先拆开部位,有两种拆法都可以拆开为实在对称分子。可以拆为:

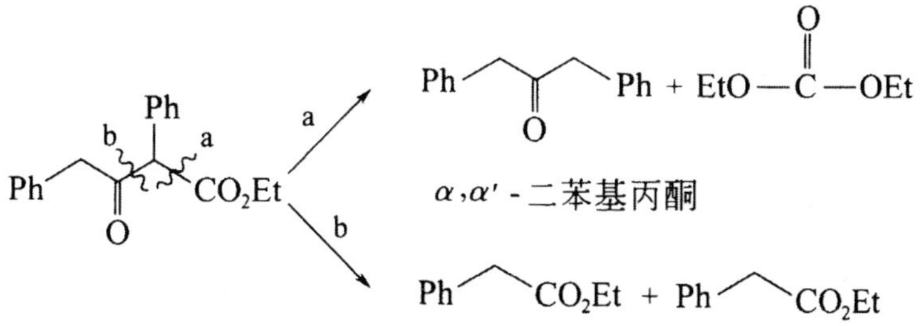

α,α'-二苯基丙酮

2,4-二苯基-3-氯代丁酸乙酯　α-苯基乙酸乙酯　相同更对称

③综合考虑,一种原料比两种更易获得,所以,应当选 b 种拆开的路线。

④原料再前推:

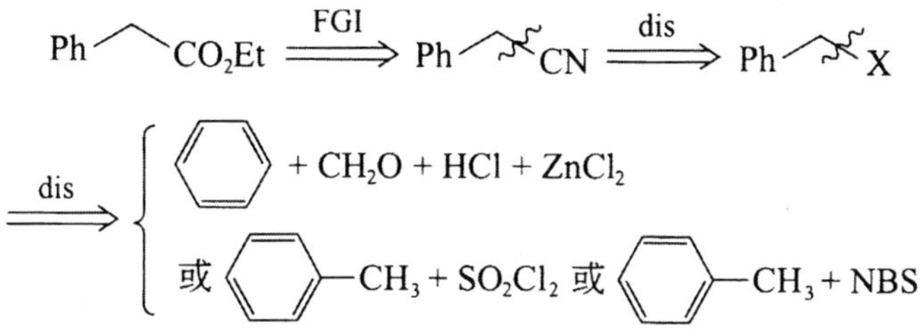

合成:

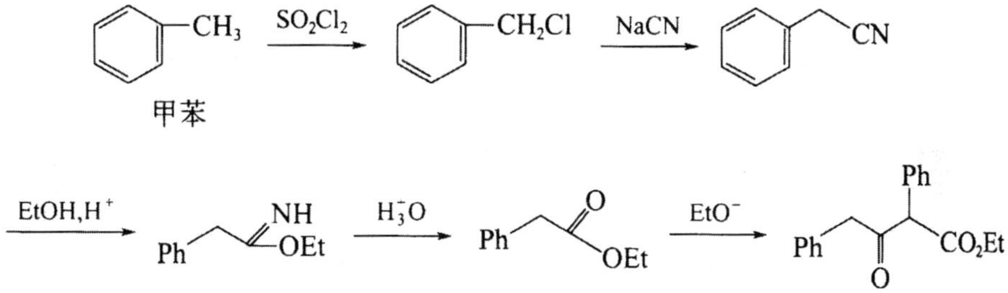

甲苯

以上两例说明,潜在对称分子的拆开,关键是第一步。逆推得好,技巧性很强,非常省力。

7. 优先考虑骨架的形成

有机化合物是由分子骨架、官能团和立体构型三部分组成。立体构型并不是每个化合物都具有,然而骨架、官能团是每一个有机分子的组成部分,所以骨架形成和官能团的引入是设计合成路线的最基本的两个过程,其中骨架的形成是设计合成路线的核心。有机化合物的性质主要是由分子中官能团决定的,但它毕竟是附着在骨架之上,如果不优先考虑骨架的形成,官能团也就没有归宿,成了"无源之水,无本之木"。

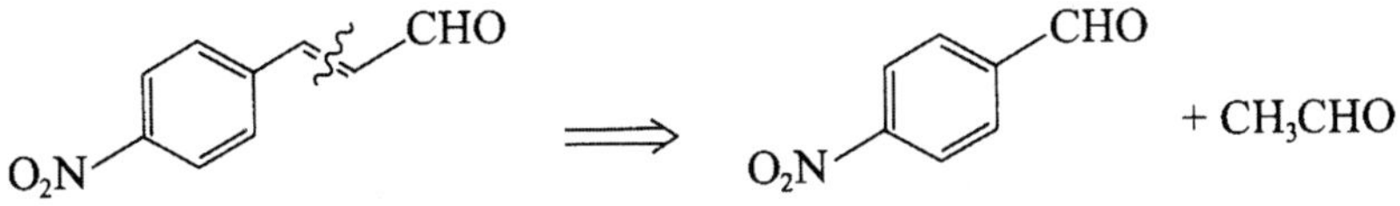

6.3.2 逆合成路线设计实例

1. β-紫罗酮

紫罗酮是一类天然香料的总称，可从指甲花属、广木香等植物提取液中分离得到。β-紫罗酮（$\Delta^{5,6}$-双键）是其中主要成分之一。

对 β-紫罗酮的逆合成分析主要有两条路线：

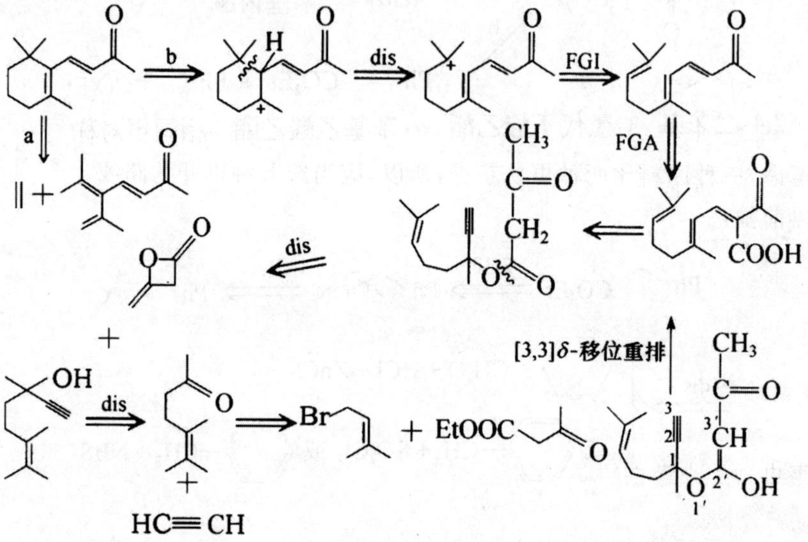

路线 a 是通过逆 Diels-Alder 转变将目标分子中的六元环切断为双烯体和亲双烯体进行简化的路线；路线 b 采用了分子内亲电加成成环及分子内[3,3]δ-移位重排的逆向转化，最终简化为普通原料。虽然路线 a 简短，但由于双烯合成反应产率很低而无实用价值，路线 b 尽管较长也较复杂，但因为采用了分子内反应，产率明显提高而具有实用性。其合成主要步骤如下：

①6-甲基-5-庚烯-2-酮的合成。

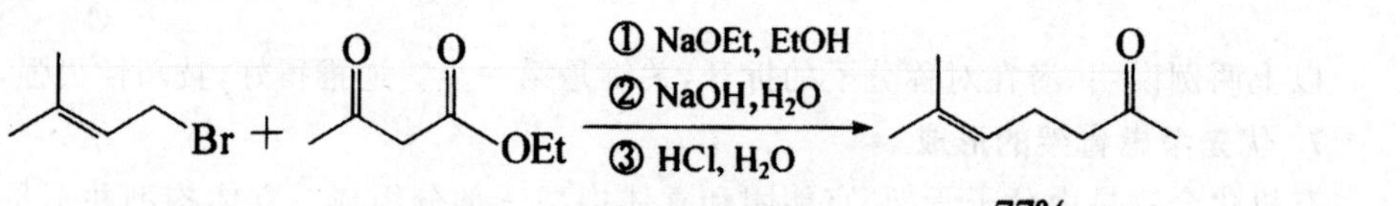

此化合物也可以通过逆醇醛缩合反应自 α,β-不饱和醛制备：

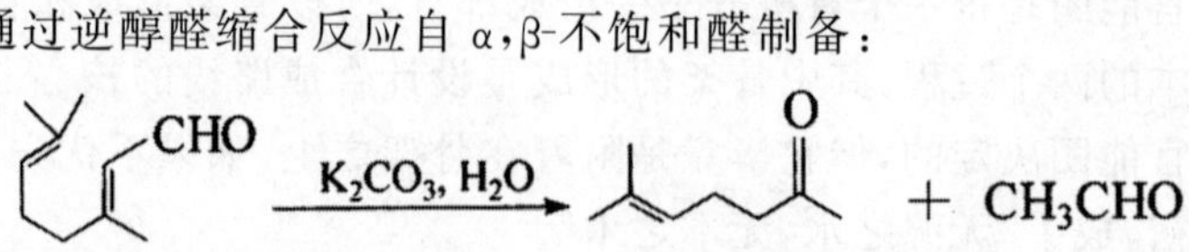

②3,7-二甲基-6-辛烯-1-炔-3-醇（芳樟醇）的合成。

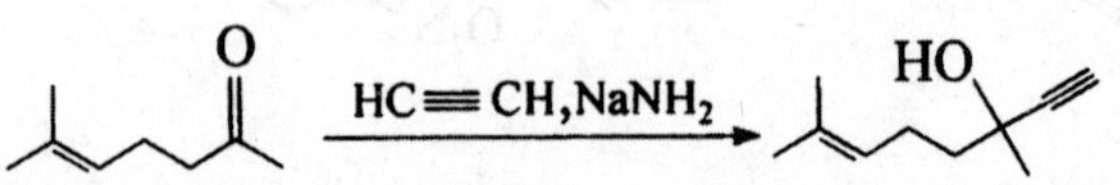

③芳樟醇乙酰乙酸酯的合成。

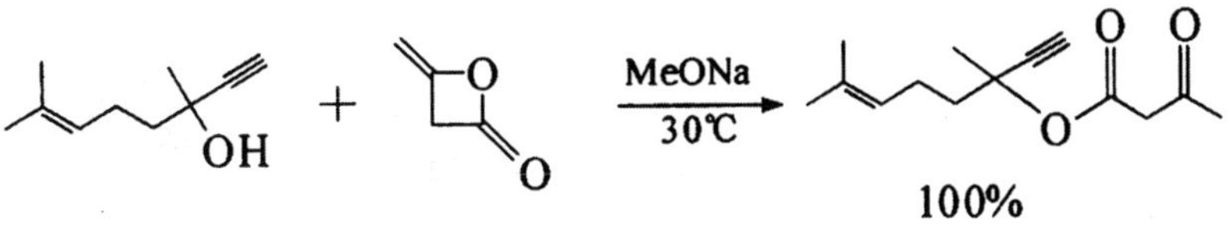

100%

④拟紫罗酮的合成。

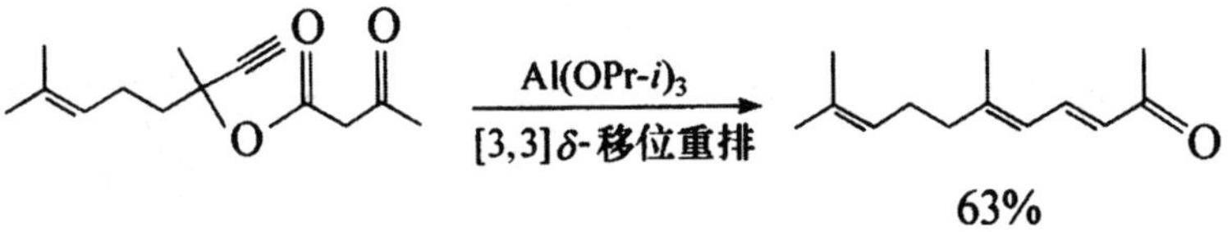

63%

⑤β-紫罗酮的合成。

73%

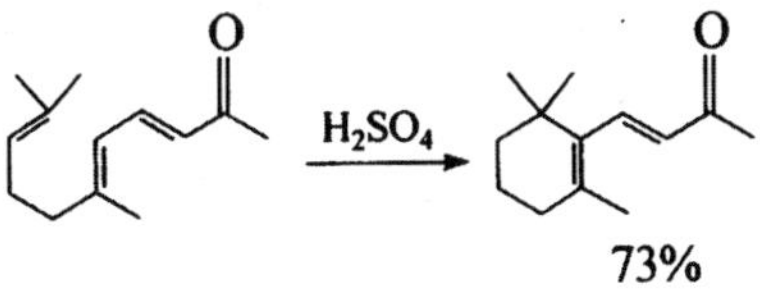

2. β-多纹素的合成

(1S,2R,4S,5R)-5-乙基 2,4-二甲基-6,8-二氧杂双环[3.2.1]辛烷(α-多纹素,α-multistri-atin)是榆树害虫——小蠹虫的聚集信息素,合成这一信息素是为了寻找一种控制害虫而又不伤害有益昆虫的方法。

α-多纹素是一种双环缩酮,其逆合成分析和合成步骤如下:

切断:

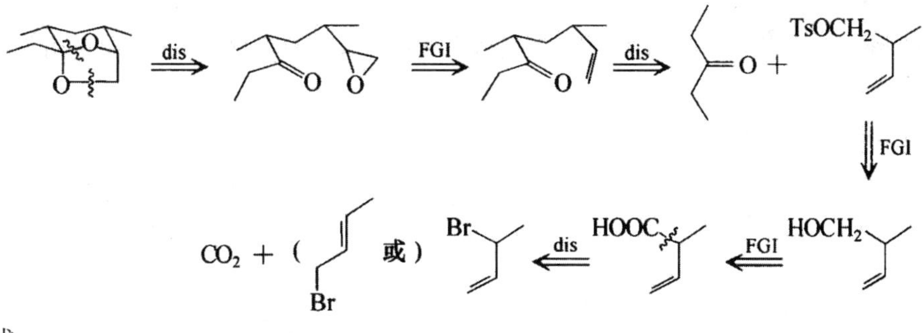

合成:

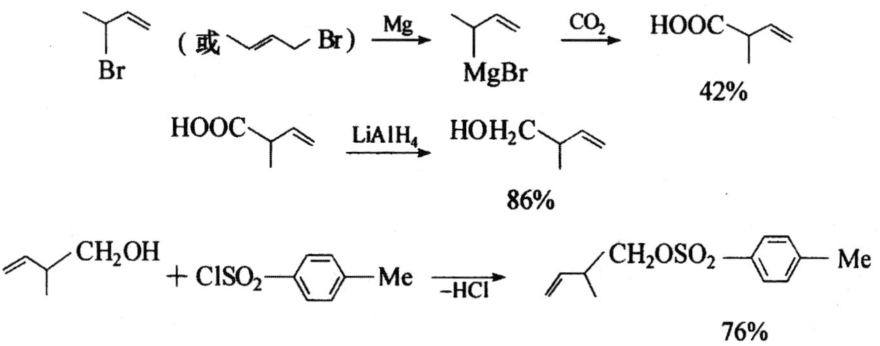

42%

86%

76%

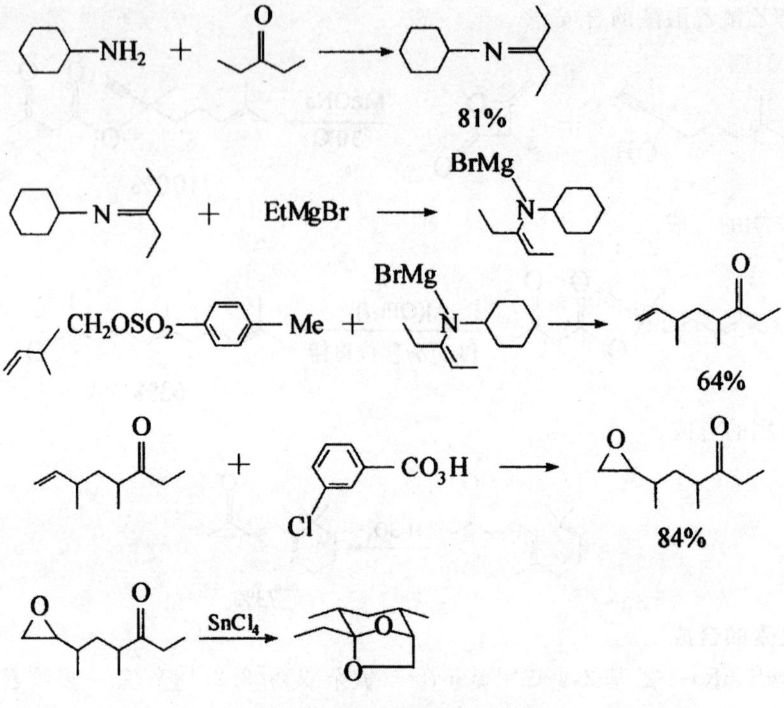

53%（几种异构体的混合物）

6.3.3 逆合成路线设计评价

目标物的合成可能有多种合成路线，其可行性及优劣可根据下列原则进行评价。

1. 总体考察

应当考虑是否符合原子经济学说和环境友好的要求，在该前提下，尽可能采用收敛型合成路线。

由原料 A 经不同路线得到产物 G 的分析表示如下：

①A ——→ B ——→ C ——→ D ——→ E ——→ F ——→ G

为直线型合成路线，经 6 步反应得到产物，假如每步反应的产率为 90%，则总产率为 54%；

②
A ——→ B ——→ C
                      ＼
                       ＞ G
                      ／
D ——→ E ——→ F

为收敛型合成路线，其总产率为 73%。可见收敛型路线比直线型优越。

合成路线一般是越短越好，最好是一步完成。即使是由多步构成的合成路线，最好不将中间体分离出来，在同一反应器中连续进行，这就是逐渐引起人们重视的"一锅合成法"（one-pot synthesis）。

2. 原料价廉易得

原料价廉易得是选择合成路线的重要依据。在设计合成路线时，无论是逆合成法或者以后介绍的其他方法，都必须考虑到原料的问题，只有原料选择适当，合成才具有实际意义。所谓适当，一般指原料容易得到，并且价格便宜。原料容易得到，才能组织生产，产生经济效益；

价格便宜,才能降低成本。一般来说,出于降低成本的考虑,原料要尽量用次级的,能用主业品,就不用试剂级的,能利用三废的,就不用工业品的。为此,需要熟悉市场的供应情况。市场供应情况是随时随地而异,设计合成路线时,必须具体了解,做到心中有数。

3. 反应的选择性

应当采用反应选择性好的合成路线,一般副反应少的路线产率相应也高,"三废"量也会减少。

4. 反应条件易于控制

反应条件包括溶剂的选择、温度的高低和控制、加热方式、压力、催化剂的选择、作用物比及作用物添加顺序等。

5. 整个过程的安全性

合成过程中所用原料或溶剂是否易燃易爆,反应是否急剧放热,作用物有无腐蚀性和毒性等都应作详细调查,路线确定后,对每种危险因素应有相应的防范措施。

全部符合上述条件的合成路线是非常难得的,这些条件只能是相对的。但我们应当积极朝着这些方面去努力工作。

6.4　逆向切断技巧

在逆向合成法中,逆向切断是简化目标分子必不可少的手段。不同的断键次序将会导致许多不同的合成路线。若能掌握一些切断技巧,将有利于快速找到一条比较合理的合成路线。

6.4.1　优先考虑骨架的形成

有机化合物是由骨架和官能团两部分组成的,在合成过程中,总存在着骨架和官能团的变化,一般有这四种可能:

(1)骨架和官能团都无变化而仅变化官能团的位置

例如:

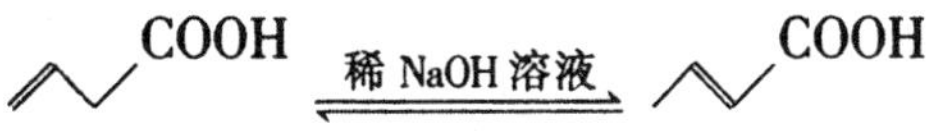

(2)骨架不变而官能团变化

例如:

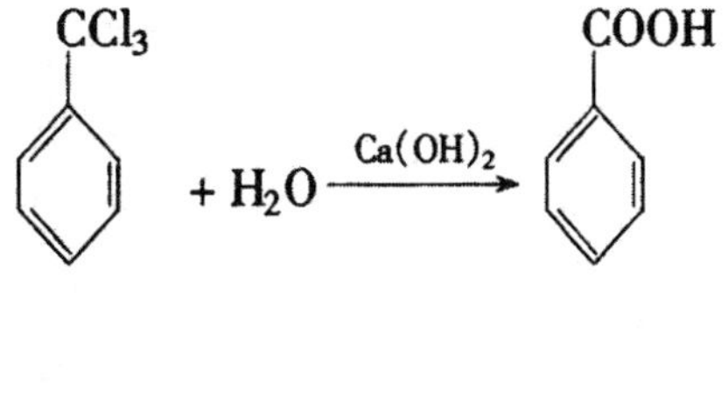

(3)骨架变而官能团不变

例如：

$$CH_3(CH_2)_5CH_3 \xrightarrow[\text{紫外光}]{CH_2Cl_2} CH_3(CH_2)_6CH_3 + CH_3CH(CH_3)(CH_2)_4CH_3 + CH_3CH_2CH(CH_3)(CH_2)_3CH_3 + (CH_3CH_2CH_2)_2CHCH_3$$

(4)骨架、官能团都变

例如：

$$CH_3CH(OH)CH_2COOC_2H_5 \xrightarrow[\triangle]{H^+} CH_3CH{=}CH{-}COOH$$

这四种变化对于复杂有机物的合成来讲最重要的是骨架由小到大的变化。解决这类问题首先要正确地分析、思考目标分子的骨架是由哪些碎片(即合成子)通过碳-碳成键或碳-杂原子成键而一步一步地连接起来的。如果不优先考虑骨架的形成，那么连接在它上面的官能团也就没有归宿。皮之不存，毛将焉附?

但是，考虑骨架的形成却又不能脱离官能团。因为反应是发生的官能团上，或由于官能团的影响所产生的活性部位(例如羰基或双键的 α-位)上。因此，要发生碳-碳成键反应，碎片中必须要有成键反应所要求存在的官能团。

例如：

设计 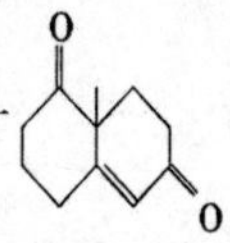 的合成路线。

分析：

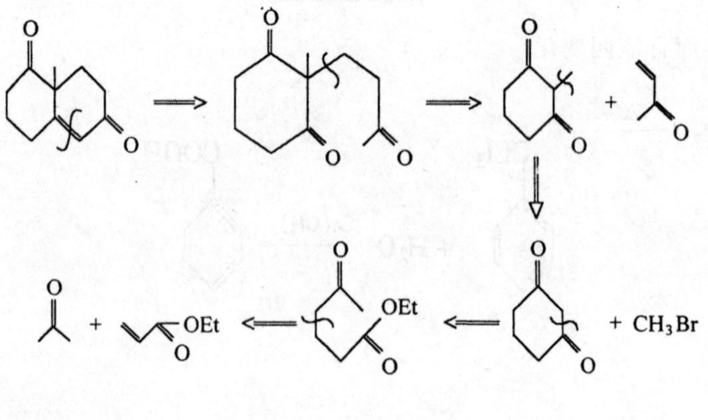

合 成：

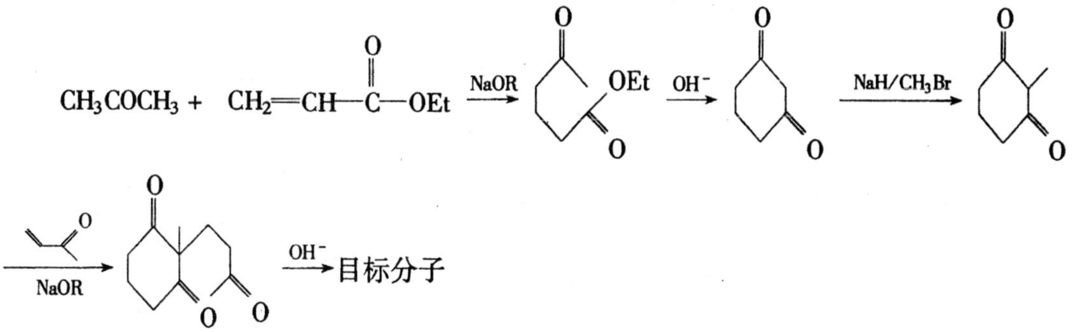

由上述过程可以看出，首先应该考虑骨架是怎样形成的，而且形成骨架的每一个前体（碎片）都带有合适的官能团。

6.4.2　优先切断碳-杂键

碳与杂原子所成的键，往往不如碳-碳键稳定，并且，在合成时此键也容易生成。因此，在合成一个复杂分子的时候，将碳-杂键的形成放在最后几步完成是比较有利的。一方面避免这个键受到早期一些反应的侵袭；另一方面又可以选择在温和的反应条件下来连接，避免在后期反应中伤害已引进的官能团。合成方向后期形成的键，在分析时应该先行切断。例如：

①设计 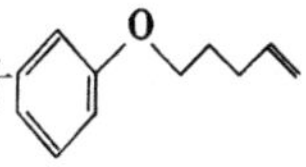 的合成路线。

分 析：

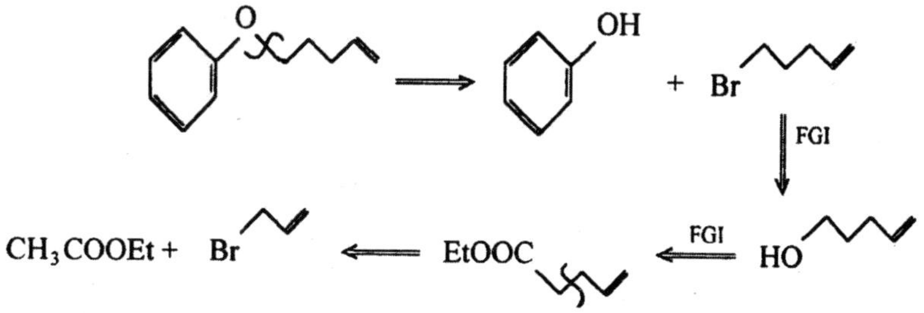

合 成：

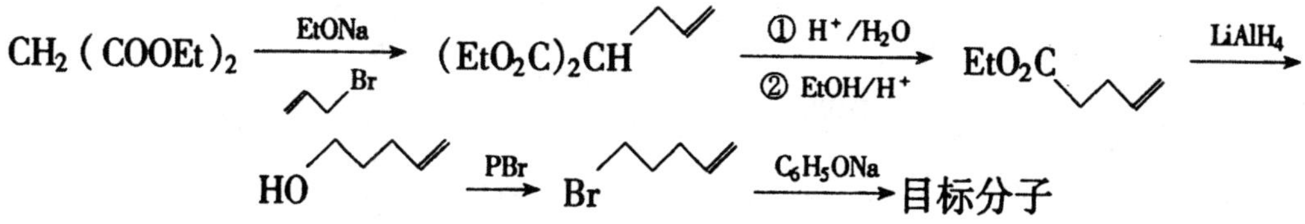

②设计 ⟨结构式⟩ 的合成路线。

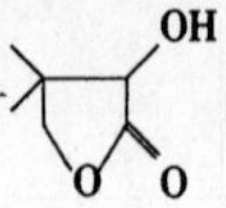

分析：

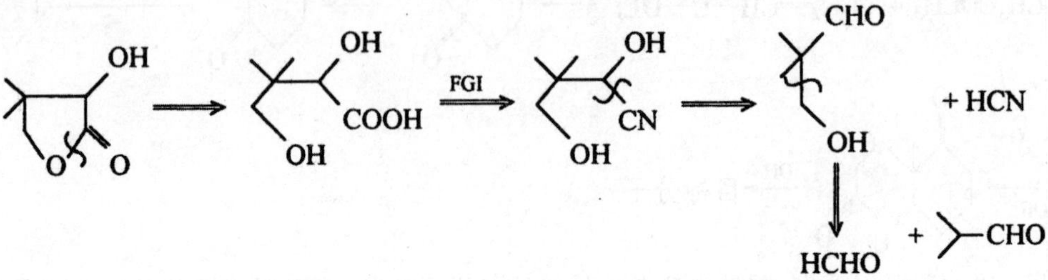

⟨逆合成分析反应式，含 FGI、+HCN、HCHO、CHO 等⟩

合成：

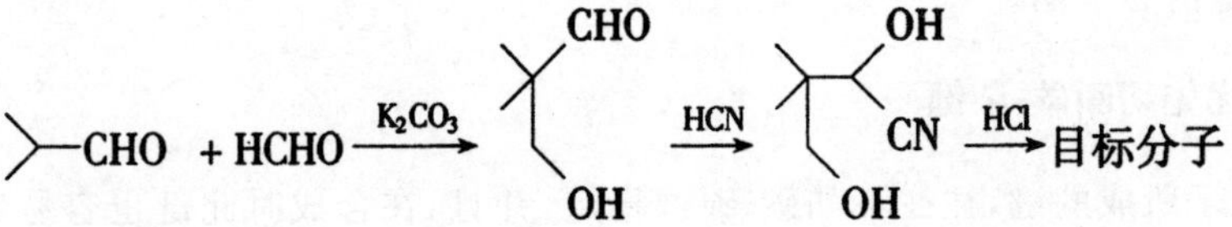

$$\text{CHO} + \text{HCHO} \xrightarrow{K_2CO_3} \text{（含 CHO、OH 结构）} \xrightarrow{HCN} \text{（含 OH、CN、OH 结构）} \xrightarrow{HCl} \text{目标分子}$$

③设计 ⟨结构式，含 HO_2C、O、CO_2H⟩ 的合成路线。

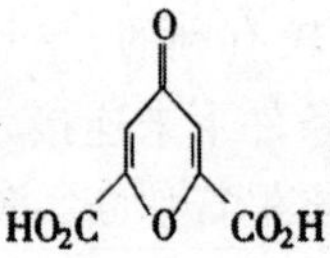

分析：

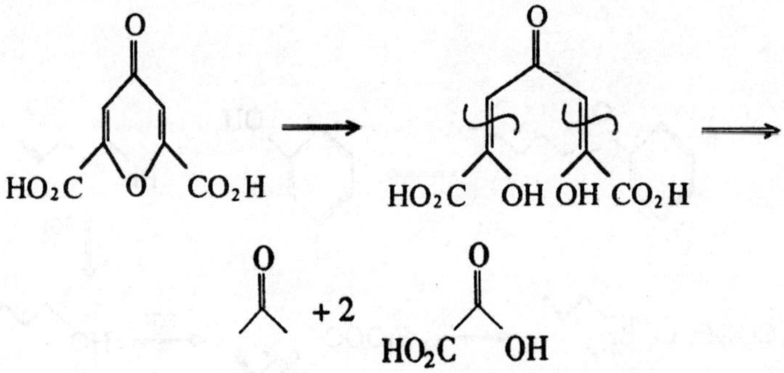

⟨逆合成分析反应式，HO_2C、OH、OH、CO_2H 等⟩

$$\text{（丙酮结构）} + 2 \; HO_2C\!-\!\text{C(=O)}\!-\!OH$$

合成：

$$\text{（丙酮）} + 2 \; \underset{EtO \quad O}{\overset{EtO \quad O}{}} \xrightarrow{EtONa} \underset{EtO_2C \; OH \quad HO \; CO_2Et}{} \xrightarrow[\text{HCl}]{H_2O} \text{目标分子}$$

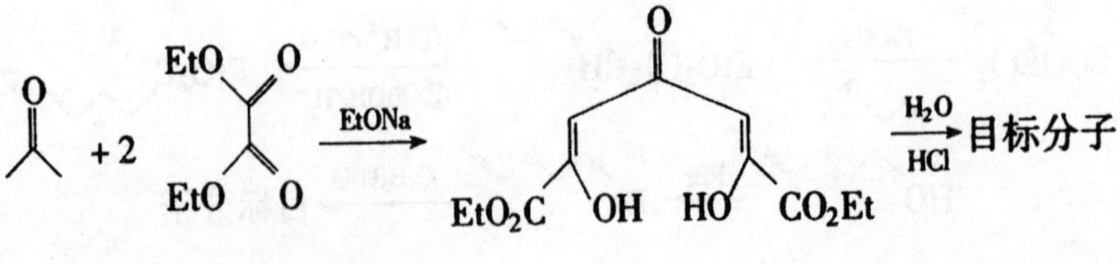

6.4.3 优先切断目标分子活性部位

目标分子中官能团部位和某些支链部位可先切断，因为这些部位是最活泼、最易结合的地方。例如：

①设计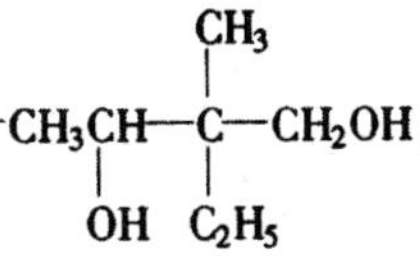的合成路线。

分析：

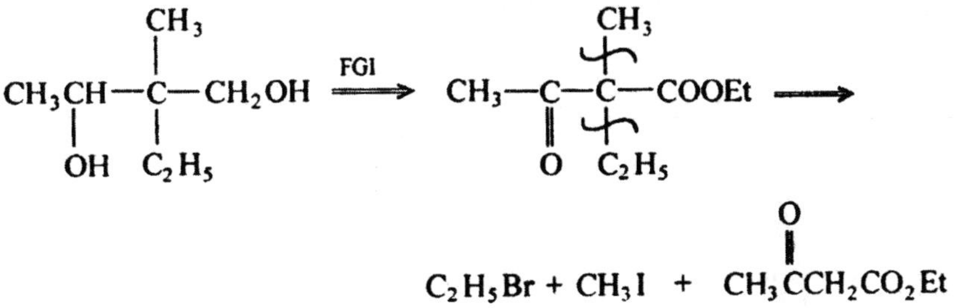

合成：

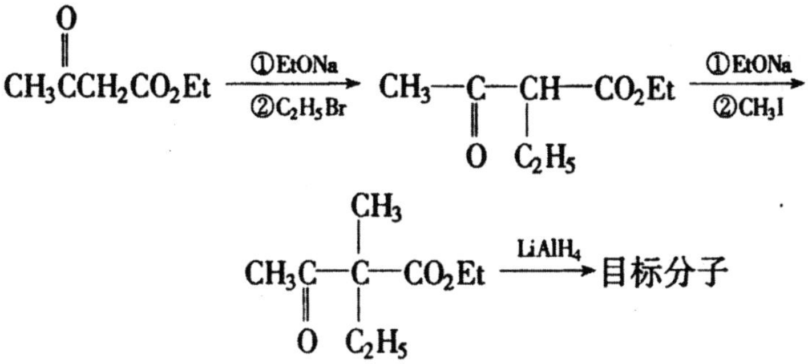

②设计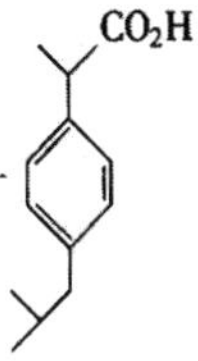的合成路线。

分析：

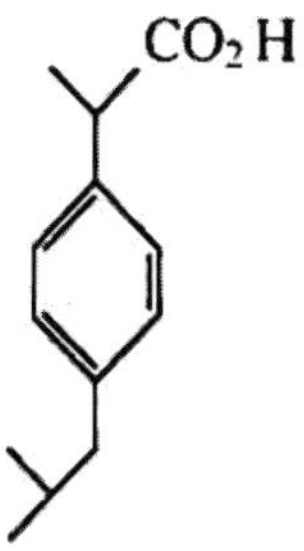

合成：

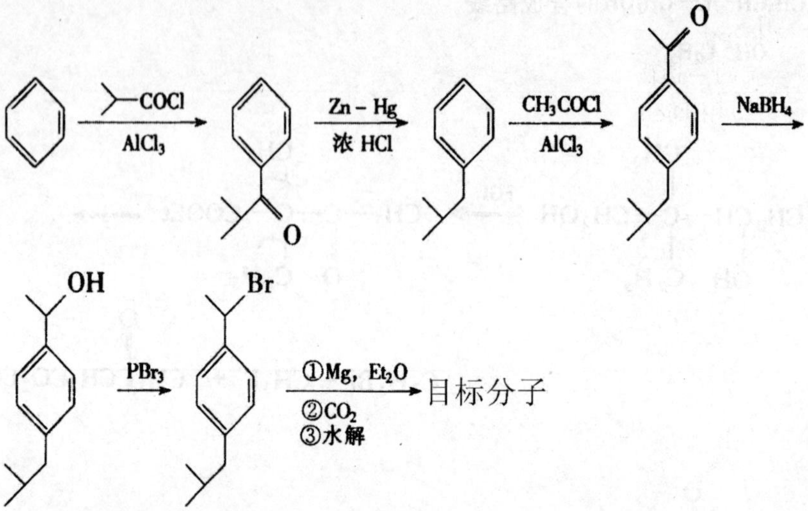

6.4.4 添加辅助基团后切断

有些化合物结构上没有明显的官能团指路，或没有明显可切断的键。在这种情况下，可以在分子的适当位置添加某个官能团，以利于找到逆向变换的位置及相应的合成子。但同时应考虑到这个添加的官能团在正向合成时易被除去。

例如：

①设计 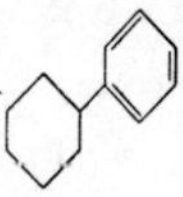 的合成路线。

分析：

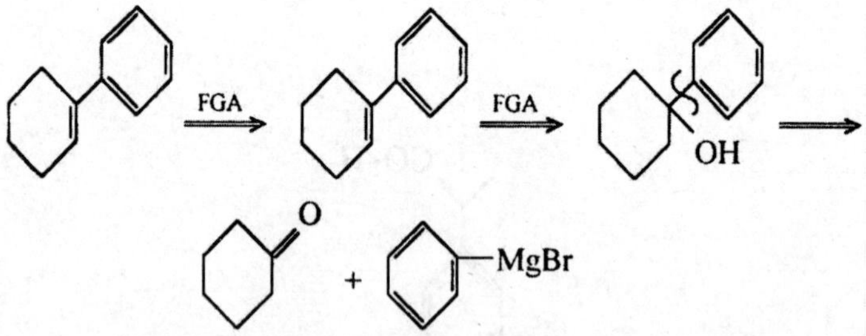

合成：

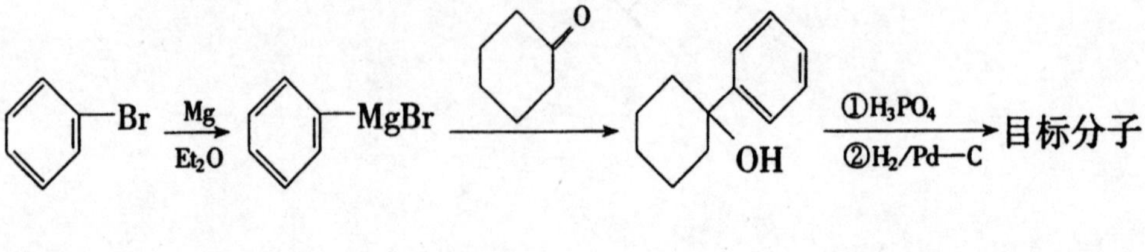

②设计 [结构式] 的合成路线。

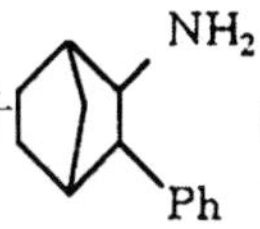

分析：环己烷的一边碳上如果具有一个或两个吸电子基，在其对侧还有一个双键，这样的化合物可方便地应用 Diels-Alder 反应得到：

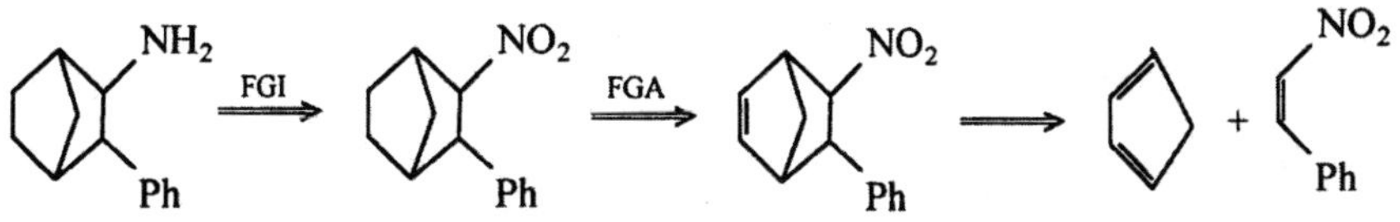

合成：

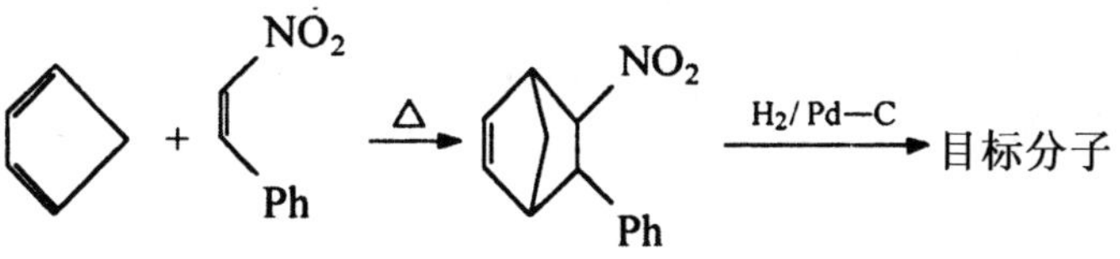

③设计 [结构式] 的合成路线。

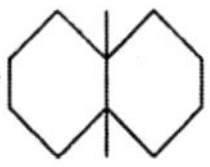

分析：

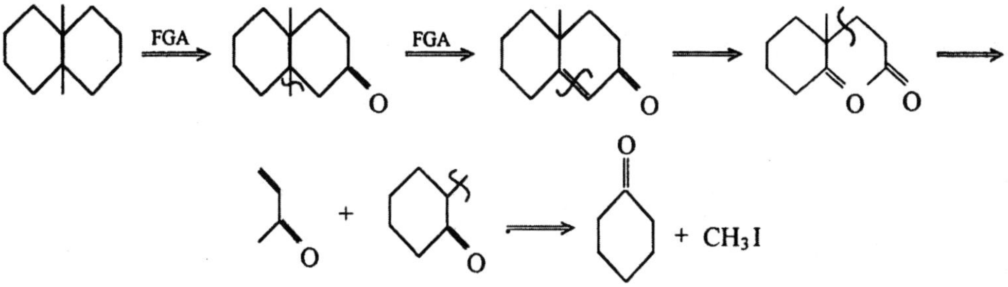

合成：

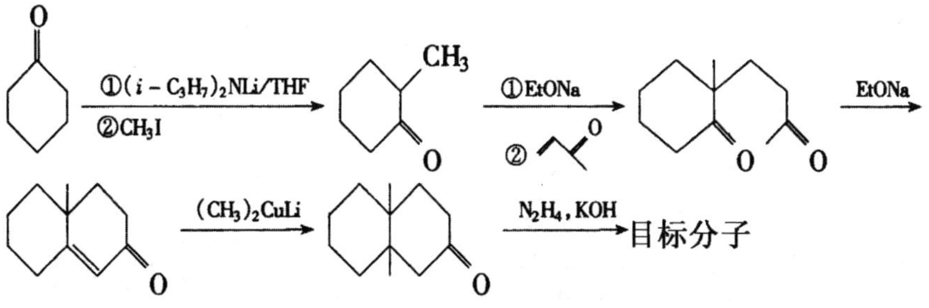

6.4.5　回推到适当阶段再切断

有些分子可以直接切断，但有些分子却不可直接切断，或经切断后得到的合成子在正向合成时没有合适的方法将其连接起来。此时，应将目标分子回推到某一替代的目标分子后再行切断。经过逆向官能团互换、逆向连接、逆向重排，将目标分子回推到某一替代的目标分子是常用的方法。

例如,合成 $CH_3CH{-}CH_2CH_2OH$（a 在 OH 上方，OH 在 CH 下方）时,若从 a 处切断,得到的两个合成子中的 $\ominus CH_2CH_2OH$

找不到合成等效剂。如果将目标子分子变换为 $CH_3CH{-}CH_2CHO$（OH 在 CH 下方）后再切断,就可以由两分子乙醛

经醇醛缩合方便地连接起来。

① 设计 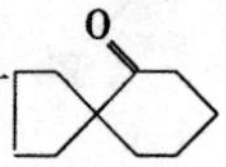 的合成路线。

分析:该化合物是个叔烷基酮,故可能是经过哪醇重排而形成。

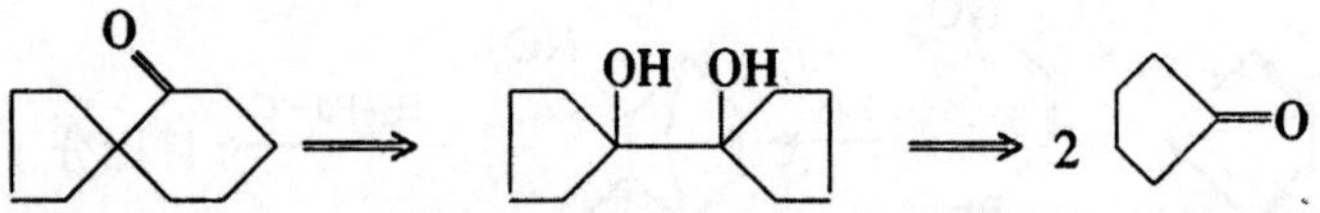

合成:

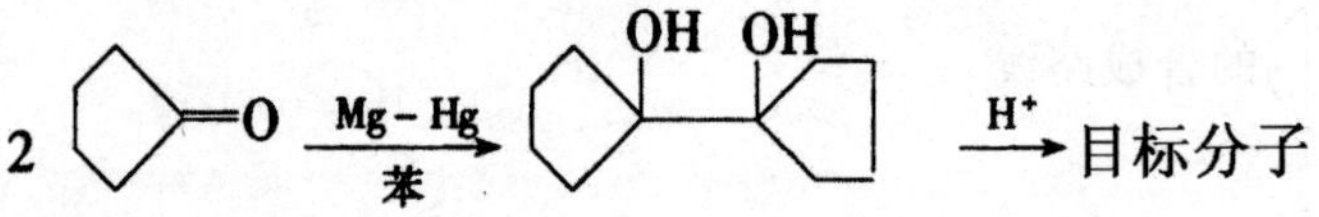

② 设计 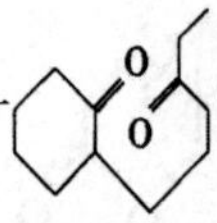 的合成路线。

分析:

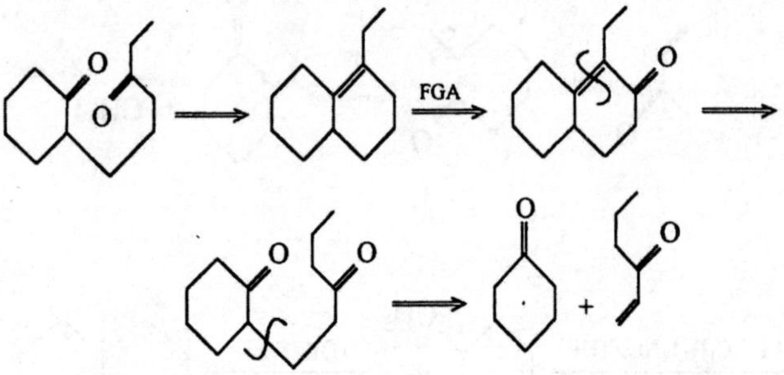

合成:

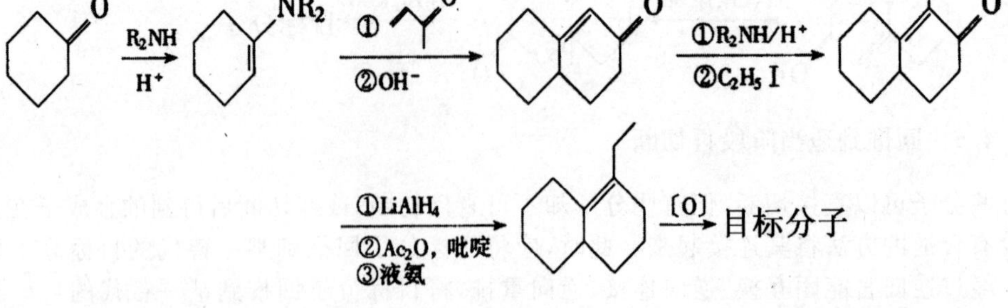

6.4.6　利用分子的对称性

有些目标分子具有对称面或对称中心,利用分子的对称性可以使分子结构中的相同部分同时接到分子骨架上,从而使合成问题得到简化。

例如:

①设计 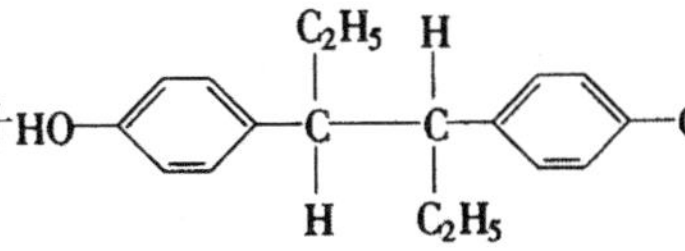
$$HO-\text{（）}-\overset{C_2H_5}{\underset{H}{C}}-\overset{H}{\underset{C_2H_5}{C}}-\text{（）}-OH$$
的合成路线。

分析:

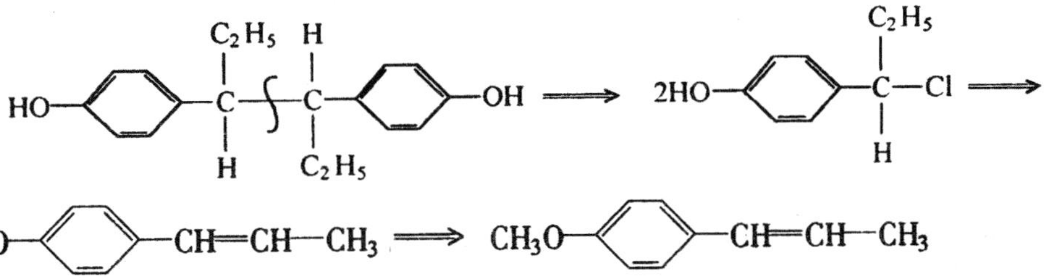

苘香脑[以大豆苘香油(含苘香脑 80%)为原料]

合成:

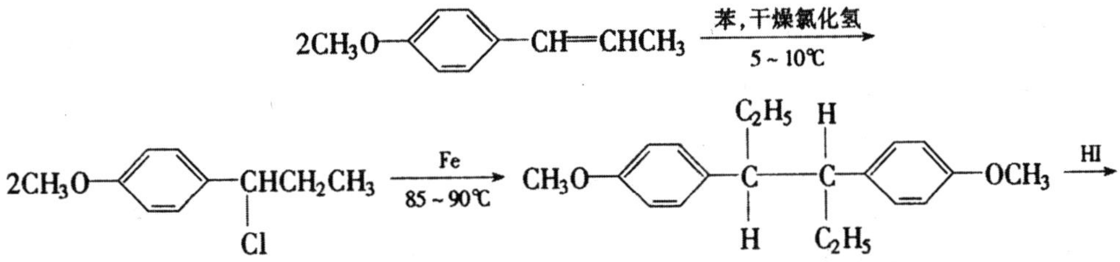

目标分子

有些目标分子本身并不具有对称性,但是经过适当的变换或切断,即可以得到对称的中间物,这些目标分子存在着潜在的分子对称性。

②设计
$$\underset{(CH_3)_2CHCH_2\overset{O}{\overset{\|}{C}}CH_2CH_2CH(CH_3)_2}{}$$
的合成路线。

分析:分子中的羰基可由炔烃与水加成而得,则可以推得一对称分子。

$$(CH_3)_2CHCH_2\overset{O}{\overset{\|}{C}}CH_2CH_2CH(CH_3)_2 \xrightarrow{FGI} (CH_3)_2CHCH_2 + C \equiv C + CH_2CH(CH_3)_2 \Longrightarrow$$
$$2(CH_3)_2CHCH_2Br + HC \equiv CH$$

合成:

$$HC \equiv CH + 2(CH_3)_2CHCH_2Br \xrightarrow{NaNH_2/液\ NH_3} (CH_3)_2CHCH_2C \equiv CCH_2CH(CH_3)_2$$

$$\xrightarrow[HgSO_4]{稀\ H_2SO_4} 目标分子$$

第7章　保护基团与导向基的引入

在有机合成中,不少反应物分子内往往存在不止一个可发生反应的基团,在这种情况下,不仅常使产物复杂化,而且有时还会导致所需反应的失败。因此,需要采用基团的保护策略。有时将有机合成的路线进行一些策略性的安排,可使原来不能进行的反应得以实现,或简化反应步骤,或减少副产物的生成使产率提高。这些策略的安排主要有基团的保护和导向基的应用。

7.1　保护基概述

在有机合成反应中,为使反应能顺利实现,必须把不必参加反应,而又有可能参加反应,甚至是优先反应的官能团,暂时地隐蔽起来,从而使必要的合成反应顺利地进行。这种暂时隐蔽官能团的方法,称为官能团的保护。为了保护其他官能团而引入分子内的官能团,称为"保护基"。

保护基一般应该满足下列三点要求:

①容易引入所要保护的分子中。

②与被保护分子能有效地结合,经受住所要发生的反应条件而不被破坏。

③在保持分子的其他部分结构不损坏的条件下易除去。

例如,要从甘氨酸和丙氨酸合成甘丙肽。

$$NH_2CH_2COOH + NH_2\underset{\underset{CH_3}{|}}{CH}COOH \longrightarrow NH_2CH_2NH\underset{\underset{CH_3}{|}}{CH}COOH$$

为了验证甘氨酸中的羧基只与丙氨酸中的氨基起反应,就必须把甘氨酸中的氨基和丙氨酸中的羧基保护起来,生成肽键以后,再恢复原来的氨基和羧基。常用的方法是把要保护的官能团变成它的一种衍生物,这种衍生物在随后的反应中不起变化,反应后又容易变回原来的官能团。例如,可以用苄氧羰基($C_6H_5CH_2OCO—$)来保护氨基,用苄基来保护羧基:

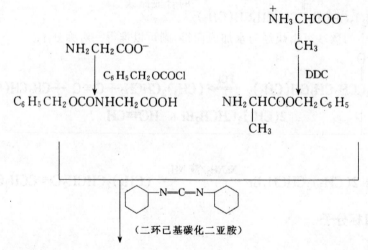

（二环己基碳化二亚胺）

$$C_6H_5CH_2OCONHCH_2CONHCH(CH_3)COOCH_2C_6H_5 \xrightarrow{H_2/Pd} C_6H_5CH_3 + CO_2 + \overset{+}{N}H_3CH_2CONHCH(CH_3)COO^- + C_6H_5CH_3$$

二环己基碳化二亚胺的作用是使羰基与氨基作用生成肽键：

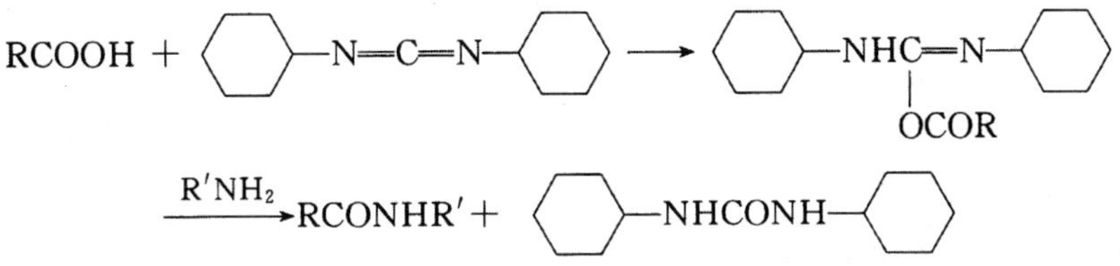
RCOOH +
N=C=N
NHC=N
OCOR
R′NH₂
RCONHR′+
NHCONH

用 $C_6H_5CH_2OCO$—基保护氨基，$C_6H_5CH_2$—基保护羧基，是因为它们不但容易加在相应的官能团上，还可以在缓和条件下去掉而不影响新生成的肽键。如用乙酰基保护氨基，乙基保护羧基，就不得不用分解的方法去掉保护基。这样，生成的肽键也要破裂。

另外一种方法是把要保护的官能团变成别的官能团。例如，化合物（Ⅱ）可由化合物（Ⅰ）氧化得到：

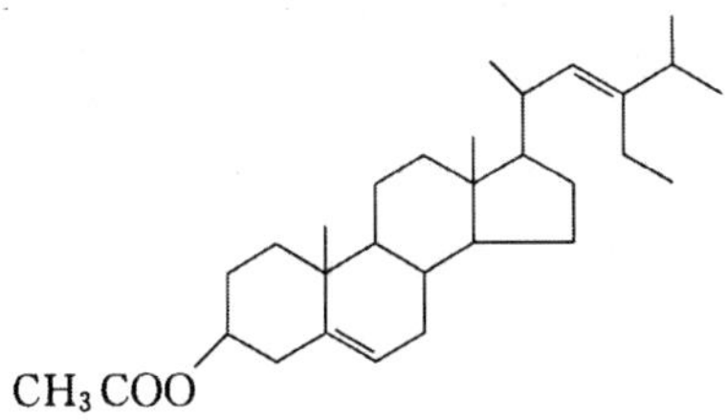
CH₃COO

（Ⅰ）

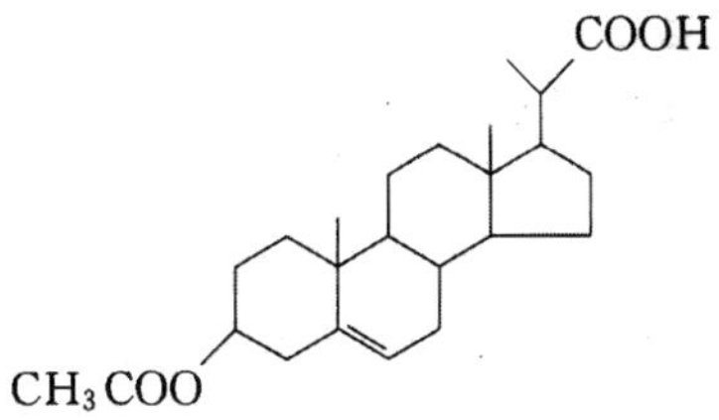
COOH
CH₃COO

（Ⅱ）

要使化合物工转化成化合物Ⅱ，就要把Ⅰ中环内的烯键保护起来。化合物工与一分子溴作用时，环内的烯键先起加成反应。用臭氧把生成的二溴化物氧化成酸后，再用锌粉和乙酸去掉溴原子就得到化合物Ⅱ。

保护基团的导入和除去，使合成的总步数增加，操作复杂化，在必不可少的情况下才采用这种方法。

有时导向基既起到了合成的导向又起到了保护基团的作用。

7.2 常见基团的保护技术

7.2.1 羟基的保护

羟基存在于许多有机化合物中,如碳水化合物、甾族化合物、核苷、大环内酯以及多酚等。羟基是敏感易变的官能团,容易发生氧化、烷化、酰化、卤化、消除以及分解 Grignard 试剂等反应,常需加以保护。醇羟基和酚羟基可以转变为酯类、醚类和缩醛、缩酮等进行保护。

1. 酯类保护基

酯类保护基在酸性介质中比较稳定,主要用于硝化、氧化和形成肽键时保护羟基。这些保护基中比较常用的是 t-BuCO、PhCO、MeCO、ClCH₂CO 等,它们广泛应用于核苷、寡糖、肽和多元醇的合成中。酯类保护基常用的醇和相应的酸酐或酰氯在吡啶或三乙胺存在下反应制得。酯不易被氧化,对催化氢化等反应比较安定。酯保护基可以在碱性条件下除去,但多种酯由于结构差异其水解敏感性也不同,水解能力次序为:$ClCH_2CO > t\text{-}BuCO > MeCO > PhCO > t\text{-}BuCO$。此类方法是羟基保护较为经济和有效的方法。例如:

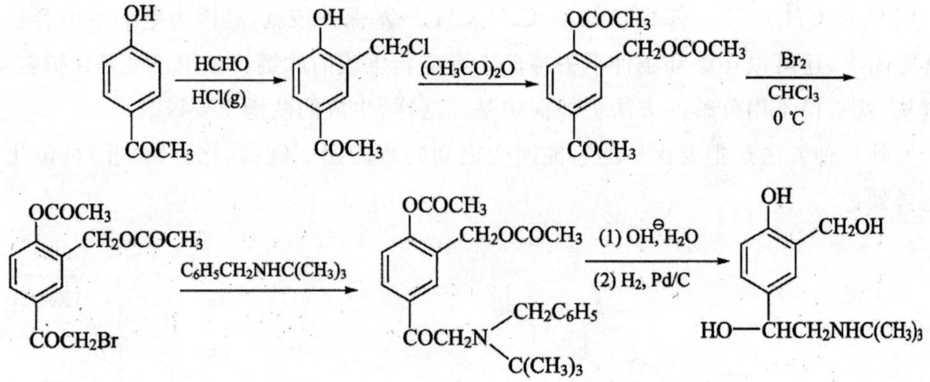

对于化合物中含有多个羟基,则存在保护哪一个羟基的选择性问题。一般情况下,伯羟基最易酰化,仲羟基次之,叔羟基最难,可利用羟基活性的差异来控制羟基保护基的选择性。

例如,三甲基乙酸酯(Piv)可以选择性地保护伯羟基。

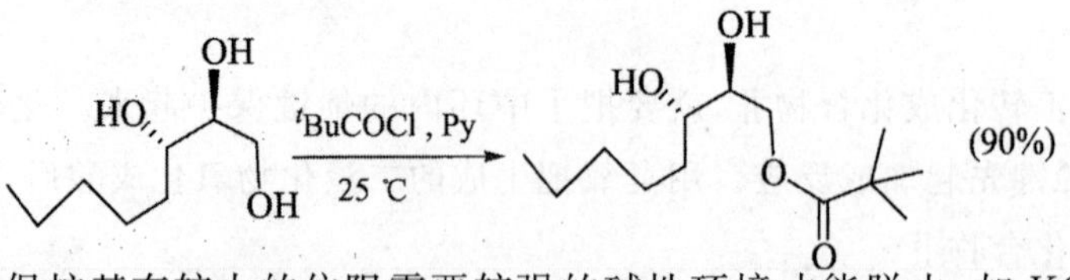

三甲基乙酸酯保护基有较大的位阻需要较强的碱性环境才能脱去,如 KOH/MeOH 碱性体系;或者用 LiAlH₄、KBHEt₃、DIBALH 等金属氢化物。

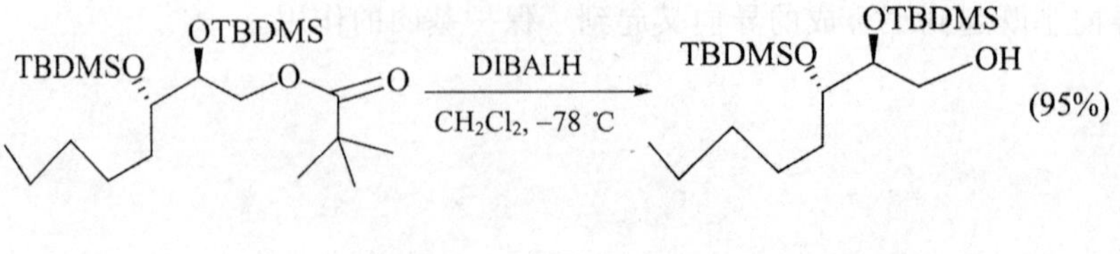

2. 醚类保护基

醚类保护基主要有甲醚、苄醚、三苯甲基醚、叔丁基醚、甲氧基甲醚、甲硫基甲醚和烯丙基醚等。下面分别对其中常见的几种醚类保护基进行阐述。

（1）甲基醚

常用 MeI、$(MeO)_2SO_2$、MeOTf 在碱性条件下和羟基反应即可引入甲基醚保护基。甲基醚保护基稳定性高，对酸、碱、亲核试剂、有机金属试剂、氧化剂、还原剂等均不受影响。除去甲基醚较难，一般用氢卤酸回流才能除去甲基醚保护基。用 Me_3SiI 或 BBr_3 可以在温和条件下除去甲基醚保护基。例如，在较低温度下采用 BBr_3/CH_2Cl_2 去除甲基醚保护基，复原的羟基进而形成内酯产物，其他官能团不受影响。

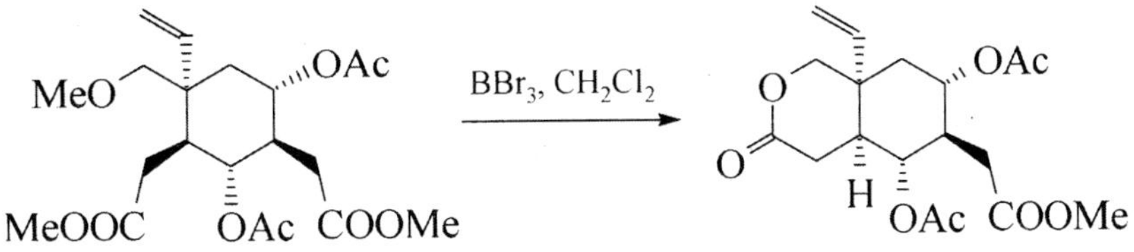

（2）苄基醚

苄基醚（$ROCH_2Ph$ 或 $ROCPh_3$）广泛用于天然产物、糖及核苷酸中羟基的保护。常用苄基化试剂为 $PhCH_2Cl$ 或 $PhCH_2Br/KOH$ 或 NaH，有时也用 $PhCH_2X/Ag_2O$。苄基醚对碱、氧化剂、还原剂等都是稳定的。可在强碱作用下，与 $PhCH_2Cl$ 或 $PhCH_2Br$ 反应中引入苄基醚保护基。苄基保护基常用 10% Pd/C 氢解除去，氢解的氢源除了氢气外，也可以是环己烯、环己二烯、甲酸或甲酸铵等。

$$ROH \xrightleftharpoons[\text{Li, NH}_3]{\text{NaH, PhCH}_2\text{Br}} ROCH_2Ph$$

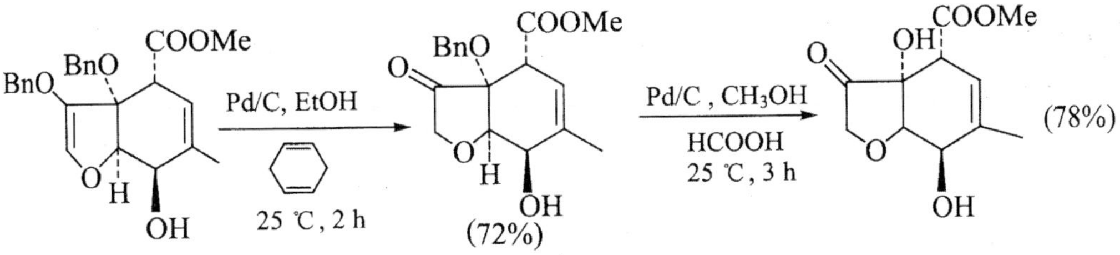

Li（Na）/NH_3（l）还原也可以迅速去除苄基保护，同时不影响双键。Lewis 酸也可以去除苄基醚的保护，常用的有 $SnCl_4$、$FeCl_3$、TMSI 等。

（3）三苯基甲醚

三苯基甲醚（$ROCPh_3$）常可保护伯羟基，可用三苯基氯甲烷在吡啶催化下完成保护。三苯甲基体积较大，这能突出位阻效应，使得位阻较大醇的三苯甲基化比一级醇慢得多，从而能够选择性保护羟基。三苯基甲醚的去除一般在酸性条件下进行，如 $HCOOH-H_2O$、$HCOOH-t\text{-}BuOH$、$HCl/MeCN$ 等，也可以用 Na/NH_3（l）还原。例如：

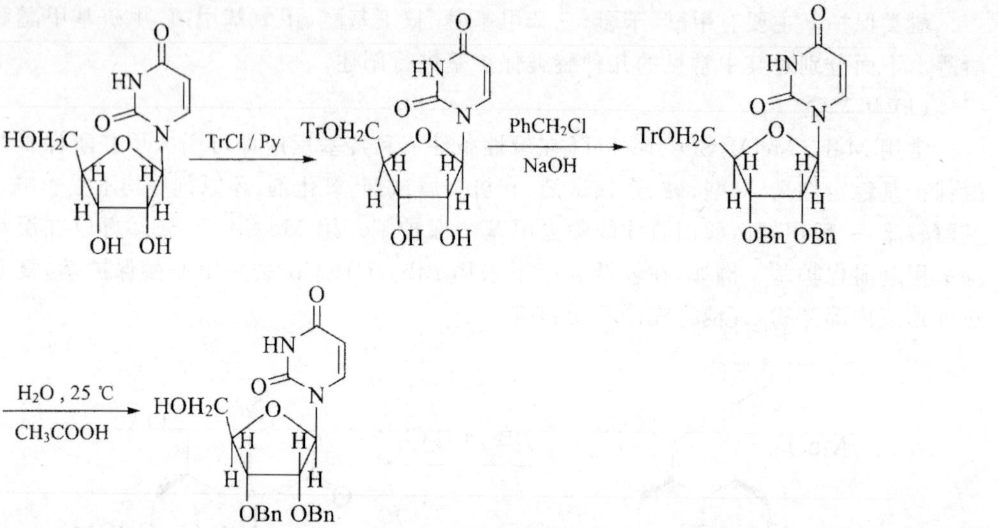

（4）甲氧基甲醚

甲氧基甲醚（MOM 醚）是烷氧基烷基醚保护基中的常用的保护基之一。MOM 醚对亲核试剂、有机金属试剂、氧化剂、氢化物还原剂等均稳定。MOM 醚保护基常用$(CH_3O)_2CH_2/P_2O_5$ 完成保护。例如：

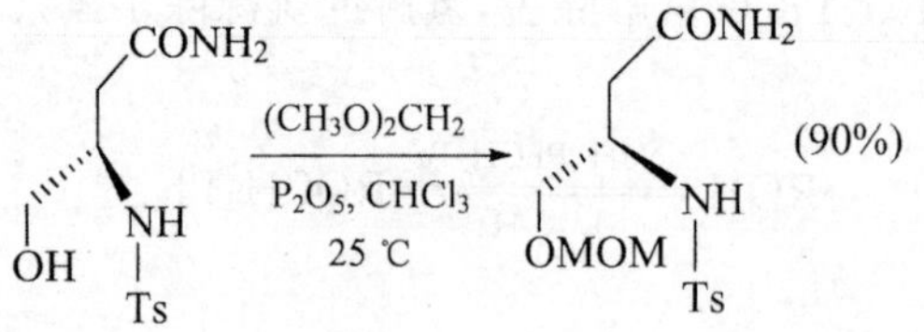

MOM 醚保护基可在酸性条件下去保护，如 HCl-THF-H_2O 或 Lewis 酸（如 $BF_3 \cdot OEt_2$、Me_3SiBr）。例如，采用 HCl-CH_3OH 溶液的温和条件，选择性的去除甲氧基醚而不影响其他保护基。

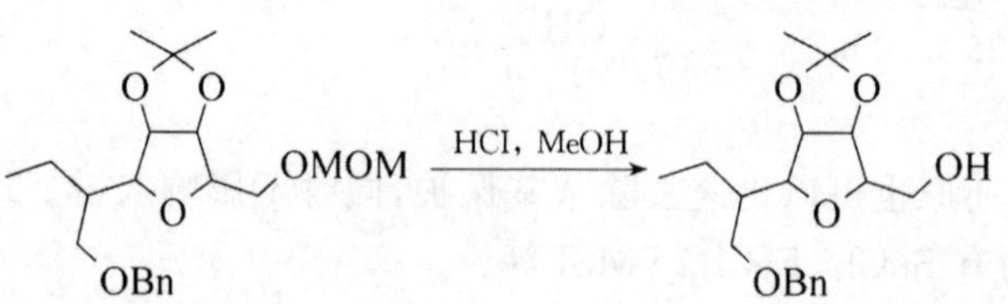

（5）三甲基硅醚

三甲基硅醚是常用的硅醚保护基，对催化氢化、氧化和还原反应比较稳定，广泛用于保护糖、甾类及其他醇的羟基保护。三甲基硅醚一般由 TMSCl 和待保护羟基的反应生成。TMSOTf 是活性更高的硅醚化试剂。使用的促进剂通常是吡啶、三乙胺、咪唑，溶剂可用二氯甲烷、乙腈、THF 或 DMF。

（6）三乙基硅醚

三乙基硅醚的水解稳定性比三甲基硅醚高 10～100 倍，对 Grignard 反应、Swern 氧化、Witting-Horner 反应等都是稳定的，去保护用 H_2O-HOAc-THF、HF/Py-THF 等。

（7）三异丙基硅醚

三异丙基硅醚的稳定性比三甲（乙）基硅醚高，可用于亲核反应、有机金属试剂、氰化物还原以及氧化反应中的羟基保护。三异丙基硅醚保护基可用氟化氢水溶液或氟化四丁胺除去。

（8）叔丁基二甲基硅醚

叔丁基二甲基硅醚是常用的较稳定的硅醚保护基，可用于亲核反应、有机金属试剂、氧化反应以及氢化还原的羟基保护。TBDMS 醚一般在碱性条件下使用，反应完成后，可用氟化氢水溶液或氟化四丁胺除去。脂肪醇的 TBDMS 醚和酚的 TBDMS 醚可选择性去除。

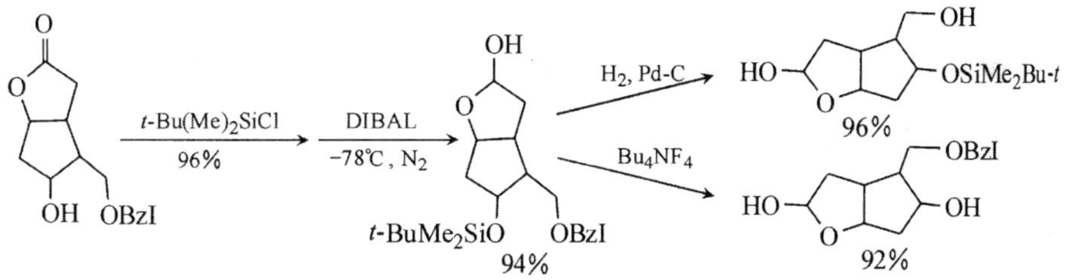

（9）叔丁基二苯基硅醚

叔丁基二苯基硅醚保护基比叔丁基二甲基硅醚更加稳定，一般使用 TBDPSCl/咪唑/DMF 体系和待保护羟基的反应来制备。一般用 DMAP 来催化保护基生成反应，溶剂可为 CH_2Cl_2。TBDPS 保护基不能保护叔醇，对伯醇和仲醇的区别优于 TBDMS。

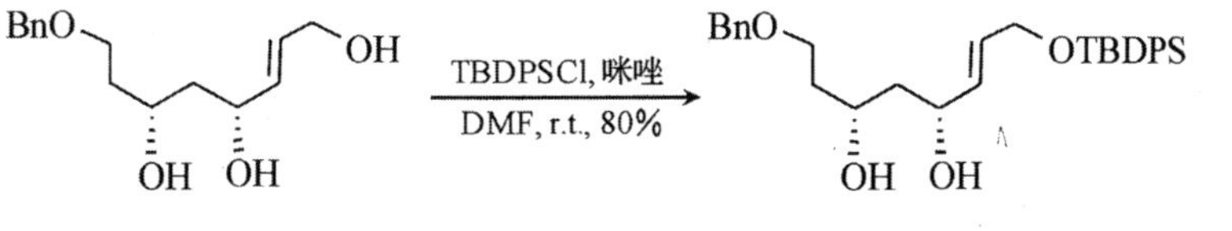

3. 二醇和邻苯二酚的保护

多羟基化合物中 1,2-二醇和 1,3-二醇以及邻苯二酚两个羟基同时保护在有机合成中应用广泛。它们与醛或酮在无水氯化氢、对甲苯磺酸或 Lewis 酸催化下形成五元或六元环状缩醛、缩酮得以保护，如图 7-1 所示。在二醇和邻苯二酚保护时，常用的醛、酮有甲醛、乙醛、苯甲醛、丙酮、环戊酮、环己酮等。此类保护基对许多氧化反应、还原反应以及 O-烃化或酰化反应都具有足够的稳定性。环状缩醛和缩酮在碱性条件下稳定，去保护基常用酸催化水解。此外，苯亚甲基保护基也可以用氢解的方法除去。

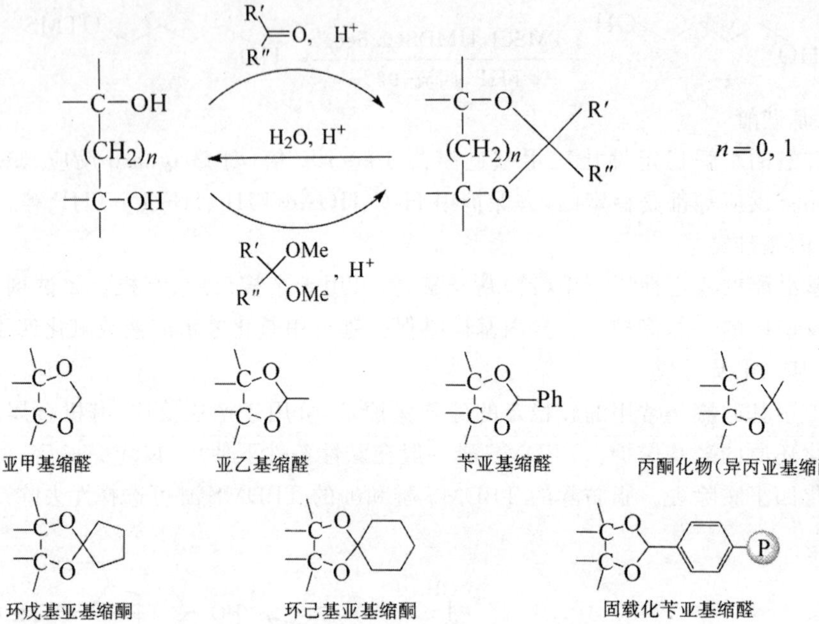

图 7-1　二醇和邻苯二酚生成环状缩醛、缩酮

2-甲氧基丙烯和邻二醇在酸催化下形成环状缩酮，也是保护邻二醇羟基的常用方法。如：

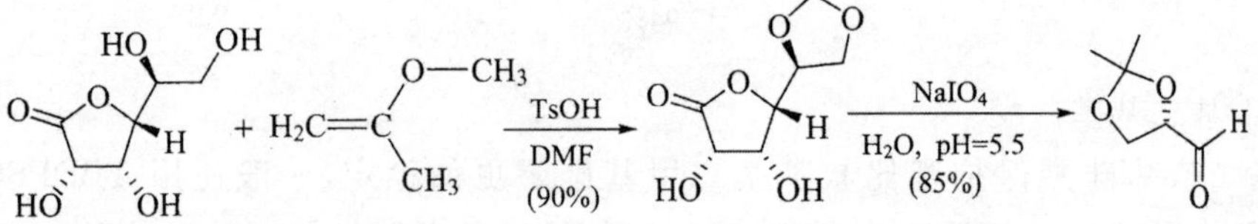

　　固载化保护技术在近代有机合成中具有重要的意义并得到了广泛的应用。例如，采用固载化保护技术，将固载化苯甲醛保护试剂(22)与甲基葡萄糖苷(23)的 $C_{4,6}$-二醇羟基反应生成并环的缩醛(24)，继以 $C_{2,3}$-二醇羟基衍生化生成酯(25)后，进行酸化处理，分出目标物(26)，固载化试剂(22)再生并循环利用。

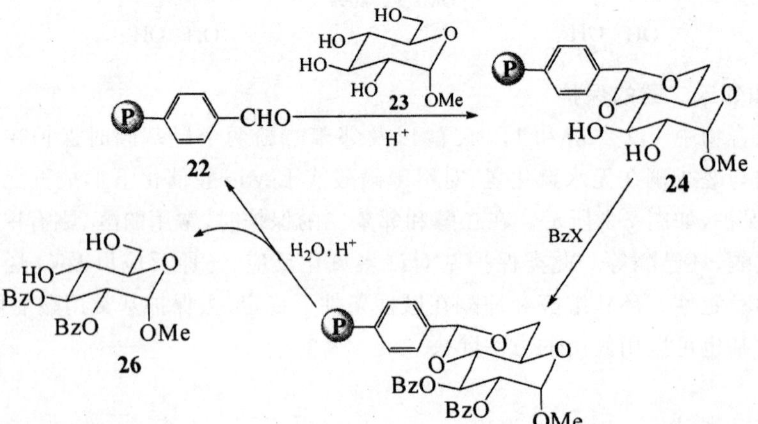

此外,二氯二特丁基硅烷和二醇作用形成硅烯保护基。例如:

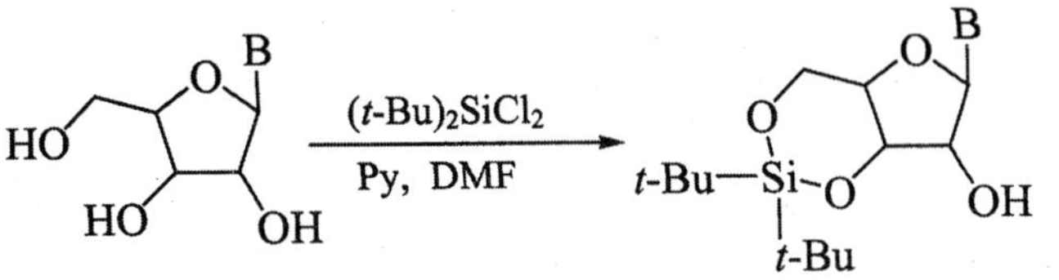

(90%)

硅烯保护基可以用 HF-Py 在室温下除去。

7.2.2 氨基的保护

氨基作为重要的活泼官能团能参与许多反应。伯胺、仲胺很容易发生氧化、烷基化、酰化以及与羰基的亲核加成反应等,在有机合成中常需加以保护。氨基的保护基主要有 N-烷基型、N-酰基型、氨基甲酸酯和 N-磺酰基型等。

1. N-烷基型保护基

N-苄基和 N-三苯甲基是常用的氨基保护基。它们有伯胺和苄卤或三苯甲基卤在碳酸钠存在下反应得到。

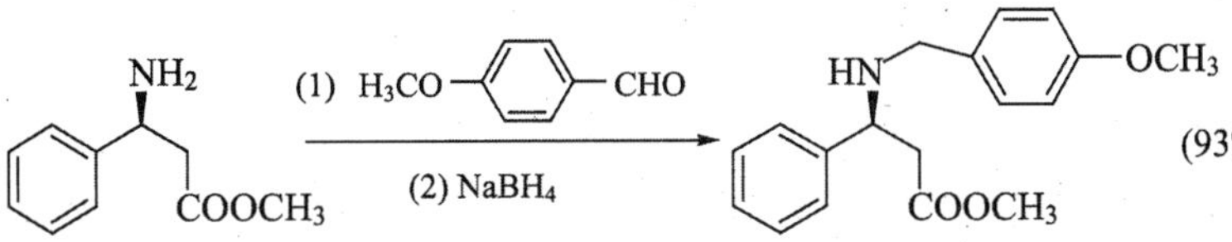

(93%)

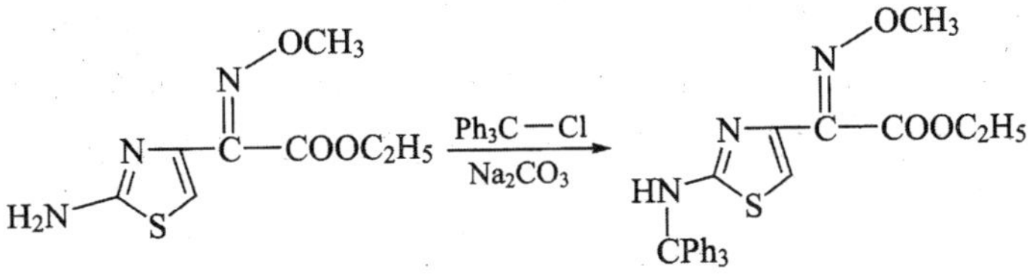

(95%)

(1)N-苄基胺

N-苄基胺对碱、亲核试剂、有机金属试剂、氢化物还原剂等是稳定的,常用钯-碳催化氢化或可溶性金属还原脱除苄基保护。例如:合成治疗青光眼的中草药生物碱包公藤甲素时,选用 H_2 脱苄基。

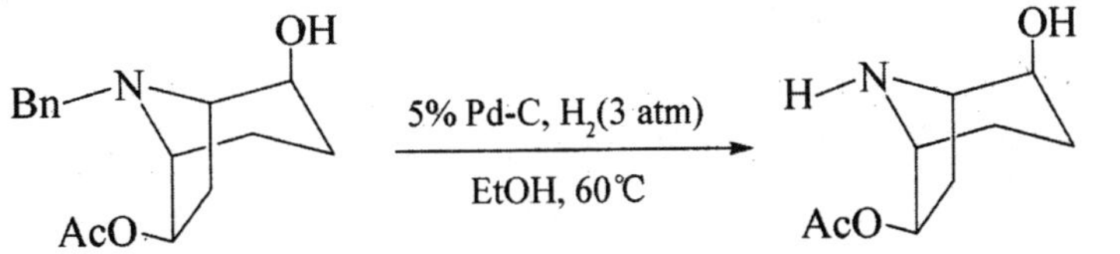

合成麻痹剂 Saxitoxin 时,选用钯黑和 HCOOH-AcOH 溶液处理,选择性脱苄基保护而不影响 S,S-缩酮保护基和其他功能基。

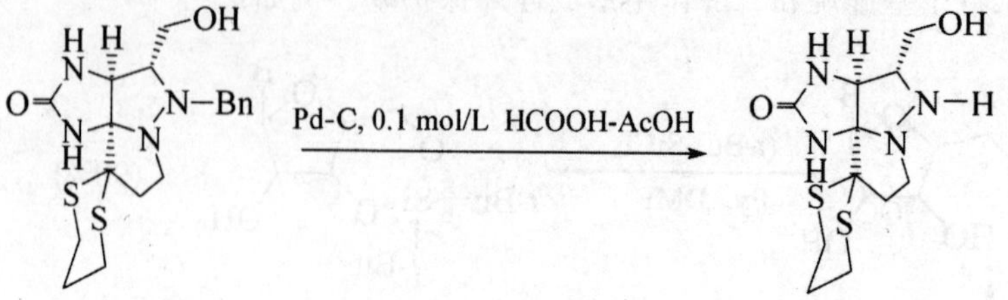

（2）N-三苯甲基硅胺

N-三苯甲基硅胺（TMS-N）是常用的 N-硅烷化保护基,在有机碱三乙胺或吡啶存在下三甲基硅烷化与伯胺、仲胺反应制得。由于硅衍生物通常对水汽高度敏感,在制备和使用时均要求无水操作,因此限制了它们的实际应用。去保护容易,水、醇即可分解。若采用位阻较大的叔丁基二苯基硅胺可选择性保护伯胺,仲胺不受影响。

2. N-酰基型保护基

将氨基酰化转变为酰胺是常用的保护氨基的方法。伯胺和仲胺容易与酰氯或酸酐生成酰胺。它们的稳定性好,一般酸、碱水解难于去保护,常需较强的酸、碱溶液和加热才能水解。常用的酰胺对酸、碱水解的稳定性顺序为：$PhCONHR > CH_3CONHR > HCONHR > CH_3CONHR > ClCH_2CONHR > Cl_2CHCONHR > Cl_3CCONHR > F_3CCONHR$。

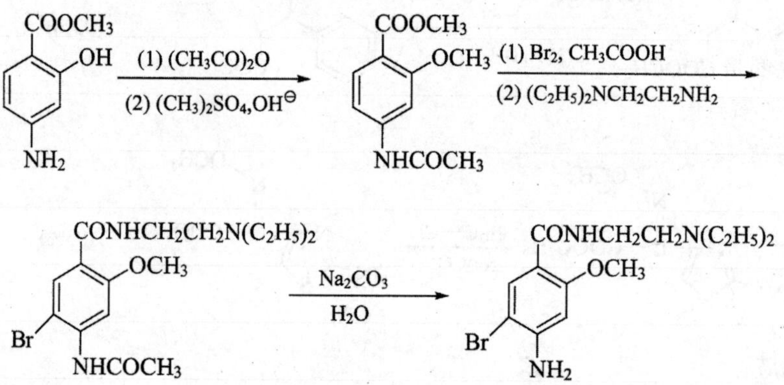

（1）乙酰胺

乙酰基是最常用的氨基保护基,将胺与乙酸酐或乙酰氯在碱（K_2CO_3、$NaOH$、三乙胺或吡啶等）存在下反应生成乙酰胺。它对亲核试剂和一些有机金属试剂是稳定的,但强酸、强碱、催化氢化、氢化物还原剂以及氧化剂等会影响乙酰胺。乙酰胺的脱保护常用酸碱催化水解。

（2）三氟乙酰胺

三氟乙酰胺是酰胺类保护中比较容易去除保护的酰胺之一,在三乙胺或吡啶存在下三氟乙酸酐与胺反应生成。用 K_2CO_3-甲醇水溶液处理即可脱保护,比乙酰胺更容易。例如：

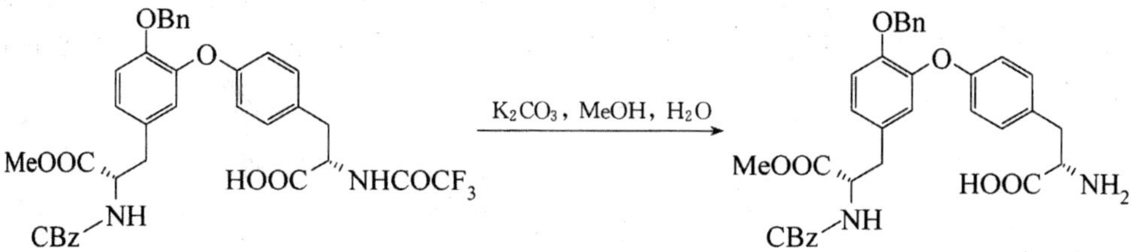

$$\text{（上图反应：}K_2CO_3, MeOH, H_2O\text{）}$$

（3）苯甲酰胺

苯甲酰胺是在碱存在下苯甲酰氯与胺反应生成的。它能经受亲核试剂、有机金属试剂（有机锂除外）、催化氢化、硼氢化物还原剂和氧化剂等的反应。常用 NaOH 溶液、浓盐酸或 HBr 的乙酸溶液脱保护。例如，麦角酸合成中用苯甲酰基保护吲哚氮，反应后用较强的酸处理脱苯甲酰基保护基。

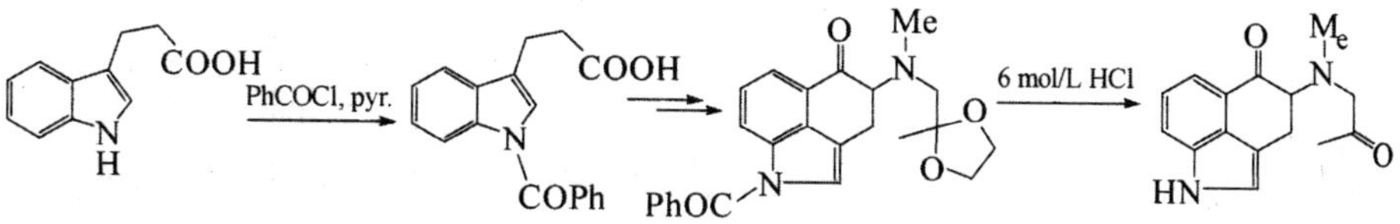

（4）邻苯二甲酰亚胺

邻苯二甲酰基是很常用的氨基保护基，它对 Pb(OAc)$_2$、O$_3$、30% H$_2$O$_2$、SOCl$_2$、HBr-AcOH、OsO$_4$ 等都是稳定的，但对许多氢化物还原剂和 Na$_2$S·9H$_2$O 等不稳定。将伯胺与邻苯二甲酸酐、N-乙氧羰基邻苯二甲酰亚胺或 o-(MeOOC)C$_6$H$_4$COCl-Et$_3$N 等反应制得。去保护一般采用肼解法，条件温和，十分有效。例如：

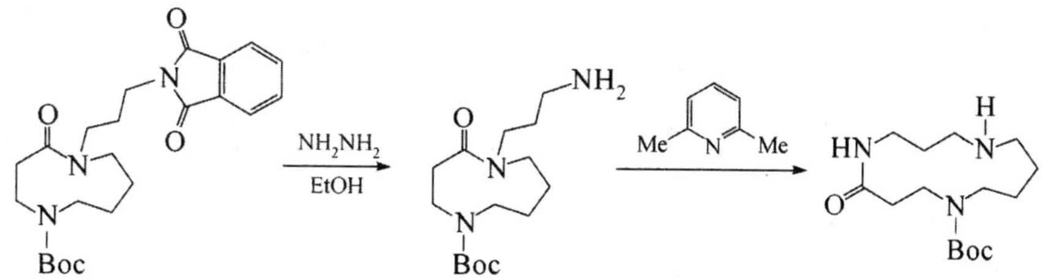

3. 氨基甲酸酯型保护基

氨基甲酸酯型保护基是有机合成中非常重要的一类保护基，尤其是肽的合成广泛用于氨基的保护以减少外消旋化得发生。氨基甲酸酯（R′OCONHR）型保护基常用的有叔丁氧羰基（Boc）、苄氧羰基（Cbz 或 Z）和 9-芴甲氧基羰基（Fmoc），它们是使用频率很高的保护基。这些保护基可在碱性条件下使用氨基和相应的氯甲酸酯反应导入。例如：

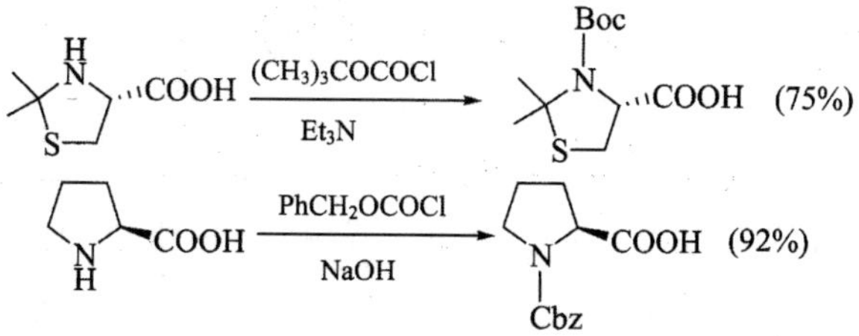

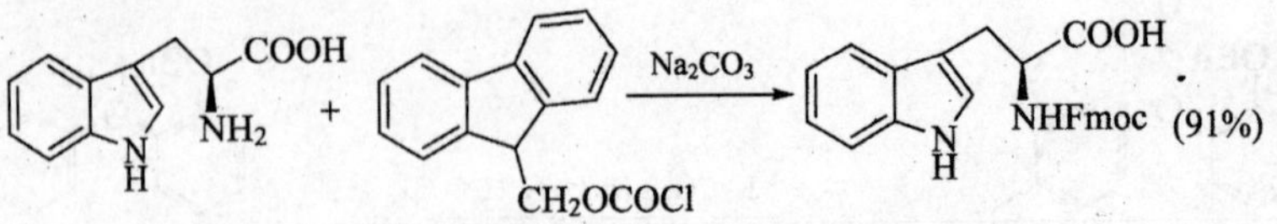

叔丁氧羰基(Boc)保护基对于亲核试剂、有机金属试剂、氢化物还原以及氧化反应等是稳定的,在碱性条件下不水解。用浓盐酸或三氟乙酸等处理,Boc 保护基脱去,产物易分类。例如:

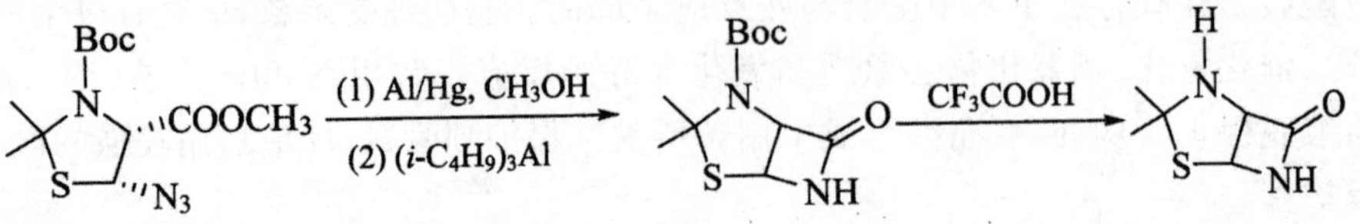

苄氧羰基保护基在弱酸条件下比较稳定,常用钯-碳催化氢化或钯-碳/甲酸铵处理脱 Cbz 保护基,也可以用 $BF_3 \cdot Et_2O$-EtSH 等脱保护。例如:

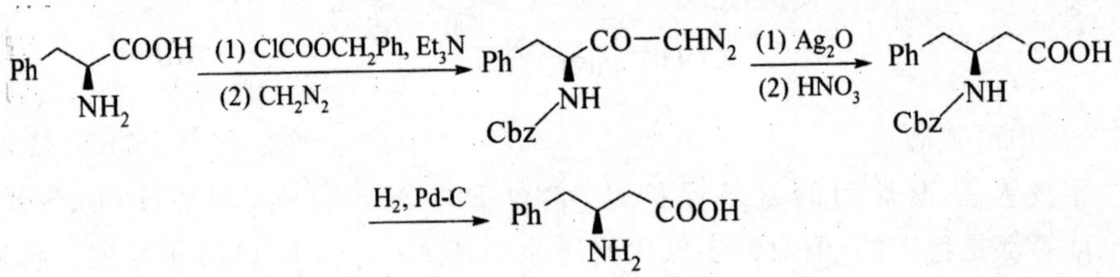

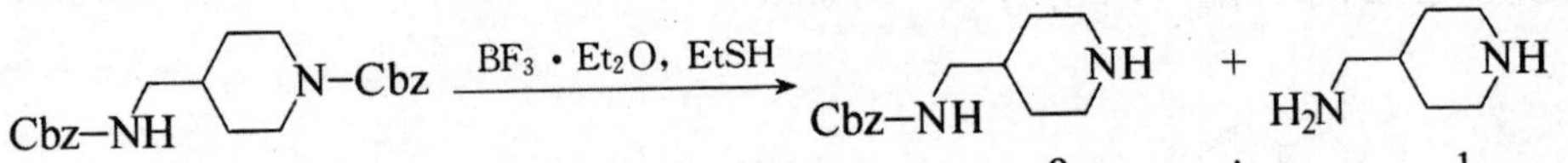

9-芴甲氧基羰基保护基在二乙胺、六氢吡啶等弱碱条件下通过 β-消去除去。反应如下:

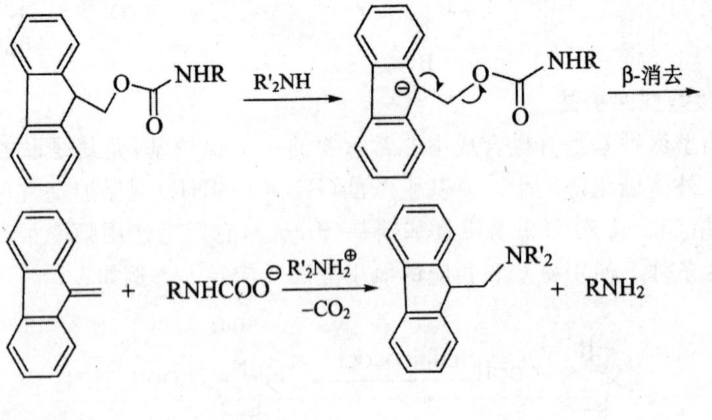

4. N-磺酰基型保护基

伯胺和仲胺可用对甲苯磺酰基保护。对甲苯磺酰氯(TsCl)与伯胺或仲胺在氢氧化钠存在条件下可以导入对苯磺酰基。反应如下:

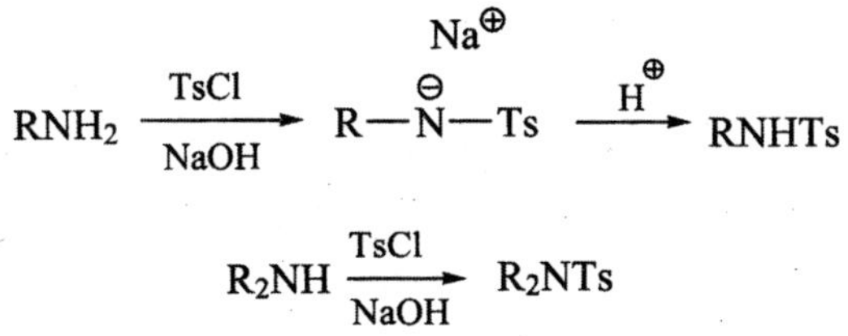

$$RNH_2 \xrightarrow[\text{NaOH}]{\text{TsCl}} R-\overset{\ominus}{N}-Ts \cdot Na^{\oplus} \xrightarrow{H^{\oplus}} RNHTs$$

$$R_2NH \xrightarrow[\text{NaOH}]{\text{TsCl}} R_2NTs$$

TsCl 氨基保护基是很稳定的保护形式，一般有良好的结晶。但对甲苯磺酰基很难除去，一般用浓硫酸、氢溴酸或 Al/Hg 还原才能除去，因此限制了它的应用。例如：

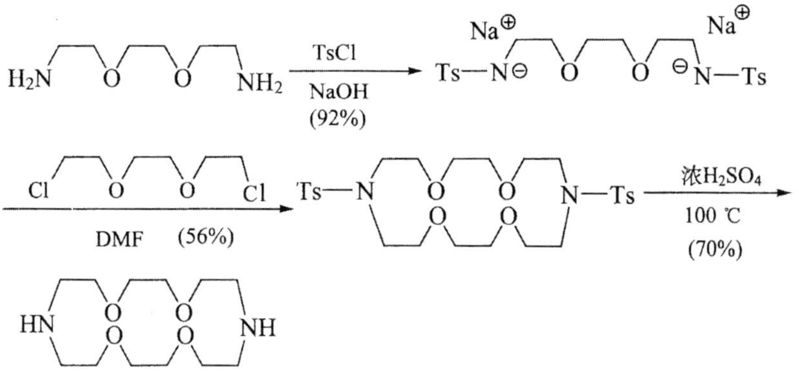

在碱性条件下，邻硝基苯磺酰氯（NsCl）与伯胺或仲胺反应也形成良好结晶的磺酰胺，同时氨基也被致活，可与卤代烃等起亲核取代反应，在室温用硫醇或硫酚可除去磺酰保护基。例如：

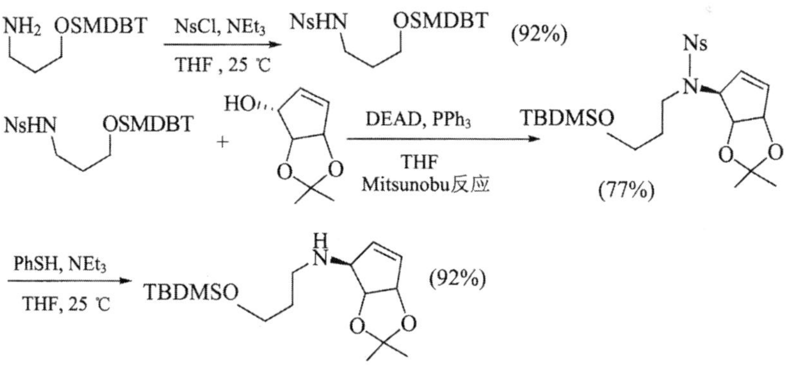

7.2.3　羰基的保护

醛、酮分子中的羰基是有机化合物中最易发生反应的活泼官能团之一，对亲核试剂、碱性试剂、氧化剂、还原剂、有机金属试剂等都很敏感，常需在合成中加以保护。羰基保护基主要有：O,O-、S,S-、O,S-缩醛、缩酮，烯醇、烯胺及其衍生物，缩胺脲、肟及腙等。

1. O,O-缩醛、缩酮

醛、酮在酸性催化剂作用下很容易与两分子的醇反应生成 O,O-缩醛、缩酮，也可和一分子 1,2-二醇或 1,3-二醇反应生成环状 O,O-缩醛、缩酮。常用的醇和二醇分别是甲醇和乙二醇。此外,醛、酮在酸催化下也可以与丙酮,丁酮的缩二甲醇或缩乙二醇以及二乙醇的双 TMS 醚等进行交换反应生成缩醛、缩酮。O,O-缩醛、缩酮对下列试剂和反应通常是稳定的:钠-醇、$LiAlH_4$、$NaBH_4$、CrO_3-Pyr、AgO、OsO_4、Br_2、催化氢化、Birch 还原、Wolff-Kishner 还原、Oppenauer 氧化、过酸氧化、酯化、皂化、脱 HBr、Grignard 反应、Reformatsky 反应、碱催化亚甲基缩合等。去缩醛、缩酮保护基通常用稀酸水溶液。

O,O-缩醛、缩酮在有机合成反应中有很多应用实例。例如,对底物含三种不同的缩醛、缩酮保护基,选用 50%TFA 在 $CHCl_3$-H_2O 溶液中与 0℃处理,可选择去除脂醛与甲醇形成的缩醛保护基。

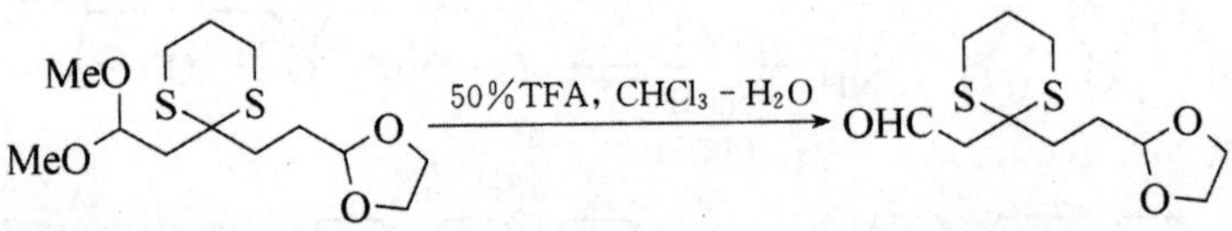

当两种活性不同的功能基共存时,对在活性较低的功能基上反应而不影响其他功能基,需先将活性高的功能基进行选择性保护。对于还原反应,醛羰基活性比酮羰基活性大,因此先将醛保护再进行还原反应,反应结束后,除去保护基。

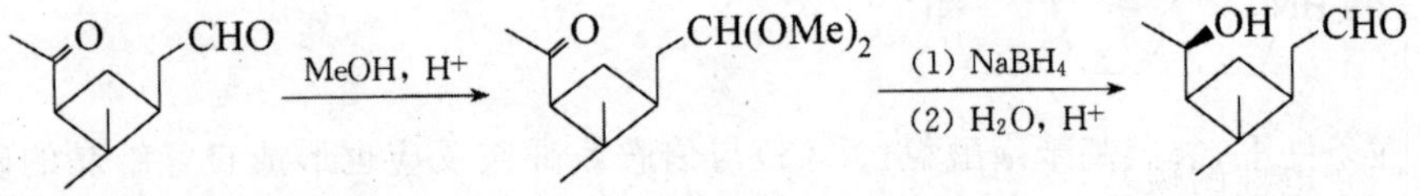

酮羰基与酯羰基都能与 Grignard 试剂反应,酮羰基活性较高。要进行酯羰基的反应应先保护酮羰基,再进行反应。

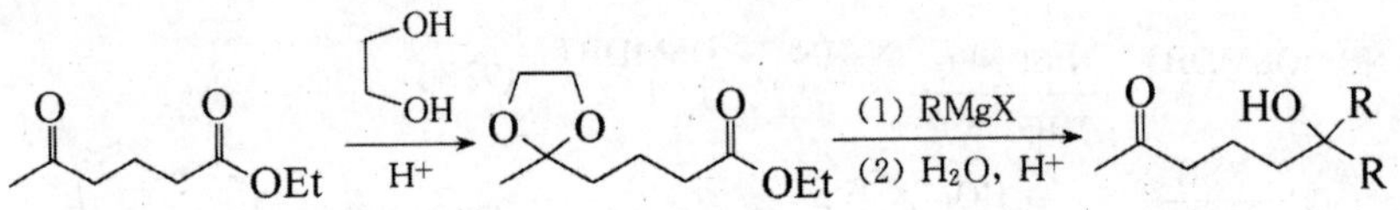

采用固载化保护试剂,对芳香二醛进行选择性单保护,有利于后续对另一醛基的多种衍生化反应。

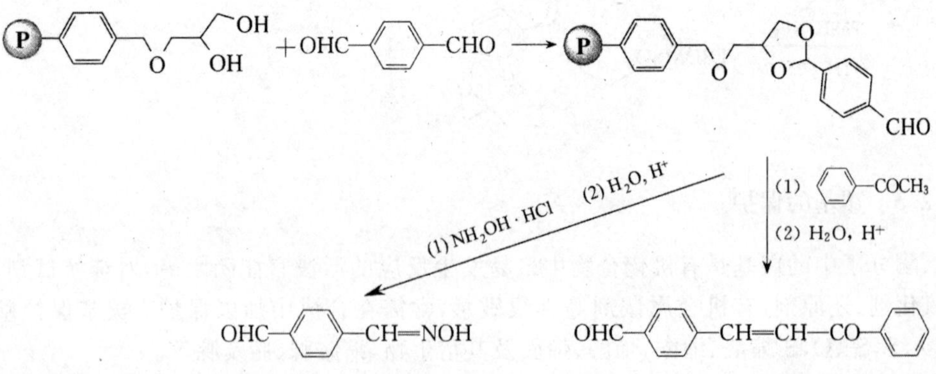

以表氢化可的松为原料合成甾体抗炎药氢化可的松,其关键是 C_{11}-OH 构型的转换。将其氧化后再立体选择性还原,为了避免氧化时 C3,20-位的两个酮基受影响,先将其保护,然后

进行氧化、还原反应,最后除去保护基。

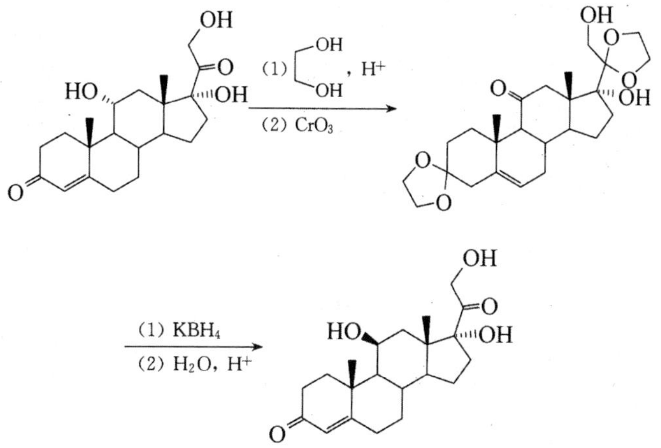

2. S,S-缩醛、缩酮

醛、酮与两分子硫醇或一分子乙二硫醇或其二硅醚在酸催化下生成 S,S-缩醛、缩酮。它对酸的稳定性比 O,O-缩醛、缩酮好,且能耐受还原剂、亲核试剂、有机金属试剂以及一些氧化剂。但哆嗪硫化物具有难闻的气味,使一些金属催化剂中毒而失活。S,S-缩醛、缩酮可通过与二价汞盐或氧化反应来去保护,常用氯化汞、铜盐、钛盐、铝盐等水溶液处理,还可以用 N-溴代或氯代丁二酰亚胺等。

底物中亲电性的羰基在形成 S,S-缩醛后,其 1,3-二噻烷的次甲基易被 ^{n}BuLi 夺去质子从而转变为亲核性的稳定碳负离子,之后可进行许多反应。

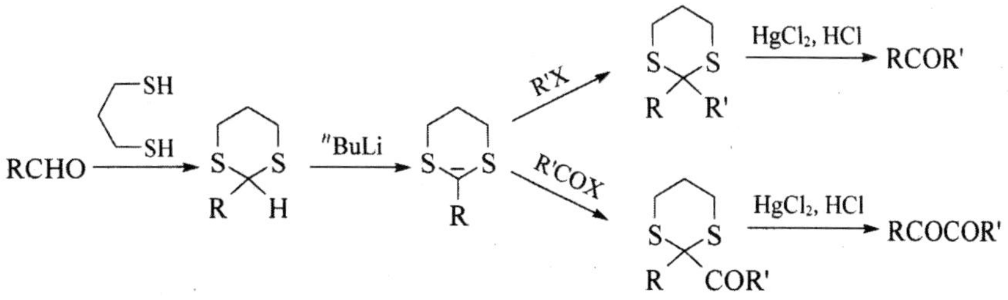

双酮甾体中 C3-位是共轭酮基,可采用乙二醇的双醚试剂,在形成 S,S-缩酮时没有发生 α-β-位双键的移位。

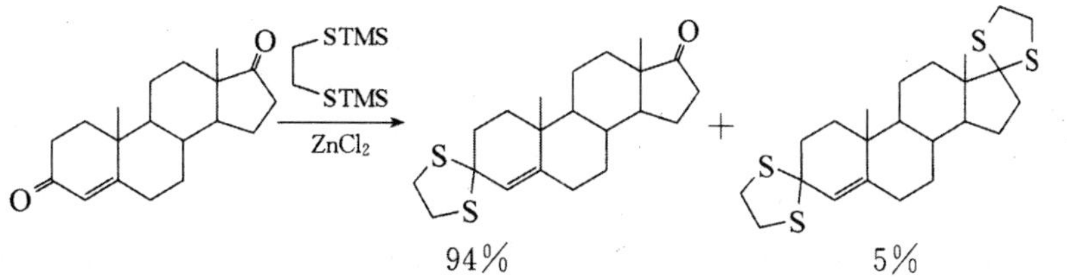

3. O,S-缩醛、缩酮

O,S-缩醛、缩酮是较常使用的保护基,其生成和脱除如下:

下列底物含多种功能基和保护基,当选用 MeI-丙酮水溶液处理可选择性脱除 O,S-缩醛

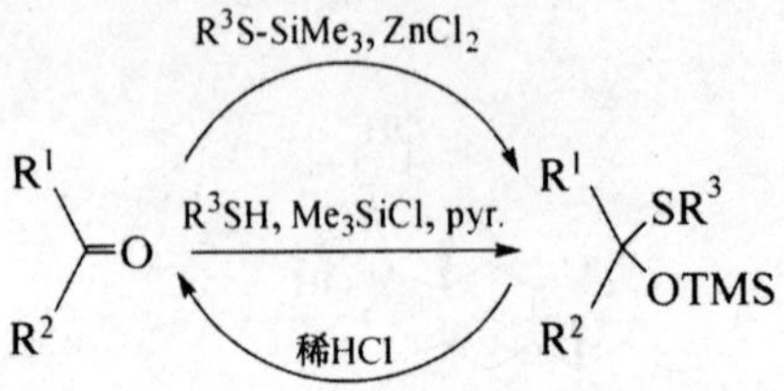

保护基而不影响 O,O-缩醛和其他众多保护基或功能基。

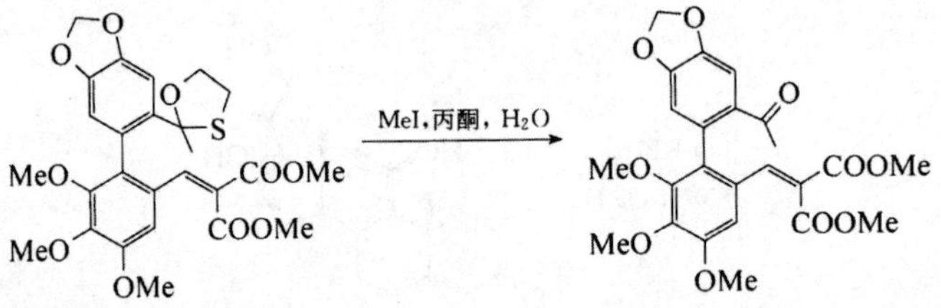

4. 烯醇醚与烯胺

烯醇醚和硫代烯醇醚是合成天然产物中保护羰基的常用的方法。α,β-不饱和酮转化为它的双烯醇醚一般是与原甲酸酯或 2,2-二甲氧基丙烷在酸催化下,用醇或二氧六环作溶剂进行反应,双烯硫醇醚只需与硫醇反应而不必加催化剂。饱和酮在此条件下难以反应,故可利用这一差异选择性地保护 α,β-不饱和酮。

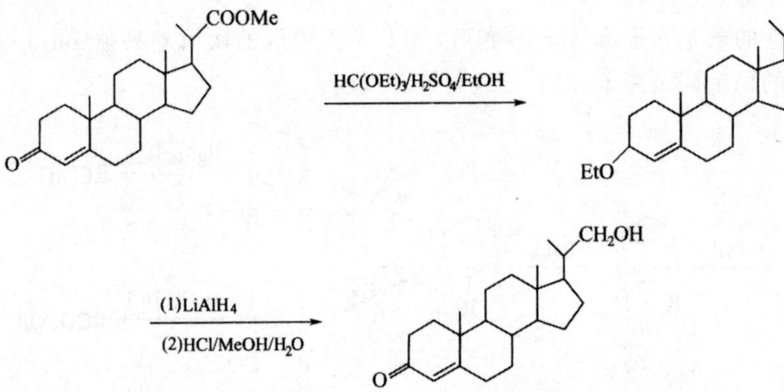

羰基化合物与环状仲胺在苯中加热回流,蒸出生成的水和苯后可得到相应的烯胺。

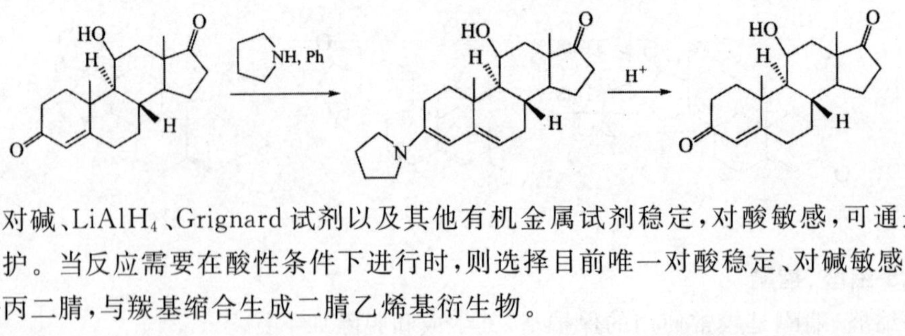

烯胺对碱、LiAlH$_4$、Grignard 试剂以及其他有机金属试剂稳定,对酸敏感,可通过酸性水解解除保护。当反应需要在酸性条件下进行时,则选择目前唯一对酸稳定、对碱敏感的羰基保护基——丙二腈,与羰基缩合生成二腈乙烯基衍生物。

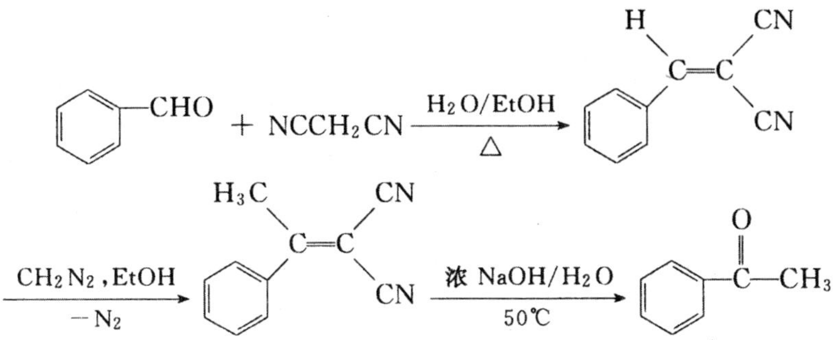

7.2.4 羧基的保护

羧基是活泼功能基,羧基及其活性氢易发生多种反应,常用的保护方法是将羧酸转化成相应的羧酸酯。脱酯基保护基一般在 MeOH 或 THF 的水溶液中以适当的酸或碱处理。

1. 甲酯保护基

在酸催化条件下,甲醇和酸反应可向羧酸引入保护基,还可由重氮甲烷与羧酸反应得到。此外,MeI/KHCO$_3$ 在室温下就可向羧酸引入甲酯保护基。在氨基酸的酯化反应中,三甲基氯硅烷(TMSCl)或二氯亚砜可用作反应的促进剂。

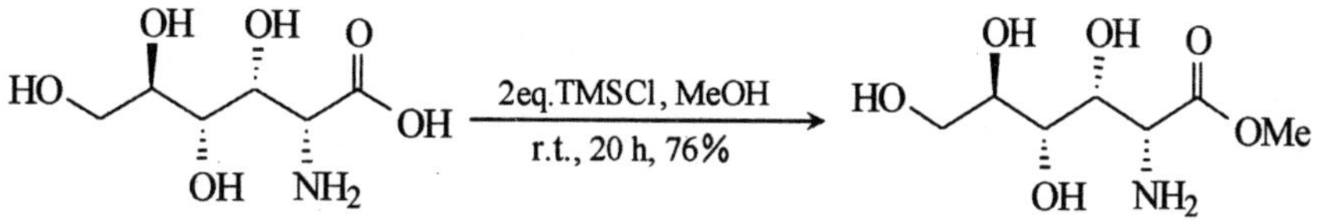

甲酯的去保护一般在甲醇或 THF 的水溶液中用 KOH、LiOH、Ba(OH)$_2$ 等无机碱处理,也可对甲酯保护基进行选择性去保护。

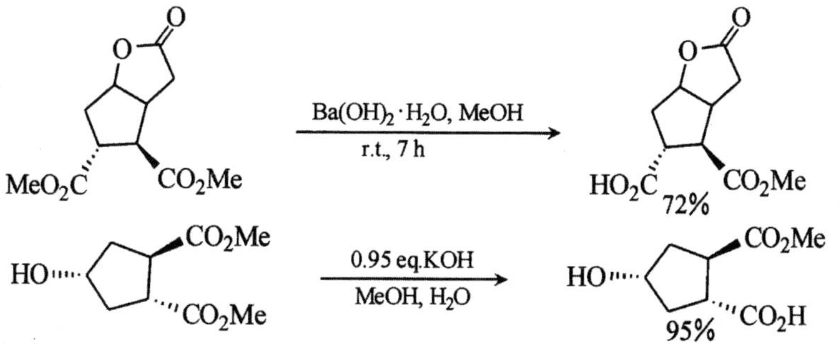

2. β-取代乙酯保护基

将羧酸转变成乙酯的保护方法也比较常用,此类保护基主要有 2,2,2-三氯乙基酯(TCE)、2-三甲硅基乙酯(TMSE)和 2-对甲苯磺基乙酯(TSE)。在 DCC 存在下,由相应的 2-取代乙醇与羧酸缩合引入此类保护基。去保护采用还原法,Zn-HOAc 的还原。TMSE 可在氟负离子的作用下,通过 β-消除除去,TSE 的去除一般在有机或无机碱作用下进行。

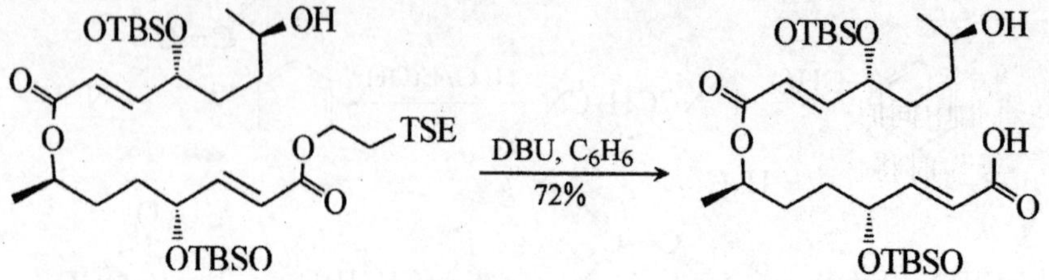

3. 叔丁酯保护基

叔丁酯是在酸催化下羧酸与异丁烯进行加成反应制得。由于存在较大位阻叔丁基，叔丁酯具有较大的稳定性。它对氨、肼和弱碱水解稳定，适用于一些碱催化反应中羧基的保护。

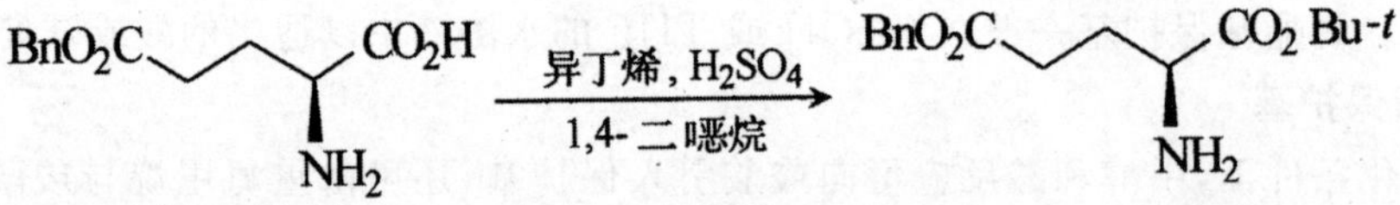

中等强度酸性水解去除保护基效果好。常用的脱保护催化剂是 CF_3COOH、$TsOH$、$TMSOTf$ 等，但需注意去保护时应除尽伴生的活性叔丁基正离子以减免其引起副反应。

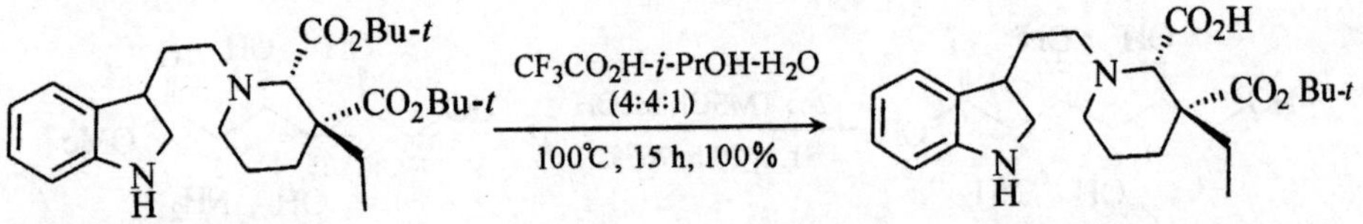

4. 苄酯保护基

苄酯保护基的特点是可以在中性温和条件下通过氢解作用去除保护基，许多功能基或保护基不受影响，实用简便且应用广泛。苄酯可由羧酸与氯化苄或溴化苄反应制得，苄醇与酰氯在叔胺存在下反应也可得到苄酯。

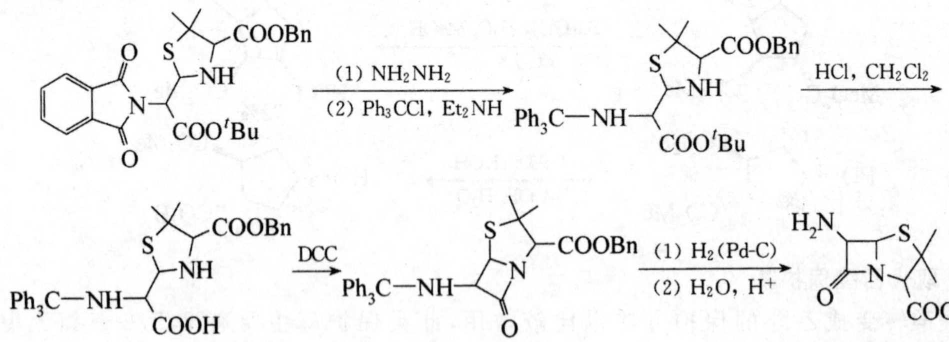

7.3　多种功能基的同步保护

当复杂化合物中同时含有多种不同的官能团时,采用一些方法将不同的功能基同步进行保护和去保护,操作时将比对每个基团分别进行保护-去保护要简便。这种同步保护的实例目前并不多,需要进一步研发与拓展。

7.3.1　氨基酸中氨基、羧基的同步保护

在氨基酸分子中氨基和羧基都是活泼基团,为了避免其在后续反应中受到影响,可以采用适当的金属离子与之配位形成螯环,氨基和羧基能同时被保护。待反应结束后,用 H_2S 水溶液处理可除去保护基。

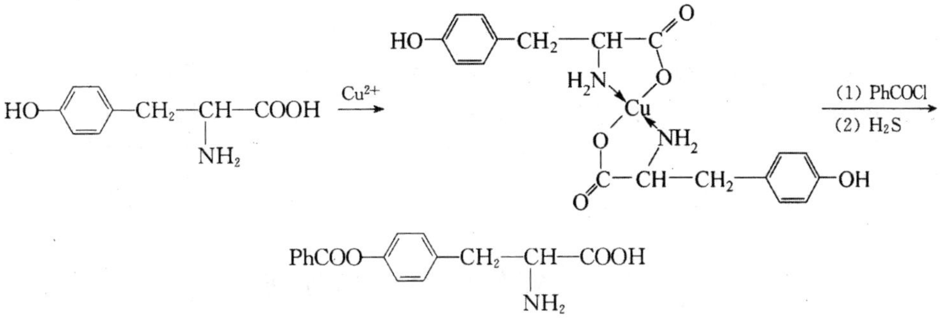

7.3.2　2-巯基苯酚中巯基、羟基的同步保护

此类底物可通过与 CH_2X_2 形成 O,S-亚甲基缩醛得以保护。反应在碱存在下进行,有时还需要相转移催化剂的参与。

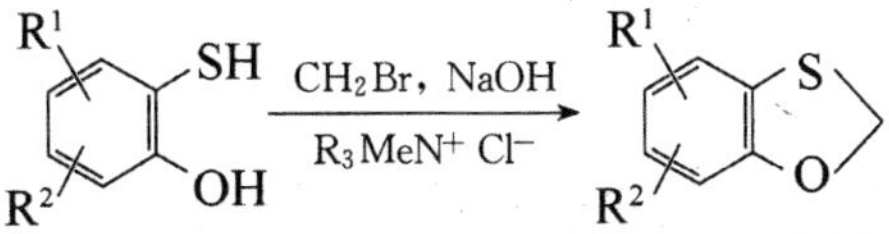

$$R^1,\ R^2 = H,\ Me,\ Cl,\ R = C_8 \sim C_{10}\ 直链烷基$$

7.3.3　甾体化合物二羟基丙酮侧链的同步保护

甾体皮质素的合成常需要对其 C_{17}-位上的二羟基丙酮侧链进行特别的保护,这是两个羟基和一个羰基的同时保护。在盐酸存在下用甲醛水溶液处理,生成双亚甲基二氧衍生物(BMD),其结构特点实质为双螺旋缩醛衍生物。BMD 对烷化、酰化、氧化、还原、卤化、缩酮化、酸催化重排以及 Grignard 反应等都稳定。去保护用甲酸、乙酸水溶液处理。例如,合成 abeo-皮质激素以 BMD 保护甾体环氧化物侧链,在室温下紫外光照射发生 AB 环的异构化反应,AB 环转变为 abeo10 结构,最后去除 BMD 得到目标产物。

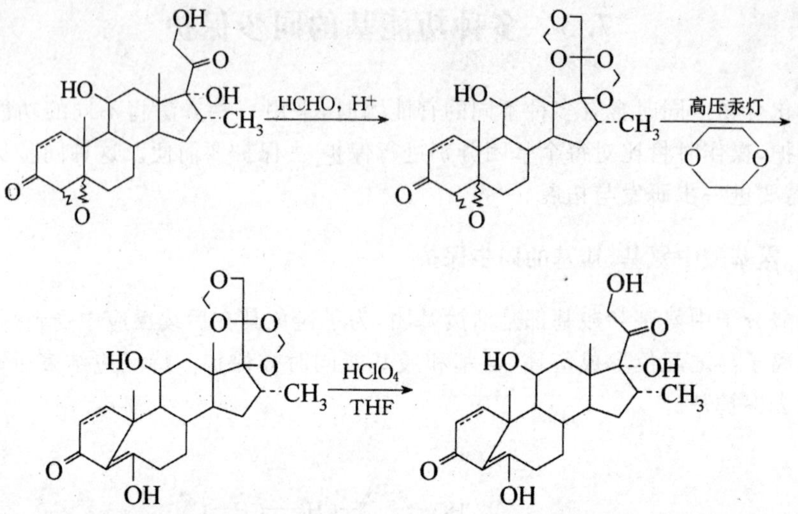

保护基作为一种合成策略在现代有机合成中起着重要的作用。保护基的发展可追溯至 E. Fischer 时代,至今已有百年,保护基至今仍然备受关注并保持良好的发展势头。保护基将向简捷的、高选择性或新的保护-去保护,多功能基的同步保护-去保护,"一瓶反应"进行保护-去保护、保护-反保护基在近代有机合成化学和精细化学品合成中的新应用方向发展。

7.4 活化导向与钝化导向

在有机合成中,为了使某一反应按设计的路线来完成,常在该反应发生前,在反应物分子上引入一个控制基团,通俗地说就是引入一个被称为导向基的基团,用此基团来引导该反应按需要进行。一个好的导向基还应具有容易生成、容易去掉的功能。根据引入的导向基的作用不同,分三种导向形式进行讨论,即活化导向、钝化导向和封闭特定位置进行导向。这里主要对活化导向和钝化导向进行讨论。

7.4.1 活化导向

在分子结构中引入既能活化反应中心,又能起到导向作用的基团,称为活化基。活化导向是有机合成中常用的主要方法。

下面以合成实例来解释活化导向基在合成中的导向作用。[1][2]

(1)设计 1,3,5-三溴苯的合成路线

分析:该合成问题是在苯环上引入特定基团。苯环上的亲电取代反应中,溴是邻位、对位定位基,现互为间位,显然不可由本身的定位效应而引入。它的合成就是引进一个强的邻位、对位定位基——氨基作导向基,使溴进入氨基的邻位、对位,并互为间位,然后将氨基去掉。

---

① 田铁牛. 有机合成单元过程. 北京:化学工业出版社,2010

② 蒋登高,章亚东,周彩荣. 精细有机合成反应及工艺. 北京:化学工业出版社,2001

合成路线为：

$$\text{苯} \xrightarrow{\text{混酸}} \text{硝基苯(NO}_2\text{)} \xrightarrow{\text{Fe+HCl}} \text{苯胺(NH}_2\text{)} \xrightarrow{\text{Br}_2}$$

$$\text{2,4,6-三溴苯胺} \xrightarrow{\text{NaNO}_2+\text{HCl}} \text{重氮盐(N}_2^+\text{Cl}^-\text{)} \xrightarrow{\text{H}_3\text{PO}_2/\text{H}_2\text{O}} \text{1,3-二溴苯}$$

在延长碳链的反应中，还常用—CHO、—COOC$_2$H$_5$、—NO$_2$等吸电子基作为活化基来控制反应。

（2）设计 $\underset{\text{CH}_3\overset{\displaystyle O}{\overset{\|}{\text{C}}}\text{CH}_2\text{CH}_2-\text{Ph}}{}$ 的合成路线

分析：

$$\text{CH}_3\text{-}\overset{O}{\overset{\|}{\text{C}}}\text{-CH}_2 \big| \text{CH}_2\text{-Ph} \Longrightarrow \text{CH}_3\overset{O}{\overset{\|}{\text{C}}}\text{CH}_3 + \text{BrCH}_2\text{-Ph}$$

如果以丙酮为起始原料，可引入一个 $\overset{O}{\overset{\|}{\text{-C-OC}_2\text{H}_5}}$ ，使羰基两旁 α-C 上的 α-H 原子的活性有较大的差异。所以合成时使用乙酰乙酸乙酯，苄基引进后将酯水解成酸，再利用 β-酮酸易于脱羧的特性将活化基去掉。

合成路线为：

$$\text{CH}_3\overset{O}{\overset{\|}{\text{C}}}\text{CH}_2\overset{O}{\overset{\|}{\text{C}}}\text{-OC}_2\text{H}_5 \xrightarrow{\text{C}_2\text{H}_5\text{ONa}} \text{CH}_3\overset{O}{\overset{\|}{\text{C}}}\text{-}\overline{\text{CH}}\overset{O}{\overset{\|}{\text{C}}}\text{-OC}_2\text{H}_5$$

$$\xrightarrow{\text{Ph-CH}_2\text{Br}} \text{CH}_3\overset{O}{\overset{\|}{\text{C}}}\text{-}\underset{\underset{\text{Ph}}{\overset{|}{\text{CH}_2}}}{\text{CH}}\text{-}\overset{O}{\overset{\|}{\text{C}}}\text{-OC}_2\text{H}_5 \xrightarrow{\text{稀 KOH}} \text{CH}_3\overset{O}{\overset{\|}{\text{C}}}\underset{\underset{\text{Ph}}{\overset{|}{\text{CH}_2}}}{\text{CH}}\text{COOK}$$

$$\xrightarrow[\triangle]{\text{H}^+} \text{CH}_3\overset{O}{\overset{\|}{\text{C}}}\text{CH}_2\text{CH}_2\text{-Ph}$$

（3）设计 $\underset{\overset{\displaystyle O}{\overset{\|}{\text{CH}_3\text{C}}}\,\text{CH}_2\text{CH}_2\text{Ph}}{}$ 的合成路线

分析：目标分子是一个甲基酮，可以考虑用丙酮原料来合成，但如果选用乙酰乙酸乙酯为原料效果会更好。因为相对于丙酮而言，乙酰乙酸乙酯本身就带一个活化导向基——酯基，能使反应定向进行，而且乙酰乙酸乙酯又非常易于制得。

合成路线为：

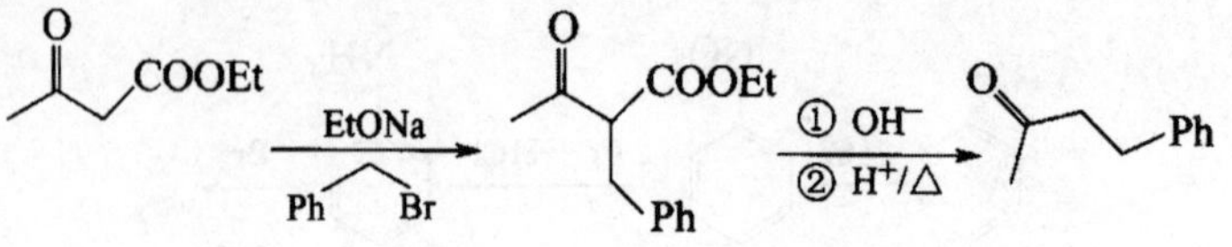

（4）设计 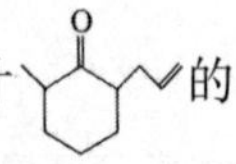 的合成路线

分析：

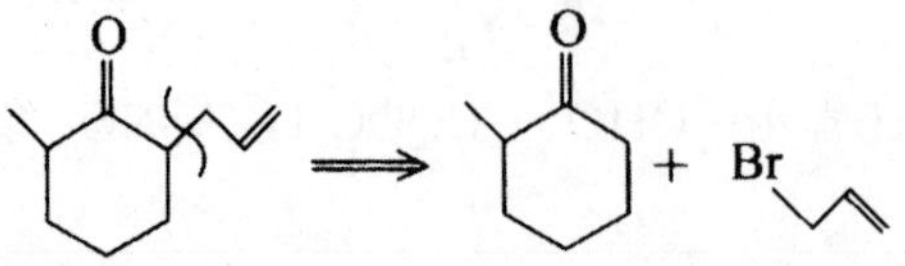

可以预料，当 α-甲基环己酮与烯丙基溴作用时，会生成混合产物，所以可以引入甲酰基活化导向控制反应的进行。

合成路线为：

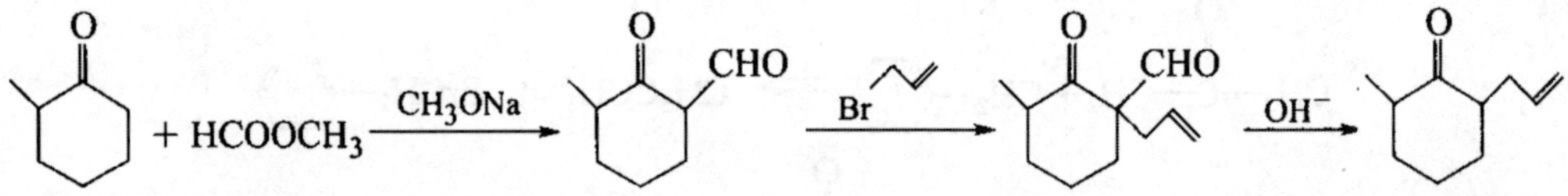

7.4.2　钝化导向

为了使多官能团化合物的某一反应中心突出来而将其他部位"钝化"，或降低非反应中心的活泼程度而便于控制反应的基团，称为钝化导向基。其导向作用就是降低非反应中心的活泼程度，来合成所要的目标分子[①]。

下面以合成实例来解释钝化导向基在合成中的导向作用。

（1）设计对溴苯胺的合成路线

分析：氨基是一个很强的邻位、对位定位基，溴化时易生成多溴取代产物。为避免多溴代反应，必须降低氨基的活化效应，也即使氨基钝化到一定程度。这可以通过在氨基上乙酸化而达到此目的。乙酰氨基（—NHCOCH₃）是比氨基活性低的邻位、对位基，溴化时主要产物是对溴乙酸苯胺，然后水解除去乙酰基后即得目标分子。

合成路线为：

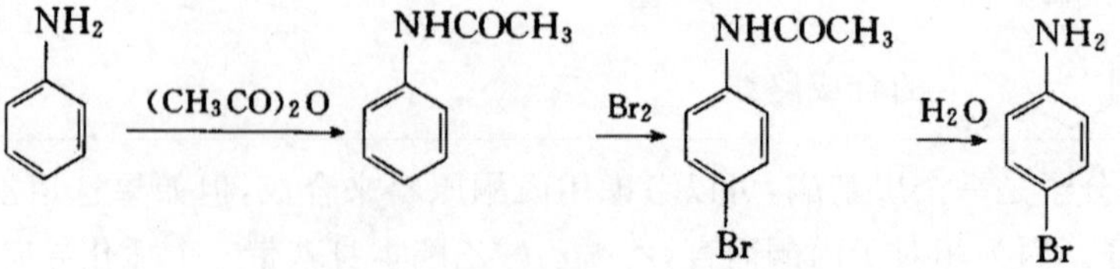

---

①　马军营，任运来等. 有机合成化学于路线设计策略. 北京：科学出版社，2008

(2)设计 PhNH⌇⌇ 的合成路线

分析：

$$PhNH \diagdown \diagup \diagdown \Longrightarrow PhNH_2 + Br \diagup \diagdown \diagup$$

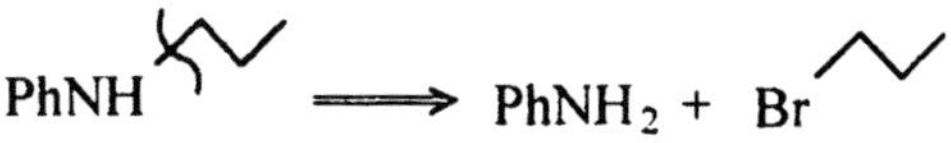

目标分子采用上述切断法效果不好,因为产物比原料的亲核性更强,不能防止多烷基化反应的发生。

解决的方法是利用胺的酰化反应,酰化反应不易产生多酰基化产物,得到的酰胺再用氢化铝锂还原。所以目标分子应进行下述逆推。

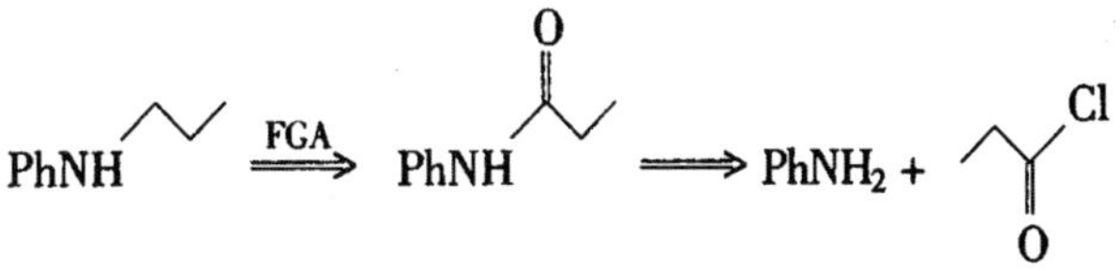

$$PhNH \diagdown \diagup \diagdown \xrightarrow{FGA} PhNH \overset{O}{\diagup\diagdown} \Longrightarrow PhNH_2 + \overset{}{\underset{O}{\diagup}}\overset{Cl}{\diagup}$$

合成路线为：

$$\diagup\diagdown CO_2H \xrightarrow{SOCl_2} \overset{O}{\underset{Cl}{\diagup\diagdown}} \xrightarrow{PhNH_2} PhNH\overset{O}{\diagup\diagdown} \xrightarrow{LiAlH_4} PhNH\diagup\diagdown\diagup$$

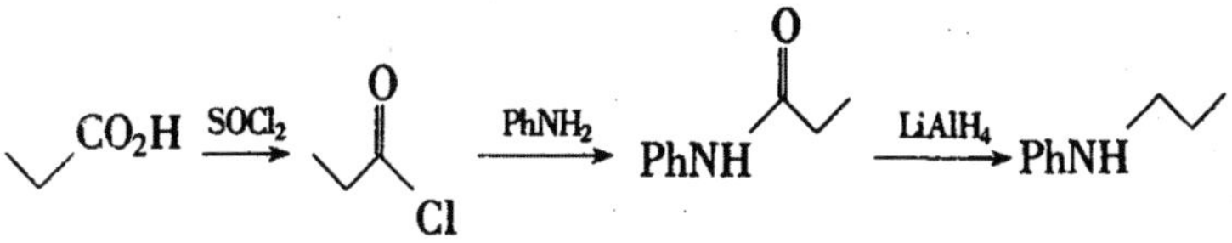

（将目标分子改为）

(3)设计间硝基苯胺的合成路线

分析:由于氨基是邻、对位定位基,苯胺直接用混酸进行硝化反应,不仅得不到间硝基苯胺,且苯胺将被氧化为苯醌。要得到间硝基苯胺,避免这一副反应发生,将苯胺先溶于浓硫酸中,使之成为硫酸氢盐,然后再硝化。这时的—NH_2转变为—NH_3^+,是一钝化苯环的间位定位基,不仅可以防止苯胺的氧化,也起到钝化基的导向作用。

合成路线为：

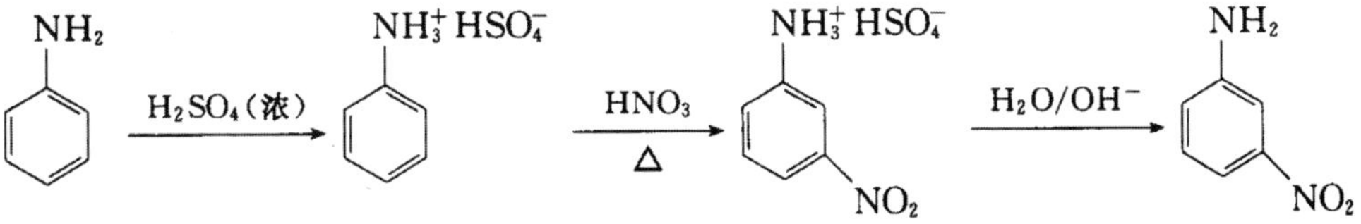

上述的方法也同样适用于对硝基苯胺的合成：

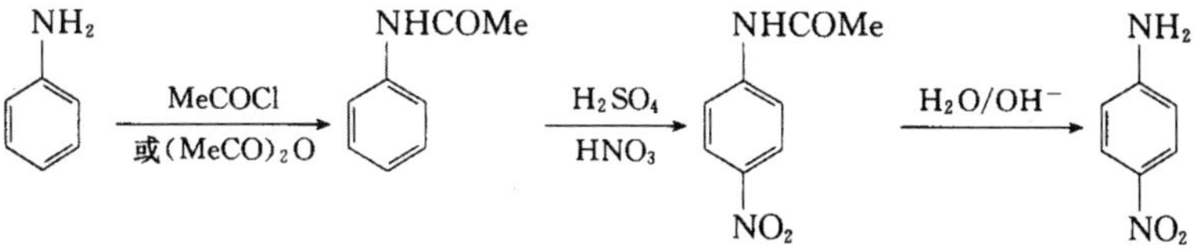

7.5 封闭特定位置进行导向

对分子中不需要反应且反应活性特强、有可能优先反应的部位,引入一个封闭基(阻塞基)将其占据,使基团进入不太活泼而确实需要进入的位置,这种导向称为封闭特定位置的导向作用。

可作为封闭位置的导向基很多,常用的有三种:$-SO_3H$、$-COOH$ 和 $-C(CH_3)_3$ 等。下面以合成实例来解释钝化封闭基在合成中的导向作用。

(1)设计 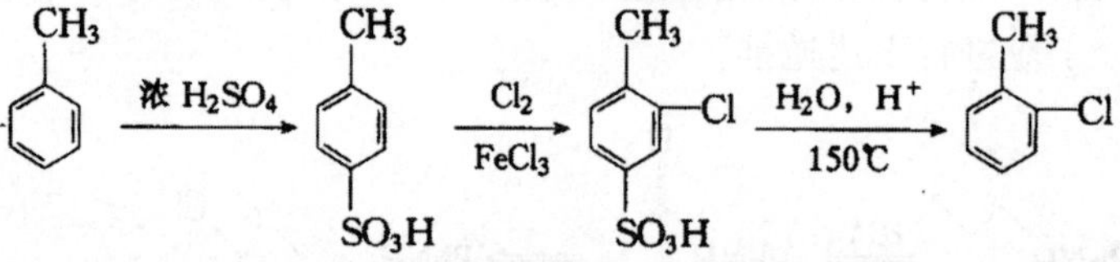 的合成路线

分析:甲苯氯化时,生成邻氯甲苯和对氯甲苯的混合物,它们的沸点非常接近(常压下分别为 159℃和 162℃),分离困难。合成时,可先将甲苯磺化,由于 $-SO_3H$ 体积较大,只进入甲基的对位,将对位封闭起来,然后氯化,氯原子只能进入甲基的邻位,最后水解脱去 $-SO_3H$,就可得很纯净的邻氯甲苯。

合成路线为:

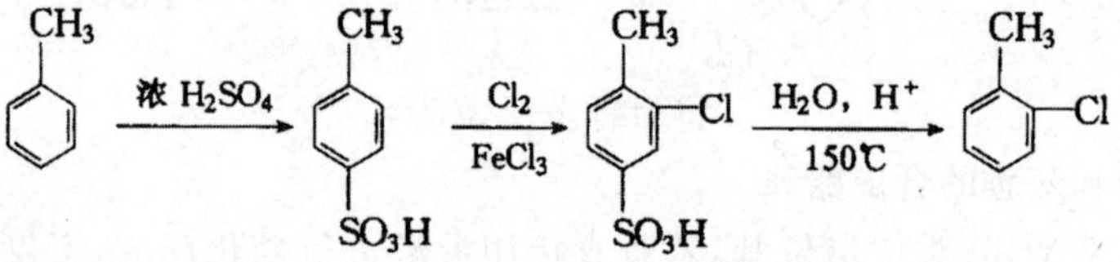

(2)设计 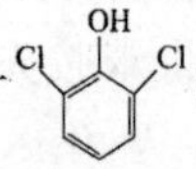 的合成路线

分析:在苯环上的亲电取代反应中,羟基是邻、对位定位基。要在羟基的两个邻位上引入氯原子,需要事先将羟基的对位封闭起来。以空间位阻较大的叔丁基为阻断基,不仅可以阻断其所在的部位,而且还能封闭其左右两侧,同时它还容易从苯环上除去而不影响环上的其他基团。

合成路线为:

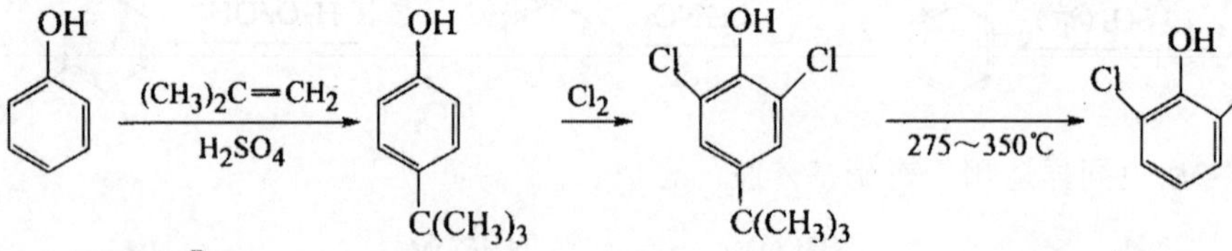

(3)设计 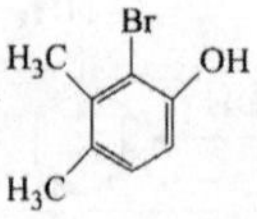 的合成路线

分析:3,4-二甲基苯酚的羟基有两个邻位,其 6-位比 2-位更容易发生溴化反应,而合成要求在 2-位上引入溴原子。为此,可用羧基将 6-位封闭起来,再进行溴化。

合成路线为：

第8章 催化技术

催化即通过催化剂改变反应物的活化能,改变反应物的化学反应速率,反应前后催化剂的量和质均不发生改变的反应。本章主要就相转移催化技术、均相催化技术、非均相催化技术和生物催化有机合成技术展开讨论。

8.1 相转移催化技术

相转移催化反应是近年来发展起来的一种有机反应新方法。相转移催化反应是指加入"相转移催化剂"(Phase Transfer Catalysis,PTC)使处于不同相的两种反应物易于进行的一种方法。该反应广泛用于有机合成、高分子聚合、造纸、制药、制革等领域。优点是反应条件温和、操作简便,反应时间短,选择性高,副反应少,可避免使用价格昂贵的试剂和溶剂。

8.1.1 相转移催化的原理

相转移催化反应的整个反应可视为络合物动力学反应,包括两个阶段:第一阶段,在有机相中反应;第二阶段,继续转移负离子到有机相。从相转移速度看,如果第二阶段比第一阶段快,过程被负离子转移所控制,称之为"萃取型"相转移催化;相反,如果第一阶段比第二阶段快,则称之为"界面型"或"相界型"相转移催化。

1. 离子交换-萃取机理

相转移催化反应原理是在不溶的水相与有机相的反应体系中,水相溶解无机盐类(以 $M^+ Nu^-$ 表示),有机相溶解与水相中的盐类发生反应的有机物(以 RX 表示),但两者不相溶,所以反应很慢,甚至几乎不发生反应。反应关系如下:

$$RX \quad + \quad M^+ Nu^- \xrightarrow{\text{难反应}} RNu + M^+ X^-$$
$$\text{(有机相)} \quad \text{(水相)}$$

当向两相反应体系加入 PTC,则可使反应迅速发生。这是由于 PTC 分子中具有"大阳离子"(如季铵盐 $R_4 N^+$)或是"络合大阳离子"(如冠醚与无机盐的阳离子 K^+ 络合物),既具有正电荷又具有较大的烃基,所以 PTC 具有两性(亲水性和亲脂性)。这种特性决定它能够在两相体系之间发生相转移催化反应。若以 $Q^+ X^-$ 表示 PTC,则相转移催化反应原理可以用斯塔克斯(Starks)提出的经典交换图式表示如下:

水相	Q^+X^- + M^+Nu^-	$\xrightleftharpoons{\text{式①}}$	Q^+Nu^- + M^+X^-
界面	式④ ‖ ┄┄┄┄┄		‖ 式②
有机相	Q^+X^- + RNu	$\xrightleftharpoons{\text{式③}}$	Q^+Nu^- + RX

交换式中,PTC 首先在水相中与无机盐的离子按式①发生离子交换,形成离子对 Q^+Nu^-,又由于 PTC 具有两性性质,所以还存在式②的相转移平衡,这样交换的结果就可以将水相中的反应试剂——阴离子(Nu^-)转移到有机相中,而与该相中的有机反应物按式③发生反应,生成产物 RNu。同样因为 PTC 具有两性性质,所以也存在式④相转移平衡。

水相是无机反应试剂阴离子的储存库,有机相是有机反应物的储存库,PTC 的作用是不断将无机反应试剂从水相转移到有机相,与该相中的有机反应物发生反应。由于有机溶剂的极性一般很小,与负离子之间的作用力不大,所以负离子 Nu^- 作为反应试剂,从水相转移到有机相后立即发生去溶剂化作用(去水化层),成为活性很高的“裸负离子”,提高了试剂的反应活性,使反应速率和产物产率都明显提高。离子交换是在有机相和水相界面进行的,而反应是在有机相中进行的。高分子载体相转移催化剂的催化原理与上述不同,其反应模式如下:

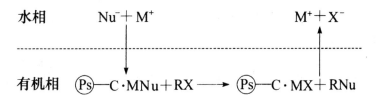

其离子交换是在有机相与水相界面进行的,反应是在固体催化剂与有机相界面进行的。

2. 络合-萃取反应机理

(1)冠醚类相转移催化

冠醚催化反应即固液相反应。在这类反应中,反应物溶于有机溶剂,然后此溶液与固体盐类试剂接触,当溶液中有冠醚时,盐与冠醚形成络合物而溶解入有机相中,随即在其中进行反应。由于冠醚结构的不同,能选择络合碱金属正离子、碱土金属正离子以及铵离子等。例如,有机物被高锰酸钾氧化的反应,首先有机反应物溶解于适当的有机溶剂中,同时高锰酸钾固体在有机溶剂中被冠醚逐渐络合并溶解于有机溶剂中,然后在有机溶剂中进行氧化反应。

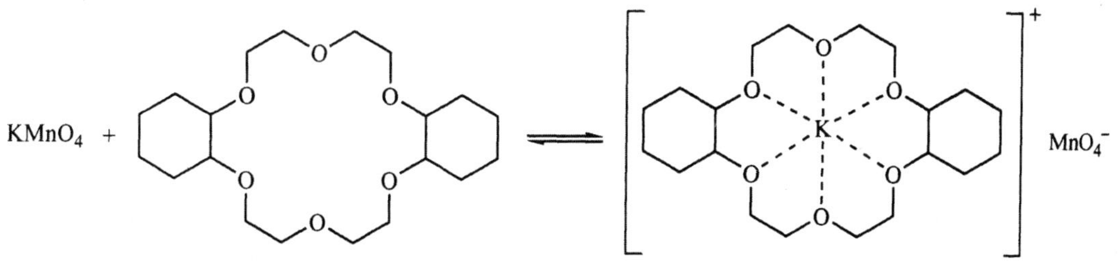

(2)开链聚醚类相转移催化

例如,用聚乙二醇二甲醚作相转移催化剂,以高锰酸钾作氧化剂,氧化烯烃制备羧酸,得到较好的结果。

$$HO(CH_2CH_2O)_nH \; + \; M^+A^- \Longleftrightarrow$$

8.1.2　相转移催化反应的影响因素

相转移催化反应欲取得良好的效果,首要的一点是要有利于相转移活性离子对的形成,而且在有机相中要有较大的分配系数,而该分配系数与所用相转移催化剂的结构、溶剂的极性等因素密切相关。影响催化剂反应的主要因素有催化剂、搅拌速度和溶剂等。

1. 相转移催化剂

(1)PTC 的结构

以溴代正辛烷与苯硫酚盐的反应为例,在苯-水系统中,各种 PTC 对该反应相对速率的影响如表 8-1 所示。

$$C_6H_5S^-M^+ + Br\!\!-\!\!C_8H_{17} \xrightarrow{\text{PTC}} C_6H_5S\!\!-\!\!C_8H_{17} + MBr$$

表 8-1　苯-水系统中催化剂的有效性

催化剂	缩写	相对速率
$(CH_3)_4NBr$	TMAB	$<2.2\times10^{-4}$
$(C_3H_7)_4NBr$	TPAB	7.6×10^{-4}
$(C_4H_9)_4NBr$	TBAB	0.70
$(C_4H_9)_4NI$	TBAI	1.000 *
$(C_8H_{17})_3NCH_3Cl$	TOMAC	4.2
$C_6H_5CH_2N(C_2H_5)_3Br$	BTEAB	$<2.2\times10^{-4}$
$C_6H_{13}N(C_2H_5)_3Br$	HTEAB	2.0×10^{-3}
$C_8H_{17}N(C_2H_5)_3Br$	OTEAB	0.022
$C_{10}H_{21}N(C_2H_5)_3Br$	UIEAB	0.032
$C_{12}H_{25}N(C_2H_5)_3Br$	LTEAB	0.039
$C_{16}H_{33}N(C_2H_5)_3Br$	CTEAB	0.065
$C_{16}H_{33}N(CH_3)_3Br$	CTMAB	0.020
$(C_6H_5)_4PBr$	TPPB	0.34
$(C_6H_5)_3PCH_3Br$	MTPPB	0.23

催化剂	缩写	相对速率
$(C_4H_9)_4PCl$	TBPC	5.0
$(C_6H_5)_4AsCl$	TPAsC	0.19
二环己基-18-冠醚-6	DCH－18－C－6	5.5

＊TBAI 为催化剂时的比速率定为 1.0000

由表 8-1 可见,选用季铵盐作为催化剂,在苯-水两相体系中,其催化效果存在如下规律。

①大的季铵离子比小的效果好。

②季铵盐或季鏻盐离子的四个取代基中,碳链最长的烷基链越长越好。

③对称的取代基比不对称的效果好。

④季铵盐或季鏻盐取代基脂肪族的比芳香族的效果好。

这四个可归结为:中心氮原子的正电荷被周围取代基包裹得越周密,其催化性能越好。因为,这种季铵离子与被它携带到有机相中的负离子之间结合得不牢,负离子更加裸露,其亲核性也更强。

⑤季鏻盐与相应的季铵盐相比,前者催化效果好,且热稳定性高。

（2）催化剂的稳定性

在中性介质中,优良的相转移催化剂应该具有 15 个或是更多的碳原子。通常使用的相转移催化剂在室温下可以稳定数天,高温下会分解。例如,季铵盐类高温下易分解。

（3）催化剂的用量

催化剂的用量与反应类型有关。多数反应催化剂用量为反应物质量分数的 1％～5％。对于酯类水解反应来说,水解速率随催化剂用量的增加而加快,但催化剂用量是否存在最佳值,还有待于进一步研究。就醚的合成而言,催化剂的最佳用量为反应物醇或酚质量分数的 1％～10％。

（4）催化剂的分离和再生

由于只有催化剂可溶于水,因此在合成反应后,将催化剂从产品中分离出来通常不会遇到什么困难,有时用水反复洗涤反应混合液即可。在其他情况下,可将原有的溶剂蒸除,残留物用水处理,再用溶剂反复萃取。例如,回收 18-冠醚-6 的操作为:反应混合液用酸性氯化钾饱和溶液反复洗涤,合并几次洗涤液,用旋转蒸发器蒸发,固体残留物用二氯甲烷反复萃取,合并的萃取液经硫酸镁干燥、过滤、蒸发,得粗产物。所得固体产物含有氯化钾,可在 6.67Pa/130℃～140℃下升华或者用乙腈重结晶。

2. 搅拌速度

搅拌是有机合成中必不可少的。搅拌可以使物料混匀或增加两相的接触机会。通过搅拌可以使水相中的负离子和催化剂形成的离子对迅速向有机相转移。一般说来,反应速率随搅拌速度的增加而提高,当反应速率达到一定值后,反应速率变化就不大。

搅拌速度一般可按下列条件调节:对于在水/有机介质中的中性相转移催化,搅拌速度应大于 200 r/min;对于固液相反应以及有氢氧化钠存在的反应,应大于 750～800 r/min;对某些固液相反应,可能需要高剪切式搅拌。

3. 溶剂

如果有机反应物或目的产物在反应条件下是液态的,一般不需要使用另外的有机溶剂。如果有机反应物和目的产物在反应条件下都是固态的,就需要使用非水溶性的非质子型有机溶剂。选择溶剂时,应充分考虑下列因素:

①溶剂不与亲核试刘、有机反应物或目的产物发生化学反应。

②溶剂对于亲核负离子 Nu^- 或 $[Q^+Nu^-]$ 离子对有较好的提取能力。

③溶剂对有机反应物和目的产物有较好的溶解性。

可以考虑的溶剂有二氯甲烷、氯仿、1,2-二氯乙烷、石油醚(烷烃)、甲苯、氯苯和醋酸乙酯等。对于离子型反应,溶剂能影响反应的方向,如乙酰丙酮的烷基化反应,极性大的非质子溶剂有利于形成 O-烷基化产物,而极性小的溶剂,容易生成 C-烷基化产物。如表 8-2 所示。

$$CH_3COCH_2COCH_3 + i - C_3H_7Br \xrightarrow[\text{溶剂}]{(C_4H_9)_4\overset{+}{N}\cdot HSO_4^-}$$

$$\underset{\overset{|}{C_3H_7 - i}}{CH_3COCHCOCH_3} + \underset{\overset{|}{O - C_3H_7 - i}}{CH_3COCH=\!\!=C-CH_3}$$

$$\text{C-异丙烷化} \qquad\qquad \text{O-异丙烷化}$$

表 8-2 溶剂对产物结构的影响

溶剂	C-:D-异丙烷化产物(质量比)
DMSO	0.72:1
CH_3COCH_3	0.72:1
CH_3CN	0.92:1
$CHCl_3$	1.04:1
$C_6H_5CH_3$	13.8:1

此外,在两相反应中,为使反应物溶解或离子化,一般加少量水是需要的,但加水过多会使反应物浓度和催化剂的浓度明显减少,反而使反应速度变慢。

8.1.3 相转移催化的应用

相转移催化反应具有原料和溶剂易得,价格便宜,工艺设备简单,操作简单方便的特点。

1. 烷基化反应

含有活泼氢的碳原子的烷基化反应一般采用强碱(如醇钠、氨基钠、氢化钠等)作催化剂,反应必须在无水条件下进行。若用相转移催化剂,氢氧化钠即可代替上述强碱,而且反应可在油-水两相中进行。

$$CH_2(COOC_2H_5)_2 + n - C_4H_9I \xrightarrow[\text{NaOH, } H_2O, CH_2Cl_2]{TBAB} n - C_4H_9CH(COOC_2H_5)_2$$

$$C_6H_5CH_2CN + n - C_4H_9Br \xrightarrow[\text{NaOH, } H_2O]{\text{TBAB}} C_6H_5\underset{\underset{C_4H_9-n}{|}}{C}HCN$$

$$87\%$$

2. 消去反应

(1) α-消去反应

通过 α-消去反应可以得到二氯卡宾和二溴卡宾。通常，二氯卡宾由氯仿在叔丁醇钾的作用下产生。在相转移催化下，氯仿在浓 NaOH 水溶液中可顺利地制得二氯卡宾。其过程是首先形成 $Cl_3C^- N^+ R_4$ 离子对，然后抽提入有机相，在有机相中形成平衡。

$$Cl_3C—N^+R_4 \Longleftrightarrow Cl_2C: + R_4N^+Cl^-$$

二氯卡宾作为一种非常活泼的中间体，能与许多物质进行反应，与烯烃和许多芳烃反应得到环丙烷的衍生物。例如，由烯丙醇的缩乙醛与二氯卡宾反应后，经还原和水解可得到环丙基甲醇。

$$CH_3CH(OCH_2CH=CH_2)_2 \xrightarrow[40℃\sim50℃]{50\%NaOH/CHCl_3/TEBA} CH_3CH(OCH_2CH \overset{\overset{Cl \quad Cl}{\diagdown \diagup}}{C} CH_2)_2$$

$$\xrightarrow[\textcircled{2} H_3O^+]{\textcircled{1} Na,NH_3} HOCH_2—\underset{\underset{H_2}{C}}{CH—CH_2}$$

在相转移催化下，二氯卡宾与 1，2-二苯乙烯和环戊二烯作用，前者经水解可得二苯环丙羰基化合物，后者经重排可得 1-氯代环己二烯。

$$\underset{Ph}{\overset{H}{\diagdown}}C=C\underset{Ph}{\overset{H}{\diagup}} \xrightarrow[R_4N^+X^-]{NaOH/H_2O/CHCl_3} \underset{Ph}{\overset{H}{\diagdown}} \overset{Cl \quad Cl}{\diagdown \diagup} \overset{H}{\diagup} \xrightarrow{H_2O} \underset{Ph}{\overset{H}{\diagdown}} \overset{O}{\diagdown} \overset{H}{\diagup}$$

环戊二烯 $\xrightarrow[R_4N^+X^-]{NaOH/H_2O/CHCl_3}$ 二氯产物 $\xrightarrow{-Cl}$ 正离子+Cl $\longrightarrow$ Cl代环己二烯

扁桃酸是某些药物的中间体，在相转移催化下，二氯卡宾与碳-氧双键作用，经水解可得 α-氯代酸或 α-羟基羧酸（扁桃酸）。

$$R—\text{Ph}—CHO \xrightarrow[54℃\sim58℃,1h]{55\%NaOH/CHCl_3/TEBA} R—\text{Ph}—\underset{\underset{Cl}{|}}{CH}—\overset{\overset{O}{||}}{C}—Cl \xrightarrow[H_2O]{NaOH} R—\text{Ph}—\underset{\underset{OH}{|}}{CH}—\overset{\overset{O}{||}}{C}—OH$$

该方法不仅操作简单，产率较高，而且避免了使用剧毒的氰化物。

二氯卡宾插入 C—H 键中得到增加一个碳原子的二氯甲基取代衍生物。例如，金刚烷的碳-氢键插入二氯卡宾可得到相应的二氯甲基衍生物

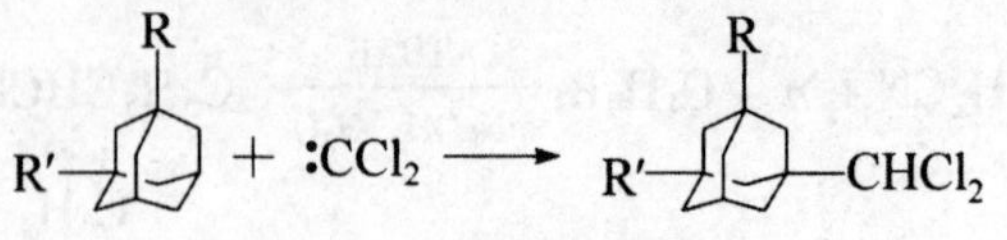

$$R:H、CH_3;R':H、CH_3$$

二氯卡宾若与桥环化合物反应,可在桥头引入二氯甲基,从而为角甲基化提供了一种可选择的途径。

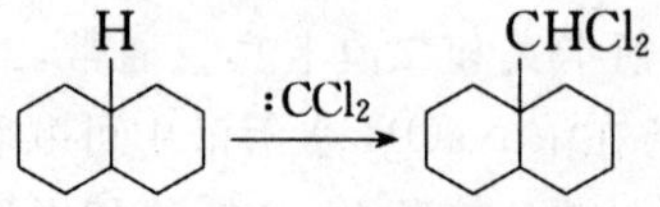

二氯卡宾与 $RCONH_2$ 作用可以制得氰化物,在相转移催化下,长链或支链脂肪酰胺以及芳香酰胺反应产率较高。

$$RCONH_2 \xrightarrow{50\%NaOH/CHCl_3/50\%TEBA} RCN$$

反应可能经过的过程如下:

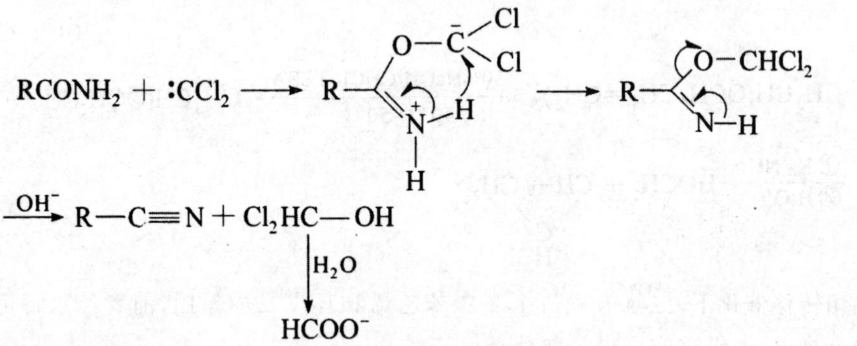

$$\xrightarrow{OH^-} R-C\equiv N + Cl_2HC-OH$$

$$\downarrow H_2O$$

$$HCOO^-$$

同样,在相转移催化下,溴仿在 NaOH 水溶液中也能产生二溴卡宾。二溴卡宾与二氯卡宾相似,也能发生许多反应。

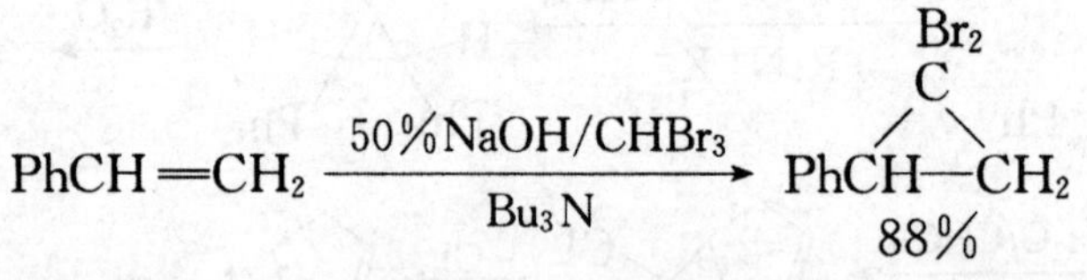

$$PhCH=CH_2 \xrightarrow[Bu_3N]{50\%NaOH/CHBr_3} \underset{88\%}{PhCH-CH_2}$$

二溴卡宾与桥环烯烃反应,首先得到 1,1-二溴环丙烷,再开环得重排产物。

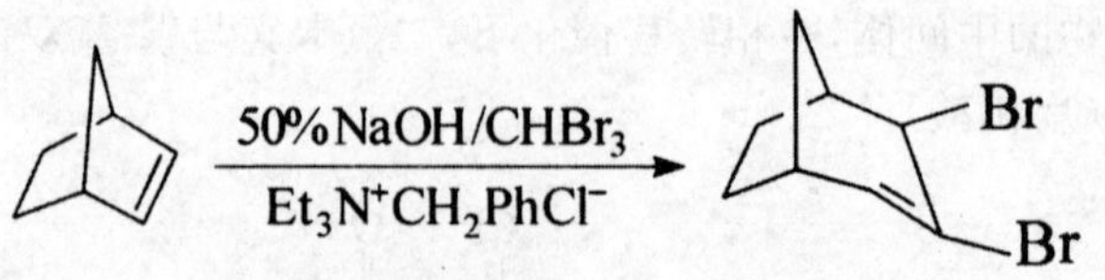

二溴卡宾与含氮杂环(如吲哚)反应,形成扩环产物溴化喹啉。

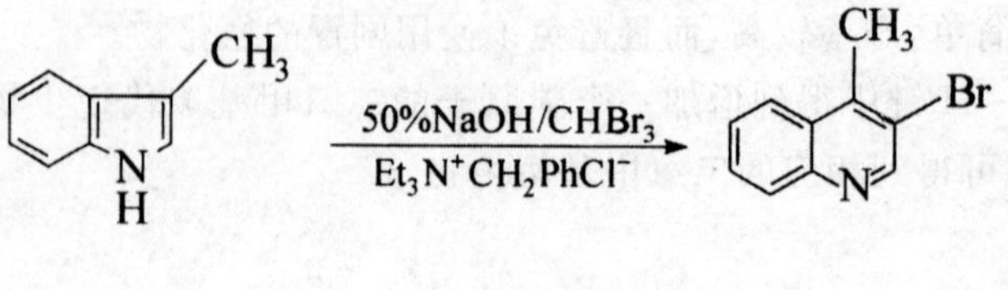

在相转移催化下，也可以产生其他卡宾，如氟氯卡宾（：CFCl）、氟溴卡宾（：CFBr）、氟碘卡宾（：CFI）、硫代卡宾（：CHSPh）等，这些卡宾也能发生许多反应。

(2)β-消去反应

下列敏化物是在固体氟化钾和少量 18-冠-6 催化剂存在下通过消除反应制备的：

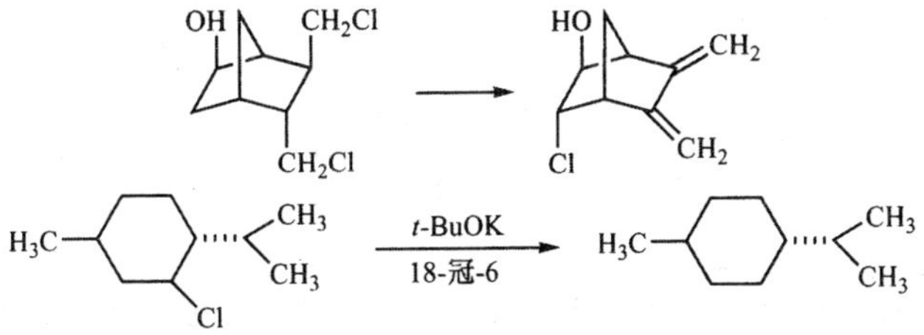

其他敏化物在制备上属于简单的脱氯化氢反应，是在叔丁醇钾/18-冠-6/石油醚条件下进行的。例如，冰片基溴能够在 120℃、6h 条件下转变为冰片烯，收率为 92%，无杂质莰烯和三环烯生成。相转移脱溴在 90℃，甲苯、碘化钠和硫代硫酸钠水溶液及十六烷基三丁基溴化鳞存在下进行。

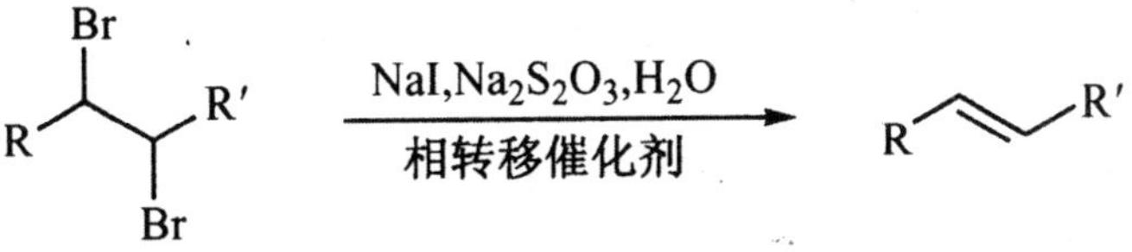

(3)γ-消去反应

γ-消去反应在相转移催化下也能进行。例如，γ-卤代氰在碱性溶液中，相转移催化可得 γ-消去产物环丙腈。

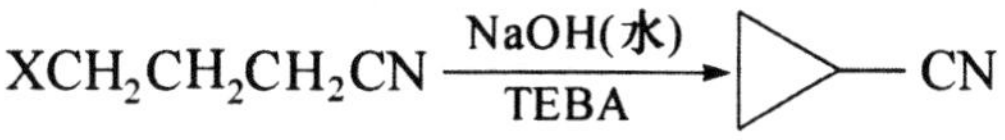

3. 氧化反应

有的烯烃在室温下与高锰酸钾不发生氧化反应，但在油-水两相体系中加入少量的季铵盐，高锰酸负离子被季铵盐正离子带到有机相，与烯烃的氧化反应立刻进行。例如，1-辛烯。在冠醚催化下，卤代烷与重铬酸盐反应，已成为制备醛的有效方法。

$$CH_3(CH_2)_5CH=CH_2+KMnO_4 \xrightarrow[TOMAC]{C_6H_6,H_2O} \underset{91\%}{CH_3(CH_2)_5COOH}$$

用次氯酸钠、重铬酸盐、高碘酸等作氧化剂，同样也可用季铵盐等作催化剂，进行两相催化氧化反应。冠醚在氧化反应中作催化剂，其作用在于首先与氧化剂如高锰酸盐、重铬酸盐的金属离子结合，使高锰酸或重铬酸负离子裸露在介质中，从而使氧化反应迅速进行。

$$BrCH_2-\underset{\displaystyle CH_3}{\underset{|}{C}}=CHCOOC_2H_5+K_2Cr_2O_7 \xrightarrow{\text{冠醚}} OHC-\underset{\displaystyle CH_3}{\underset{|}{C}}=CHCOOC_2H_5 \quad 95\%$$

4. 还原反应

相转移催化可用于硼氢化钠（钾）在油-水两相中的还原反应。例如，以季铵盐作催化剂，季铵盐正离子与硼氢负离子结合成离子对（如 $R_4\overset{\oplus}{N}BH_4^{\ominus}$），并转移到有机相，可使有机相中的酰氯、醛、酮还原成相应的醇。

$$CH_3CO(CH_2)_5CH_3 + KBH_4 \xrightarrow[C_6H_6,H_2O]{TOMAC} \overset{\overset{OH}{|}}{CH_3CH}(CH_2)_5CH_3$$

5. 金属有机反应

金属有机反应领域中相转移催化发展很快，应用广泛。下述异构化是在铑催化剂存在下进行的。例如，三氯化铑以 $[NR_4]^+[RhCl_4]^-$ 形式被萃取；另一种反应是在 $[Rh(CO)_2]_2$、8mol/L NaOH 溶液及 Q^+X^- 存在下进行。

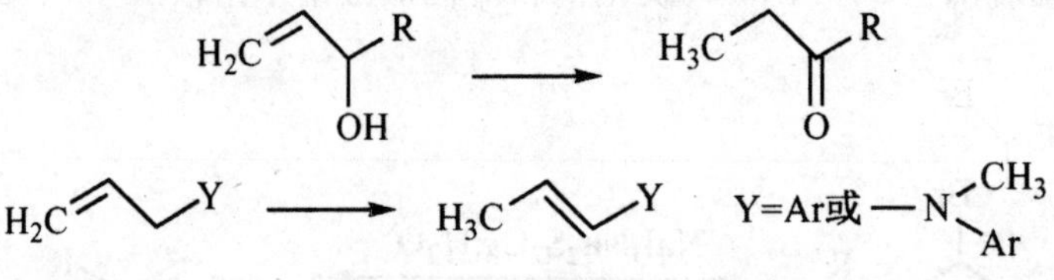

羰基金属催化剂同一氧化碳、浓氢氧化钠水溶液一起反应，催化卤素化合物转变为羰基或羧基化合物。

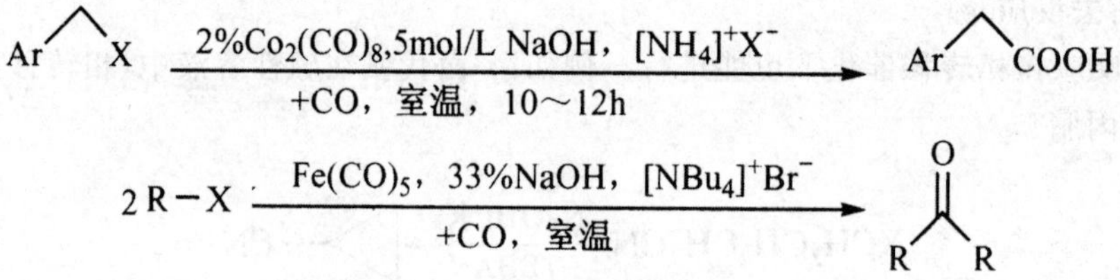

二茂铁可在 THF 介质中，室温和少量 18-冠-6 存在下，由氯化亚铁、环戊二烯、固体氢氧化钾制备。由 $Fe_3(OH)_{12}$ 或 $CO_2(CO)_8$、浓苛性碱水溶液及相转移催化剂可以制备一些还原产物。例如，芳香族硝基化合物被还原及 α-溴酮脱卤。

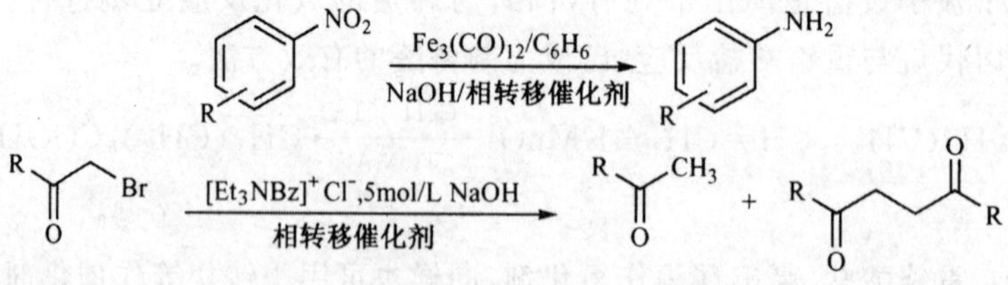

6. 羰基化反应

近年来，相转移试剂与金属配位催化剂结合用于羰基化反应的应用使羰基化反应可以在更温和条件下进行，开辟了羰基化合物合成的新途径。苯乙酸是一种具有广泛用途的药物中间体。目前工业上用氰化法生产苯乙酸，虽然产率较高，但用的氰化物是剧毒品。在传统的均相催化羰基化的条件下，通常需要高温高压、过量的碱及长时间的反应，而且产率不高。用相转移催化技术,在非常温和的条件下,苄基卤化物即可顺利转化为苯乙酸。邻甲基苄溴羰基化时,除了预期的邻甲基苯乙酸外,还分离出少量的双羰基化合物 α-酮酸。

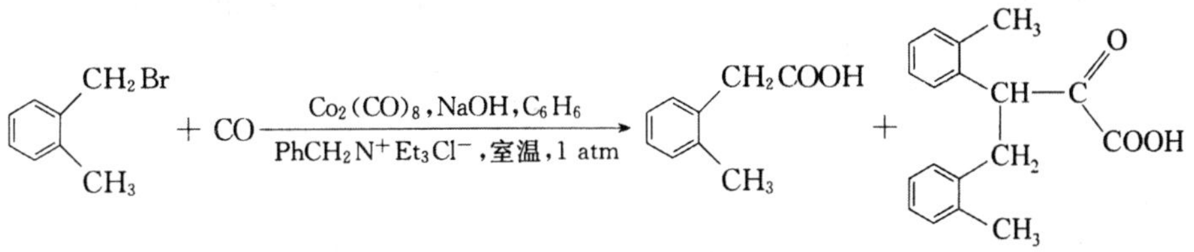

类似于八羰基二钴,钯(O)配合物也可对苄基溴羰基化进行催化合成苯乙酸。

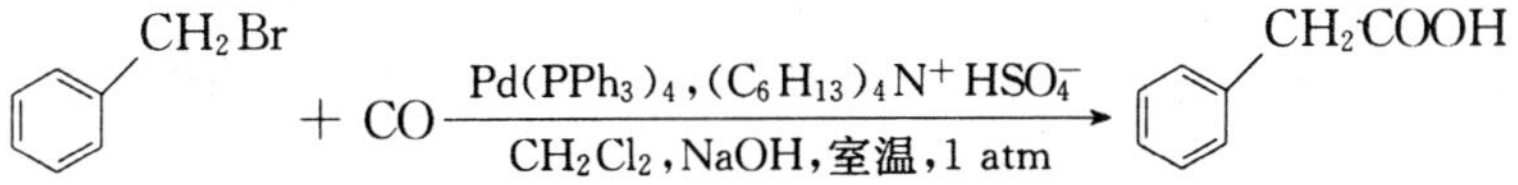

不活泼的芳基卤代物的羰基化反应,用八羰基二钴作催化剂,四丁基溴化铵作相转移试剂,还必须在光照射条件下才能顺利进行,产率达 95% 以上。

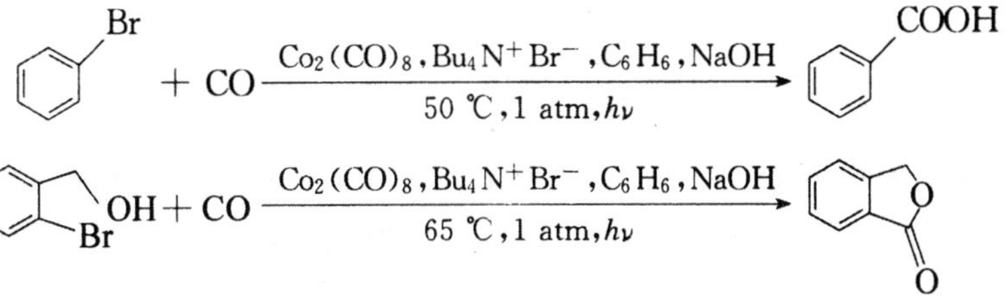

如果用 Pd(diphos)$_2$[diphos 为 1,2-二(二苯基膦)乙烷]作催化剂,三乙基苄基氯化铵作相转移试剂,叔戊醇或苯作有机相溶剂,二溴乙烯基衍生物羰基化可获得不饱和二酸,产率为 80%~93%。

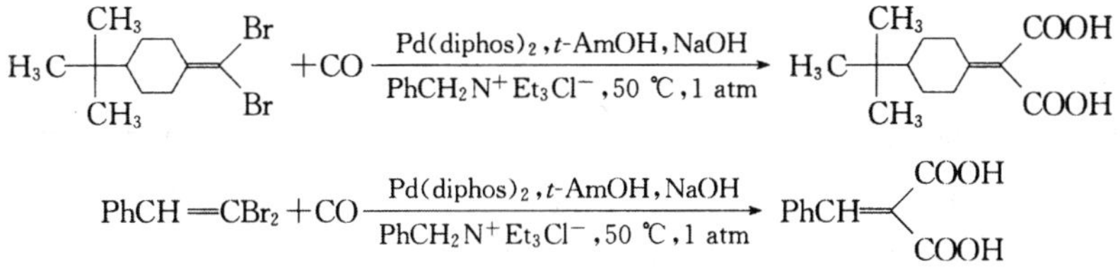

用相转移试剂 PEG-400 同时作溶剂,则仅能得到一元羧酸。由于二溴乙烯基衍生物很容易由酮类合成,故此反应是一个很有价值的同系化氧化合成方法。

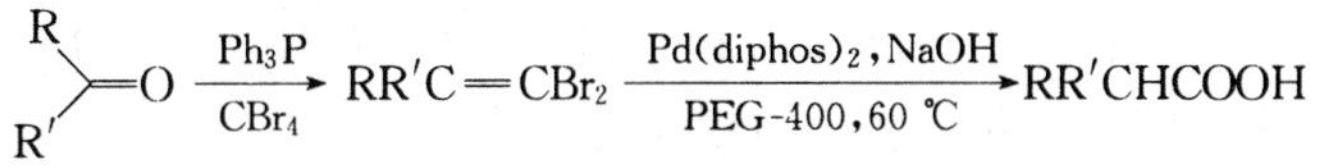

在相转移试剂存在下,氰化镍可以催化烯丙基卤代物的羰基化反应而得到 β,γ-不饱和酸。机理研究表明,有催化活性的是三羰基氰化镍离子 Ni(CN)(CO)$_3^+$,此化合物对其他相转移反应也是很有效的催化剂。

$$\text{PhCH}=\text{CHCH}_2\text{Cl} + \text{CO} \xrightarrow[\text{Bu}_4\text{N}^+\text{HSO}_4^-]{\text{Ni(CN)}_2,\text{NaOH}} \text{PhCH}=\text{CHCH}_2\text{COOH}$$

7. 聚合反应

相转移催化剂已应用于许多聚合反应,如苯酚与甲基丙烯酸缩水甘油酯或缩水甘油苯醚与甲基丙烯酸在 TEBA 催化下制得(3-苯氧基-2-羟基)丙基甲基丙烯酸酯。该单体加入引发剂后立即聚合,产物可用于补牙。

$$PhOH + \triangleleft O \!\!\!>\!\!-CH_2-O-\overset{\overset{\displaystyle O}{\|}}{C}-\underset{\underset{\displaystyle CH_3}{|}}{C}=CH_2$$

$$PhOCH_2-\triangleleft O \!\!\!> + CH_2=CCH_3COOH \quad \xrightarrow[85\ ℃,4\ h]{TEBA} \quad Ph-O-CH_2-\overset{\overset{\displaystyle OH}{|}}{CH}-CH_2-O-\overset{\overset{\displaystyle O}{\|}}{C}-\underset{\underset{\displaystyle CH_3}{|}}{C}=CH_2$$

$$91\% \sim 95\%$$

在相转移催化下,双酚 A 与对苯二甲酰氯作用,发生双酚 A 型聚芳酯的聚合反应,与非相转移催化相比具有速率快、反应条件温和、产物相对分子质量大等优点,易于工业化生产。

$$\frac{1}{2}n ClCO-\langle\ \rangle-COCl + n HO-\langle\ \rangle-\underset{\underset{\displaystyle CH_3}{|}}{\overset{\overset{\displaystyle CH_3}{|}}{C}}-\langle\ \rangle-OH + \frac{1}{2}n ClCO-\langle\ \rangle-COCl$$

$$\xrightarrow[\text{TEBA}]{NaOH/CH_2Cl_2} \left[CO-\langle\ \rangle-\overset{\overset{\displaystyle O}{\|}}{C}-O-\langle\ \rangle-\underset{\underset{\displaystyle CH_3}{|}}{\overset{\overset{\displaystyle CH_3}{|}}{C}}-\langle\ \rangle-O \right]_n$$

双酚 A 型聚芳酯在较高温度下仍具有优异的应变回复性和抗蠕变性。其他高分子材料(如环氧树脂、聚噁唑烷酮、聚氨基甲酸酯等)也可以通过相转移催化合成。如果将相转移催化技术与其他有机合成新技术、新方法相结合,将会使反应更具特色。

8.2　均相催化与非均相催化技术

8.2.1　均相催化技术

均相催化是催化剂与反应介质不可区分,与介质中的其他组分形成均匀物相的催化反应体系。均相催化剂常用于液相反应,它完全溶解于其中。

目前,均相催化已成功地应用于多种化工生产过程,其中最有名的三个是:

①乙烯均相催化氧化成乙醛的 Wacker 过程,均相催化剂为 $PdCl_2$-$CuCl_2$-HCl·aq 体系。

②α-烯烃氢醛化合成醛(酮)化合物的 OXC 过程,均相催化剂为八碳基二钴$[CO_2(CO)_8]$。

③甲醇羰基化合成醋酸的 Monsanto 过程,均相催化剂为 Rh-络合物或 Ru-络合物。

通常,有机合成中的酸碱催化也属于均相催化范畴。

在工业应用中,均相催化剂难以与反应介质分离,且均相催化剂除有机合成中用的酸碱外,工业应用的多系 Pd、Ru、Pt 等贵金属络合物,经济成本高,如没有高效的活性和选择性,以及接近 100% 的贵金属回收率,就难以在工业上应用,进而使得非均相催化较均相催化在工业应用中比较普遍。

当然,均相催化也有很多非均相催化不能达到的优势如下:

①易于在较温和的条件下进行,有利于节能。

②均相催化剂通常就是特定的分子,产生催化作用的仅是其多功能基的某一基团,反应性能专一,具有特定的选择性,这是非均相催化体系目前所做不到的。

③均相催化剂的活性和选择性可以通过配体的选择、溶剂的变换、促进剂的增添等因素,精细地调配和设计。

④均相催化的作用机理清楚,易于研究和把握。

基于上述优点,目前均相催化的研究开始受到催化科学家们的广泛重视。主攻的方向之一是将均相催化剂固相化,制出固相化的均相催化剂。这种催化剂将均相和非均相催化剂的优点结合在一起,形成一类新的催化体系。它的特点是活性中心分布均匀,易于化学修饰,选择性高,易于与反应介质分离、回收和再生,具有较好的稳定性和较长的寿命。固相化载体则有 PS、PVC、离子交换树脂等有机高聚物类和 Al_2O_3、SiO_2、TiO_2 和分子筛等无机高聚物类。固相化方法是将活性组分的金属原子锚锭在这些高聚物上。

8.2.2　非均相催化技术

非均相催化指的是反应物和催化剂分别在不同的物相中,催化作用在不同的界面上进行的催化作用。从化学角度来看,均相催化和非均相催化的本质在于催化过程的差异。理论上,所有的均相催化都有相应的非均相催化对应,反之亦然,但目前仍有很多均相催化和非均相催化实际上是不能对应的。根据不同物相组合,非均相催化可以分为气液相、气固相、液固相和液液相催化等多种类型。其中,气液相和液液多相催化与均相催化很类似;而固体催化剂催化的气固相和液固相催化过程与均相催化有显著区别。固体催化剂催化的非均相反应是在催化剂表面上进行的,至少应有一种反应物分子在催化剂表面吸附成为被吸附物时才能发生反应。大体包括以下几个步骤:

①反应物从气或液相向固体催化剂外表面扩散。

②反应物从催化剂表面沿着微孔向催化剂内表面扩散。

③至少一种或同时有几种反应物在催化剂表面发生化学吸附。

④被吸附的相邻活化反应物分子或原子之间进行化学反应,或是吸附在催化剂表面的活化反应物分子与气相中的反应物分子之间发生反应,生成吸附态产物。

⑤吸附态产物从催化剂表面脱附。

⑥产物从催化剂内表面扩散到外表面。

⑦产物从催化剂外表面扩散到气或液相中。

可见,固体催化剂的非均相催化中有很多过程在均相催化中并不存在。

1. 固体非均相催化

固体非均相催化剂主要由主催化剂、助催化剂和载体三部分混合组成。

(1)主催化剂

主催化剂可以由一种物质组成,也可由几种物质组成。在某一化学反应中,主催化剂的选择对反应及其选择性起决定作用。

(2)助催化剂

助催化剂一般本身没有催化活性,但却能够提高主催化剂的活性或选择性,并延长其使用寿命。有些助催化剂则改变主催化剂的电子结构或主催化剂的表面性质,从而提高催化剂的活性。

（3）载体

载体是支持主催化剂和助催化剂的惰性骨架，其主要作用是使催化剂保持一定的形状，提供适当的多孔结构，改善表面积和机械强度等。常用的载体有浮石、硅藻土、氧化铝、二氧化硅等。

综上所述，V_2O_5-K_2SO_4-SiO_2 是气相催化氧化法由萘制邻苯二甲酸广泛采用的催化剂，其中 V_2O_5 是主催化剂，K_2SO_4 是助催化剂，SiO_2 是载体。

固体催化剂组成复杂，而且催化活性中心的结构很难控制，甚至难以明确确定，因此催化过程的化学和立体选择性都不理想，目前主要应用于反应物和产物结构相对简单、反应选择性要求不高的石油化工等领域。

2. 过渡金属加氢

均相过渡金属催化加氢过程由于价格昂贵，回收困难等缺陷，在实际生产中很难应用。与过渡金属催化加氢均相催化剂相对应的固体非均相金属催化剂是金属催化剂或负载型金属催化剂，如 Pd/C、雷尼镍等。非均相催化剂虽然在反应的选择性和活性上与均相催化剂有明显差别，但在催化过程的化学本质上是很类似的。此外，固体金属催化剂或负载型金属催化剂使用方便，易于分离回收，因此广泛应用于实际生产的催化加氢中。

固体金属催化剂或负载型金属催化剂催化的烯烃催化加氢的基本化学过程包括：

①氢气分子在金属表面化学吸附。

②氢分子均裂形成金属—氢（M—H）键。

③烯烃等底物分子中的 $C=C$、$C\equiv C$ 等不饱和键在金属表面化学吸附和活化。

④$C\equiv C$ 键等不饱和键插入 M—H 键，形成 M—C 键。

⑤M—C 键与 M—H 键完成催化过程。

由于反应的前提是烯烃等底物中的不饱和键和氢气分子在金属催化剂的吸附，因此反应与均相催化氢化一样为顺式选择性反应。不同的是，固体金属催化剂的活性与金属颗粒大小、制备工艺条件都有很大的关系。此外，目前固体金属催化剂还不能进行对映立体选择性控制。

3. 分子筛催化

天然沸石是一种水合的晶体硅酸盐，具有中空的、高度规则性的笼状结构，有各种大小均一的孔道通向这笼状多面体，从而组成了具有四通八达通道的结构，通道的孔径尺寸大小限制了进入分子筛内部的分子的几何大小，从而令沸石具有筛分分子的性能，故又称为分子筛。其化学通式为：

$$M_{x/n}\left[(AlO_2)_x(SiO_2)_y\right] \cdot m\,H_2O$$

其中，x 表示 Al 的数目，n 为金属离子 M 的价数，m 为水合的水分子数。

可通过离子交换等途径将各种金属离子结合进沸石等基本分子筛的骨架中，形成既具有该金属的催化性能、又有沸石规整轨道的新型改性分子筛。分子筛催化的最大特点是择型效应。分子筛规整均匀的孔口和孔道使得催化反应可以在一种对一定的形状有效，而对其他形状无效或低效的情况下进行，即所谓的择型催化。在有机合成中应用的分子筛，其骨架主要由硅酸铝所组成。

第 9 章　不对称合成技术

不对称合成反应泛指由于手性反应物、试剂、催化剂以及物理因素等造成的手性环境而发生的反应,是近年来有机化学中发展最迅速和最有成就的领域之一。反应物的前手性部位在反应后变为手性部位时形成的立体异构体不等量,或在已有的手性部位上一对立体异构体以不同速率反应,从而形成一对立体异构体不等量的产物和一对立体异构体不等量的未反应原料。

9.1　概述

9.1.1　光化学纯物质获得的途径

获取光学纯物质的途径归纳起来主要有下列几种:

①从生物体中存在天然产物中提取光学纯物质,如氨基酸、糖和生物碱等,可采取化学手段对其进行提取。

②拆分外消旋体获取单一对映体物质,它是获取单一对应体化合物的最好方法。在工业上采用拆分外消旋体法来制备药物。

③不对称合成及相关方法。不对称合成又叫手性合成,本章的后续内容将进行阐述。

9.1.2　不对称合成的意义

不对称合成反应是近年来有机化学中发展最为迅速也是最有成就的研究领域之一。研究不对称合成反应具有十分重要的实际意义和理论价值。对于不对称化合物而言,制备单一的对映体是非常重要的,因为对映体的生理作用往往有很大差别。许多药物都是手性的,只有一种对映体有效,另一种无效甚至起反作用。

在一个不对称反应物分子中形成一个新的不对称中心时,两种可能的构型在产物中的出现常常是不等量的。在有机合成化学中,就把这种反应称为不对称反应或不对称合成。

Morrison 和 Mosher 提出了"不对称合成"较为完整的定义:一个反应,其中底物分子整体中的非手性单元由反应剂以不等量地生成立体异构产物的途径转换为手性单元。也就是说,不对称合成是这样一个过程,它将潜手性单元转化为手性单元,使得产生不等量的立体异构产物。

不对称合成的发展,使药物合成和有机合成进入了一个新阶段。这类反应还广泛应用于有机化合物分子构型的测定和阐明、有机化学反应的机理、酶的催化活性等领域,丰富了有机化学、药物化学、有机合成化学和化学动力学,具有广泛的应用前景。

9.1.3　不对称合成的效率

不对称合成实际上是一种立体选择性反应,它的反应产物可以是对映体,也可以是非对映体,且两种异构体的量不同。立体选择性越高的不对称合成反应,产物中两种对映体或非对映体的数量差别越悬殊。正是用这种数量上的差别来表征不对称合成反应的效率。

不对称反应效率的表示方法有两种。一种是对应异构体过量百分数,如果产物互为对映体,则用某一对映体过量百分数(简写为 e.e)来衡量其效率:

$$e.e = \frac{[R]-[S]}{[R]+[S]} \times 100\%$$

或是非对应异构体表示方法,如果产物为非对映体,可用非对映体过量百分数(简写为 d.e)表示其效率:

$$d.e = \frac{[S^*S]-[S^*R]}{[S^*S]+[S^*R]} \times 100\%$$

上述两式中[S]和[R]分别表示主产物和次产物对应异构体的量;[S*S]和[S*R]分别表示主次要产物非对应异构体的量。

第二种不对称合成反应效率用产物的旋光纯度来表示,旋光性是手性化合物的基本属性,在一般情况下,可假定旋光度与立体异构体的组成成直线关系,不对称合成的对映体过量百分率常用测旋光度的实验方法直接测定,或者说,在实验误差可忽略不计时,不对称合成的效率用光学纯度 OP 表示:

$$OP = \frac{[\alpha]_{实测}}{[\alpha]_{纯样品}} \times 100\%$$

在实验误差范围内两种方法相等。若 e.e. 或旋光度 OP 为 90%,则对映体的比例为 95:5 非对应异构体的量可以用 ^{1}H-NMR、GC 或 HPLC 来测定。

一个成功不对称合成的标准:

①对应异构体的量,对应异构体含量越高合成越成功。

②可以制备到 R 和 S 两种构型。

③手性辅助剂易于制备并能循环应用。

④最好是催化性的合成。

9.1.4　不对称合成中的立体选择性和专一性

立体选择反应一般指反应能生成两种或两种以上的异构产物也有时可能会生成一种立体异构体,两种或两种以上异构体中其中只有一种异构体占优势的反应。这类反应一般包括烯烃的加成反应和羰基的还原反应。

烯烃的加成反应:

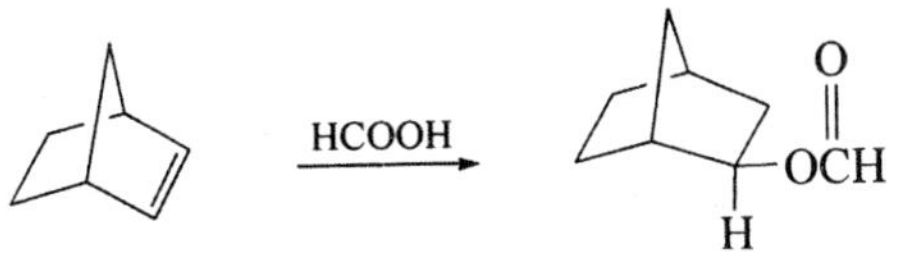

（单一立体异构）

羰基的还原反应：

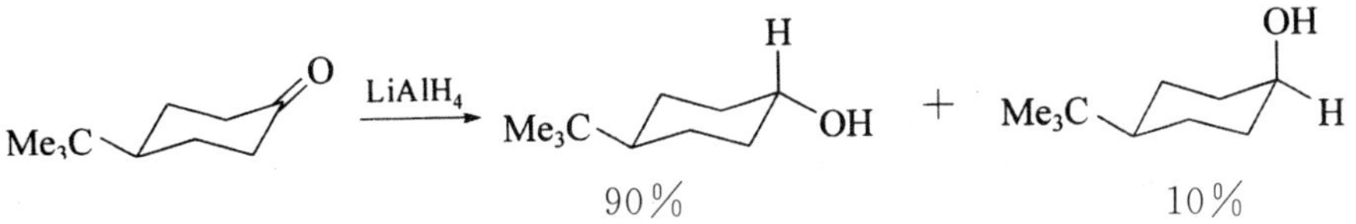

90%　　　　　　　　　10%

Power 等利用大位阻的 Lewis 酸来制造过渡态中额外的空间因素而使反应的选择性发生扭转，得到立体选择性高的物质，反应过程下：

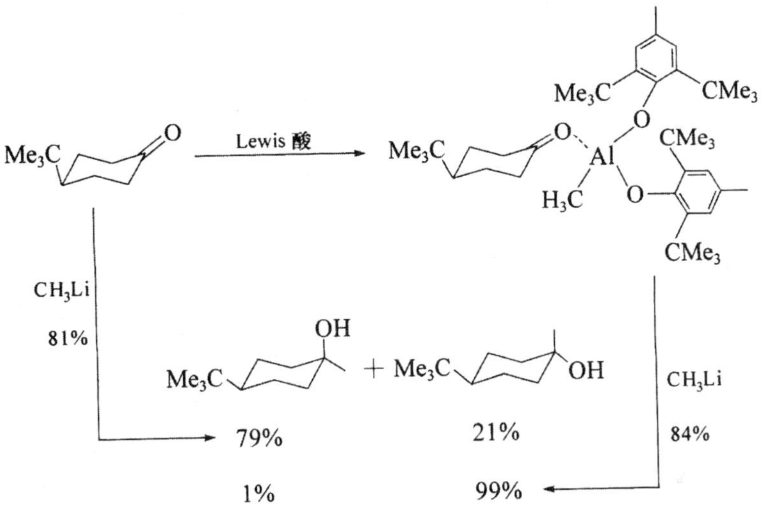

立体专一性反应是指由不同的立体异构体得到立体构型不同的产物的反应，反映了反应底物的构型与反应产物的构型在反应机理上立体化学相对应的情况。以顺反异构体与同一试剂加成反应为例，若两异构体均为顺式加成，或均为反式加成，则得到的必然是立体构型不同的产物，即由一种异构体得到一种产物，由另一种异构体得到另一种构型的产物。如果顺反异构体之一进行顺式加成，而另一异构体则进行反式加成，得到相同的立体构型产物，称为非立体专一性反应。

9.2　不对称合成的途径

不对称合成中光学纯物质不可能"无中生有"，它的单一生成必须靠别的手性因素来诱导。从手性诱导源对反应的控制方式来经行不对称合成的途径主要有：手性底物控制不对称合成、手性辅基基团控制不对称合成、手性试剂控试剂控制的不对称合成、手性催化的不对称合成等途径。

9.2.1 手性底物控制的不对称合成

底物控制反应(又称手性源不对称反应)第一代不对称合成,是通过手性底物中已经存在的手性单元进行分子内定向诱导。在底物中新的手性单元通过底物与非手性试剂反应而产生,此时反应点邻近的手性单元可以控制非对映面上的反应选择性。底物控制反应在环状及刚性分子上能发挥较好的作用。

底物控制法的反应底物具有两个特点:一是含有手性单元;二是含有潜手性反应单元。在不对称反应中,已有的手性单元为潜手性单元创造手性环境,使潜手性单元的化学反应具有对映选择性。例如,Woodward 等人研究红诺霉素全合成全过程,在中间步骤,化合物 1 具有手性单元;受这个手性单元的影响,它上面的羰基能够被非手性试剂 NaBH₄ 有所选择地还原成单一构型(图 9-1)。

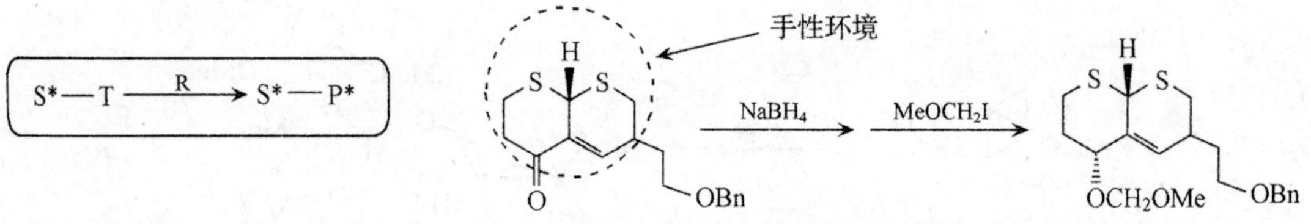

S* —T 为反应底物;T 为潜手性单元;R 为反应试剂;* 为手型单元

图 9-1 经手性底物诱导合成红诺霉素中间步骤图

手性底物控制不对称合成反应原料易得,但缺点是往往没有简捷、高效的方法将其转化为手性目标化合物。对于一些多手性中心有机化合物的合成,这种不对称合成思想尤为重要。只要在起始步骤中控制一个或几个手性中心的不对称合成,接下来就可能靠已有的手性单元来控制别的手性中心的单一形成,避免另外使用昂贵的手性物质。这类合成在药物合成上的应用研究比较多,有一些出色完成实际药物合成的实例。例如,青蒿霉素的合成。

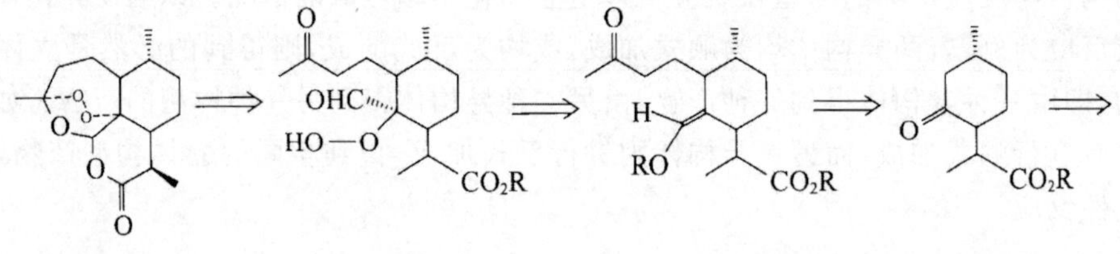

青蒿素(arteannuin)

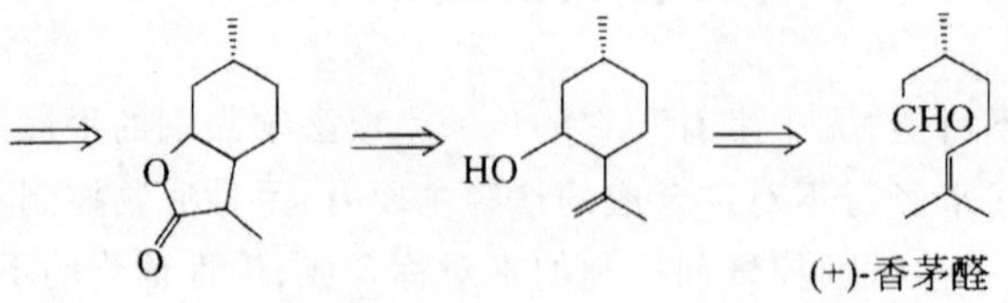

(+)-香茅醛

这项全合成的成功的关键在于用光氧化反应在饱和碳环上引入过氧键,用孟加拉玫红作光敏剂对半缩醛进行光氧化得 α-位过氧化物,合成设计中巧妙地利用了环上大取代基优势构象所产生的对反应的立体选择性。

9.2.2 手性试剂诱导的不对称合成

在无手性的分子中通过化学反应产生手性中心,无手性分子的底物为潜手性化合物,通过光学活性反应试剂在不对称环境中,两者反应生成不等量的对应异构体产物。一个常用的方法是利用手性试剂对含有对映异构的原子、对映异构的基团或对映异构面的底物作用。手性诱导不对称合成的方法具有简单灵活且所得目标产物光化学纯度较高的特点。其不对称合成过程为:

$$S \xrightarrow{R^*} P^*$$

手性诱导试剂的种类很多,常见的有手性硼试剂、锂盐类试剂等。硼试剂在手性合成中具有硼氢化、还原、烷基化的作用,硼试剂中可通天然或合成的手性化合物引入手性,得到手性硼试剂。例如,将(一)或(十)-α-蒎烯经硼氢化后得到的手性二蒎基硼烷是很好的手性硼试剂。

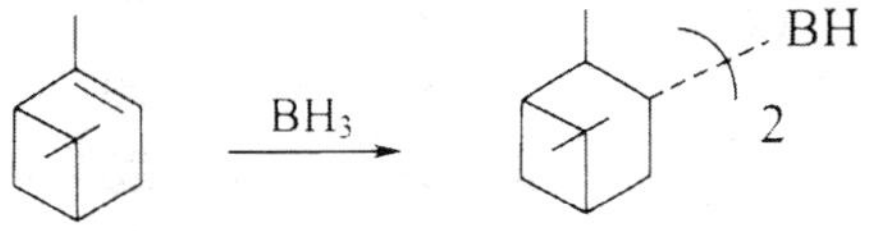

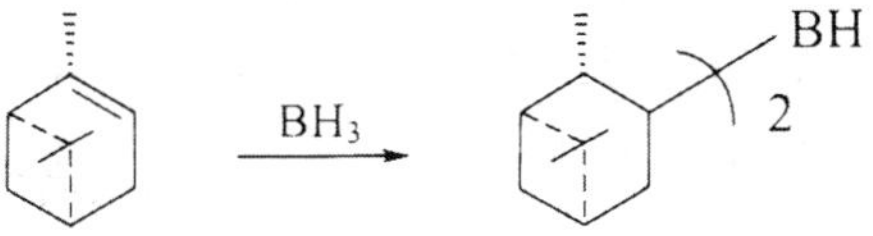

在手性硼试剂的作用下还可以完成羰基的不对称合成。例如,将 α-蒎烯用 9-BBN 进行硼氢化后得到 B-3-蒎基-9-BBN。

锂盐类的醇可以进行手性烷基化、氨基化、羟基化反应,手性氨基锂与酮羰基生产不对称的烯醇锂盐,再与亲电试剂反应可得氧取代或碳取代的化合物;手性氨基铜可以对烯酮进行烷基化。

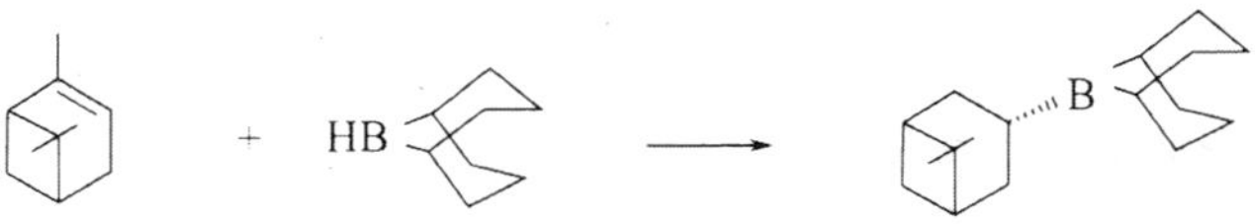

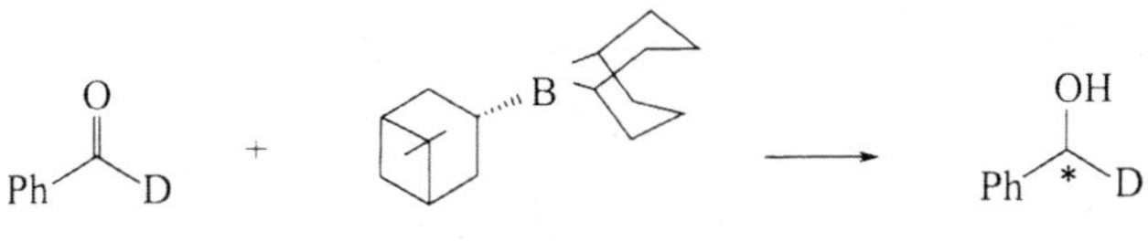

9.2.3 手性辅助基团控制不对称合成

辅基控制中的底物与手性底物诱导中的底物一致,为潜手性化合物。它需要手性助剂来诱导反应的光学选择性。在反应中,底物首先和手性助剂结合,后参与不对称反应,反应结束后,手性助剂可以从产物中脱去。此方法为底物控制法的发展,它们都是通过分子内的手性基团来控制反应的光学选择性;只不过前者中的手性单元仅在参与反应时才与底物结合成一个整体,同时赋予底物手性;后者在完成手性诱导功能后,可从产物中分离出来,并且有时可以重复利用。其控制历程为:

$$S \xrightarrow{A^*} S\text{—}A^* \xrightarrow{R} P^* \text{—}A^* \xrightarrow{-A^*} P^*$$

其中,S 为反应底物,A^* 为手性付辅剂,R 为反应试剂,* 为手性单元。

虽然手性辅助基团控制不对称合成方法很有用,但该过程中需要手性辅助剂的连接和脱出两个额外步骤。关于该方法的报道不少,也有一些工业例子。如,工业上利用此方法生产药物(s)-萘普生。对辅基控制法已有不少报道,还有工业应用的例子。例如,工业上利用此方法生产药物(s)-萘普生。手性助剂酒石酸与原料酮类化合物发生反应时在保护羰基的同时又赋予底物手性。接着发生溴化反应,生成单一构型产物,再经重排和属解得到目标产物。

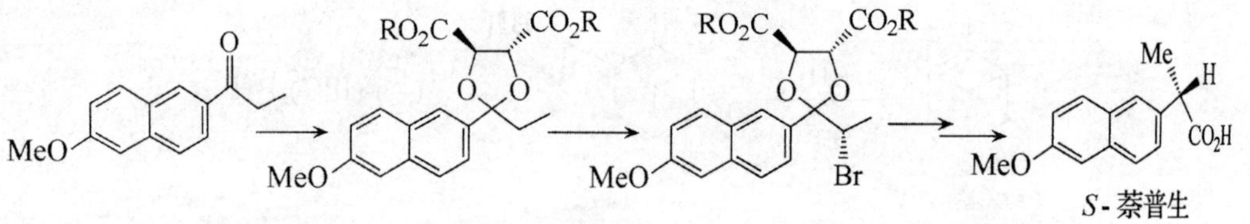

又如,Bruce 等将双阴离子与 Mg^{2+} 形成的盐进行醛酯缩合反应,诱导生成构型占优的产物。后来,Lynch 对该路线进行了不同程度的改进,在第一步反应中引入 LDH,将反应产率提高到 95% 以上,重结晶后的终产物光学纯度大于 99%e.p. 值。

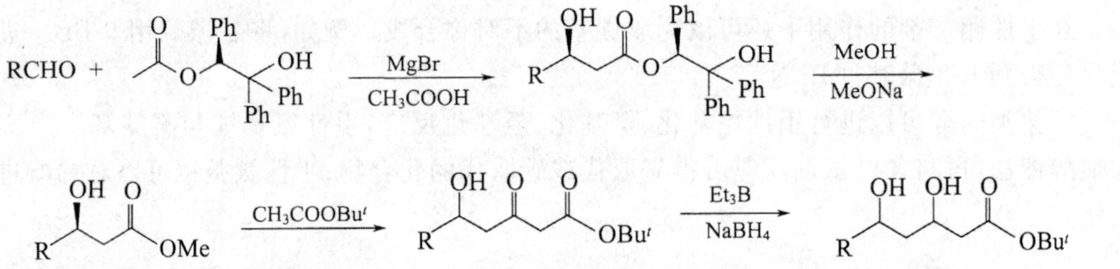

9.2.4 手性催化的不对称合成

催化法以光学活性物质作为催化剂来控制反应的对映体选择性。它可以分为两种:生物催化法和不对称化学催化法:

$$S+R \xrightarrow{\text{酶}} P^*$$

$$S+R \xrightarrow{\text{手性催化剂}} P^*$$

其中,S 为反应底物;R 为反应试剂;* 代表手性物质。

1. 手性催化剂诱导醛的不对称烷基化

醛、酮分子中羰基醛、酮与 Grignard 试剂的反应生成相应醇是一个古老而经典的亲核加成反应。但由于 Grignard 试剂反应活性非常大,往往使潜手性的醛、酮转化为外消旋体,而像二烷基锌这样的有机金属化合物对于一般的羰基是惰性的,但就在 20 世纪的 80 年代,

Oguni 发现几种手性化合物能够催化二烷基锌对醛的加成反应。例如,(S)-亮氨醇可催化二乙基锌与苯甲醛的反应,生成(R)- 1-苯基-1-丙醇,e.e. 值为 49%。从此这个领域的研究迅速发展,至今为止,以设计出许多新的手性配体,应用这些手性配体可促进醛与二烷基锌亲核加成,这些催化剂一般对芳香醛的烷基化也具有较高的立体选择性。

(S)-1-甲基-2-(二苯基羟甲基)-氮杂环丁烷[(S)-3]也用于催化二乙基锌对各种醛的对映选择性加成。在温和的反应条件下获得手性仲醇,光学产率高达 100%。

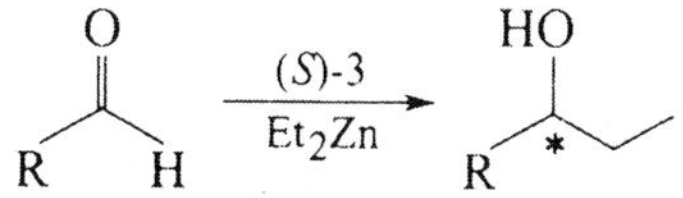

R	Ph	p-Cl-Ph	o-MeO-Ph	p-MeO-Ph	p-Me-Ph	E-PhCH=CH
e.e.%	98	100	94	100	99	80
构型	S	S	S	S	S	S

由上表可知,芳香醛的乙基化反应在(S)-1-甲基-2-(二苯基羟甲基)-氮杂环丁烷[(S)-3]作催化剂时获得的对应异构体的产量高,而且产物均为 S 构型。

(S)-3 和(1S,2R)-1 手性催化剂也能能化学选择性地与醛反应,而且产量也比较高。例如:

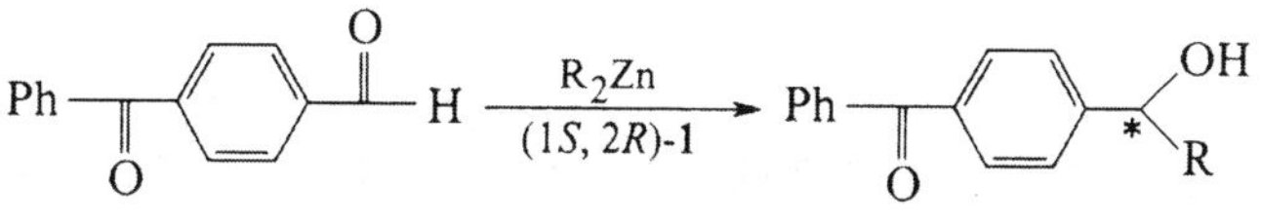

R=Et (S, 93% e.e.)
R=n-Bn (S, 92% e.e.)

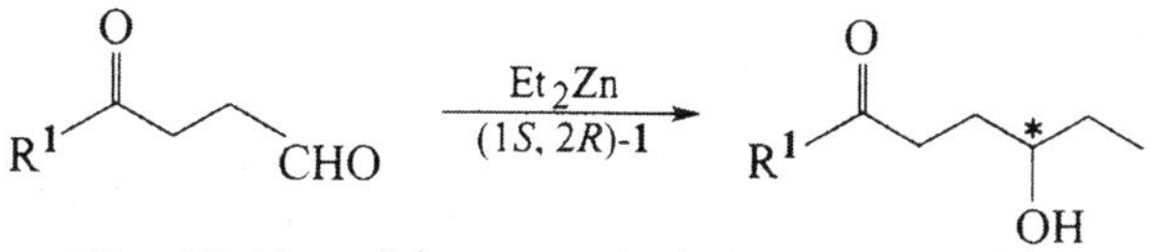

R¹＝Ph(S,87%　e.e) R¹＝PhCH₂(S,81%　e.e)

2. 酶催化法

酶催化法使用生物酶作为催化剂来实现有机反应。酶是大自然创造的精美的催化剂,它能够完美地控制生化反应的选择性。酶催化的普通不对称有机反应主要有水解、还原、氧化和碳-碳键形成反应等。早在 1921 年,Neuberg 等用苯甲醛和乙醛在酵母的作用下发生缩合反应,生成 D-(－)乙酰基苯甲醇。用于急救的强心药物"阿拉明"的中间体 D-(－)-乙酰基间羟基苯甲醇也是用这种方法合成的。1966 年,Cohen 采用 D-羟腈酶作催化剂,苯甲醛和 HCN 进行亲核加成反应,合成(R)－(＋)－苦杏仁腈,具有很高的立体选择性,反应式如下:

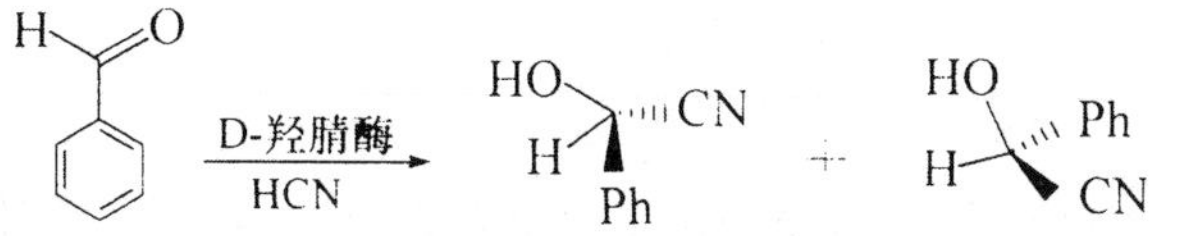

(R)-(+)苦杏仁腈　(S)-(－)苦杏仁腈
e.e 94%

　　目前内消旋化合物的对映选择性反应只有酶催化反应才能完成。马肝醇脱氢酶（HLADH）可选择性地将二醇氧化成光学活性内酯，猪肝酯酶（PLE）可使二酯选择性水解成光学活性产物 β-羧酸酯，反应式如下：

$$\text{HO}\diagdown\diagup\text{OH} \xrightarrow{\text{HLADH}} \left[\text{HO}\diagdown\diagup\text{CHO}\right] \rightleftharpoons \overset{}{\underset{\text{O}}{\diagdown\diagup}}\text{OH} \xrightarrow{\text{HLADH}} \overset{}{\diagdown\diagup}\text{O}$$

e.e 87%

$$\overset{\text{COOCH}_3}{\underset{\text{COOCH}_3}{\diagdown\diagup}} \xrightarrow[88\%]{\text{PLE}} \overset{\text{COOH}}{\underset{\text{COOCH}_3}{\diagdown\diagup}}$$

e.e>97%

　　部分蛋白质可以作为不对称合成的催化剂使用，例如，在碱性溶液中进行 Darzen 反应时，可用牛奶蛋清酶做催化剂，反应式如下：

$$\text{O}_2\text{N}-\!\!\!\bigodot\!\!\!-\text{CHO} + \text{ClCH}_2\text{COPh} \xrightarrow[\text{pH}=11.43]{\text{BSA}(0.05\%、摩尔分数)} \quad$$

H　O　COPh
（环氧结构）
O₂N

e.e 62%

　　手性化学催化剂控制对映体选择性的不对称催化能够手性增殖，仅用少量的手性催化剂，就可获取大量的光学纯物质。也避免了用一般方法所得外消旋体的拆分，又不像化学计量不对称合成那样需要大量的光学纯物质，它是最有发展前途的合成途径之一。尽管酶催化法也能手性增殖，但生物酶比较娇嫩，常因热，氧化和 PH 值不适而失活；而手性化学催化剂对环境有将强的适应性。

3. 有手性催化剂参与的不对称合成物的应用

　　1986 年，美国 Monsanto 公司的 Knowles 等和联邦德国的 Maize 等几乎同时报道了用光学活性膦化合物与铑生成的配位体作为均相催化剂进行不对称催化氢化反应，引起了化学界的兴趣。目前某些不对称催化反应其产物的 e.e 可达 90%，有的甚至达 100%。目前反应所使用的中心金属大多为铑和铱，手性配体基本为三价磷配体。

　　例如：

L*_A　　　　L*_B　　　　L*_C　　　　L*_D

　　具有这种手性配体的铑对碳-碳双键、碳-氧双键及碳-氮双键发生不对称催化氢化反应，用这类反应可以制备天然氨基酸。例如，烯胺类化合物碳-碳双键不对称氢化反应后得到天然氨基酸反应式如下：

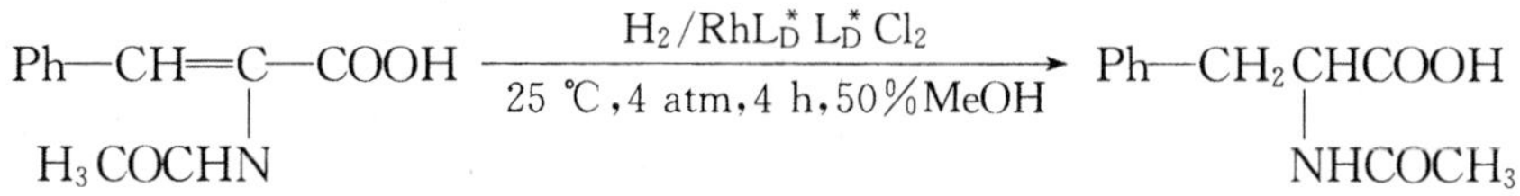

$$\underset{\substack{|\\ H_3COCHN}}{Ph-CH=C-COOH} \xrightarrow[25\ ℃,4\ atm,4\ h,50\%MeOH]{H_2/RhL_D^*L_D^*Cl_2} \underset{\substack{|\\ NHCOCH_3}}{Ph-CH_2CHCOOH}$$

　　(Z)-α-乙酰氨基肉桂酸　　　　　　　　　　　（＋）-N-乙酰氨基苯丙氨酸

　　同样用手性膦催化剂进行不对称催化氢化来制备重要的抗震颤麻痹药物 L-多巴（3-羟基酪氨酸），反应式如下：

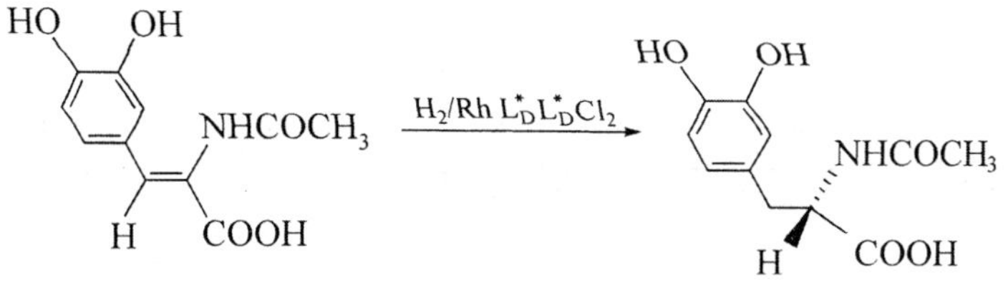

e. e 94%

　　Sharpless 研究组用酒石酸酯、四异丙氧基钛、过氧叔丁醇体系能对各类烯丙醇进行高对映选择性环氧化，可获得 e. e 值大于 90% 的羟基环氧化物，并且根据所用酒石酸二乙酯的构型可得到预期的立体构型的产物。

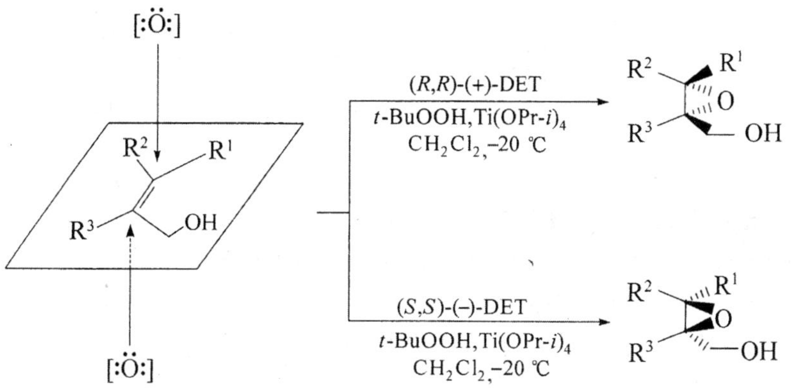

9.3　不对称合成反应方法

9.3.1　非对映择向合成

　　非对映择向合成是将手性底物分子中的潜手性单元转变成手性单元的过程。在很多情况下潜手性单元是羰基，存在一个所谓的局部对映面。因为羰基所在平面的上下两个面是不相同的，按照 Cahn-Ingold-Prelog 优先次序，如果平面上三个基团为顺时针取向，这个面是 Re 面，相反，为逆时针取向则三个基团所在的面就是 Si 面。如：

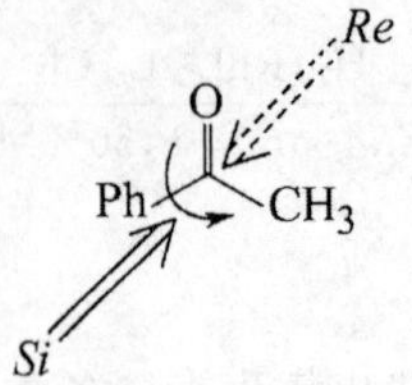

$$Ph - C(=O) - CH_3 \quad (Re/Si)$$

当受某些试剂如还原剂或亲核试剂进攻这种潜手性单元的时候，Re 和 Si 主两种面有可能都受到进攻，得到不一样的产物。如：

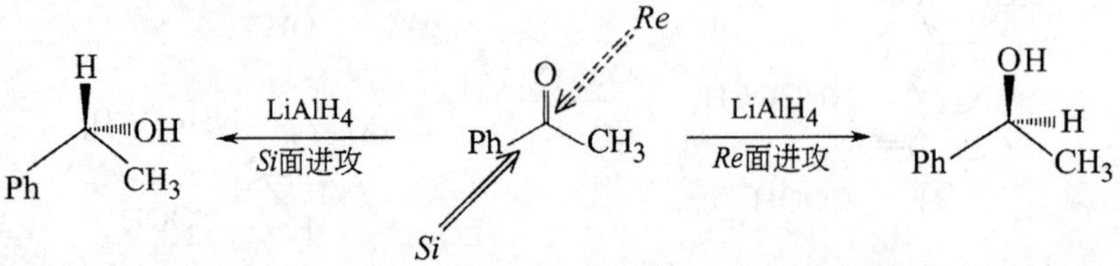

$$\text{（Si面进攻）} \xleftarrow{\text{LiAlH}_4} Ph-C(=O)-CH_3 \xrightarrow{\text{LiAlH}_4} \text{（Re面进攻）}$$

在不对称合成中因为 Re 和 Si 面的选择性不同，导致对应异构体、非对应异构体量不同。在不对称底物分子中引入一个新的手性中心的反应就是不对称合成。该反应的产物为一对非对映体，但两者的量不同。如：

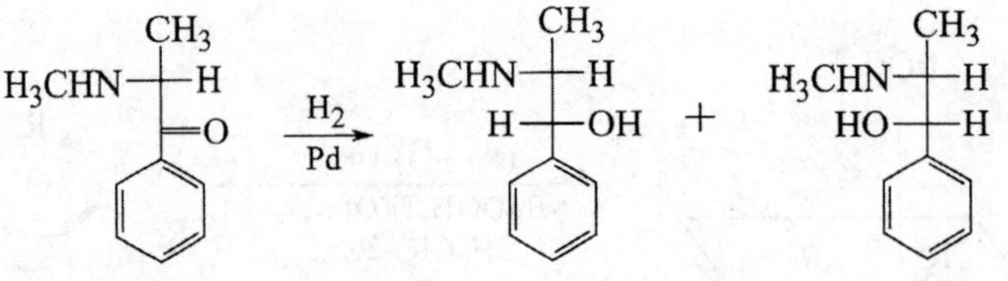

$$(S) \xrightarrow[\text{Pd}]{\text{H}_2} (S,R) + (S,S)$$

1. α-不对称碳原子的亲核加成反应

含 α-不对称碳原子的醛、酮化合物，由于羰基碳与 α-不对称碳原子的化合物中 C—C 单键可以旋转，使这类化合物呈现不同的构象；而且这些不同构象呈现不均等的分配现象，即有些构象很稳定，占所有构象中较大的比例，有些构象不稳定，所占比例较小，其中稳定的、所占比例较大的构象为优势构象。

克拉姆（D. J. Cram）等人第一次将构象分析与不对称合成联系起来并总结出了 2 条经验规则。

（1）Cram 规则一（开连模型）

假设含 α-不对称碳原子的醛、酮的 α-碳所连基团用大基团用 L 来表示；中基团用 M 来表示；小基团用 S 来表示，那么这个化合物的优势构象如图 9-2 所示。

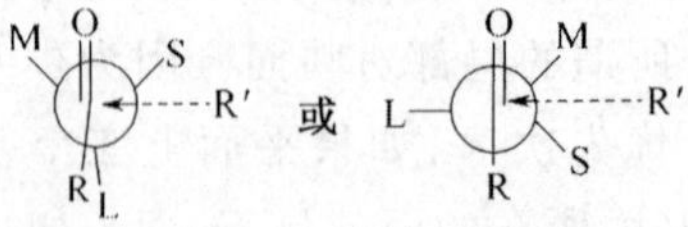

R-L重叠构象　　　全交叉构象

图 9-2　不对称醛酮的优势构象

这类化合物的重叠优势构象之所以能稳定存在，是因为羰基氧与大基团（L）的斥力较大，尤其在与格氏试剂或醇铝还原剂等金属试剂反应时，金属先与羰基氧结合，使羰基氧位于小基团(S)与中基团(M)之间,为了不引起较大的扭曲张力,与氧原子处的斥力最小 180°的方向上。醛类化合物更容易以重叠构象存在,因为能产生斥力的与大基团 L 成重叠位置的是 H 原子。与这一优势构象的羰基反应的试剂如 HCN、LiAlH₄、Al(OH)₃、Grignard 试剂等将倾向于在空间位阻较小的 S-边进攻羰基,由此形成主产物。如:

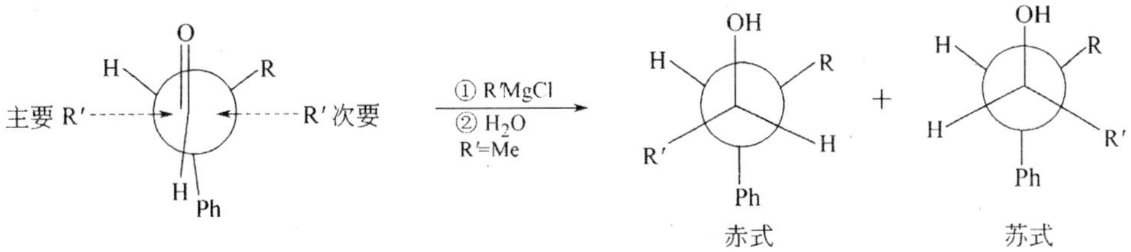

R	赤式	:	苏式
CH₃	2~4	:	1
CH₃CH₂	2.5	:	1
(CH₃)₂CH	1.0~1.9	:	1

(2)Cram 规则二(环状模型)

在不对称 α-碳原子上连接有一个能与酮羰基氧原子形成氢键的羟基或氨基的酮中,反应试剂会从含氢键环的空间阻碍较小的一边进攻羰基。又因为,羟基和氨基都含有孤对电子,很容易与格氏试剂或其他金属化合物的金属进行配位,形成螯合环中间体,所以,羰基上的加成反应的方向受这种优势构象的制约。

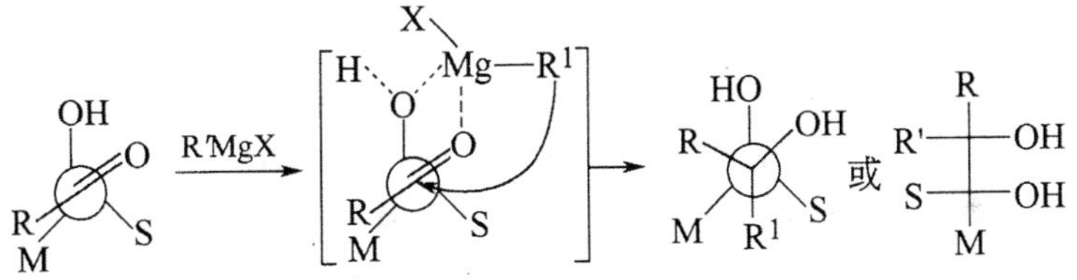

(3)Felkin 规则

Felkin 等人认为,分子中任何相互重叠构象都会引起扭转张力的增大,这样可能存在分子构象和试剂基团的加成方向出现全交叉构象如图 9-3 所示。由图可知,全交叉有 A、B 两种构象,他们还认为,在过渡状态中,当 R 和 RR′与 α-碳原子上的三个基团 L、M、S 之间的相互作用大于羰基氧原子与 L、M、S 之间的作用力时,α-不对称酮化合物还可采用全交叉的优势构象,因为 A 中 R 与 L、M、S 斥力更小,所以 A 是优势构象。

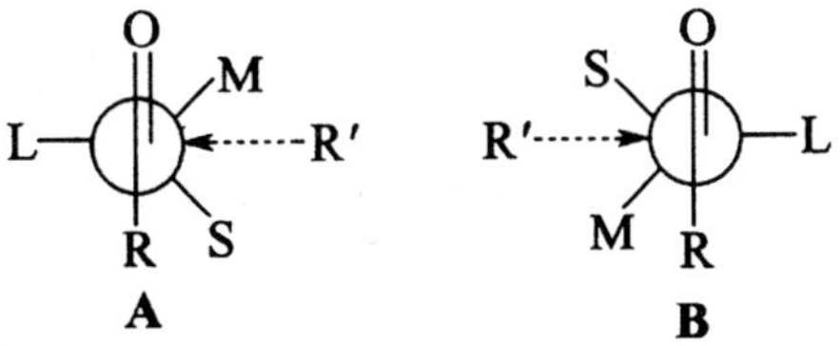

图 9-3　全交叉构象的解释

(4)Cornforth 规则

若在不对称 α-碳原子上连接一个卤原子,导致电负性较大,卤原子与羰基氧原子处于反

位向形成稳定构型。羰基的加成反应受这种优势构象的制约,例如:

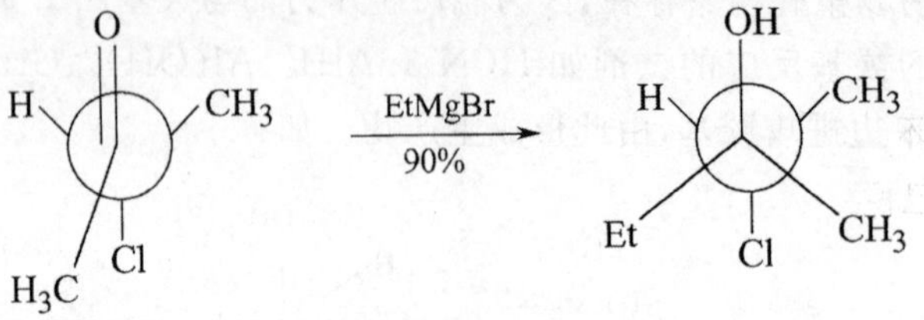

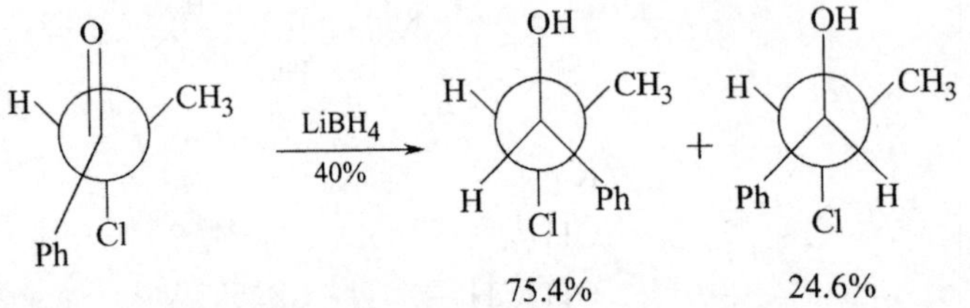

但是,若不对称的 α-碳原子上的烃基(Me)增大到与氯原子的空间效应差不多的苯基(Ph)时,Cornforth 规则中的 R-Cl 重合构象与实际情况不符。如:

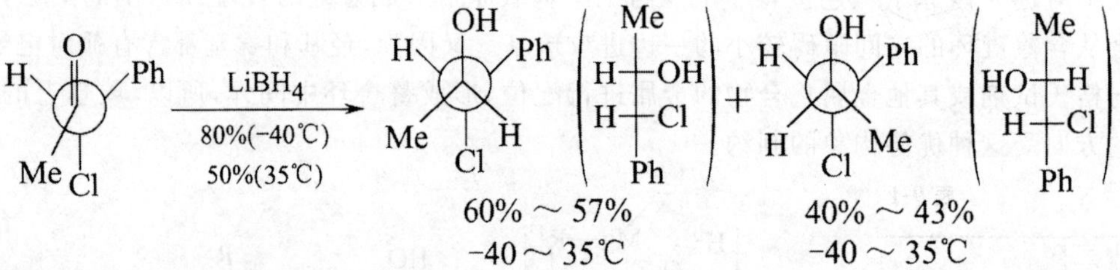

造成这一现象的原因可以认为是:在优势构象中卤原子通常不与其他基团和原子成重叠向位,由于分子内其他分子间的相互作用,对普通的 α-卤代酮全交叉比较合理。但当 α-碳原子上的甲基被苯基所取代时,则可能以 O—H 重叠构象为优势构象。因为这样可以使 O、Cl 和 Ph 三个富电子的原子或大基团保持相互间较大的距离以保证斥力最小。此时,对羰基进行亲核加成反应的试剂 R′一般倾向于从电负性较小的苯基一边接近羰基碳原子从而获得主产物,如图 9-4 所示。

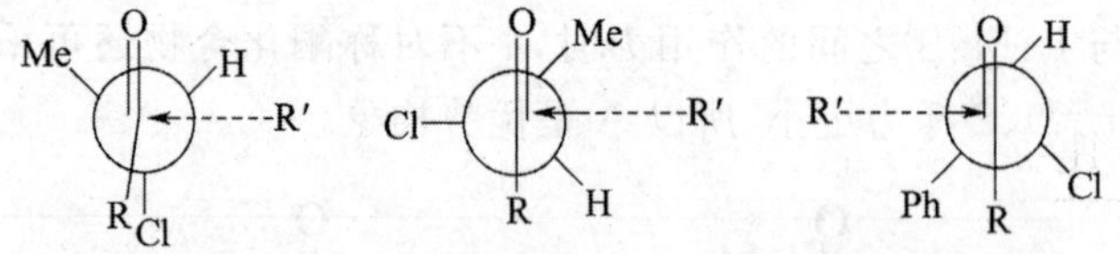

图 9-4　α-氯代酮可能的优势构象

2. 不对称环己酮的亲核加成

不对称环己酮被金属氢化物还原为相应醇的反应是环酮最重要的亲核加成反应,也是研究最多的一类反应。根据大量研究资料表明,取代环己酮亲核加成反应的方向和产物的结构与下列几种因素有关:

①反应物和进攻试剂的空间位阻的大小。

②反应过渡状态的稳定性。

③反应物与产物的异构体之间是否可逆。

④反应条件。

由于 4-叔丁基在环己烷系上具有最强的取平伏键(e)向位的倾向,因此下面以 4-叔丁基环己酮为例加以说明环己酮亲核加成的方向和产物的结构。它的优势构象如图 9-5 所示。

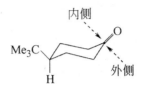

图 9-5　4-叔丁基环己酮的优势构象

图 9-5 中虚线箭头为试剂可能的内、外两侧的进攻方向。在环己酮发生还原反应时,到底是从内侧还是从外侧进攻,其结果将由上述四种因素共同决定。表 9-1 为 4-叔丁基环己酮用不同还原剂还原的实验结果:

反式(内侧进攻)　　顺式(外侧进攻)

表 9-1　不同还原剂还原 4-叔丁基环己酮所得顺反产物的百分含量

实验编号	还原剂	反式产物的百分含量	顺式产物的百分含量
1	$NaBH_4$	80	20
2	$LiAlH_4$	91	9
3	$LiBH[CH(CH_3)CH_2CH_3]_3$	7	93
4	$Al(O\text{-}i\text{-}Pr)_3$(平衡)	77	23
5	Na/ROH	绝大多数	
6	$LiAlH_4\text{-}AlCl_3\text{-}Et_2O$	99.5	0.5
7	$H_2/Pt\text{-}HOAC\text{-}HCl$	22	78
8	$H_2\text{-}Pt\text{-}HOAC$	65	35

从 4-叔丁基环己酮的优势构象可知,内侧比外侧的空间位阻大,主产物为顺式-4-叔丁基环己醇。但从反应结果看,只是体积较大的三仲丁基硼氢化锂作为还原剂时,才主要生成顺式环己醇。而体积较小的硼氢化钠和氢化铝锂,主要从内侧进攻,生成反式环己醇。因此在考虑空间位阻时,还应考虑环己酮和进攻试剂两者的体积。从反应的过渡状态来看如图 9-5 所示,因为过渡状态 1 的环系比较平展,扭转张力基本不变,而过渡状态 2 的环系因扭转张力增大,而变得比较曲折,所以由内侧进攻的过渡状态(图 9-5 中 1)比由外侧进攻形成的过渡状态(图9-6 中 2)稳定。醇钠的催化能力强、位阻小,外侧进攻与内侧进攻的反应速率都较快,产物的

两种异构体也能很快达到平衡,所 Na/ROH 的还原产物主要是反式异构体,见实验结果 6。还原剂三异丙醇铝的体积也比较大,反应后也应该得到顺式环己醇。但由于它是一个较弱的催化剂,反应速率慢,当反应结束时反应混合物也达到了平衡,因此,有利于生成稳定的反式环己醇,见实验结果 4(见表 9-1)。因为 Lewis 酸 AlCl₃ 与环己酮生成醇铝化合物,平衡时严重倾向于较稳定的反式异构体。醇铝化合物的形成使得醇羟基膨胀,有利于取稳定构型的异构化合物,水解后获得较稳定的醇。这种平衡作用被称为"非直接的平衡作用"。此外,当反应物处于不同介质时:在强酸性介质中,外侧进攻的催化氢化速率快,在反应混合物未达到平衡时还原反应就已结束,所以主要得到顺式环己醇;在中性介质中,催化氢化反应速率慢,反应结束时两种异构体也达到了平衡,所以获得反式环己醇。

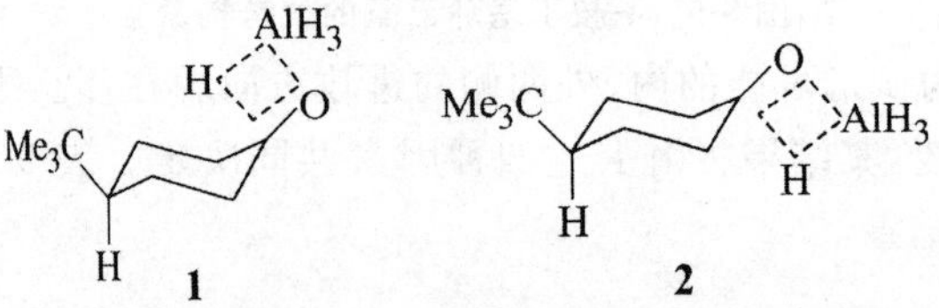

图 9-6 金属氢化物还原环己酮的两种过渡态

由以上实验结果可以得出:用 NaBH₄ 和 LiAlH₄ 还原取代环己酮时,若酮基不受阻碍,得到产物为平伏键(e)羟基异构体;反之,为直立键(a)羟基的异构体。Al(O-i-Pr)₃ 适合位阻小的酮,产物以直立键羟基酮为主。用钠或乙醇还原酮得到的产物与两种醇的直接平衡混合物的组成相同以平伏键羟基醇为主。快速催化氢化将获得直立键羟基醇,不受阻酮基的慢速催化氢化反应将获得平伏键羟基醇,但高度位阻酮仍得到直立键羟基醇。

以上结论是环酮还原反应的普遍规律,但环酮空间位阻大小不同,生成产物的稳定性不同。樟脑、低樟脑、莨菪酮环酮的空间位阻大小见图 9-7。

樟脑、低樟脑是两个刚性的环空间位阻就成了反应的决定性因素,下面的实验事实可以证实这一点。不同类型催化剂催化低樟脑时的结果见表 9-2。

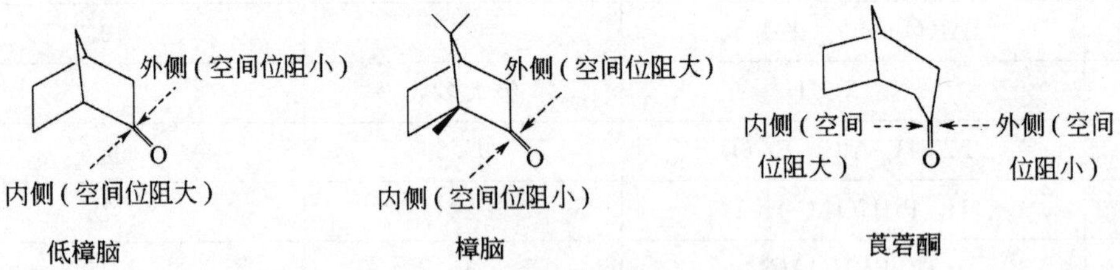

图 9-7 3 种环酮的空间位阻分析

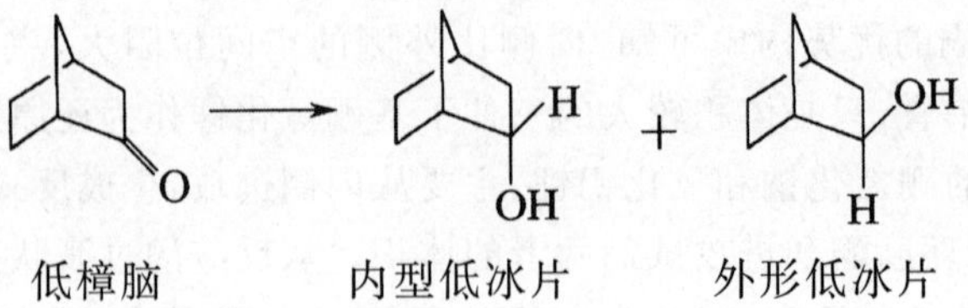

表 9-2　不同类型催化剂催化低樟脑时所得生成物含量表

催化剂类型	内型低冰片的含量(%)	外形低冰片的含量(%)
LiAlH₄	92	8
Al(O-i-Pr)₃(平衡)	20	80
H₂/Pd	绝大多数	

这些还原反应都容易从空间位阻小的外侧进攻羰基,生成稳定性差的内型地冰片。若用三异丙醇还原时易使两侧进攻所得异构体达到平衡,以得到稳定的外型低冰片,因为它的羟基处在位阻较小的一侧。樟脑也有类似结果,见表 9-3。

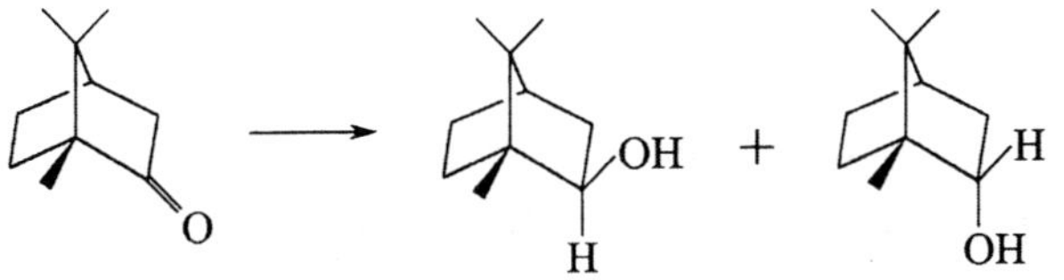

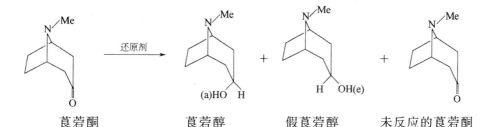

樟脑　　　　外型异冰片　　内型异冰片

表 9-3　不同类型催化剂催化樟脑时所得生成物含量表

催化剂类型	外型异冰片含量(%)	内型异冰片含量(%)
LiAlH₄	90	10
H₂/Pt-HOAC-HCl	95	5
Al(O-i-Pr)₃	63	37
Al(O-i-Pr)₃(平衡)	29	71
Na⁺ Et₂O-NH₃	主要产物	

莨菪酮环系的刚性低于樟脑和低樟脑,而且其构象能够转换,因此莨菪酮的还原反应的产物与试剂、反应条件有关。试剂和反应条件不同,反应结果不同,见表 9-4。例如:

莨菪酮　　　　莨菪醇　　　假莨菪醇　　　未反应的莨菪酮

表 9-4　不同类型催化剂催化莨菪时所得生成物含量表

还原剂	生成莨菪醇的量(%)	生成假莨菪醇的量(%)	未反应的莨菪酮的量(%)
NaBH₄	28～52	72～48	1～0.5
LiAlH₄	42～45	57～54	
Na/ROH	4	85	11

续表

还原剂	生成莨菪醇的量（%）	生成假莨菪醇的量（%）	未反应的莨菪酮的量（%）
$Al(O\text{-}i\text{-}Pr)_3$	65～71	34～29	1
$H_2/PtO_2\text{-}H_2O$	95	5	
$H_2/PtO_2\text{-}HOAC\text{-}H_2O$	81		
$H_2/PtO_2\text{-}HCl$	57	43	
$H_2\text{-}Ni(R)$	80		

9.3.2 对应择向合成

对映择向合成一般是指把对称的或者说非手性反应物转变为不对称化合物的反应。实现这一转变通常有引入手性辅基法、试剂控制法以及催化剂控制三种方法。

在对称的反应物分子中引入不对称的辅助因素，就可以导致不对称合成。最早发现不对称合成反应的是 Mckenzie，他将丙酮酸分别与乙醇和（－)-薄荷醇反应生成的酯再还原水解所得结果不同。

丙酮酸乙酯还原水解的产物是等量的左旋和右旋乳酸的外消旋体，而丙酮酸薄荷醇酯还原水解的结果是以（－)-乳酸为主。显然后者属于不对称合成。

手性双烯控制的不对称 Diels-Alder 反应也是对应择向合成的一类。

这一反应的产物是内型外型两对对应异构体，第一步反应生成脂为产率为 84%，其中内型占 93%，外型占 7%。在内型对映体中 R-（＋)过量 49%，在外型对映体中，(R)-（＋)过量 36%。

醇醛缩合反应以手性辅助剂达到对应择向合成的目的。20 世纪 80 年代，使用一些高选择性的手性辅助剂来诱导高对应选择的醇醛缩合反应获得成功。

9.3.3 双不对称择向合成

非对映择向合成是分子中的潜手性中心与非手性试剂发生反应，即底物控制不对称合成；对映择向合成是通过手性试剂包括催化剂使非手性的底物直接转化为手性产物的过程，分别表示如下：

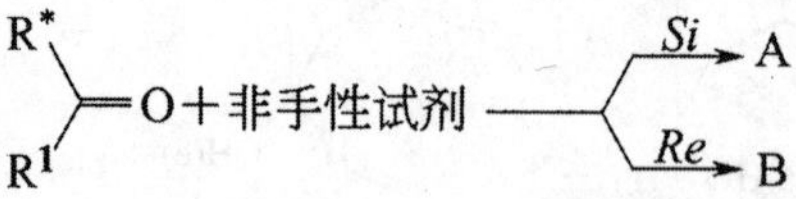

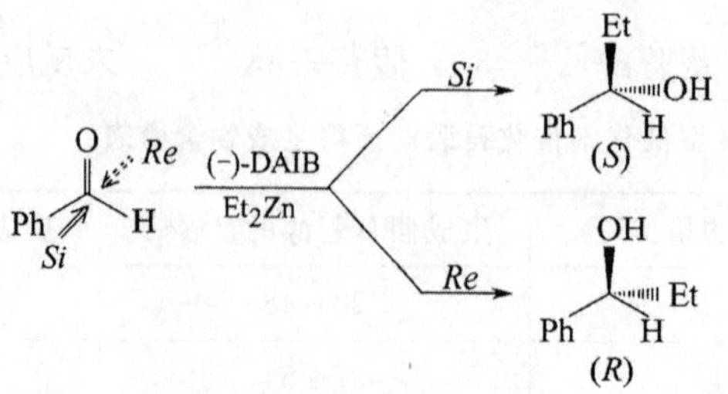

双不对称合成是上述两种不对称合成方法的组合，也就是在手性底物与手性试剂双重诱导下的不对称反应。控制产物立体化学的手性因子有两个：一个来自于底物，另一个来自于试

剂。在双不对称反应中,产物的立体化学情况更为复杂,它不仅与反应物和试剂的绝对构型有关,而且也与过渡态的手性中心之间的相互匹配关系有关。两个手性分子参与不对称合成反应与仅有一个分子参与不对称合成反应相比,两个手性控制因素可以相互增长,为相互配对;也可以相互削弱,为不配对或错配对。

在双不对称合成中,通过选择合适的催化剂,利用 Diels-Alder 反应达到高效控制立体化学的目的。例如,用手性双烯(R)-1 与非手性亲双烯体 2 进行反应,其产物的非对映选择性为 1∶4.5;用手性的双烯 3 与手性亲双烯体(R)-4 进行反应,产生 1∶8 的非对映体混合物。若手性双烯(R)-1 与手性亲双烯体(R)-4 进行反应,则发现非对映选择性为 1∶40,比两种情况的立体选择性都高,称之为匹配对。若用(R)-1 与(S)-4 发生环加成反应,两个非对映面选择性是互相抵消的,产物非对映选择性为 1∶2,称之为错配对。反应如下:

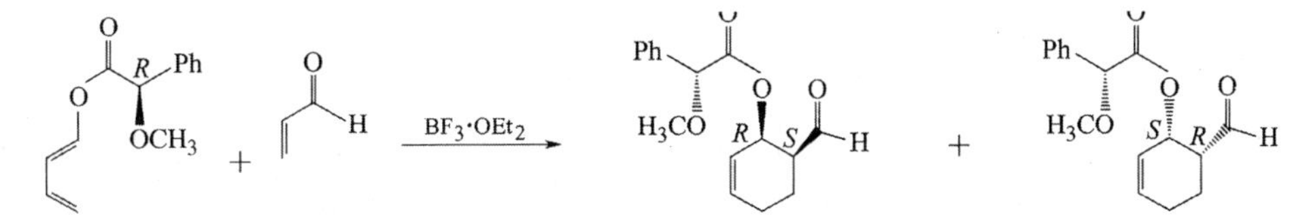

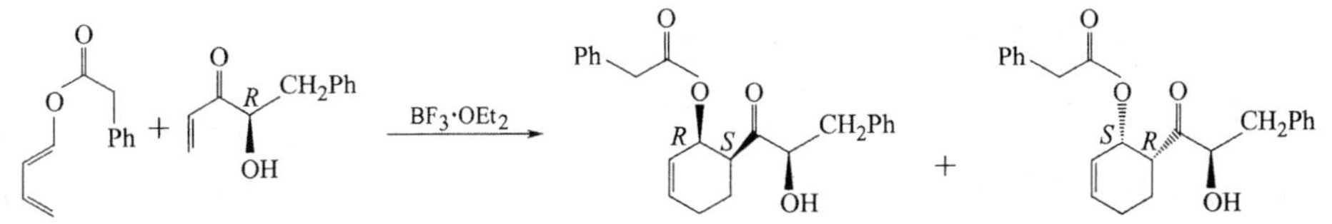

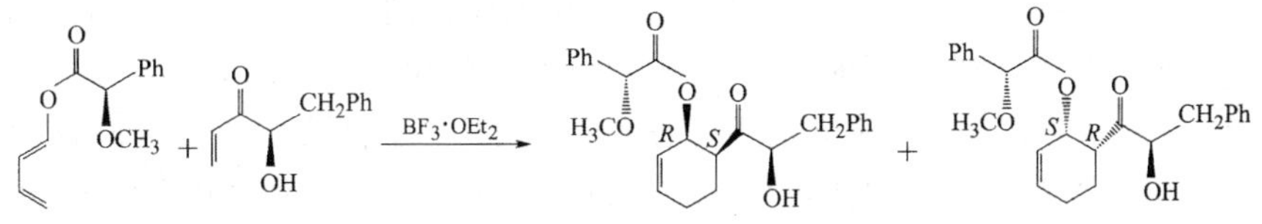

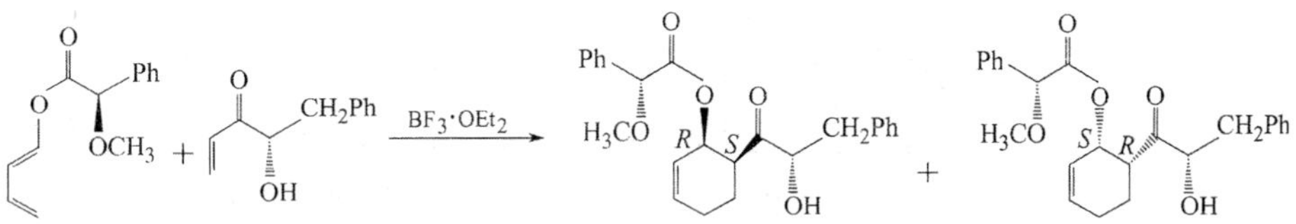

9.3.4 绝对不对称合成

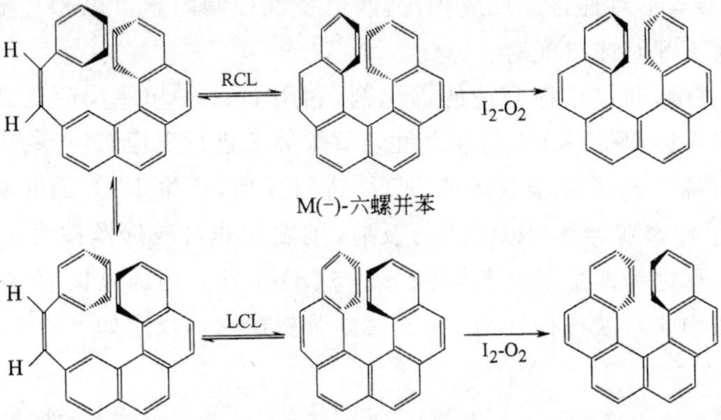

图 9-8　P(＋)-和 M(－)-螺丙苯合成

M(-)-六螺并苯

绝对不对称合成是在反应体系中引入分子的不对称源,如圆偏振或磁场等物理因素,来促使不对称合成的发生。不适用任何手性诱导试剂的不对称合成为绝对不对称合成。例如,用左旋或右旋的圆偏振光照射顺二芳基乙烯分子,产生(—)-或(＋)-的螺丙苯,如图 9-8 所示。

圆偏振光能促使不对称合成的发生,可以看作,左右旋圆偏振光对不同构象的活性能力不同,因此对形成某一构型产物有利,结构致使该分子的产量过量而呈现旋光性。这种方法进行的不对称合成,光化学选择性差,在合成上意义不大。

9.3.5 不对称合成的新方法

1. 不对称协调催化作用

酶中含有两个或多个催化中心,这些中心相互作用能达到高效催化的作用,人们模拟酶选择的完美性,合成双中心手性协调催化剂,来实现不对称催化反应的高效性。手性协同催化剂中两个催化作用中心它们承担着不同的催化任务。其中,一个催化中心负责底物的活化和定向,另一个催化中心则负责试剂的活化和定向。按照两中心对反应物的作用情况,可把这种催化剂分为 A 型催化剂和 B 型催化剂两种类型,如图 9-9 所示。

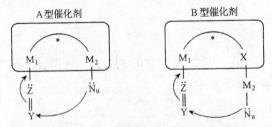

图 9-9　双中心催化剂协同催化示意图

A 型催化剂中通常含有两个 Lewis 酸催化中心:一个作用中心由 Ni^{2+}、Cu^{2+}、La^{3+}、Al^{3+} 等金属离子组成,在催化反应中起主导作用。另一作用中心由 Na^+、K^+、Li^+ 等金属离子组成,对催化反应起辅助作用。例如,LSB 有两个催化中心为 Na 和 La。其中,La 在催化反应中起主导作用,并对底物进行活化;两个催化作用中心通过拉近和活化反应物促进反应的进行,同时也和催化剂的有机手性骨架一起控制着反应的立体选择性。

B 型催化剂通常包含由 Ni^{2+}、Cu^{2+}、La^{3+}、Al^{3+} 等金属离子组成 Lewis 酸中心和一些富电基团组成 Lewis 碱中心。Lewis 酸中心主导反应的进行，Lewis 碱中心增强反应试剂的亲核性。

2. 手性抑制手性活化

手性抑制方法是指在反应过程中加入手性物质，使外消旋催化剂的一个对映体的活性降低或失活，保留一个对映异构体，达到立体选择的目的。

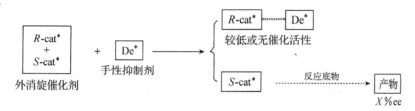

手性活化策略为：将在反应中没有催化活性或活性较低外消旋催化剂和某种有机物反应可以形成具有较高活性的催化物种；活化剂为手性纯化合物，能够手性识别外消旋催化剂的某一对映体，并形成单一构型的催化活性物种，使催化反应表现出光学选择性。

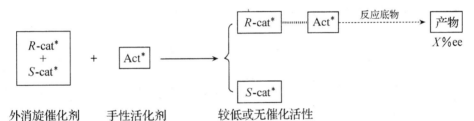

手性活化策略还可用于光学纯催化剂的活化，而且有时能够提高催化剂的对映选择性。例如，苯酚做活性催化剂时，反应的对映体选择性可达 96% ee。

3. 手性自催化

1989 年，Wynberg 把不对称自动催化定义为在某些不对称反应中，其生成的手性产物可以作为此反应的催化剂。也就是说，反应的 S 型产物可催化 S 型产物的生成，同时阻止 R 型产物的生成。或者说，S 型产物催化 S 型产物形成反应的速率远大于 R 型产物形成反应的速率。这种不对称合成方法只用少量低光学活性产物作引发剂，就能得到大量高光学活性产物；而且由于产物和催化剂相同，无需对两者进行分离（图 9-10）。

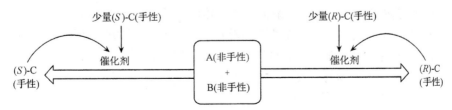

图 9-10　手性自催化

手性自催化的应用主要集中在二烷基锌对醛类化合物的不对称加成反应上。1995 年,在三位科学家的研究中,20%(摩尔分数)和 96% ee 值的嘧啶醇用于催化二异丙基锌对 2-甲基嘧啶 5-甲醛的不对称加成反应,得到 48% 的产率和 95.4% ee 值的光学选择性。

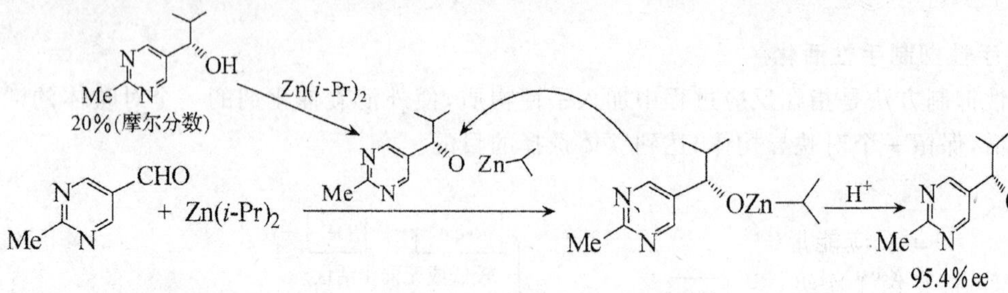

4. 去对称作用

在手性环境下一些内消旋分子可通过化学反应失去对称性,得到光学活性分子。这种获取光学纯物质的方法被称为去对称性作用。此类反应的底物一般具有两个或多个对称性等价官能团,在手性环境下反应试剂能够识别这种对称性等价的官能团,主要和其中一个或多个官能团进行立体选择性反应;生成的产物一般其有两个或多个手性中心。例如,下面的环二酸酐是内消旋化合物,手性催化剂(DHQD)₂AQN 能够和其构筑特定的手性环境,从而使亲核试剂能够区分两个对称性等同的羰基,得到 ee 值高达 98% 的产物。

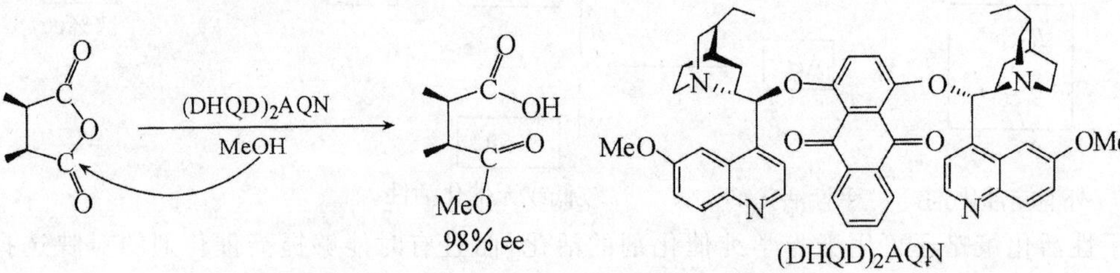

9.4　不对称 Diels-Alder 反应

9.4.1　不对称 Diels-Alder 反应

不对称 Diels-Alder 反应一般通过下列四种手性因素之一的诱导来实现:①亲二烯体上的手性辅基;②二烯体上的手性辅基;③亲二烯体和二烯体上的手性辅基;④手性催化剂。前三种方法一般也需要使用催化剂,Lewis 酸催化剂能够提高反应的立体选择性。

不对称 Diels-Alder 反应是合成光学活性六元环体系最有效的方法之一,可以同时形成四个手性中心,而且在很多情况下,可以对反应的立体化学进行预见,因此这种反应对构建复杂的手性分子,特别是天然产物有重要的意义。Kagan 等人在 1989 年首次报道了有机催化不对称 D-A 反应,生物碱等可作为催化剂。

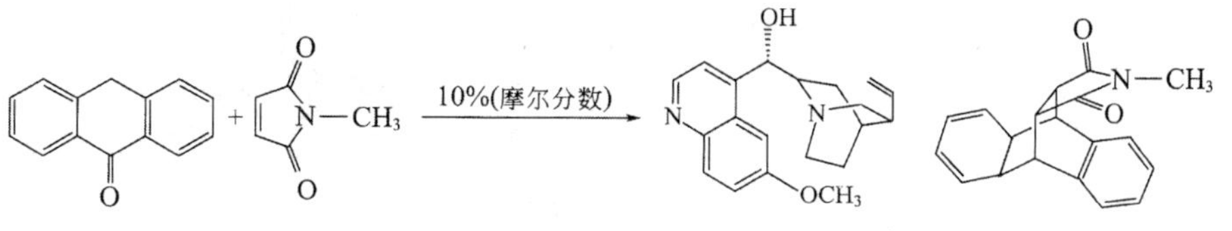

(97%产率　61% *e.e.*)

9.4.2　内型规则

Diels-Alder 反应能形成 4 个新的手性中心，理论上可能生成 16 种立体异构体。但在动力学控制条件下由于次级轨道互相作用，内型过渡状态较稳定，因此内型产物为主要产物，这一规律常称为 endo 规则（endo rule）。路易斯酸作催化剂时可增加内型/外型（endo/exo）的比例。反应式如下：

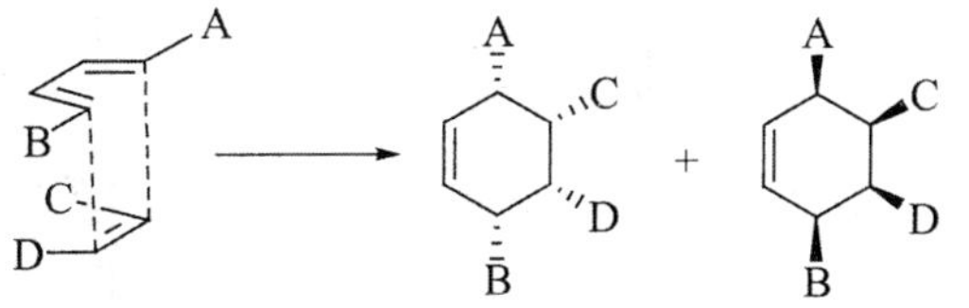

内型(endo)

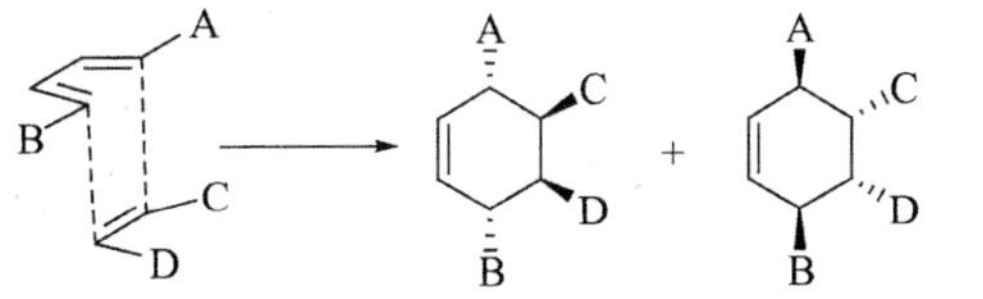

外型(exo)

例如：

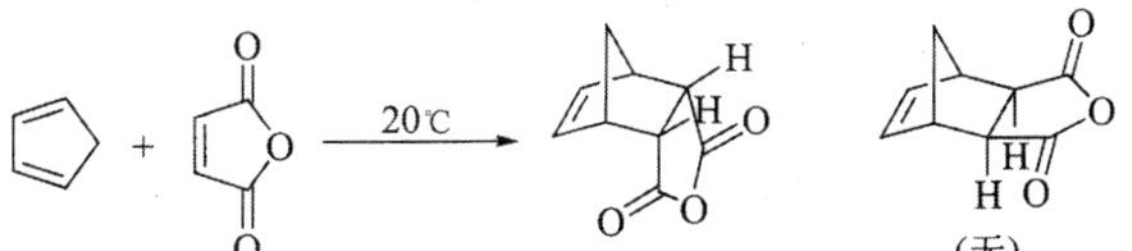

(100%)　(无)

endo产物　exo产物

在非手性条件下，Diels-Alder 反应虽遵循 endo 规则，但缺乏面选择性（fa-cial selectivity），因此得到 endo 形式的外消旋体。例如，2-甲基-1，3-戊二烯和丙烯酸乙酯起 Diels-Alder 反应，由于二烯体能在亲二烯体的上面和下面互相趋近，因此得到 endo 形式的外消旋体。反应式如下：

9.4.3　不对称 Diels-Alder 反应方法

1. 使用手性催化剂

在不对称 Diels-Alder 反应中使用的手性催化剂一般是手性配体的铝、硼或过渡金属配合物或手性有机小分子。例如：

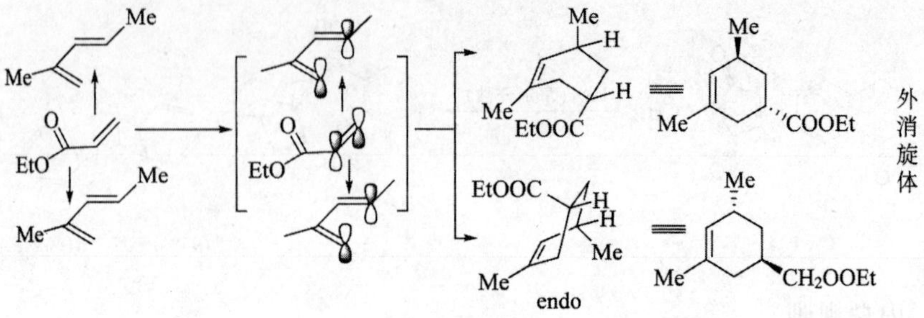

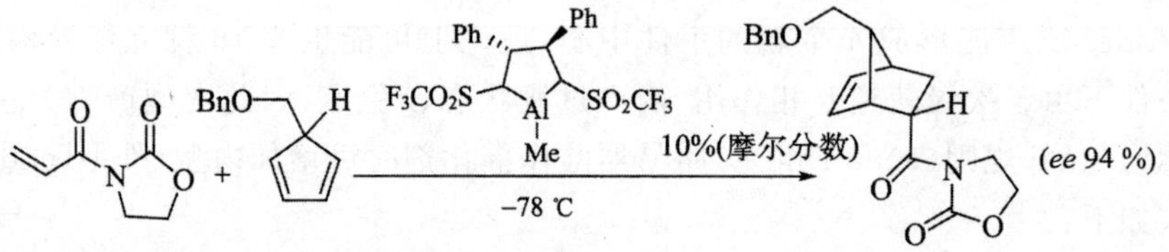

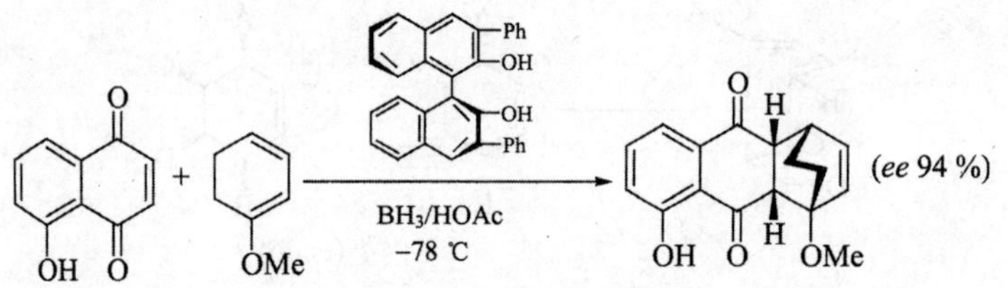

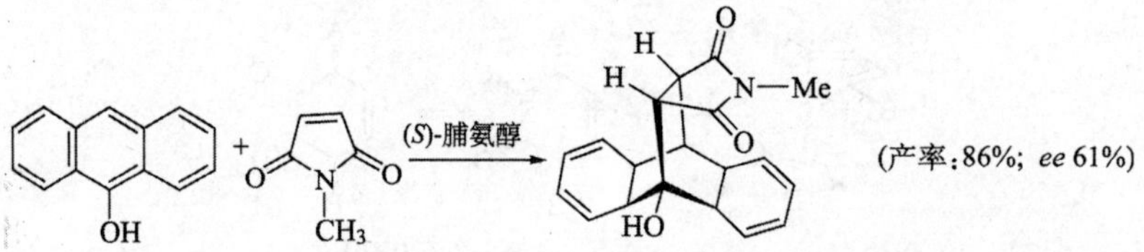

和 Diels-Alder 反应相似，1,3-偶极环加成反应也可以采用以上手段来实现。

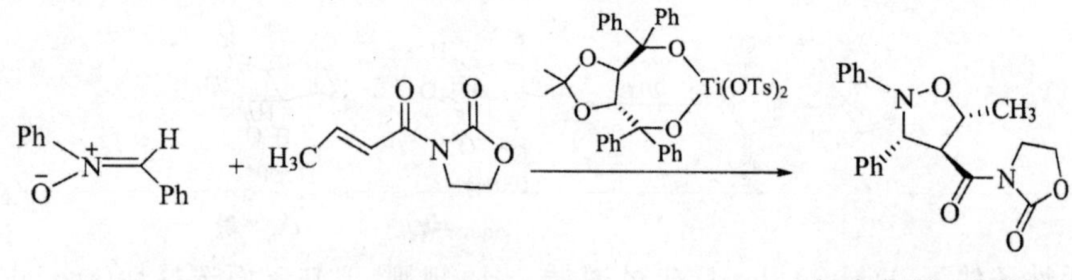

(endo 95%; de 93%)

2. 在二烯体和亲二烯体中导入手性辅基

在二烯体和亲二烯体中导入手性辅基是实现 Diels-Alder 反应的常用方法。

（1）应用 Evans 试剂为手性辅基

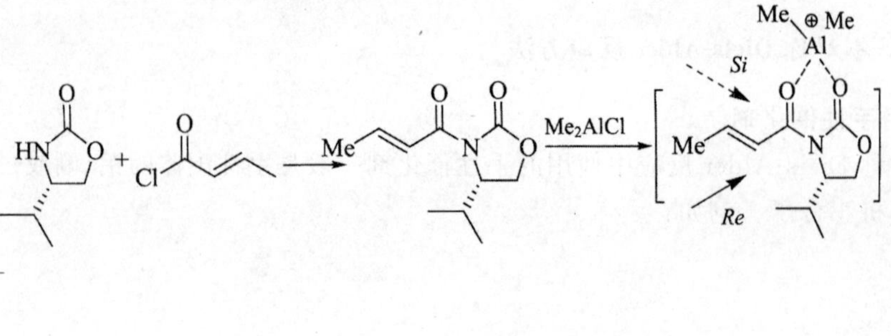

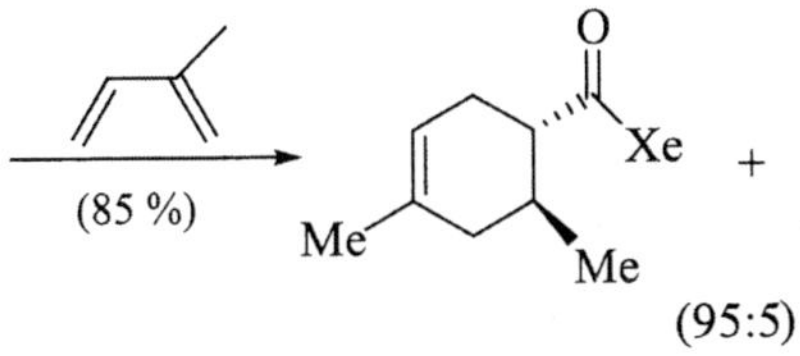

(95:5)

当用路易酸催化时,形成环状螯合中间体。二烯体从亲二烯体立体位阻较小的 *Re* 面趋近得到立体选择性产物。

(2)应用樟脑磺酰胺为手性辅基

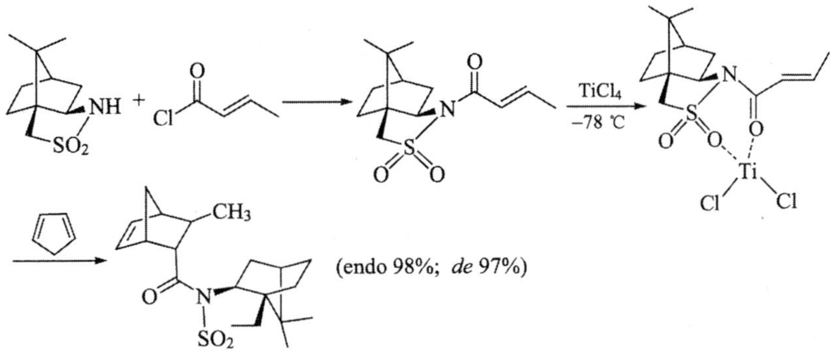

(endo 98%; *de* 97%)

3. 使用手性二烯体或亲二烯体

例如:

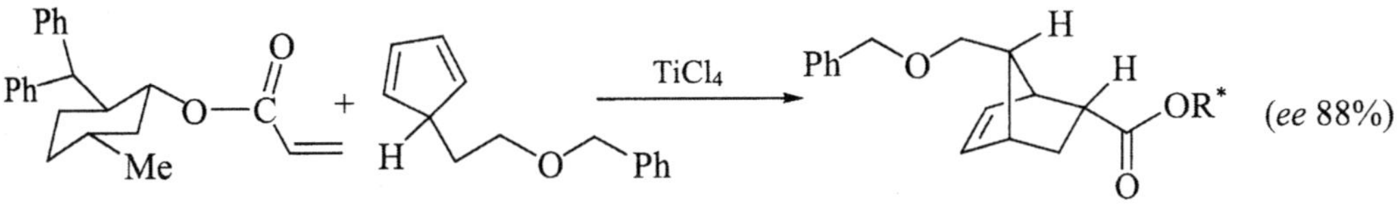

(*ee* 88%)

由于二烯体趋近亲二烯体的 *Si* 面位阻较小,因而有面选择性,所以得到较高 ee 值的对映选择性产物。

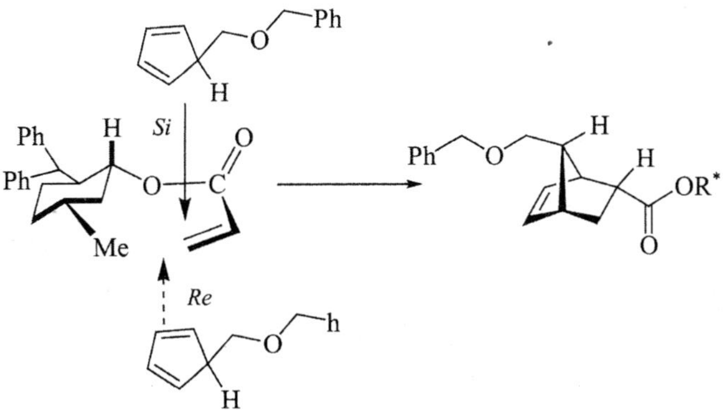

又如：

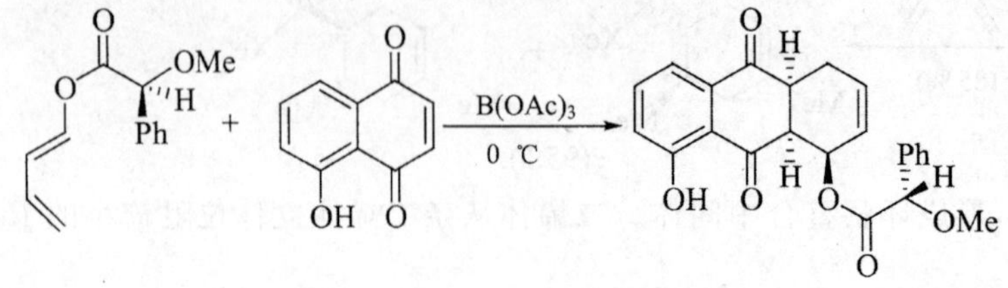

(产率:98%; *ee* 97%)

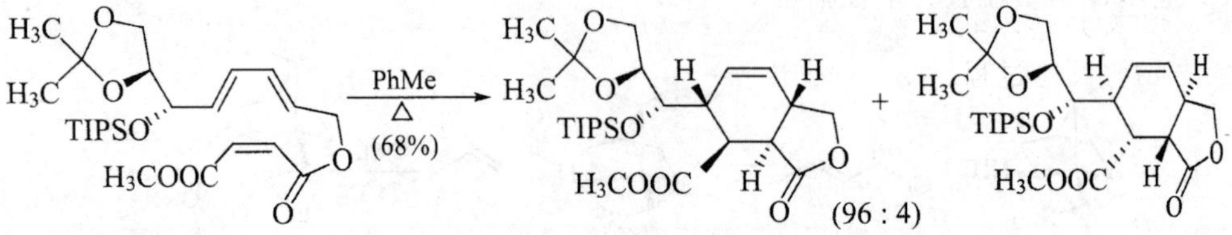

(68%)   (96:4)

9.5　不对称催化合成

9.5.1　手性催化剂的不对称反应

由于手性化合物一般较难获得,因而用催化剂量的手性试剂来引起不对称反应是一种较为理想的途径。目前,某些不对称催化反应其产物的 e.e 可达 90%,有的甚至达 100%。据 Monsanto 公司报道,用 454 g 手性催化剂可以制备 1 t L-苯丙氨酸。目前反应所使用的中心金属大多为铑和铱,手性配体基本为三价磷配体。例如：

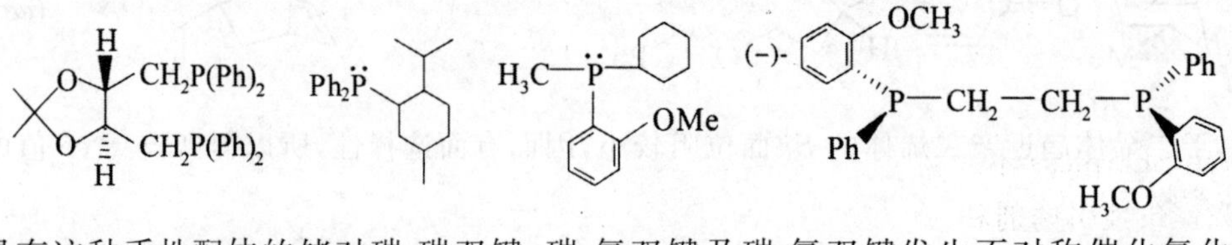

具有这种手性配体的铑对碳-碳双键、碳-氧双键及碳-氮双键发生不对称催化氢化反应。例如,烯胺类化合物碳-碳双键不对称氢化反应是一类重要的不对称氢化反应,用这类反应可以制备天然氨基酸,反应式如下：

$$Ph\!-\!CH\!=\!C\!-\!COOH \xrightarrow[\text{25 ℃,4 atm,4 h,50\%MeOH}]{H_2/RhL_D^*L_D^*Cl_2} Ph\!-\!CH_2CHCOOH$$

其中左侧结构下方为 H₃COCHN,右侧结构下方为 NHCOCH₃

(*Z*)-α-乙酰氨基肉桂酸   (*S*)-(+)-N-乙酰基苯丙氨酸

重要的抗震颤麻痹药物 L-多巴(3-羟基酪氨酸)是一种抗胆碱,同样可以用手性膦催化剂进行不对称催化氢化来制备,反应式如下：

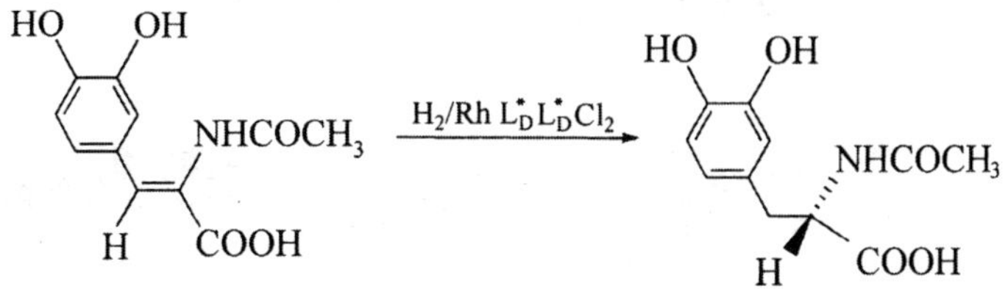

该方法为全合成具有光学活性的甾体化合物提供了一种新的有效途径。

酒石酸酯、四异丙氧基钛、过氧叔丁醇体系能对各类烯丙醇进行高对映选择性环氧化,可获得 e.e 值大于 90% 的羟基环氧化物,并且根据所用酒石酸二乙酯的构型可得到预期的立体构型的产物。反应过程如下:

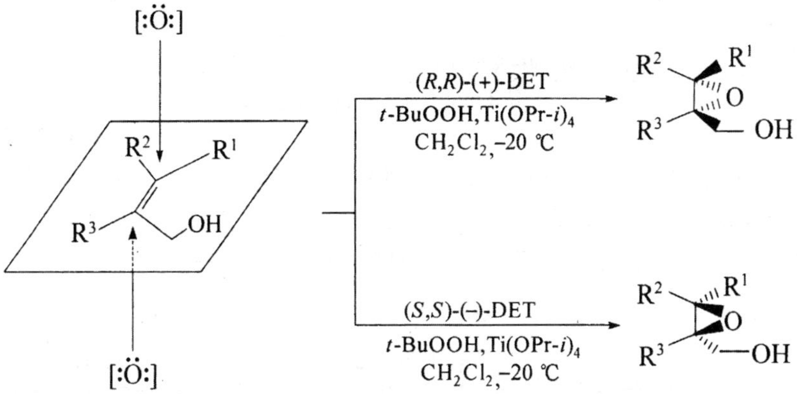

癸基烯丙醇在反应条件下可得到 e.e 值为 95% 的羟基环氧化合物,反应式如下:

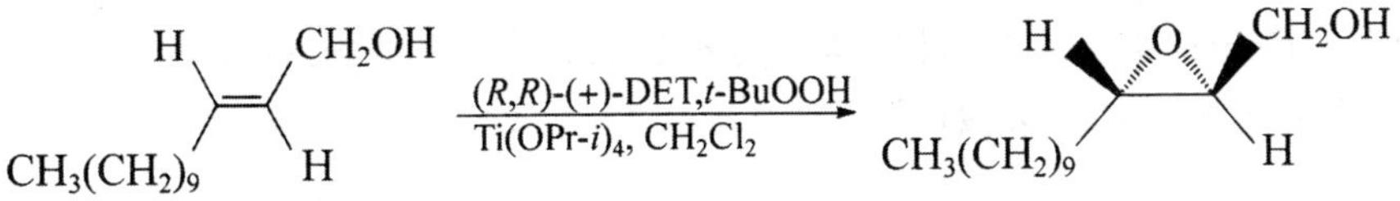

应用 Sharpless 不对称环氧化合成天然产物有许多报道,如白三烯 B_4(leukot-riene B_4)、(+)-舞毒蛾性引诱剂和两性霉素 B 等的合成,其关键步骤均为标准条件下烯丙醇衍生物的不对称环氧化反应,反应式如下:

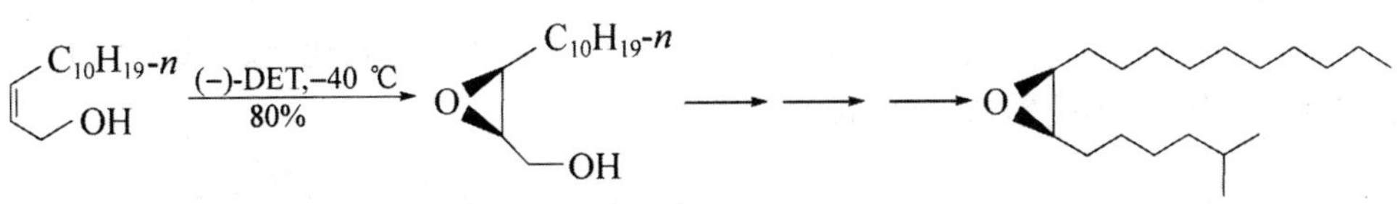

(7R,8S)-(+)-**舞毒蛾性引诱剂**

Sharpless 环氧化反应主要有两大优点:

①适用于绝大多数烯丙醇,并且生成的光学产物 e.e 值可达 71%~95%。

②能够预测环氧化合物的绝对构型,对已存在的手性中心和其他位置的孤立双键几乎无影响等。

由于 Sharpless 不对称环氧化反应要求用烯丙醇作底物,反应的应用范围受到限制。

在合成钾离子通道活化剂 BRL-55834 的反应中,由于反应体系中加入了 0.1 mol 异喹啉

N-氧化物,只需要 0.1%(摩尔分数)催化剂就可以高效地使色烯环氧化,反应式如下:

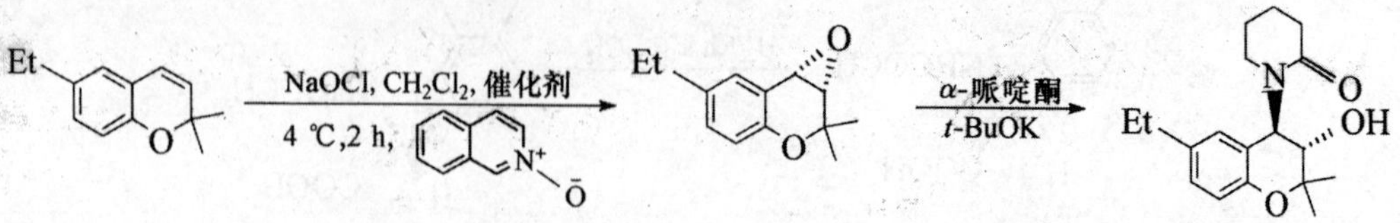

但是,到目前为止,该体系底物范围仍然较窄,尤其对脂肪族化合物效果不理想。

由(S)-2-(二苯基羟甲基)吡咯烷和 BH$_3$·THF 反应可以制得硼杂嘿唑烷。它是 BH$_3$·THF 还原前手性酮的高效手性催化剂,催化还原前手性酮生成预期构型的高对映体过量仲醇,Corey 称这个反应为 CBS 反应,反应式如下:

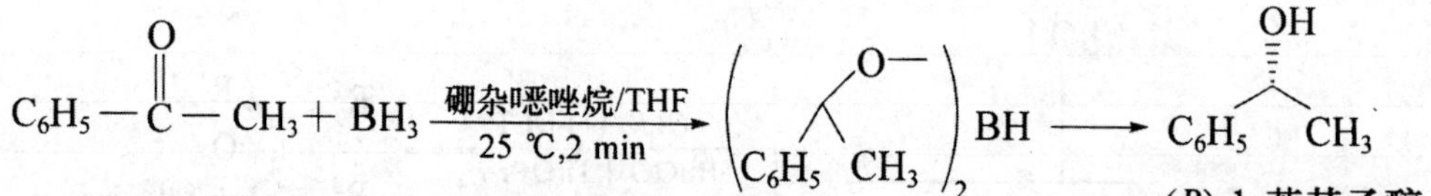

用各种手性配体和 BH$_3$·THF 制成硼杂嘿唑烷来还原前手性酮制备光学活性醇 e.e 值都很高,但此类反应对水极为敏感,故其应用受到限制。

生物碱作为化学反应的手性催化剂也有很好的催化活性。例如:

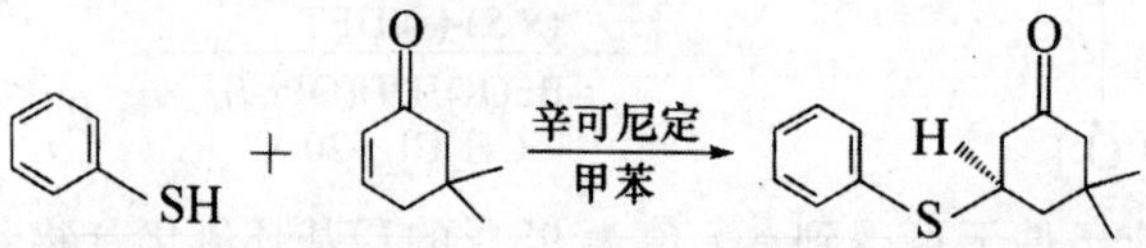

氨基酸在不对称合成中常作为手性源、手性配体的前体等,并且在对映选择性反应中取得了成功。例如,Cohen 等应用(S)-脯氨酸作为羟醛缩合反应的催化剂,在甾烷 C、D 环合成时获得高达 97% 的 e.e 值,反应式如下:

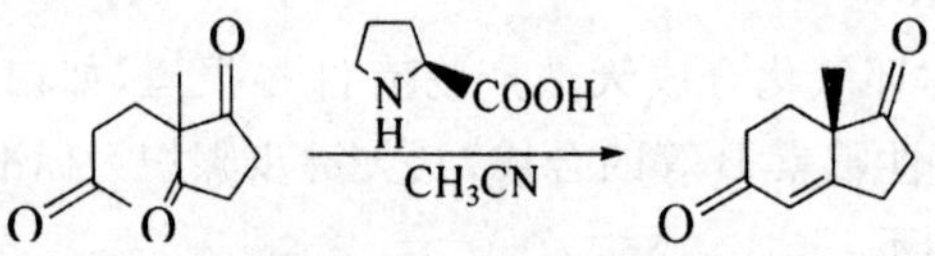

在微波辅助下,L-脯氨酸催化的环己酮、甲醛和芳胺的三组分不对称 Mannich 反应。在 10~15 W 功率的辐射下,反应温度不高于 80℃。与传统加热方法相比,该不对称反应加速非常明显,对映选择性却不受影响,反应式如下:

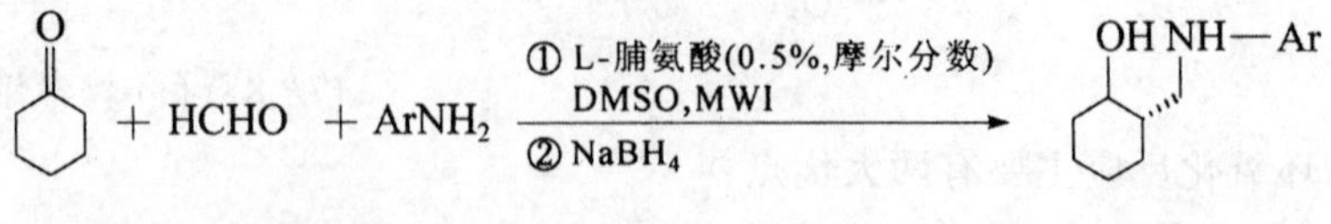

9.5.2 酶催化的不对称合成反应

生物催化反应通常是条件温和、高效,并且具有高度的立体专一性。因此,在探索不对称合成光学活性化合物时,一直没有间断进行生物催化研究。早在 1921 年,Neuberg 等用苯甲醛和乙醛在酵母的作用下发生缩合反应,生成 D-(—)-乙酰基苯甲醇。1966 年,Cohen 采用 D-羟腈酶作催化剂,苯甲醛和 HCN 进行亲核加成反应,合成(R)-(+)-苦杏仁腈,具有很高的立体选择性，反应式如下：

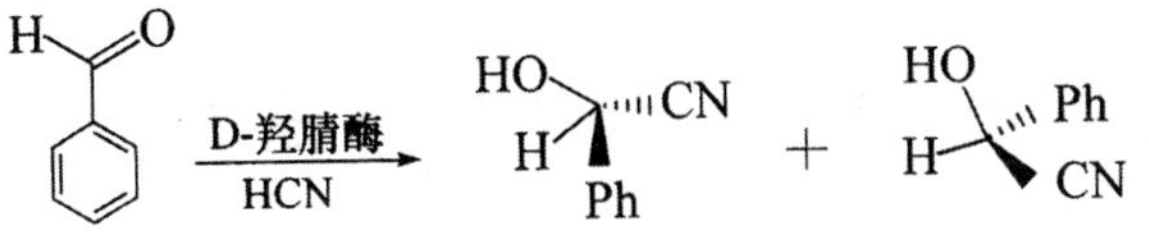

(*R*)-(+)苦杏仁腈　(*S*)-(−)苦杏仁腈

乙酰乙酸乙酯可被面包酵母催化还原生成(S)-*β*-羟基酯，而丙酰乙酸乙酯在同样条件下选择性极差。用 Thermoanaerobium brockii 细菌能将丙酰乙酸乙酯对映选择性很高地还原成(S)-*β*-羟基酯，反应式为：

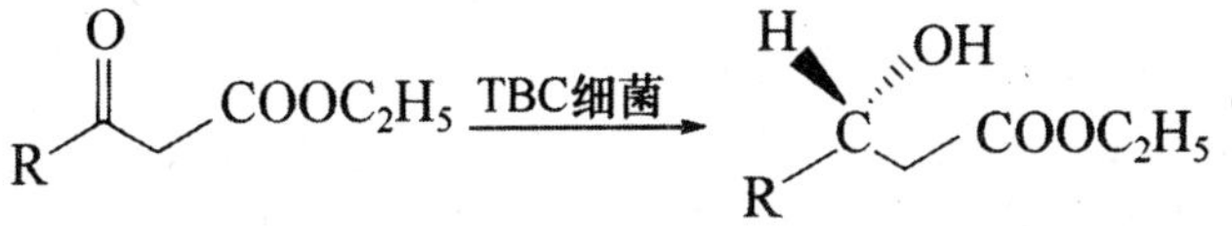

(R 为 CH_3、C_2H_5)

内消旋化合物的对映选择性反应目前只有使用酶作催化剂才有可能进行。马肝醇脱氢酶(HLADH)可选择性地将二醇氧化成光学活性内酯，猪肝酯酶(PLE)可使二酯选择性水解成光学活性产物 *β*-羧酸酯。

部分蛋白质已在一些不对称合成中作为催化剂使用。例如，用牛血清蛋白(BSA)作催化剂，在碱液中进行不对称 Darzen 反应：

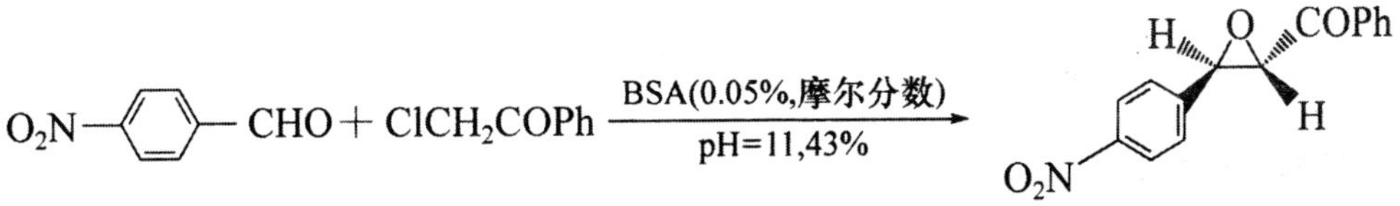

酶催化是目前很活跃的研究领域之一，并且已成功地应用于生物技术方面。将生物技术与有机合成很好地结合起来，并在更广泛的领域应用，将会进一步改善精细化学品合成的面貌。

第 10 章 分子拆分技术

对于结构比较简单的目标分子,合成设计者只需在结构分析的基础上认清其骨架特点及具有的官能团,再经过特定的反应形成结构所需的骨架与官能团。即使还需考虑立体化学因素,亦只需在合成中注意,并不难实现。但是对于结构复杂的分子,所需的反应步骤往往很多,而且往往可以有多种合成途径,很难一下子确定适合的合成路线。这就涉及有关复杂分子合成设计的特殊性问题。合成子法正是在这一迫切需求的情况下出现的。合成子法实际上是一种分子的拆开法,通过碳碳键的拆开,将较大的目标分子分解成它的原料和试剂分子,最终设计出合理的合成路线。解决分子骨架由小变大的合成问题,应该在回推过程的适当阶段,设法使分子骨架由大变小,这可以采用拆开的方法。

10.1 概述

10.1.1 分子拆分的原则

1. 优先考虑骨架的形成

虽然有机化合物的性质主要是由分子中官能团决定的,但是在解决骨架与官能团都有变化的合成问题时,要优先考虑的却是骨架的形成,这是因为官能团是附着于骨架上的,骨架不先建立起来,官能团也就没有附着点。

考虑骨架的形成时,首先研究目标分子的骨架是由哪些较小的碎片的骨架,通过碳碳成键反应结合成的,较小碎片的骨架又是由哪些更小的碎片骨架形成。依此类推,直到得到最小碎片的骨架,也就是应该使用的原料骨架。

2. 其次联想官能团的形成

由于形成新骨架的反应,总是在官能团或是受官能团的影响而产生的活泼部位上发生,因此,要发生碳碳成键反应,碎片中心需要有适当的官能团存在,并且不同的成键反应需要不同的官能团,例如:

$$R\text{-}X + R\text{-}X \xrightarrow{Na} R\text{-}R$$

碎片中需要有卤素存在。又如:

$$R\text{-}CH_2\text{-}CHO + R\text{-}CH_2\text{-}CHO \xrightarrow{Na} RCH_2CH(OH)CHRCHO$$

碎片中需要有羰基和 α-氢原子存在。所以,在优先考虑骨架形成的同时,进而就要联想到官能团的存在和变化。

10.1.2 分子切断注意事项

要解决分子骨架由小变大的合成问题,应该在逆合成分析中,在适当阶段设法使分子骨架由大变小,可以采用分子的切断。切断是结构分析的一种处理方法,设想在复杂目标分子的价键被打断,从而推断出合成它需用的原料。正确运用分子切断法,就是指能够正确选择要切断的价键,回推时的"切",是为了合成时的"连",即前者是手段,后者是目的。

一个合成反应能够形成一定的分子结构,同样,一定的分子结构只有在掌握了形成它的反应后才能进行切断。因此,要想很好地掌握分子结构的切断,就必须有许多合成反应知识做后盾。合成反应用于分子的切断的关键是抓住这个反应的基本特征,即反应前后分子结构的变化,掌握了这点,就可以用于切断。例如,要充分理解 Diels-Alder 反应的作用原理与规则,才能将下述目标物切断。

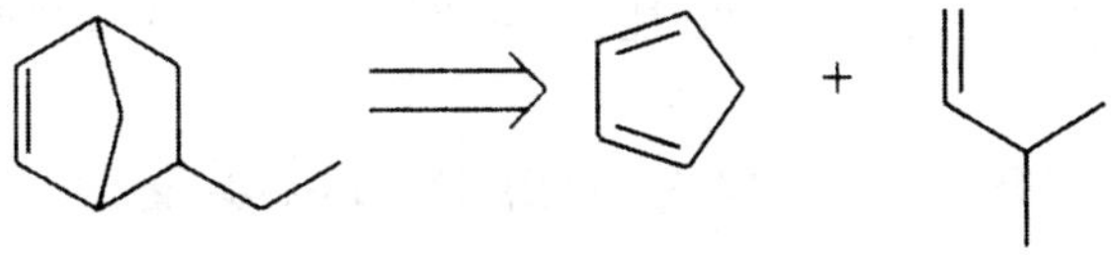

在切断分子时应注意以下几点。

1. 在逆合成的适当阶段将分子切断

由于有的目标分子并不是直接由碎片构成,只是它的前体。这个前体在形成后,又经历了包括分子骨架增大的各种变化才能成为目标分子。为此,在回推时应先将目标分子变回到它的前体后,再进行分子的切断。例如,在注意到嚬哪醇重排前后结构的变化就可以解决下面两个化合物的合成问题:

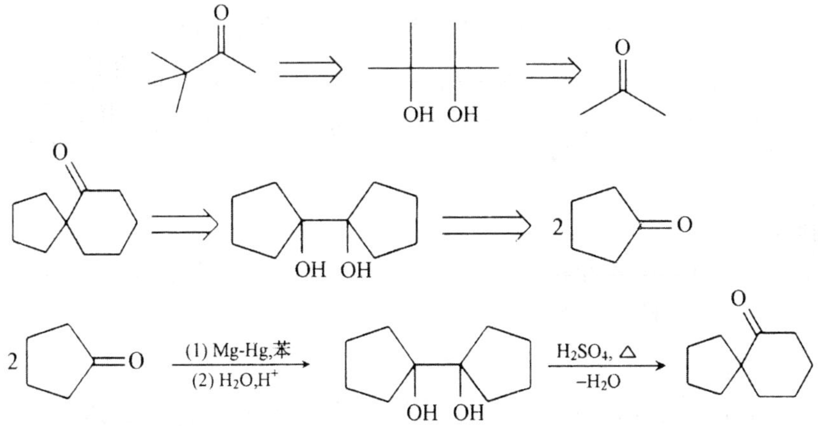

2. 尝试在不同部位的切断

在对目标分子进行逆合成分析时,常常遇到分子的切断部位比较多的问题,但经认真比较、分析,就会发现从其中某一部位切断更加优越。因此,必须尝试在不同部位将分子切断,以便从中找出更加合理的合成路线。

3. 考虑问题要全面

在判断分子的切断部位时,无论是目标分子或中间体,都要从整体和全局出发,考虑问题要全面,尽可能减少或避免副反应的发生。目标分子的切断部位就是合成时要连接的部位,也就是说,切断了以后要用较好的反应将其连接起来。例如,异丙基正丁基醚的合成,有以下两种切断的方式:

在醇钠(碱性试剂)存在下,卤代烷会发生消去卤化氢反应,其倾向是仲烷基卤大于伯烷基

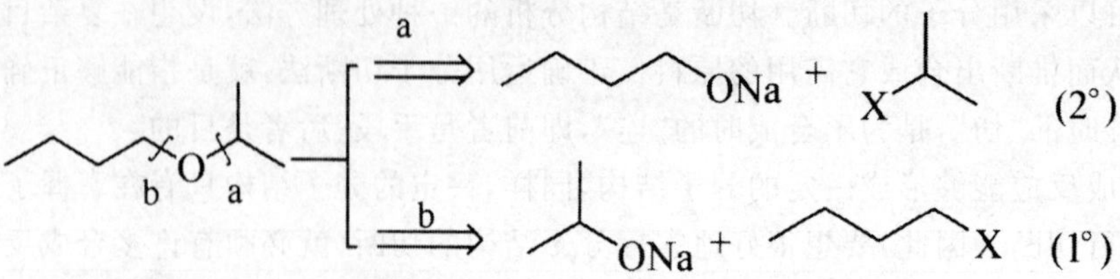

卤，因此，为减少这个副反应，宜选择在 b 处切断。

4. 加入官能团帮助切断（探索多种拆法）

对于较复杂的大分子，应探索多种的切断方法以求择优选用。有时在切断中遇到困难，就要设想在分子某一部位加入一个合适的官能团，可能使切断更有利进行。

10.2　常见分子拆分的重要反应

10.2.1　1,3-二羰基化合物的拆分与合成

常用于合成 1,3-二羰基化合物的反应是克莱森酯缩合反应，该反应为含有 α-H 的酯在醇钠等碱性缩合剂作用下发生缩合作用，失去一分子醇得到 β-酮酸酯。如两分子乙酸乙酯在金属钠和少量乙醇作用下发生缩合得到乙酰乙酸乙酯。常用的碱性试剂有醇钠、氨基钠、三苯基钾钠等。实际上这个反应不限于酯类自身的缩合，酯与含活泼亚甲基的化合物（如酯、酰氯、酸酐等与酯、醛酮、氰等提供 α-H 的化合物）都可以发生这样的缩合反应。例如：

$$R-\overset{\overset{O}{\|}}{C}-X + H-\underset{|}{\overset{\overset{R'}{|}}{C}}-\overset{\overset{O}{\|}}{C}-Y \xrightarrow{\text{碱}} R-\overset{\overset{O}{\|}}{C}-\underset{|}{\overset{\overset{R'}{|}}{C}}-\overset{\overset{O}{\|}}{C}-Y$$

1. 相同酯间的缩合

最典型的是两分子乙酸乙酯在乙醇钠的作用下，缩合生成乙酰乙酸乙酯。

$$2CH_3COOEt \xrightarrow[NaOEt]{} CH_3COCH_2COOEt + EtOH$$

反应历程如下：

乙酸乙酯的 α-H 酸性很弱（$pK_a=24.5$），而乙醇钠又是一个相对较弱的碱（乙醇的 $pK_a \approx 15.9$），因此，乙酸乙酯与乙醇钠作用所形成的负离子在平衡体系是很少的。但由于最后产物乙酰乙酸乙酯是一个比较强的酸，能与乙醇钠作用形成稳定的负离子，从而使平衡朝产物方向移动。所以，尽管反应体系中的乙酸乙酯负离子浓度很低，但一形成后，就不断地反应，结果反应还是可以顺利完成。

$$\underset{pK_5\approx 24}{CH_3-\overset{\overset{O}{\|}}{C}-OC_2H_5} + C_2H_5O^- \rightleftharpoons \bar{C}H_2COOC_2H_5 + \underset{pK_5\approx 16}{C_2H_5OH}$$

$$CH_3-\overset{O}{\overset{||}{C}}-OC_2H_5 + \bar{C}H_2COOC_2H_5 \rightleftharpoons CH_3-\overset{\overset{\bar{O}}{|}}{\underset{CH_2COOC_2H_5}{C}}-OC_2H_5 \rightleftharpoons CH_3-\overset{O}{\overset{||}{C}}-CH_2COOC_2H_5 + C_2H_5O^-$$

$$CH_3-\overset{O}{\overset{||}{C}}-CH_2COOC_2H_5 \xrightarrow{C_2H_5O^-} CH_3\overset{O}{\overset{||}{C}}\bar{C}HCOOC_2H_5 + C_2H_5OH$$

$$\downarrow H^+$$

$$CH_3-\overset{O}{\overset{||}{C}}-CH_2COOC_2H_5$$

如果酯的 α-C 上只有一个氢原子，由于酸性太弱，用乙醇钠难于形成负离子，需要用较强的碱才能把酯变为负离子。如异丁酸乙酯在三苯甲基钠作用下，可以进行缩合，而在乙醇钠作用下则不能发生反应：

$$2(CH_3)_2CHCO_2C_2H_5 + (C_6H_5)_3\overset{-}{C}\overset{+}{Na} \xrightarrow{Et_2O} (CH_3)_2CH-\overset{O}{\overset{||}{C}}-\overset{CH_3}{\underset{CH_3}{\overset{|}{C}}}CO_2C_2H_5 + (C_6H_5)_3CH$$

2. 二元或多元酯的分子内缩合（狄克曼酯缩合反应）

在强碱条件下，含有 α-H 的二元酯发生分子内缩合，形成一个环状 β-酮酸酯，再水解加热脱羧，得到五元或六元环酮。例如：

狄克曼分子内酯缩合反应是合成含五元或六元环及其衍生物的主要方法；该反应实际上是在分子内部进行的克莱森酯缩合反应。

狄克曼酯缩合反应对于合成 5～7 元环化合物是很成功的，但 9～12 元环产率极低或根本不反应。在高度稀释条件下，α,ω-二元羧酸酯在甲苯中用叔丁醇钾处理得到一元和二元环酮：

$$(n=6\sim14)$$

3. 不同酯间的缩合反应

两种不同的酯也能发生酯缩合，理论上可得到四种不同的产物，称为温合酯缩合，在制备上没有太大意义。如果其中一个酯分子中既无 α-H，而且烷氧羰基又比较活泼时，则仅生成一种缩合产物。如苯甲酸酯、甲酸酯、草酸酯、碳酸酯等。与其他含 α-H 的酯反应时，都只生成一种缩合产物。

(1)草酸二乙酯的酰化反应及其应用

草酸二乙酯与含 α-H 的酯反应,在有机合成中有其特殊用途。例如,草酸二乙酯与苯乙酸乙酯的反应:

$$Ph-CH_2-COOEt + EtO-\overset{\overset{O}{\|}}{C}-\overset{\overset{O}{\|}}{C}-OEt \xrightarrow{NaOEt} Ph-\overset{\overset{CO_2Et}{|}}{\underset{\underset{CO-COOEt}{|}}{CH}}$$

该类型反应的结果是含 α-H 酯的 α-C 上引入了乙草酰基。

举例说明:设计 α-羰基戊二酸的合成路线。

分析:

$$HOOC-CH_2-CH_2-CO-COOH \xRightarrow{FGA} HOOC-CH_2-\overset{\overset{COOH}{|}}{\underset{\underset{CO-COOH}{|}}{CH}}$$

$$\xRightarrow{FGI} EtOOC-CH_2-\overset{\overset{COOEt}{|}}{\underset{\underset{CO-COOEt}{\wr}}{CH}} \xRightarrow{dis} EtOOC-COOEt + EtOOC-CH_2-CH_2-COOEt$$

合成:

$$EtOOC-CH_2-CH_2-COOEt + \underset{\overset{|}{COOEt}}{\overset{COOEt}{|}} \xrightarrow{KOEt} EtOOC-CH_2-\overset{\overset{COOEt}{|}}{\underset{\underset{CO-COOEt}{|}}{CH}}$$

$$\xrightarrow{H_3O, \triangle} HOOC-CH_2-CH_2-CO-COOH + CO_2 + 3EtOH$$

(2)甲酸酯酰化反应及其应用

甲酸乙酯与含 α-H 的酯在强碱作用下反应,常用于含 α-H 的酯的 α 位引入一个醛基:

$$H-\overset{\overset{O}{\|}}{C}-OEt + HCH_2-COOEt \xrightarrow[-EtOH]{NaOEt} \overset{\overset{O}{\|}}{\underset{\underset{H}{|}}{C}}-CH_2-COOEt$$

$$\underset{(烯醇式重排)}{\rightleftharpoons} HO-CH=CH-COOEt$$

工业上生产颠茄酸时,即利用这一方法,将苯乙酸乙酯和甲酸乙酯进行缩合,可以先得到 70% 的产物 α-苯甲酰乙酯乙酯。

$$C_6H_5CH_2COOC_2H_5 + HCOOC_2H_5 \xrightarrow{CH_3ONa} C_6H_5\overset{\overset{CHO}{|}}{CH}COOC_2H_5 + H_2O$$

$$(70\%)$$

经催化氢化后,就得到颠茄酸酯:

$$C_6H_5\overset{|}{\underset{CHO}{CH}}COOC_2H_5 \xrightarrow{H_2/Ni} C_6H_5\overset{|}{\underset{CH_2OH}{CH}}COOC_2H_5$$

颠茄酸酯

4. 酯与酮的缩合

以上所讨论的是利用各种酯进行缩合,产物从结构上讲,都是一个 β-羰基酸酯。若用一个酮和一个酯进行混合缩合,就得到 β-羰基酮。酮是比酯较强的一个"酸",在碱的催化作用下,酮应首先形成负离子,然后和酯的羰基进行亲核加成。

在实际工作中,往往用一个甲基酮($\overset{O}{\underset{RCCH_3}{\parallel}}$)和酯在乙醇钠的催化作用下进行缩合,可以得到适当产量的 β-二酮:

$$CH_3COOCH_5 + CH_3COCH_3 \xrightarrow{C_2H_5ONa} CH_3COCH_2COCH_3 + C_2H_5OH$$

2,4-戊二酮(乙酰丙酮)

(38%～45%)

戊二酮也可用丙酮与乙酸酐再 BF_3 催化下制得,产率很高,中间过程不是经过烯醇负离子,而是烯醇本身:

$$CH_3COCH_3 + (CH_3CO)_2O \xrightarrow{BF_3} CH_3COCH_2COCH_3$$

(80%～85%)

用苯甲酸乙酯和苯乙酮缩合,可以得到产率较高的二苯甲酰甲烷:

$$C_6H_5COOC_2H_5 + CH_3COC_6H_5 \xrightarrow{C_2H_5ONa} C_6H_5COCH_2COC_6H_5 + C_2H_5OH$$

(62%～71%)

取代的乙酸乙酯和一个甲基酮反应,需要用较强的催化剂,如 NaH,但是产物掺杂着其他的异构体。例如,用丁酮(i)和丙酸乙酯(ii)缩合,在 NaH 的作用下,得到两个产物(iii)和(iV),二者的比例和理论所预料的是一致的。

$$CH_3COCH_2CH_3 + CH_3CH_2COOC_2H_5 \xrightarrow[\text{乙醚}]{NaH} CH_3CH_2\overset{|}{\underset{O^-Na^+}{C}}=CHCOCH_2CH_3 + CH_3CH_2\overset{CH_3}{\underset{O^-Na^+}{\overset{|}{C}}}=\overset{|}{C}COCH_3$$

（ⅰ）　　　　（ⅱ）　　　　　　　　（ⅲ）　　　　　　　　　（ⅳ）

$$\downarrow H^+ \qquad\qquad \downarrow H^+$$

$$CH_3CH_2COCH_2COCH_2CH_3 \qquad\qquad CH_3CH_2COCH\overset{CH_3}{\overset{|}{CH}}COCH_3$$

（ⅲ）　　（51%）　　　　　　（ⅳ）　　（9%）

从这个反应看,酮(i)在形成负离子时,主要是由甲基而不是亚甲基给出氢,负离子(iv)因有一个取代的甲基,没有(iii)稳定,所以(iii)是主要的产物。

有 α-H 的酮所产生的烯醇盐也可以同没有 α-H 的酯缩合,如后者为碳酸酯,则产物为 β-

酮酸酯：

碳酸二乙酯　　环庚酮　　　　2-环庚酮甲酸乙酯

（91%～94%）

酮生成的烯醇盐虽然可以与酮羰基缩合，但平衡位置不利于羟基酮的生成。

如用别的没有 α-H 的酯与酮缩合，则得到 β-二酮。例如：

$$C_6H_5COOEt + CH_3COC_6H_5 \xrightarrow[\text{②}H_3O^+]{\text{①}EtONa, EtOH} C_6H_5CCH_2CC_6H_5$$

苯甲酸乙酯　　　苯乙酮　　　　　　　1,3-二苯基-1,3-丙二酮

（60%～70%）

5. 其他缩合

另外，酯与腈缩合也可以发生缩合反应。酯与腈的缩合，属于克莱森缩合反应类型。例如：

$$CH_3COOEt + C_6H_5CH_2CN \xrightarrow{NaOEt} CH_3-\underset{O}{\overset{\overset{\displaystyle C_6H_5}{|}}{C}}-CH-CN$$

（63%～67%）

$$\underset{EtO}{\overset{EtO}{>}}C=O + CH_3(CH_2)_4CN \longrightarrow CH_3(CH_2)_3\underset{CN}{\overset{|}{C}}HCOOEt$$

由于产物中含有—CN，—Ph，α-CH$_3$ 等基团，在有机合成中有着广泛的用途。

举例说明：α-苯基乙酰乙酸乙酯（$CH_3-\overset{O}{\overset{||}{C}}-CH-\overset{O}{\overset{||}{C}}-OEt$）的合成。

　　　　　　　　　　　　　　　　　　$\overset{|}{C_6H_5}$

$$CH_3-\overset{O}{\overset{||}{C}}-\underset{C_6H_5}{\overset{|}{C}}H-C\equiv N + HOEt \xrightarrow{HCl} CH_3-\overset{O}{\overset{||}{C}}-\underset{C_6H_5}{\overset{|}{C}}H-\overset{NH}{\overset{||}{C}}-OEt$$

$$\xrightarrow{H_2O, H_2SO_4} CH_3-\overset{O}{\overset{||}{C}}-\underset{C_6H_5}{\overset{|}{C}}H-\overset{O}{\overset{||}{C}}-OEt + NH_4HSO_4$$

10.2.2　1,4 和 1,6-二羰基化合物的拆分

1. 1,4-二羰基化合物的拆分

(1)1,4-二酮的合成

1,4-二羰基化合物主要由活泼亚甲基化合物与 α-卤代羰基化合物反应合成。1,4-二酮常由乙酰乙酸乙酯的羰基衍生物的酮式分解来制得。例如：

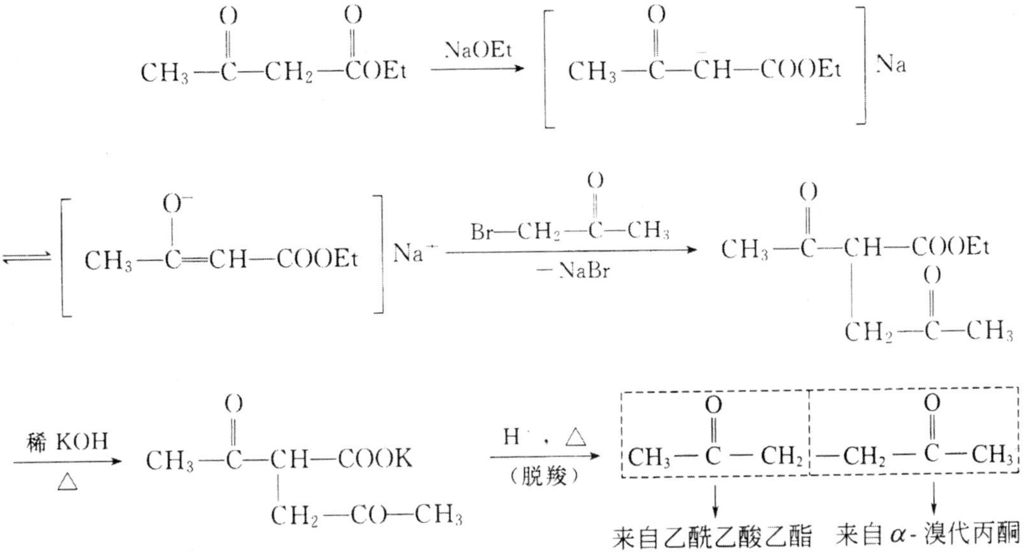

(2)拆分

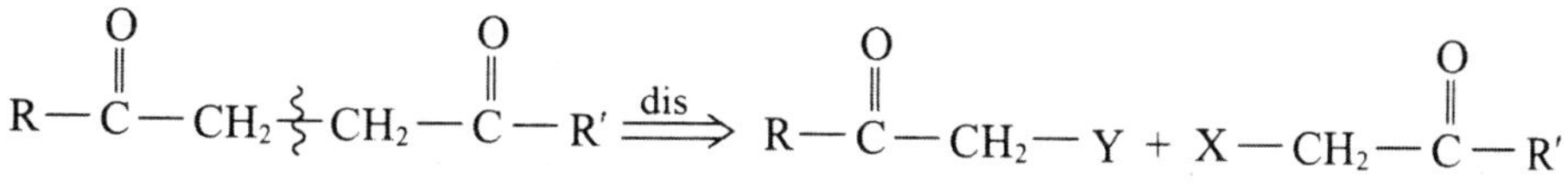

$$(Y=H、—COOH \text{ 或潜在的}—COOH；X=卤原子)$$

1,4-二羰基化合物的合成，主要是通过活泼亚甲基化合物在碱的作用下，产生烯醇式负离子对及一卤代羰基化合物的亲核取代反应得到，所以，在找出合成 1,4-二羰基化合物的原料时，遵循的规律是：当切断后的碎片具有丙酮或乙酸结构单元;时，应考虑到它们是由乙酰乙酸乙酯或丙二酸二乙酯为原料合成的，应将碎片加上致活基—COOC$_2$H$_5$ 分别将其转化为乙酰乙酸乙酯或丙二酸二乙酯，也就是将切断后得到的合成子转化成相应的合成等价物。例如：

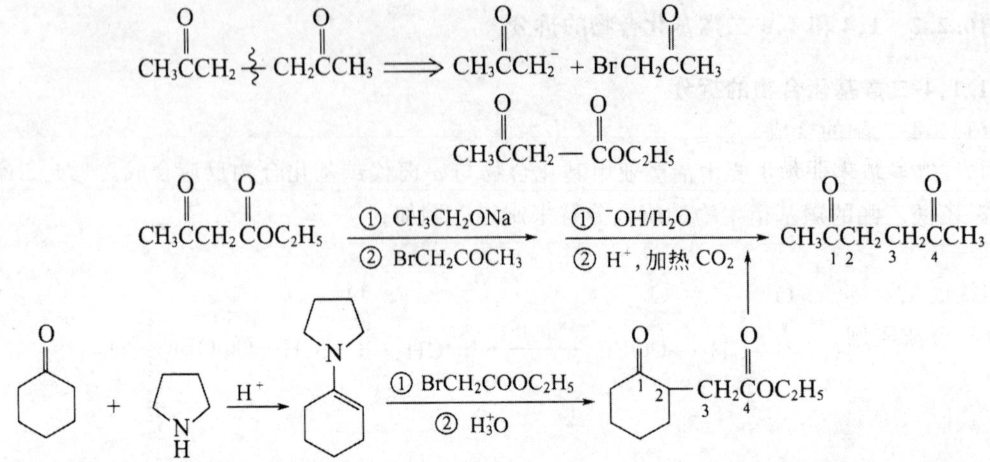

$$\underset{O}{CH_3\overset{O}{C}CH_2}\!\!\not{\,\,}\!\!\underset{O}{CH_2\overset{O}{C}CH_3} \Longrightarrow CH_3\overset{O}{C}CH_2^- + BrCH_2\overset{O}{C}CH_3$$

$$CH_3\overset{O}{C}CH_2-\overset{O}{C}OC_2H_5$$

$$CH_3\overset{O}{C}CH_2\overset{O}{C}OC_2H_5 \xrightarrow[\text{② BrCH}_2\text{COCH}_3]{\text{① CH}_3\text{CH}_2\text{ONa}} \xrightarrow[\text{② H}^+,\text{加热 CO}_2\uparrow]{\text{① }^-\text{OH/H}_2\text{O}} \underset{1\quad2\quad3\quad4}{CH_3\overset{O}{C}CH_2 CH_2\overset{O}{C}CH_3}$$

下列化合物切断后得到两个乙酸碎片,一个碎片加溴、加乙氧基转化为溴代乙酸酯,另一个碎片应加上致活基转化成相应的合成子丙二酸二乙酯。

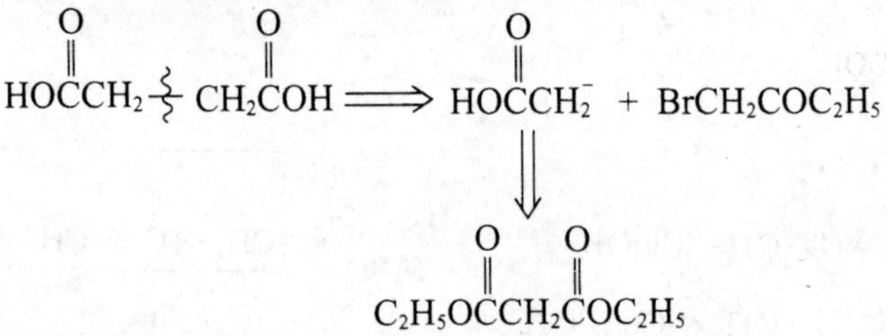

$$HO\overset{O}{C}CH_2\!\!\not{\,\,}\!\!CH_2\overset{O}{C}OH \Longrightarrow HO\overset{O}{C}CH_2^- + BrCH_2\overset{O}{C}OC_2H_5$$

$$\Downarrow$$

$$C_2H_5O\overset{O}{C}CH_2\overset{O}{C}OC_2H_5$$

(3)合成实例

设计 $\triangle^{1,8}$-六氢化茚-2-酮(结构式)的合成路线。

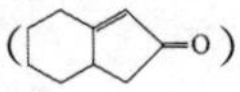

分析:

TM 为稠环 α,β-不饱和羰基化合物,拆开后为 1,4-二碳基化合物。拆开:

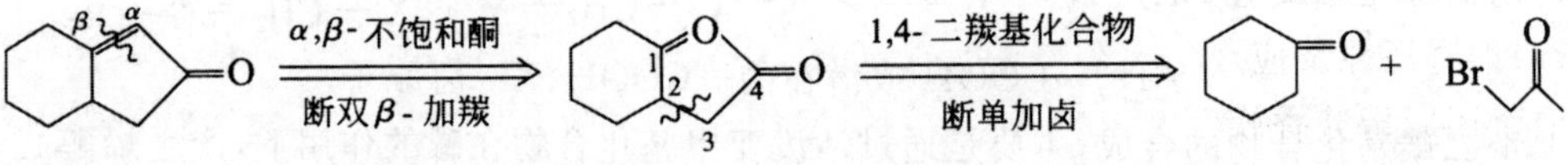

合成:

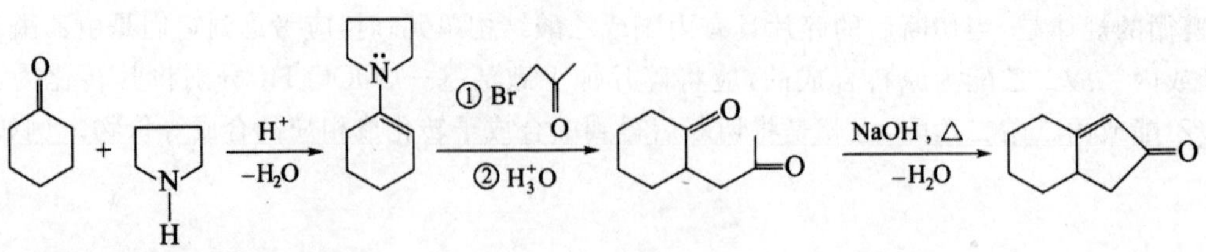

2.1,6-二羰基化合物的拆分

(1)1,6-二羰基化合物的合成

1,6-二羰基化合物主要由环己烯或环己烯的衍生物通过氧化,双键断裂开环得到。

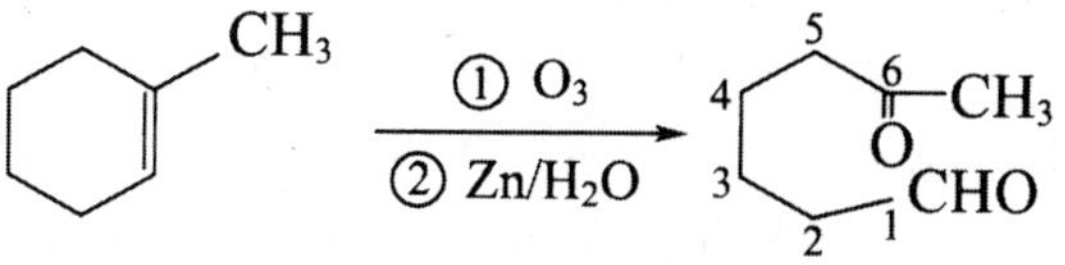

逆合成分析无非是把通过氧化断裂的双键重新连接起来。可称之为"去二羰加一双"。

（2）1,6-二羰基化合物的拆开

根据 1,6-二羰基化合物的合成，可以看到，拆开实质为重接，即 1,6-二羰基化合物去掉氧，围拢成 1,6-环己烯或其衍生物。

（3）合成实例

设计 6-庚酮酸（）的合成路线。

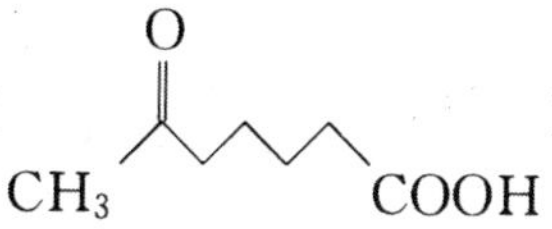

分析：

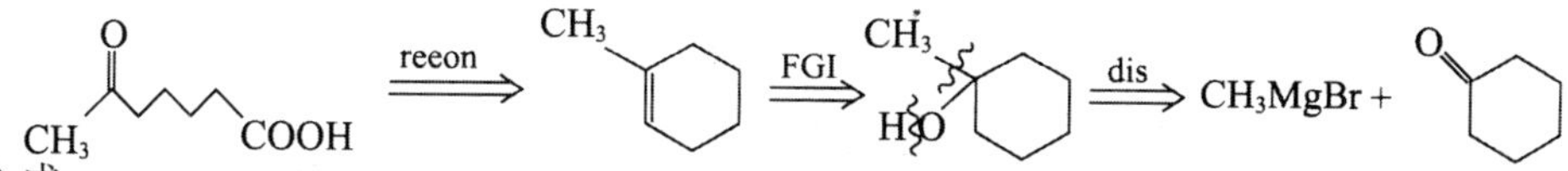

合成：

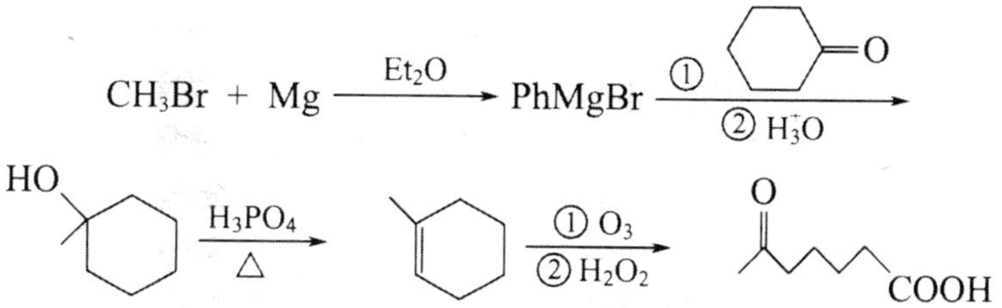

由上可知，1,6-二羰基化合物的合成，涉及环己烯及其衍生物的合成问题，于是就要用到有名的伯奇（Birch）还原反应和狄-阿反应。狄-阿反应在基础有机化学中介绍得很详细，下边着重讨论伯奇还原反应。

（4）伯奇还原反应

伯奇还原指芳香族化合物在液氨与己醇（或异丙醇或二级丁醇）作用下用钠（或钾、锂）还原成非共轭的环己二烯（1,4-环己二烯）及其衍生物的反应，称为伯奇（Birch）反应。如：

取代的苯也能发生还原，并且通常得到单一的还原产物。例如：

①反应机理如下：

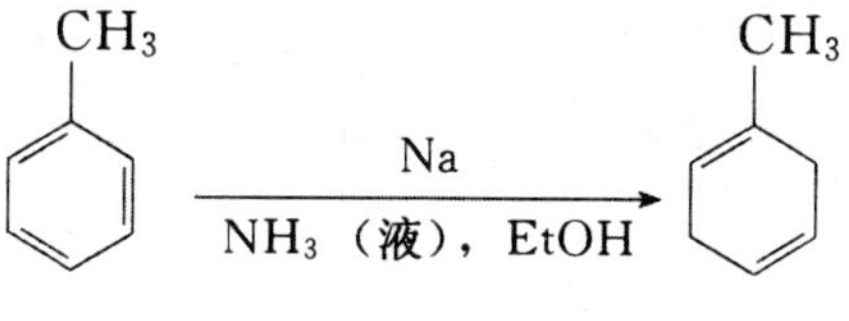

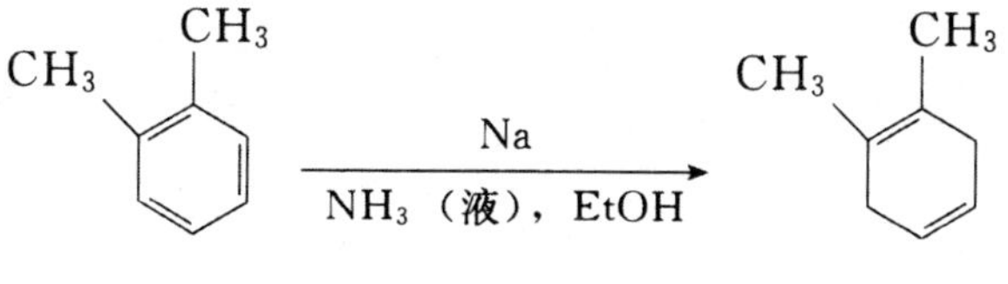

首先是钠和液氨作用生成溶剂化电子，然后苯环得到一个电子生成自由基负离子（Ⅰ），这时苯环的 π 电子体系中有 7 个电子，加到苯环上的那个电子处在苯环分子轨道的反键轨道上，自由基负离子仍是个环状共轭体系，Ⅰ表示的是其部分共振式。Ⅰ不稳定而被质子化，随即从乙醇中夺取一个质子生成环己二烯基自由基（Ⅱ）。Ⅱ再取得一个溶剂化电子转变成环己二烯负离子（Ⅲ），Ⅲ是一个强碱，迅速再从乙醇中夺取一个电子生成 1,4-环己二烯。

$$Na + NH_3 \longrightarrow Na^+ + e^-$$

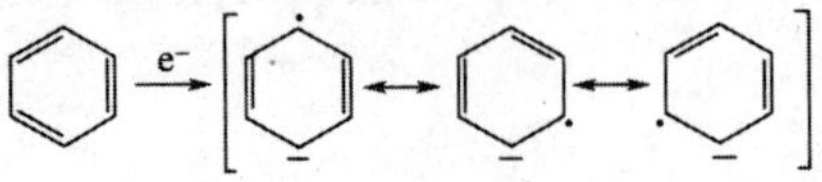

（Ⅰ）

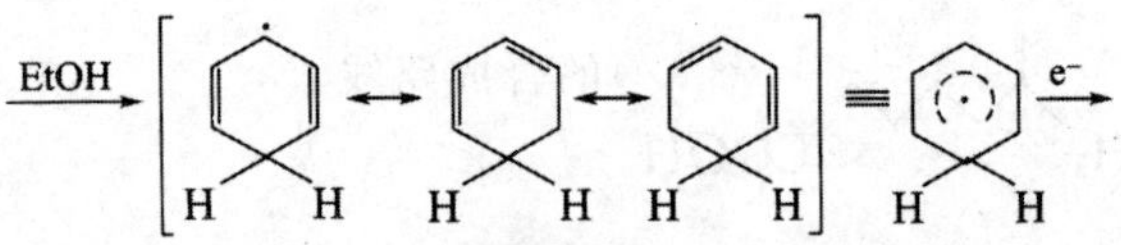

（Ⅱ）

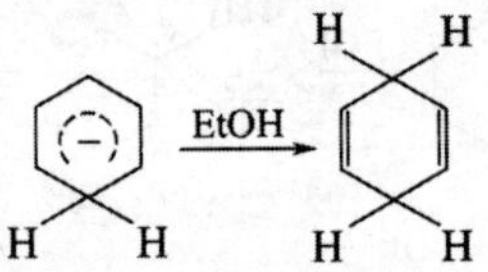

（Ⅲ）

环己二烯负离子（Ⅲ）在共轭链的中间碳原子上质子化比在末端碳原子上质子化快，原因尚不清楚。

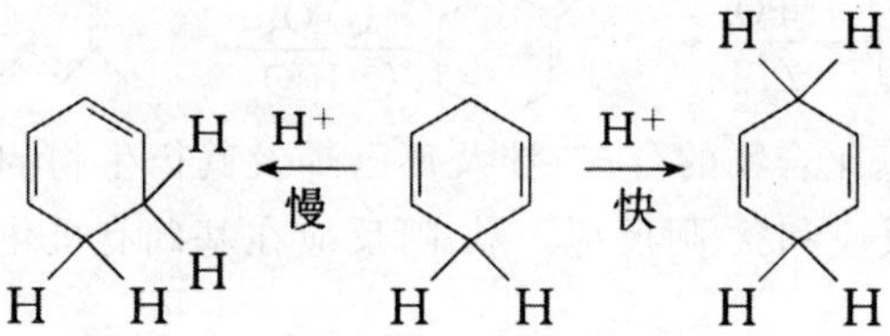

②合成实例。

设计化合物 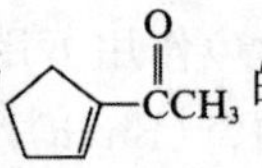 的合成路线。

分析：

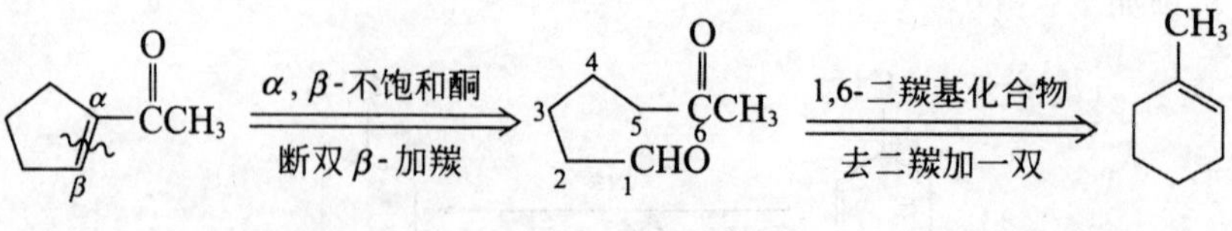

合成：

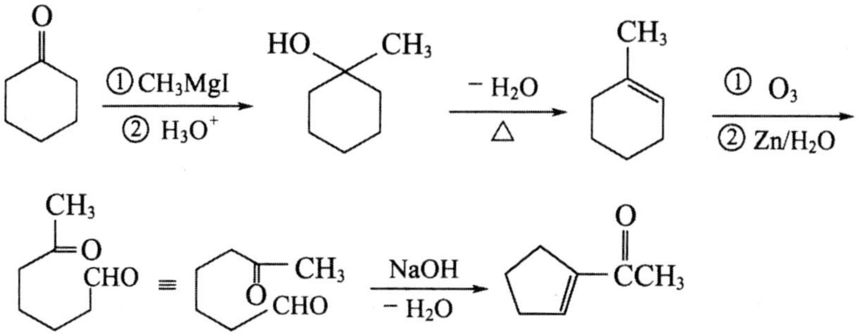

10.2.3 1,5-二羰基化合物的拆分

1.1,5-二羰基化合物的合成——迈克尔加成反应

含活泼亚甲基的化合物与 α,β-不饱和共轭体系化合物在碱性催化剂存在下发生 1,4-加成,称为迈克尔加成反应。通式如下:

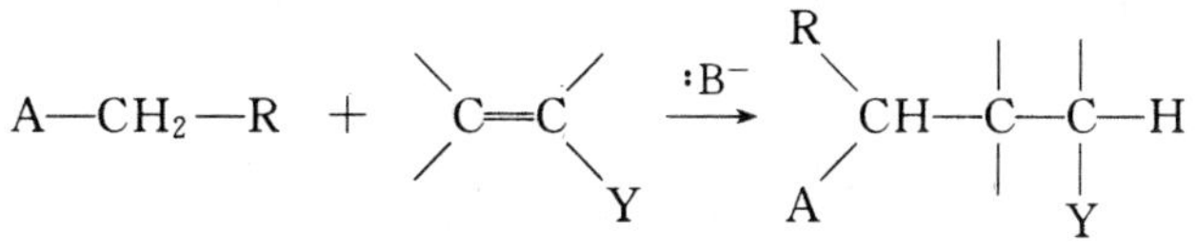

$$A,\ Y=CHO,\ C=O,\ COOR,\ NO_2,\ CN$$

$$B=NaOH,\ KOH,\ EtONa,\ t\text{-}BuOK,\ NaNH_2,\ Et_3N,\ R_4N^+OH^-,\ \langle\ \rangle NH$$

用于这个反应的不饱和化合物,通常称为迈克尔受体。该反应是形成新的 C—C 键的方法,可以将多种官能团引入分子中。这个反应的应用范围十分广泛。它的受体可以是 α,β 不饱和醛、酮、酯、酰胺、腈、硝基物、砜等。它形成的骨架既可以是开链的,也可以是环状的。给予体中的 A 为吸电子的活化基,B 为起催化作用的碱,一般都是强碱,如六氢吡啶、醇钠、二乙胺、氢氧化钠(钾)、叔丁醇钾(钠)、三苯甲基钠、氢化钠等。

反应机理如下:

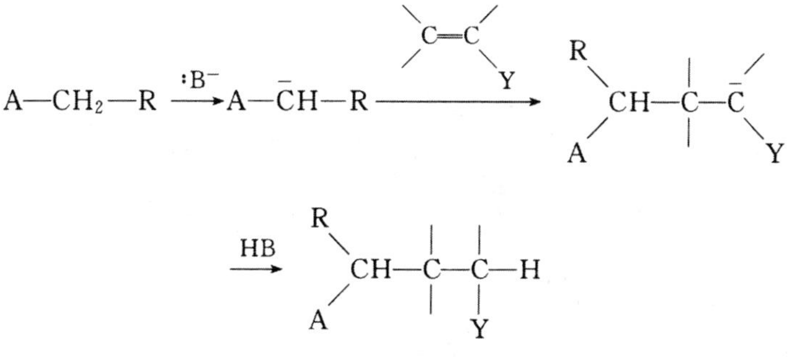

例如：

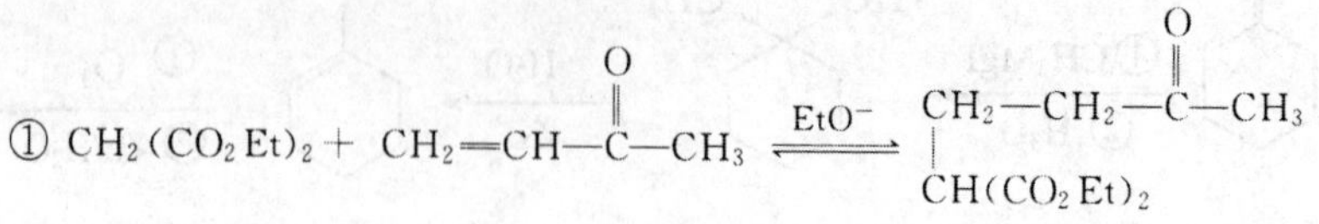

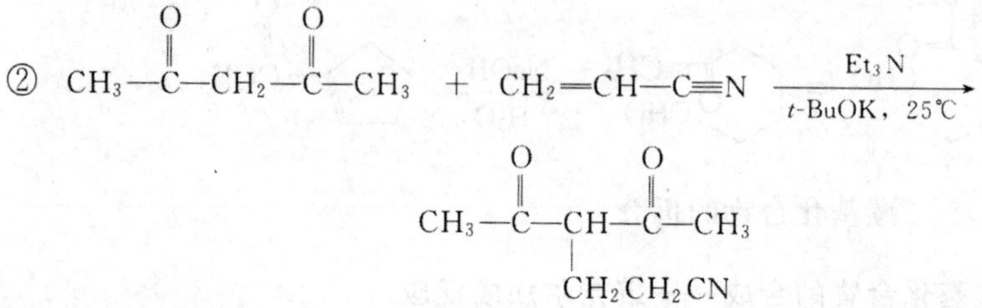

① $CH_2(CO_2Et)_2$ + $CH_2=CH-\overset{\overset{\displaystyle O}{\|}}{C}-CH_3$ $\underset{}{\overset{EtO^-}{\rightleftharpoons}}$ $CH_2-CH_2-\overset{\overset{\displaystyle O}{\|}}{C}-CH_3$
$\qquad\qquad\qquad\qquad\qquad\qquad\qquad\qquad\qquad\qquad\quad | $
$\qquad\qquad\qquad\qquad\qquad\qquad\qquad\qquad\qquad\qquad CH(CO_2Et)_2$

② $CH_3-\overset{\overset{\displaystyle O}{\|}}{C}-CH_2-\overset{\overset{\displaystyle O}{\|}}{C}-CH_3$ + $CH_2=CH-C\equiv N$ $\xrightarrow[t\text{-BuOK, 25℃}]{Et_3N}$

$\qquad\qquad\qquad CH_3-\overset{\overset{\displaystyle O}{\|}}{C}-CH-\overset{\overset{\displaystyle O}{\|}}{C}-CH_3$
$\qquad\qquad\qquad\qquad\qquad\quad |$
$\qquad\qquad\qquad\qquad\quad CH_2CH_2CN$

2.1,5-二羰基化合物的拆分法

1,5-二羰基化合物的拆分可以从 2,3 或 3,4 切断，当然这两个位置是相对的，有两个部位的拆法，有时两种切断只有一种可行，因此，要尝试在这两处切断哪种更为合理。

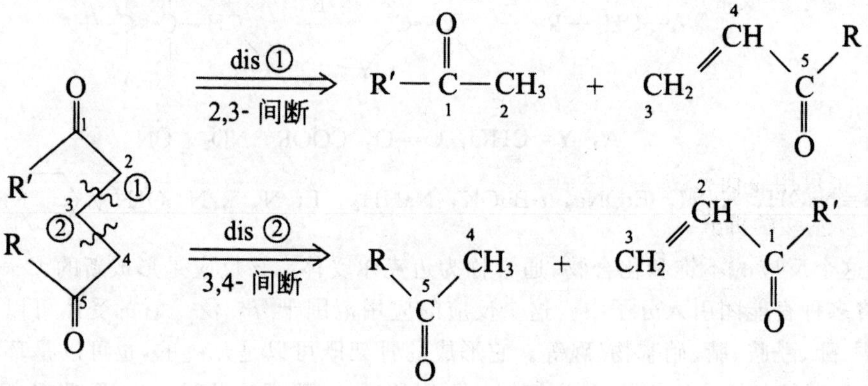

合成实例：

设计 5,5-二甲基-1,3-环己二酮（ ）的合成路线。

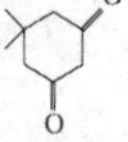

分析：

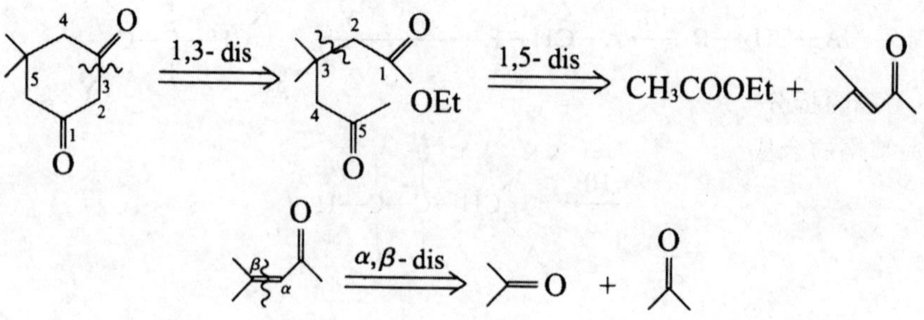

合成：

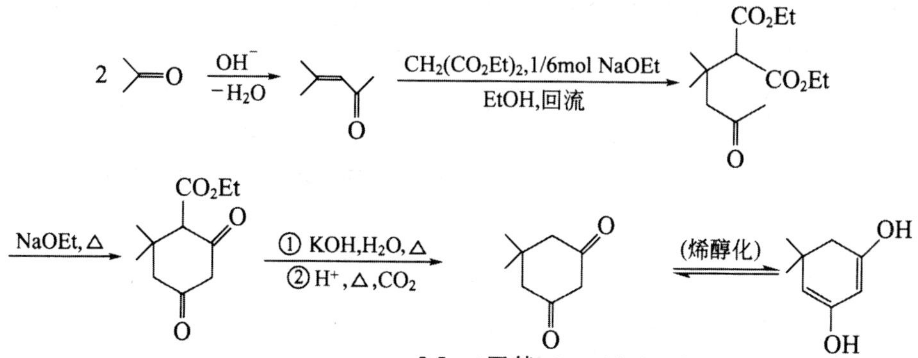

5,5- 二甲基 -1,3- 环己二酮

10.2.4　α-羟基羰基化合物的拆分

1. α-羟基酸的拆分

（1）α-羟基酸的合成

α-羧基酸的合成常用的方法如下：

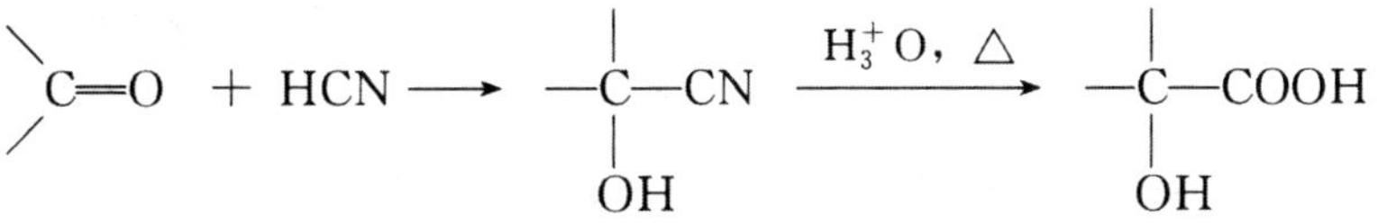

此外，也可用 α-卤代酸的水解来制备。

（2）α-羟基酸的拆开

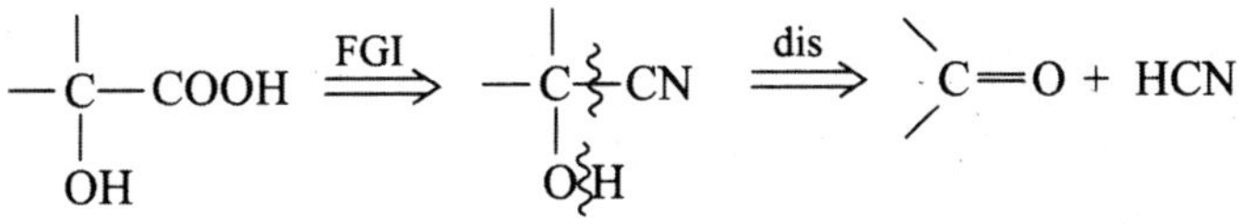

（3）合成实例

设计 2-甲基-2-羟基-苯酚（ ）的合成路线。

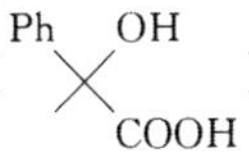

分析：

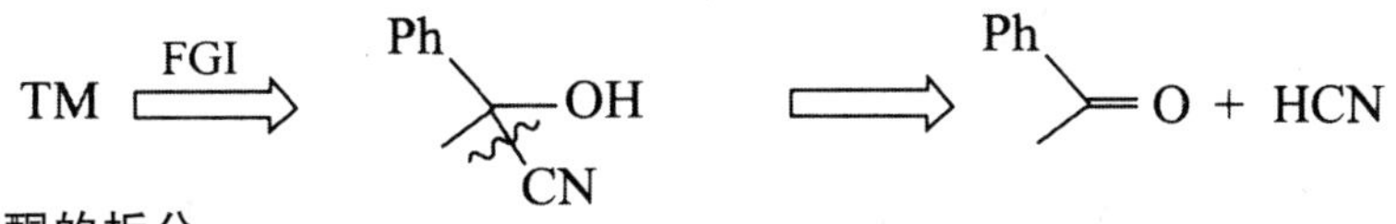

2. α 羟基酮的拆分

（1）α-羟基酮的合成

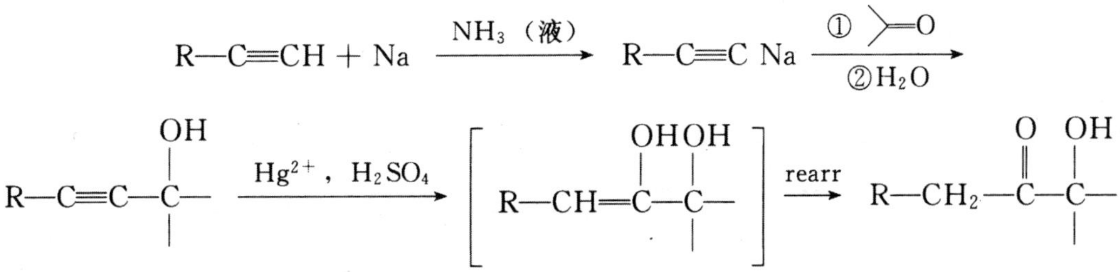

此法可用于合成 α-羟基酮、α-甲基酮以及 α-烃基酮等。

（2）α-羟基酮的拆开

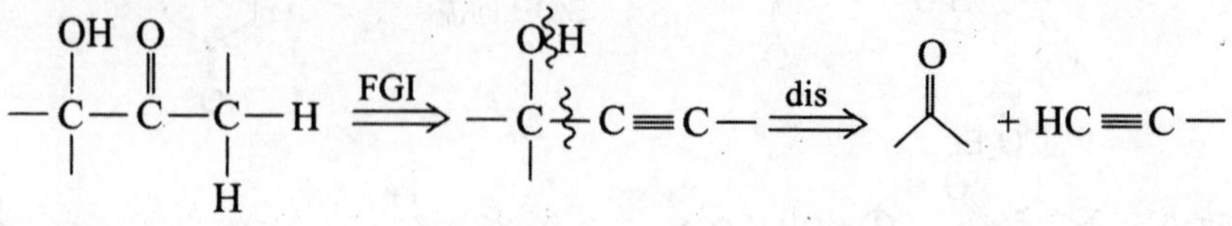

（3）合成实例

设计 3-甲基-3-羟基-2-丁酮（ ）的合成路线。

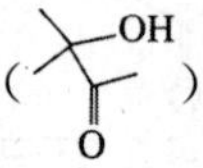

分析：

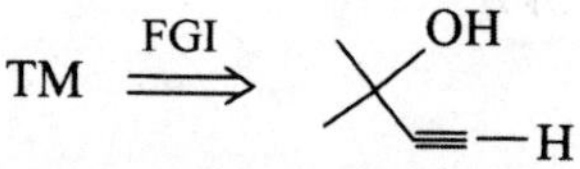

合成：

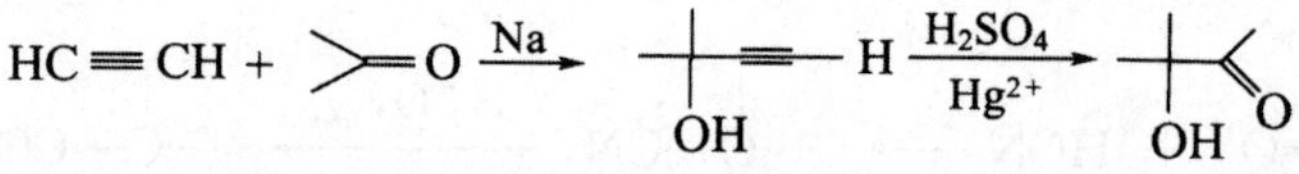

10.2.5 β-羟基羰基化合物和 α,β-不饱和羰基化合物的拆分

1. β-羟基羰基化合物的拆分

（1）β-羟基醛酮的合成

β-羟基醛酮的合成主要是通过羟醛（酮）反应来完成的。羟醛（酮）反应是指含有 α-H 的醛（酮）在稀碱或稀酸的催化下，发生缩合反应生成 β-羟基醛（酮）的反应。

①醛在碱催化下的缩合机理。

以乙醛为例：

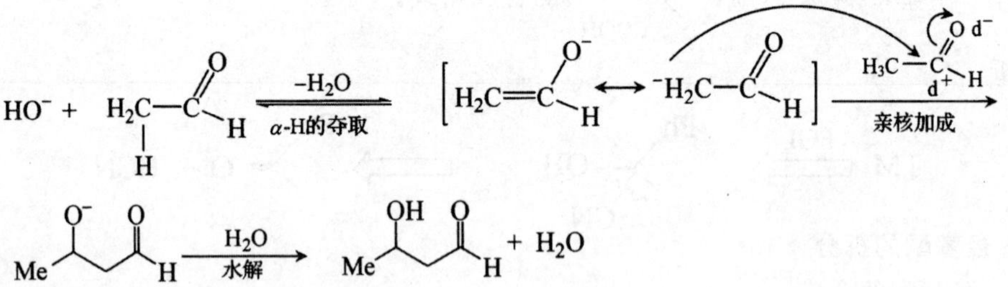

②酮在酸催化下的缩合反应机理。

以丙酮为例：

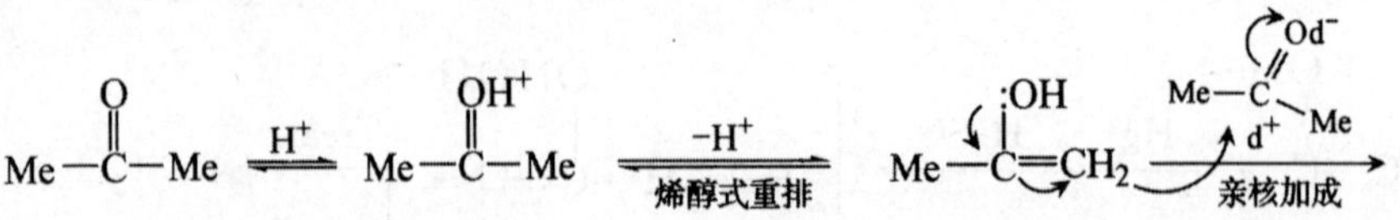

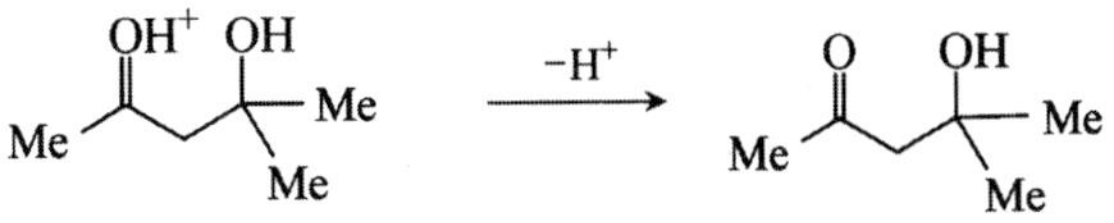

③醛酮的交叉缩合反应。

以乙醛和丙酮为例：

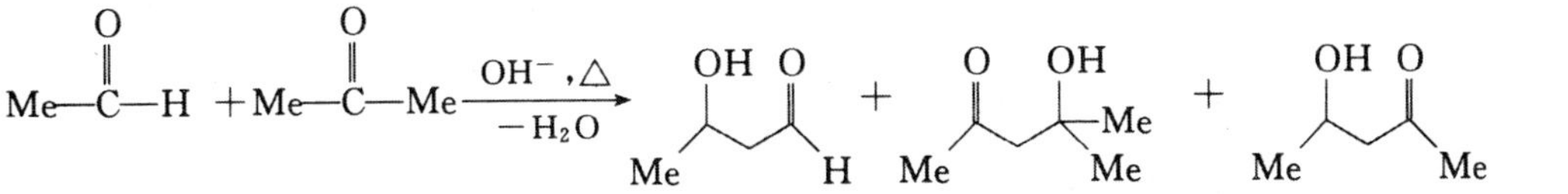

（醛自缩合产物）（酮自缩合产物）（醛、酮交叉自缩合产物）

由于此反应产物比较复杂，选择性差，合成应用价值不大。

（2）β-羟基羰基化合物的切断

从上述 β-羟基羰基化合物的合成类型可知，其切断的关键是从羰基开始，将 α-C-β-C 键打开。例如，下列两个化合物的切断：

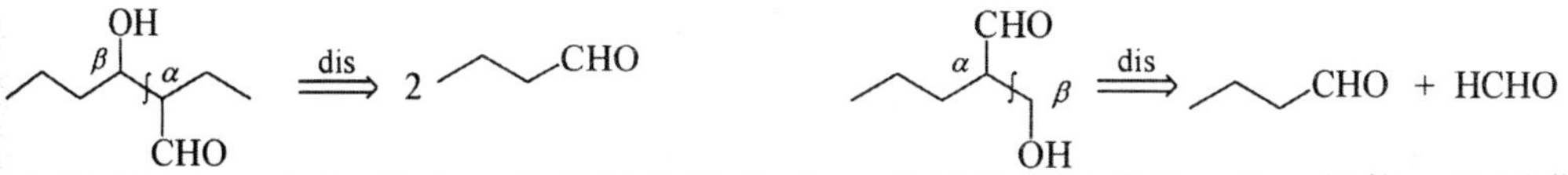

在羟醛缩合反应中，其中一分子提供羰基，另一分子提供活泼的 α-H。能使 α-H 活化的基团除醛酮的羰基外，其他强吸电子基团有—NO_2、—CN、—CO_2H、—CO_2R，卤原子和不饱和键也有致活作用。

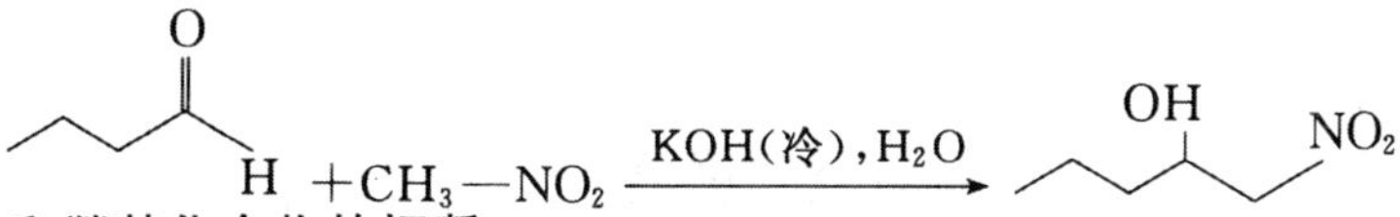

2. α,β-不饱和羰基化合物的切断

（1）α,β-不饱和醛酮的合成

β-羟基醛（酮）在受热、酸催化或高温碱催化条件下，β-羟基与 α-H 结合易脱水生成具有 π—π 共轭体系的 α,β-不饱和醛（酮）化合物。

①通过分子内的羟醛缩合。对于羟醛（酮）缩合反应，在温和条件下（如碱催化），一般生成 β-羟基醛（酮），在较剧烈条件下（如加热、酸或碱催化）则生成开链或环状 α,β-不饱和醛（酮）。例如：

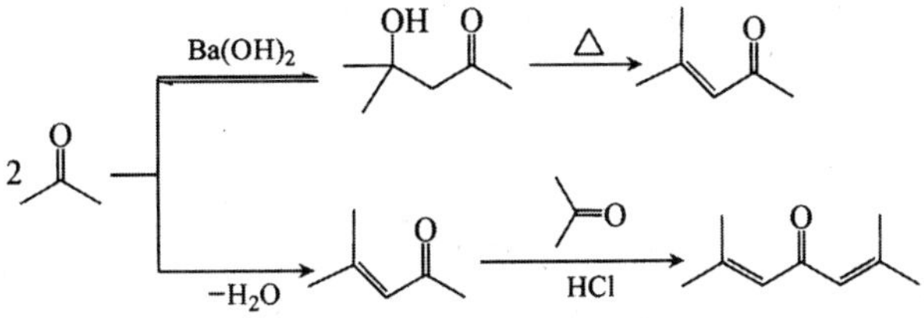

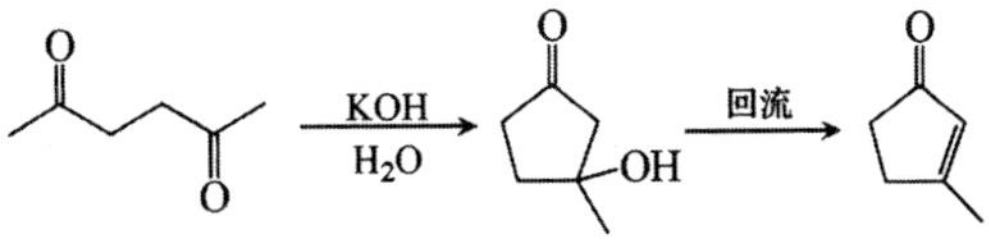

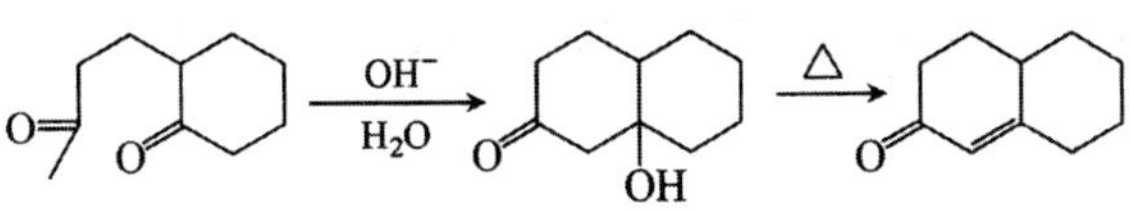

因此，α,β-不饱和醛(酮)的切断应在双键位置。

②通过 Claisen-Schmidt 反应。在稀的强碱(OH^-、RO^-)催化下，含有 α-H 的脂肪醛酮与芳醛进行交叉缩合，生成 α,β-不饱和醛(酮)的反应，称为 Claisen-Schmidt 反应。反应机理为

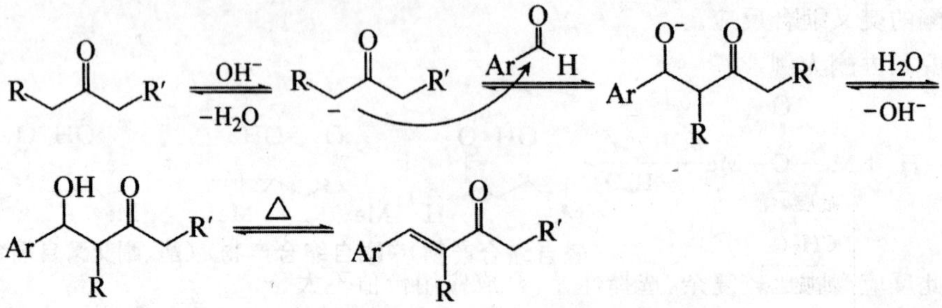

反应特点：反应最终产物为反式的 α,β-不饱和醛(酮)；芳醛与不对称酮反应时，取代基较少的 α-C 参与反应，而取代基较多的(如甲基酮的亚甲基、环己酮的 α 位的次亚甲基)不易参加反应。例如：

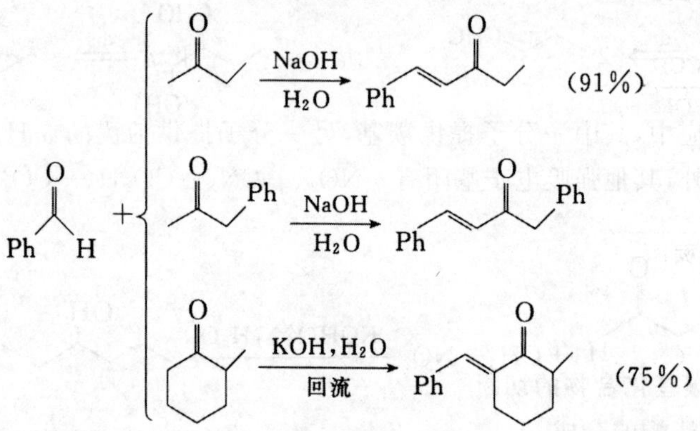

③通过 Knoevenagel 反应。在胺(如哌啶)或氨的催化下，醛与丙二酸或丙二酸酯发生缩合，生成 α,β-不饱和酸或酯的反应，称为 Knoevenagel 反应。由于脂肪醛的产物为 α,β-β 和 β,γ-不饱和酸或酯的混合物。Doebner 对此反应进行了改进，即在含有微量哌啶的吡啶溶液中反应，产物主要为 α,β-不饱和酸或酯。同时，Cope 对此反应进行了发展，即在乙酸和苯的混合溶剂中，在乙酸钠催化下，酮与氰乙酸或氰乙酸酯缩合，生成 α,β-不饱和酸或酯。该反应机理如下：

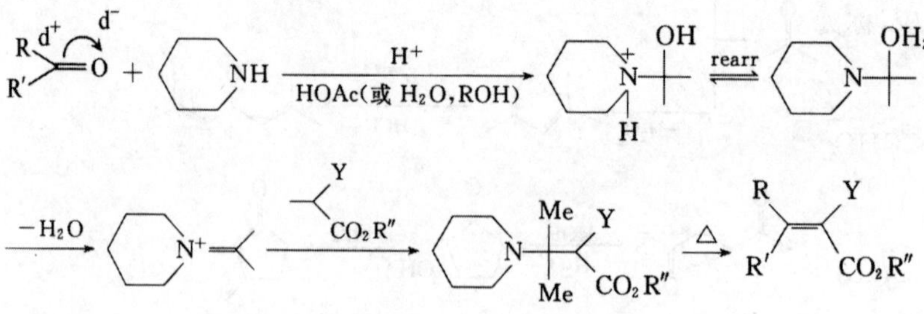

($R=R'=R''=H$，或 $R\neq R'\neq R''\neq H$；$Y=COOH,CO_2R,CN$)

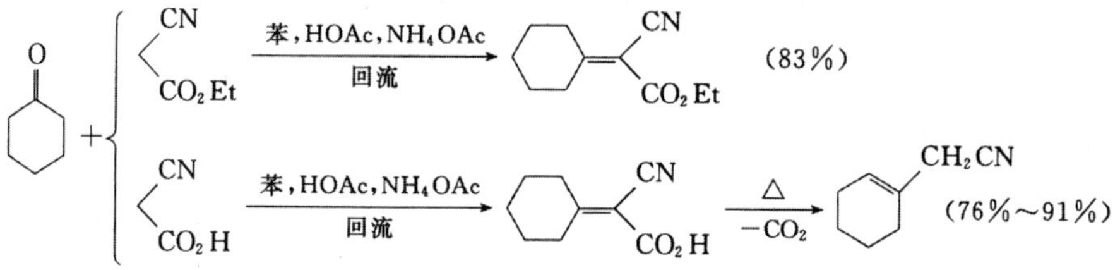

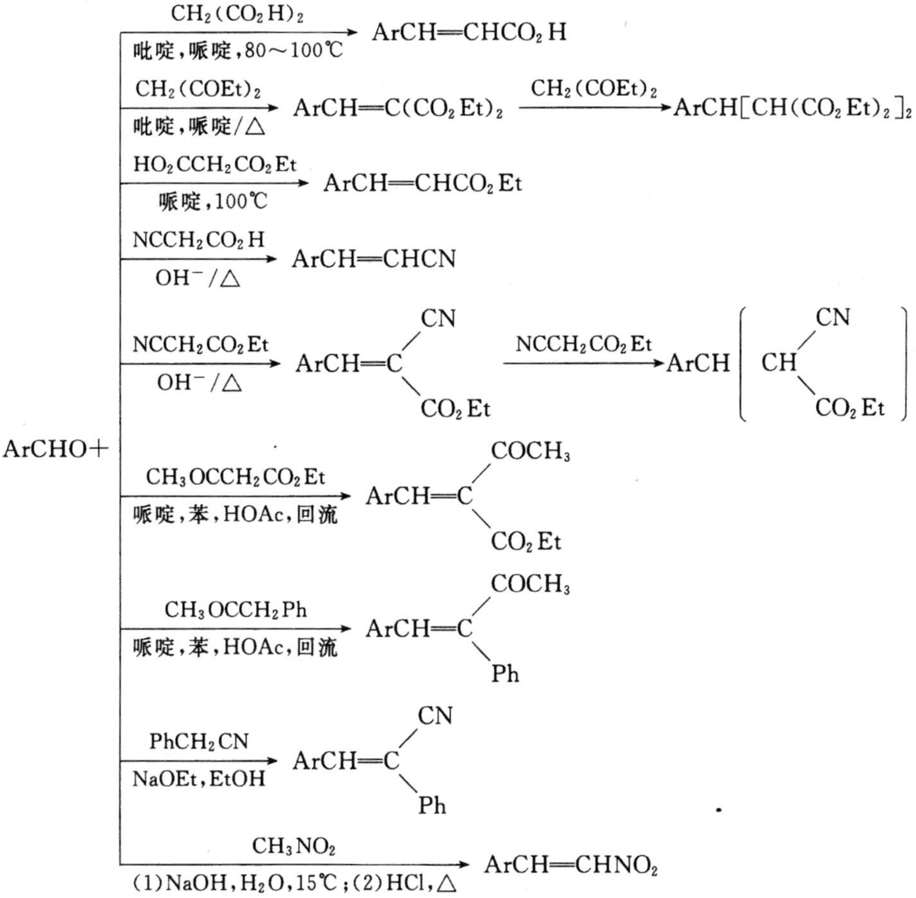

④通过 Claisen 缩合反应。在碱性条件下，不含 α-H 的醛与含两个 α-H 的酯缩合，生成 α，β-不饱和酯的反应，称为 Claisen 缩合反应。反应通式如下：

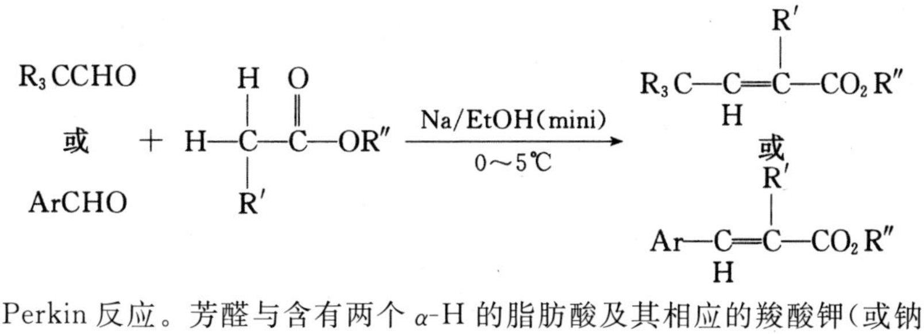

⑤通过 Perkin 反应。芳醛与含有两个 α-H 的脂肪酸及其相应的羧酸钾（或钠）加热，发生

类似醇醛缩合，生成 β-β-芳基取代的丙烯酸及其衍生物的反应。例如：

$$ArCHO + (CH_3CO)_2O \xrightarrow[\text{HOAc},175\sim180℃]{(1)缩合；(2)水解} ArCH{=}CHCO_2H + CH_3CO_2H$$

（2）α,β-不饱和醛、酮的切断

对于 α,β-饱和醛酮，可先进行官能团的添加，变成 α,β-不饱和醛、酮，再在双键处切断。

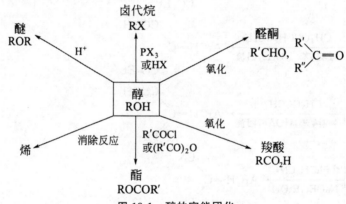

10.2.6 醇的切断

在前面拆开的总原则中提到，只有"会合成"才能"拆开"。可见，要想把多种类型的醇（包括表面看不是醇，实则与醇紧密相连）的分子拆开，就必须熟悉各类型的醇的合成方法。现将有关醇的最常见合成反应整理在一起，以便选择使用。

1. 醇的拆分方法

醇中的羟基在合成中是关键官能团（图 10-1），因为它们的合成可以通过一个重要的拆开来设计，同时它们也能转变成别的官能团，生成各类化合物。

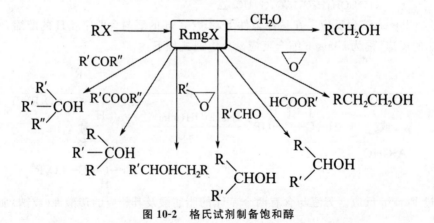

图 10-1 醇的官能团化

醇的合成方法很多，在此我们仅选择以格氏试剂来制备醇（图 10-2）。

图 10-2 格氏试剂制备饱和醇

图 10-3 为不饱和醇的合成方法。

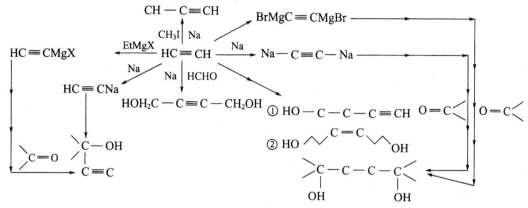

图 10-3　不饱和醇的合成

2. 醇的合成实例

试设计顺 2-丁烯-1,4-二醇缩丙酮($\bigtimes_O^O\bigcirc$)的合成路线。

分析抓住结构的实质特征,该分子可做如下拆分:

$$\bigtimes_O^O\bigcirc \xrightarrow{\text{dis}} \bigtimes=O + \text{HO}\diagdown\diagup\text{OH}\quad(\text{顺 2-丁烯-1,4-二醇})$$

那么如何合成丁烯二醇,并且具有顺式构型? 已知三键催化加氢可得顺式构型的烯,所以作如下拆分:

$$\text{HO}\diagup\diagdown\text{OH} \xrightarrow{\text{FGI}} \text{HO}\diagdown\diagup\text{OH} \xrightarrow{\text{dis}} 2\text{HCHO}+\text{HC}\equiv\text{CH}$$

合成:

$$\text{HC}\equiv\text{CH} \xrightarrow{\text{OH}^-,\text{HCHO}} \text{HO}-\text{CH}_2-\text{C}\equiv\text{CH} \xrightarrow{\text{OH}^-,\text{HCHO}}$$

$$\text{HO}-\text{CH}_2-\text{C}\equiv\text{C}-\text{CH}_2-\text{OH} \xrightarrow[\text{(林德勒还原)}]{\text{H}_2, \text{Pd-C/BaSO}_4, \text{吡啶}} \text{HO}\diagdown\diagup\text{OH} \xrightarrow[\text{(缩合)}]{\bigtimes\text{C=O, H}^+} \bigtimes_O^O\bigcirc$$

10.3　分子拆分方法的选择

　　合成路线的设计与选择是有机合成中很重要的一个方面,它反映了一个有机合成人员的基本功和知识的丰富性。一般情况下,合成路线的选择与设计代表了一个人的合成水平和素质。合理的合成路线能够很快地得到目标化合物,而笨拙的合成路线虽然也能够最终得到目标化合物,但是付出的代价却是时间的浪费和合成成本的提高,因此合成路线的选择与设计是一个很关键的问题。

10.3.1 合成路线不能过长

一般情况下,简短的合成路线应该反应总收率较高,因而合成成本最低,而长的合成路线总收率较低,合成成本较高。

① A —→ B —→ C —→ D —→ E —→ F —→ G

②
A —→ B —→ C
　　　　　　 ＼—→ G
D —→ E —→ F —→

①为直线型合成路线,经 6 步反应得到产物,若每步反应产率高达 90％,则六步之后,总收度为 54％。②为收敛型合成路线,其总收度为 73％,显然,收敛型合成路线比直线型合成路线有更好的优势。合成路线应越短越好。

10.3.2 合成原料的选择

有机合成中的原料要易得,价格低廉,结合环保、设备要求、成本等因素统一考虑。化学试剂一般纯度越高,价格越贵。化学试剂的等级如下:

①一级品。即优级纯,又称保证试剂(符号 G. R.),我国产品用绿色标签作为标志,这种试剂纯度很高,适用于精密分析,亦可作基准物质用。

②二级品。即分析纯,又称分析试剂(符号 A. R.),我国产品用红色标签作为标志,纯度较一级品略差,适用于多数分析,如配制滴定液,用于鉴别及杂质检查等。

③三级品。即化学纯(符号 C. P.),我国产品用蓝色标签作为标志,纯度较二级品相差较多,适用于工矿日常生产分析。

④四级品。即实验试剂(符号 L. R.),杂质含量较高,纯度较低,在分析工作常用辅助试剂(如发生或吸收气体,配制洗液等)。

⑤基准试剂。它的纯度相当于或高于保证试剂,通常专用作容量分析的基准物质。称取一定量基准试剂稀释至一定体积,一般可直接得到滴定液,不需标定,基准品如标有实际含量,计算时应加以校正。

⑥光谱纯试剂。符号 S. P.,杂质用光谱分析法测不出或杂质含量低于某一限度,这种试剂主要用于光谱分析中。

⑦色谱纯试剂。色谱纯试剂用于色谱分析。

⑧生物试剂。生物试剂用于某些生物实验中。

第11章 有机合成新技术

有机合成化学的发展和进步,更大程度地提高了人类的生活质量,改变了人类的生活方式。然而不可否认,传统的合成化学方法已经对整个人类赖以生存的生态环境造成了严重的污染和破坏,人类也正面临有史以来最严峻的环境危机。有机合成新技术的发展将有效地改变这一状况。

11.1 绿色有机合成

"绿色化学"是开发从源头解决问题的一门学科,对环境保护和可持续发展具有重要意义。绿色化学的主要特点是原子经济性,也就是说,在获取新物质的转化过程中充分利用每个原料的原子,实现"零排放"。它既能充分利用资源,又不产生污染。

绿色化学的核心问题是研究新反应体系,包括新合成方法和路线,寻找新的化学原料,探索新的反应条件,设计和研制绿色产品。通过化学热力学和动力学研究,探究新兴化学键的形成和断裂的可能性,发展新型的化学反应和工艺过程,推进化学科学的发展。

11.1.1 绿色化学遵循的原则

研究绿色化学的先驱者总结了这门新型学科的基本原理,为绿色化学的发展指明了方向。

①从源头上防止污染,减少或消除污染环境的有害原料、催化剂、溶剂、副产品以及部分产品,代之以无毒、无害的原料或生物废弃物进行无污染的绿色有机合成。

②设计、开发生产无毒或低毒、易降解、对环境友好的安全化学品,实现产品的绿色化。

③采用"原子经济性"评价合成反应,最大限度地利用资源,减少副产物和废弃物的生成,实现零排放。

④设计经济性合成路线,减少不必要的反应步骤。

⑤设计能源经济性反应,尽可能采用温和反应条件。

⑥使用无害化溶剂和助剂。

⑦采用高效催化剂,减少副产物和合成步骤,提高反应效率。

⑧尽量使用可再生原料,充分利用废弃物。

⑨避免分析检测使用过量的试剂,造成资源浪费和环境污染。

⑩采用安全的合成工艺,防止和避免泄露、喷冒、中毒、火灾和爆炸等意外事故。

11.1.2 化学反应中提高原子利用率的途径

1. 采用新的合成原料

在有机合成设计中,为了达到环境友好的目的,采用绿色合成原料可以在化学反应的源头预防、控制污染的产生。

碳酸二甲酯(DMC)是一种新型的绿色化学原料,其毒性远远小于目前使用的光气和DMS。DMC 不仅可以取代光气和 DMS 等有害、有毒的化学物质作羰基化剂,还可以利用其独特的性质来制备许多衍生物。DMC 的传统光气制法有许多缺点,比如有毒气体泄露的危险和产品中残余的氯难以除去而影响使用等。新的改进方法有两种:

(1)甲醇氧化羰基化

$$2CH_3OH + CO + \frac{1}{2}O_2 \xrightarrow{Cu2Cl_2} (CH_3O)_2CO + H_2O$$

(2)尿素纯化

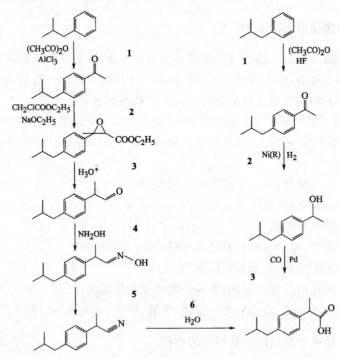

2. 设计新的合成线路

在有机合成中,即使一步反应的收率较高,多步反应的总的原子利用率也不会很理想。若能设计新的合成路线来缩短和简化合成步骤,反应的原子利用率就会大大提高。布洛芬的合成就是很好的例子。过去布洛芬的合成需六步反应才能得到产品。原子利用率只有40.04%。20 世纪 90 年代,法国 BHC 公司发明设计的新路线只需三步反应即可得到产品布洛芬,原子,利用率达 77.44%。新方法减少了 37%的废物排放。BHC 公司也因此获得 1997年度美国"总统绿色化学挑战奖"。布洛芬的两种合成路线见图 11-1。

图 11-1 布洛芬的两条合成线路

3. 开发新型催化剂

催化剂不仅可以提高化学反应速率,还可以搞选择性的生成目标产物,据统计,工业上

80％的反应只有在催化剂的作用下才能获得具有经济价值的反应速率和选择性,新催化材料是开发绿色合成方法的主要基础和提高原子经济性的方法之一,近年来,新型催化剂的开发取得了较大的进展,尤其是过渡金属催化剂的开发和利用。

（1）过渡金属催化剂的环加成反应

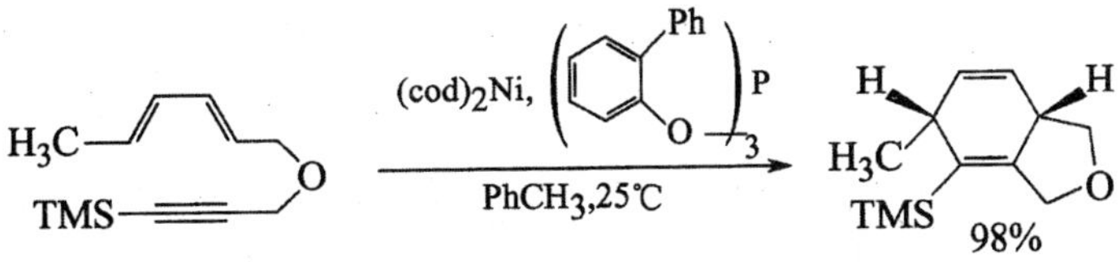

（2）烯炔的偶联反应

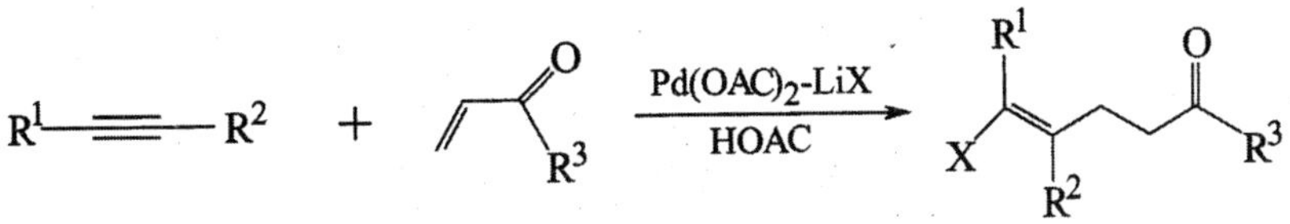

11.1.3　实现绿色合成的方法、技术与途径

1. 合成原料和试剂的绿色化

选择对人类健康和环境危害较小的物质为起始原料去实现某一化学过程将是这一化学过程更安全,是显而易见的。例如,传统芳胺合成方法涉及硝化、还原、胺解等反应,所用试剂、涉及中间体和副产物,多为有毒、有害物质。

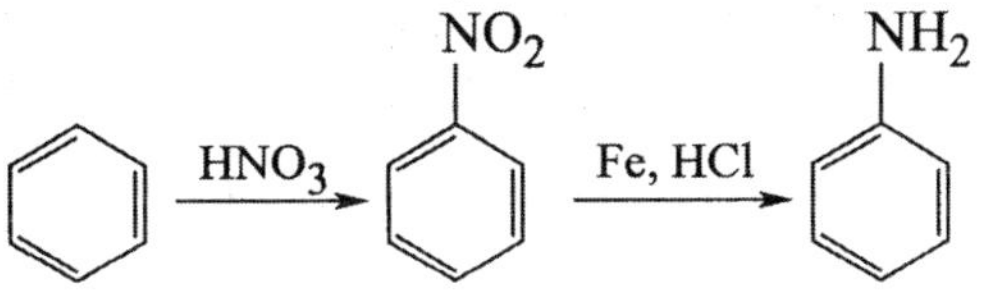

或

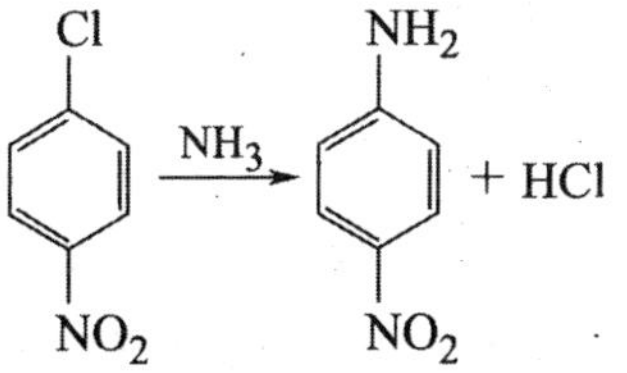

芳烃催化氨基化合成芳胺,其原料易得,原子利用率达 98％,氢是唯一的副产物。

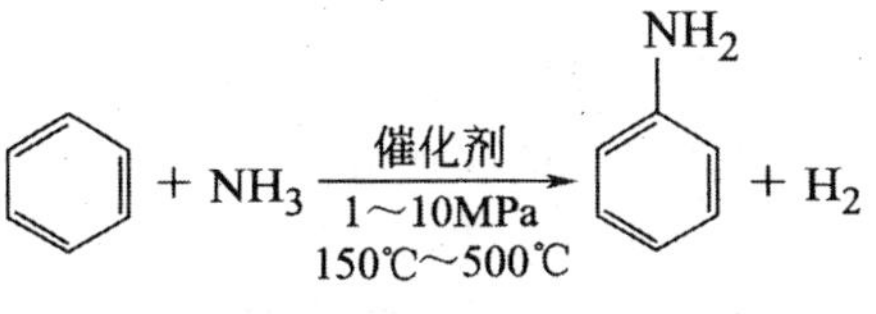

芳胺 N-甲基化,传统甲基化剂为硫酸二甲酯、卤代甲烷等,具有剧毒和致癌性。碳酸二甲酯是环境友好的反应试剂,可替代硫酸二甲酯合成 N-甲基苯胺:

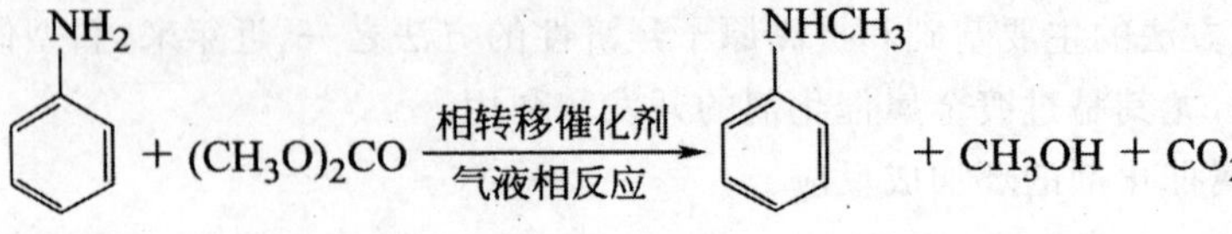

$$\text{C}_6\text{H}_5\text{NH}_2 + (\text{CH}_3\text{O})_2\text{CO} \xrightarrow[\text{气液相反应}]{\text{相转移催化剂}} \text{C}_6\text{H}_5\text{NHCH}_3 + \text{CH}_3\text{OH} + \text{CO}_2$$

苯乙酸是合成农药、医药如青霉素的重要中间体；传统方法是氯化苄氰化再水解：

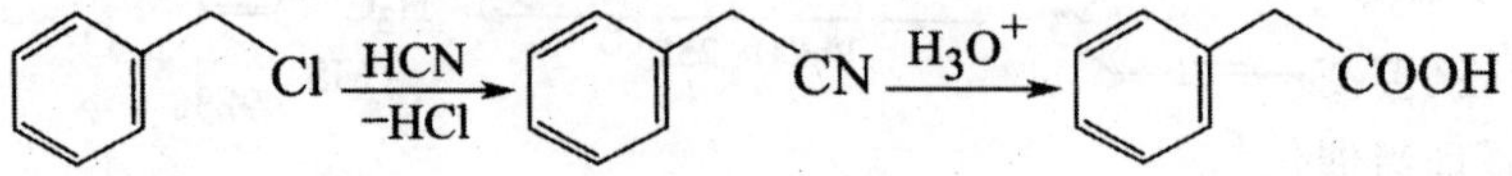

$$\text{C}_6\text{H}_5\text{CH}_2\text{Cl} \xrightarrow[-\text{HCl}]{\text{HCN}} \text{C}_6\text{H}_5\text{CH}_2\text{CN} \xrightarrow{\text{H}_3\text{O}^+} \text{C}_6\text{H}_5\text{CH}_2\text{COOH}$$

所用试剂氢氰酸有剧毒，用氯化苄与一氧化碳羰基来替代氢氰酸：

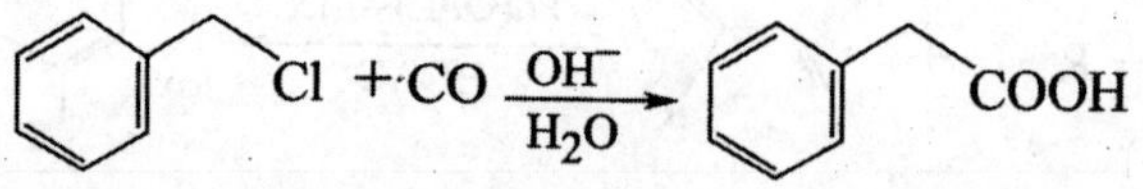

$$\text{C}_6\text{H}_5\text{CH}_2\text{Cl} + \text{CO} \xrightarrow[\text{H}_2\text{O}]{\text{OH}^-} \text{C}_6\text{H}_5\text{CH}_2\text{COOH}$$

2. 采用无毒、无害的溶剂

有机合成需要溶剂，多数的有机合成反应使用有机溶剂。有机溶剂易挥发、有毒，回收成本较高，且易造成环境污染。用无毒、无害溶剂，替代有毒、有害的有机溶剂或采用固相反应，是有机合成实现绿色化的有效途径之一。目前超临界流体、水以及离子液体作为反应介质，甚至采用无溶剂的有机合成在不同程度上取得了一定的成果和进展。

超临界流体（SCF）是临界温度和临界压力条件下的流体。超临界流体的状态介于液体和气体之间，其密度近于液体，其黏度则近于气体。超临界 CO_2 流体（311℃，7.477 8 MPa）无毒、不燃、价廉，既具备普通溶剂的溶解度，又具有较高的传递扩散速度，可替代挥发性有机溶剂。Burk 小组报道了以超临界 CO_2 流体为溶剂，催化不对称氢化反应的绿色合成实例：

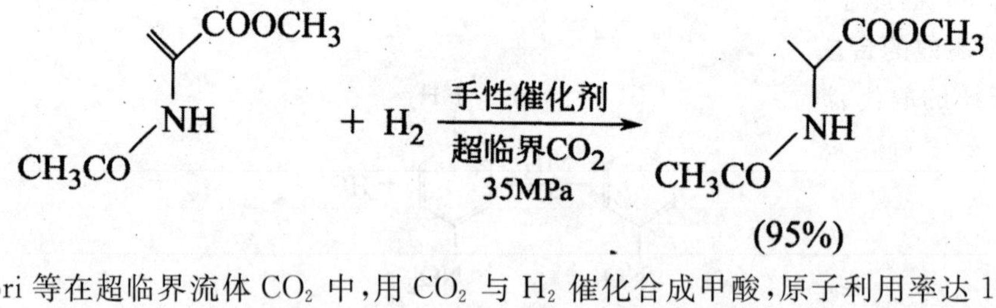

$$\text{（结构式）} + \text{H}_2 \xrightarrow[\text{35MPa}]{\substack{\text{手性催化剂} \\ \text{超临界CO}_2}} \text{（结构式）} \quad (95\%)$$

Noyori 等在超临界流体 CO_2 中，用 CO_2 与 H_2 催化合成甲酸，原子利用率达 100%。

$$\text{CO}_2 + \text{H}_2 \xrightarrow[\text{RuH}_2(\text{PCH}_3)_4]{\text{超临界 CO}_2,(\text{C}_2\text{H}_5)_3\text{N}} \text{HCOOH}$$

水是绿色溶剂，无毒、无害、价廉。水对有机物具有疏水效应，有时可提高反应速率和选择性。Breslow 发现环戊二烯与甲基乙烯酮的环加成反应，在水中比在异辛烷中快 700 倍。Fujimoto 等发现以下反应在水相进行，产率达 $67\%\sim78\%$：

离子液体完全由离子构成，在 100℃ 以下呈液态，又称室温离子液体或室温熔融盐。离子液体蒸汽压低，易分离回收，可循环使用，且无味、不燃，不仅用于催化剂，也可替代有机溶剂。

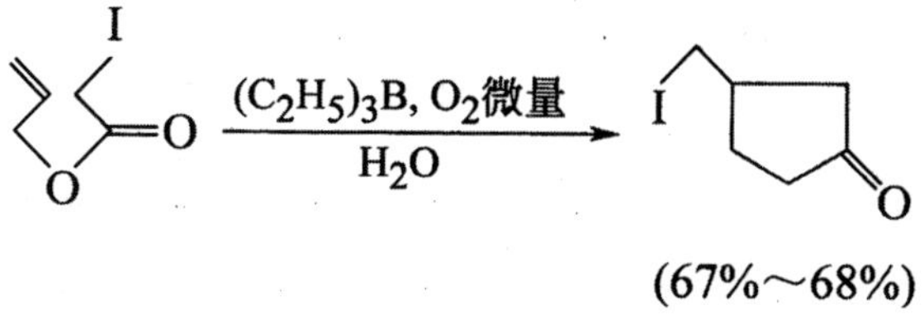

$$(67\% \sim 68\%)$$

3. 采用高效、无毒、高选择性的催化剂

在反应温度、压力、催化剂、反应介质等多种因素中,催化剂的作用是非常重要的。而催化剂一旦被应用,就会使反应在接近室温及常压下进行。催化剂不仅使反应快速、高选择性地合成目标产物,而且当催化反应代替传统的当量反应时,就避免了使用当量试剂而引起的废物排放,这是减少污染最有效的办法之一。

例如,抗帕金森药物拉扎贝胺传统合成历经八步,产率仅为 8%:

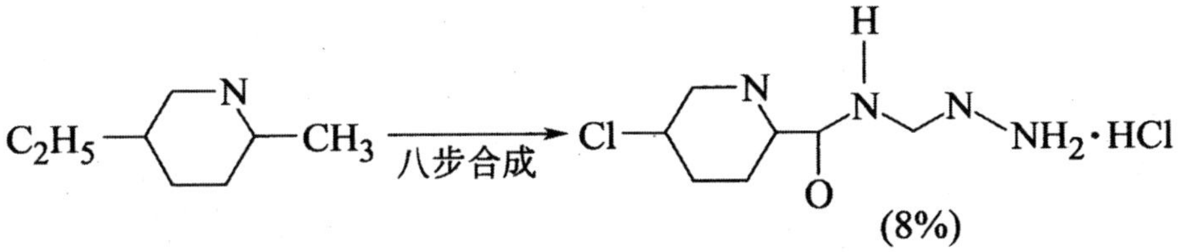

而以 Pd 作催化剂,一步合成:

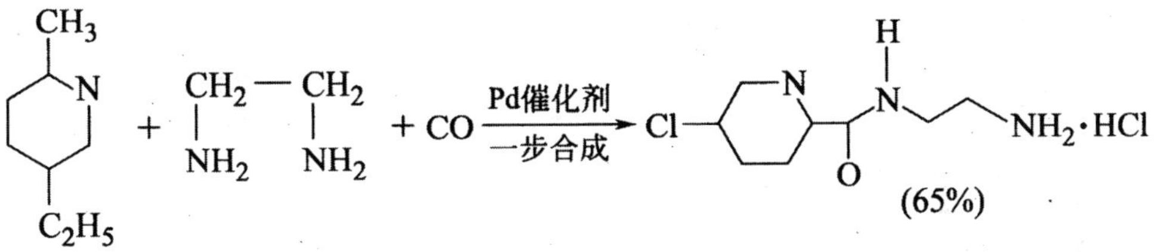

产率为 65%,原子利用率达 100%。

4. 采用高效的合成方法

对于传统的取代、消除等反应而言,每一步反应只涉及一个化学键的形成,就是加成反应包括环加成反应也仅涉及 2～3 个键的形成。如果按这样的效率,一个复杂分子的合成必定是一个冗长而收率又很低的过程。这样的合成不仅没有效率,而且还会给环境带来危害。近年来发展起来的一锅反应、串联反应等都是高效绿色合成的新方法和新的反应方式,这种反应的中间体不必分离,不产生相应的废弃物。

一锅合成法是在同一反应釜(锅)内完成多步反应或多次操作的合成方法。由于一锅合成法可省去多次转移物料、分离中间产物的操作,成为高效、简便的合成方法而得到迅速发展和应用。例如,甲磺酰氯的一锅合成。鉴于硫脲的甲基化、甲基异硫脲硫酸盐的氧化和氯化,均在水溶液中进行,故将氯气直接导入硫脲和硫酸二甲酯的反应混合物中氧化氯化,一锅完成甲磺酰氯的合成,降低了原材料消耗,提高收率(76.6%)。

5. 改变反应反式

采用有机电合成方式是绿色合成的重要组成部分。由于电解合成一般在常温、常压下进

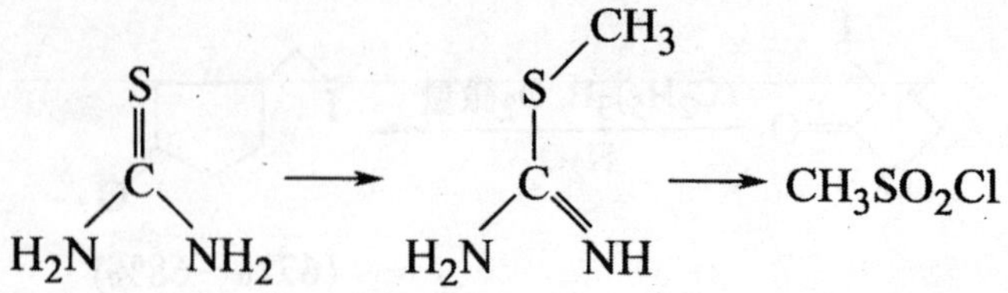

行,无需使用危险或有毒的氧化剂或还原剂,因此在洁净合成中具有独特的魅力。例如,自由基反应是有机合成中一类非常重要的碳-碳键形成反应,实现自由基环化的常规方法是使用过量的三丁基锡烷。这样的过程不但原子利用率很低,而且使用和产生有毒的难以除去的锡试剂。这两方面的问题用维生素 B_{12} 催化的电还原方法可完全避免。利用天然、无毒、手性的维生素 B_{12} 为催化剂的电催化反应,可产生自由基类中间体,从而实现在温和、中性条件下化合物 1 的自由基环化产生化合物 2。有趣的是两种方法分别产生化合物 2 的不同的立体异构体。

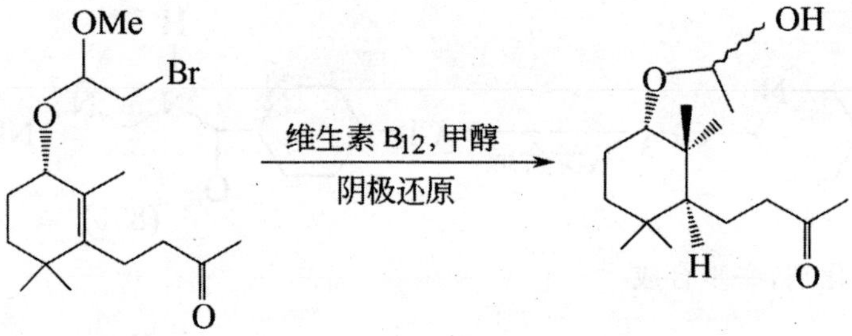

6. 利用可再生生物资源

以可再生的生物资源,如纤维素、葡萄糖、淀粉、油脂等物质,替代石油、煤、天然气,成为有机合成原料绿色化的必然趋势。

7. 固态反应

固态化学反应的研究吸引了无机、有机、材料及理论化学等多个学科的关注,某些固态反应已获得工业应用。固态化学反应实质上是一种在无溶剂作用、非传统的化学环境下进行的反应,有时它比溶液反应更为有效、选择性更好。这种干反应可在固态时进行,也可在熔融态下进行,有时需要利用微波、超声波或可见光等非传统的反应条件。例如:

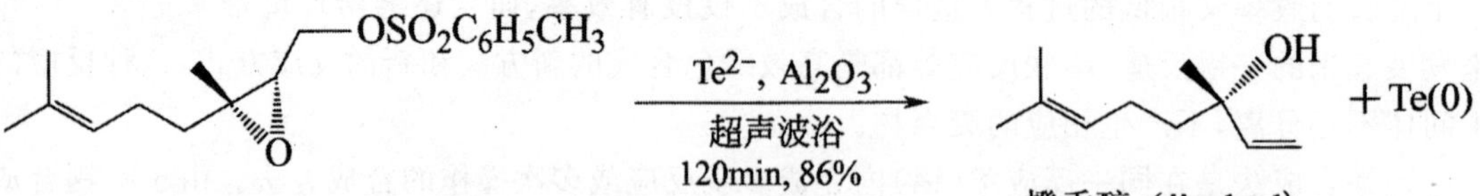

这个反应可以在超声波或微波促进下进行,也可以在机械作用下通过固态研磨完成。

8. 计算机辅助的绿色合成设计

为研究和开发新的有机化合物,设计具有特定功能的目标产物,需要进行有机合成反应设计。有机合成反应的设计,不仅考虑产品的环境友好性、经济可行性,还有考虑原子经济性,以使副产物和废物低排放或零排放,实现循环经济,需要计算机辅助有机合成反应的设计,从合成设计源头上实现绿色化。有机合成设计计算机辅助方法,已日益成熟和普及应用。

11.2　微波辐射有机合成

自 1986 年加拿大化学家 Gedye 等发现微波辐射下的 4-氰基苯氧离子与氯苄的 S_N2 亲核取代反应可以大大提高反应速率之后,微波促进的有机合成反应引起化学界的极大兴趣。自此,在短短的十几年里,微波促进有机化学反应的研究已成为有机化学领域中的一个热点,并逐步形成了一个引人注目的全新领域——MORE 化学(Microwave Induced Organic Reaction Enhancement Chemistry)。特别是近年来,随着人们环保意识的增强和可持续发展战略的实施,倡导发展高效、环保、节能、高选择性、高收率的合成方法,利用微波促进有机合成反应显得具有现实意义。

11.2.1　微波辐射有机合成概述

微波(microwave,MW)即指波长从 0.1～100 cm,频率从 300 MHz～300 GHz 的超高频电磁波。微波加速有机反应的原理,传统的观点认为是对极性有机物的选择性加热,是微波的致热效应。极性分子由于分子内电荷分布不平衡,在微波场中能迅速吸收电磁波的能量,通过分子偶极作用以每秒 $4.9×10^9$ 次的超高速振动,提高了分子的平均能量,使反应温度与速度急剧提高。但其在非极性溶剂(如甲苯、正己烷、乙醚、四氯化碳等)中吸收 MW 能量后,通过分子碰撞而转移到非极性分子上,使加热速率大为降低,所以微波不能使这类反应的温度得以显著提高。实际上微波对化学反应的作用是复杂的,除具有热效应以外,还具有因对反应分子间行为的作用而引起的所谓“非热效应”,如微波可以改变某些反应的机理,对某些反应不仅不促进,还有抑制作用。说明微波辐射能够改变反应的动力学,导敛活化能发生变化。此外,微波对反应的作用程度不仅与反应类型有关,而且还与微波本身的强度、频率、调制方式(如波形、连续或脉冲)及环境条件有关。

与一般的有机反应不同,微波反应需要特定的反应技术并在微波炉中进行。与常规加热方法不同,微波辐射是表面和内部同时进行的一种加热体系,不需热传导和对流,没有温度梯度,体系受热均匀,升温迅速。与经典的有机反应相比,微波辐射可缩短反应时间,提高反应的选择性和收率,减少溶剂用量,甚至可无溶剂进行,同时还能简化后处理,减少三废,保护环境,所以被称为绿色化学。微波有机合成反应技术一般分为密闭合成反应技术和常压合成反应技术等。随着对微波反应的不断深入研究,微波连续合成反应新技术逐渐形成并得到发展。目前,微波有机合成化学的研究主要集中在三个方面:第一,微波有机合成反应技术的进一步完善和新技术的建立;第二,微波在有机合成中的应用及反应规律;第三,微波化学理论的系统研究。

11.2.2　微波辐射在有机合成中的应用

1. 酯化反应

在微波辐射条件下,羧酸和醇脱水生成酯,可免去分水器来除去生成的水。1996 年,Loupy 报道了合成对苯二甲酸二正辛基酯的反应,反应 6 min 完成,产率 84%。而传统的加热方法用同样的时间,产率仅为 22%。

$$\text{(苯环结构, 上方 COOH, 下方 COOH)} + n\text{-}C_8H_{17}OH \xrightarrow[\text{MW}]{\text{K}_2\text{CO}_3\text{-NBu}_4\text{Br}} \text{(苯环结构, 上方 COOC}_8\text{H}_{17}-n\text{, 下方 COOC}_8\text{H}_{17}-n\text{)}$$

微波常压条件下由 L-噻唑烷-4-甲酸和甲醇合成 L-噻唑烷-4-甲酸酯的实验结果,微波作用下,反应 10 min 产率达 90% 以上,比传统的加热方法快 20 倍。例如:

$$\text{(噻唑烷结构, •COOH)} + CH_3OH \xrightarrow[\text{MW}]{\text{HCl}} \text{(噻唑烷结构, •COOCH}_3\text{)} + H_2O$$

2. 羰基缩合反应

羟醛缩合反应是醛、酮的重要反应之一,也是有机合成中增长碳链的一个重要方法。在常规条件下,芳醛和丙酮的缩合反应是在稀碱溶液中进行的,其特点是反应时间长,且产率不高,仅为 50% 左右,尤其是在进行后处理时,因中和分离过程产生大量中性盐等废弃物而较难处理。近来有文献报道该反应在相转移催化剂 PEG-400 和 5% KOH 条件下进行,产率相应有所提高,但反应时间并未缩短,用适当的微波辐射功率及辐射时间,使芳醛和丙酮在碱性条件下的缩合反应快速完成,产品收率较高。反应式如下:

$$2Ar\text{—}CHO + \underset{H_3C \quad CH_3}{\overset{O}{\parallel}} \xrightarrow[\text{MW}]{\text{NaOH(S)}} \underset{Ar}{\overset{O}{\underset{\parallel}{\text{Ar}}}}$$

3. 相转移催化反应

以固体季铵盐作载体,由于发生离子对交换作用,形成了松散的高反应性亲脂极性离子对 $NR_4^+ Nu^-$,对微波敏感。在微波促进、相转移催化剂(PTC)作用下,在 2~7 min,溴代正辛烷对苯甲酸盐进行的烷基化反应可达到 95% 的产率。与油浴加热产率相当,但反应时间大大缩短。

$$Z\text{—}(\text{苯环})\text{—}COOH + n\text{-}C_8H_{17}Br \xrightarrow[\text{NBu}_4\text{Br}]{\text{K}_2\text{CO}_3} Z\text{—}(\text{苯环})\text{—}COOC_8H_{17}\text{-}n$$

以醇和卤代烃为起始物,在季铵盐的存在下,在微波照射下合成脂肪族醚。在 5~10 min 内反应可以完成,产率 78%~92%。

4. 烷基化反应

α-苯磺酰基乙酸酯在微波辐射条件下,与卤代烃反应 2 min 可得到 α-取代产物,产率为 80%。

以 K_2CO_3 或 KF/Al_2O_3 作为碱,以四丁基溴化铵(TBAB)作为相转移催化剂,在无溶剂条件下,将苯乙腈和卤代烷微波辐射 1.5 min,得到 79%~85% 产率的 C-烷基化产物。

将氯代烷、醇和碱在相转移催化剂作用下,于 125℃ 下微波辐射加热,发生 O-烷基化反应,反应 5 min 得到 98% 的醚。

$$C_6H_5CH_2CN + RX \xrightarrow[\text{MW, 1.5min}]{\text{base, TBAB}} C_6H_5\overset{R}{\underset{}{C}}HCN$$

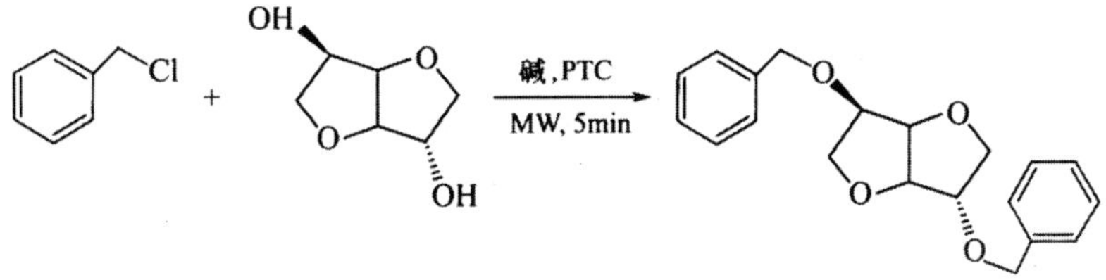

5. 氧化与还原反应

麻黄碱(ephedrine)原从植物麻黄中提取,现已可人工合成。苯甲醛经生物转化生成(—)-1-苯基-1-羟基丙酮,与甲胺缩合生成(R)-2-甲基亚氨基-1-苯基-1-丙醇,用硼氢化钠还原生成麻黄碱。上述合成路线利用微波技术,使缩合和还原两步反应时间分别缩短为 9 min 和 10 min,收率分别为 55% 和 64%。

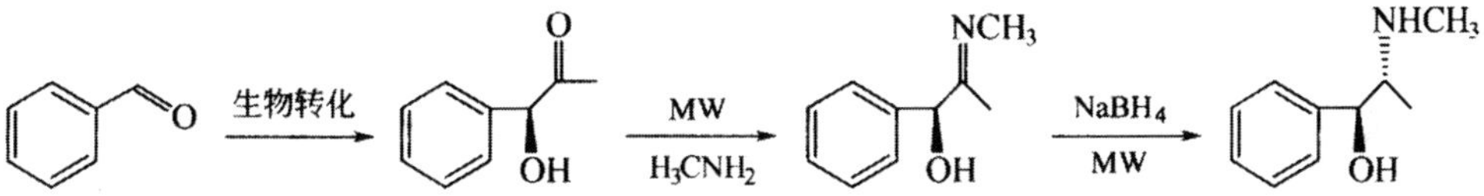

用 Al_2O_3 吸附的 $NaBH_4$ 可将羰基化合物还原为醇,反应在几秒内完成。

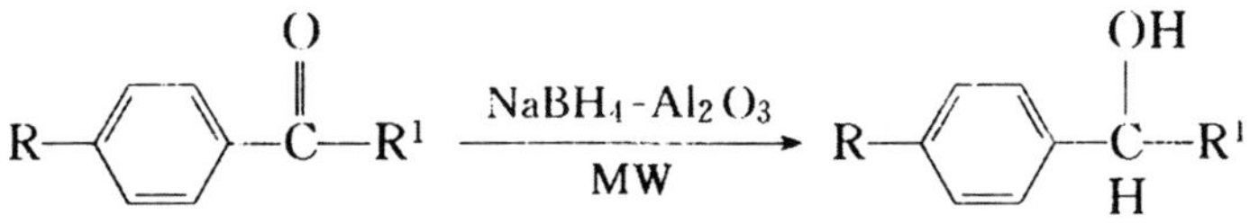

6. Diels-Alder 反应

在甲苯中,利用微波进行 C_{60} 上的 Diels-Alder 反应 20 min 得到 30% 的加成产物,而传统方法回流 1 h 产率仅为 22%。反应式如下:

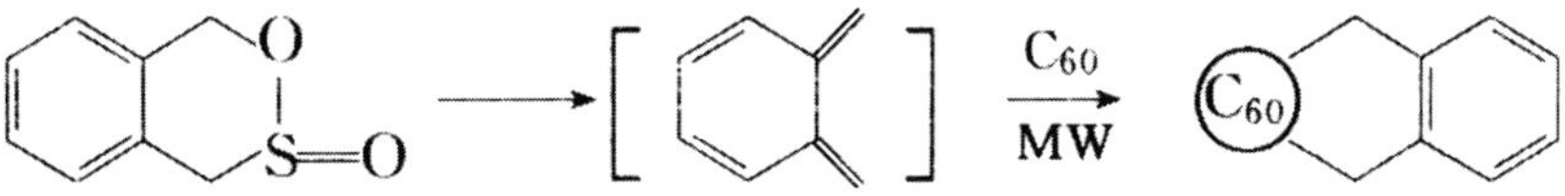

7. Wittig 缩合反应

稳定的膦叶立德与酮进行 Wittig 反应时,反应较难进行。Spinella 等发现微波照射可以促进这类 Wittig 反应。与传统方法相比,时间更短,产率更高,并且不需溶剂。

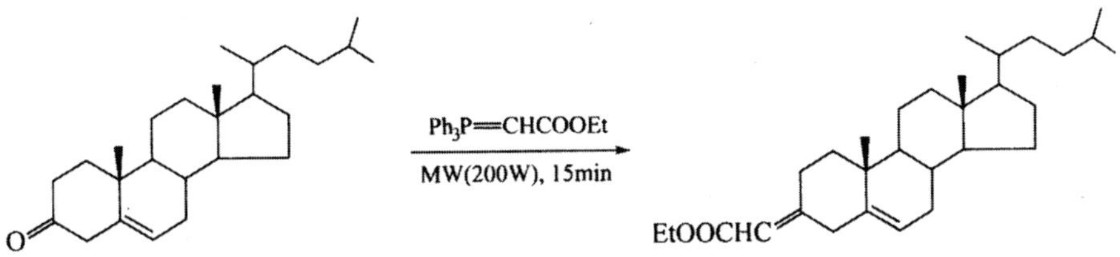

8. Michael 加成反应

Michael 加成反应是一类用途很广的反应,它是形成 C—C 键的方便的方法,不仅用于增长碳链,而且在成环和增环反应中也有应用,亦可通过受体与各种胺的 Michael 加成反应提供形成 C—N 键的有效途径。

用 α,β-烯酮与硝基甲烷、丙二酸二乙酯、乙腈、乙酰丙酮在无溶剂条件下,以 Al_2O_3 作催化剂,在 15~25 min 内以 90% 的收率制得加成产物;而常规条件下该类反应往往需要十几个小时甚至十几天,产率普遍低于微波加热所得产率。

$$\text{Ph-CO-CH=CH-Ph} + CH_3NO_2 \xrightarrow{Al_2O_3} \text{Ph-CO-CH}_2\text{-CH(NO}_2\text{)-Ph}$$

这一类反应体现了微波方法所具有的显著优点:环境安全性和廉价试剂的使用、反应速率的提高、产率的提高及操作简便等。

9. 磺化反应

萘的磺化反应如下:

$$\text{萘} + H_2SO_4\text{(浓)} \xrightarrow[\text{MW}]{150℃,3min} \text{萘-SO}_3H + H_2O$$

10. Perkin 反应

在 500 W 微波辐射 4~12 min 和乙酸钠的催化条件下,芳醛和乙(丙)酸酐通过缩合反应得到肉桂酸衍生物,收率为 20%~83%。反应如下:

$$R^1CHO + (R^2(CH_2CO)_2O \xrightarrow{MW} R^1CH=CR^2COOH + R^2CH_2COOH$$

11. 重排反应

Claisen 重排反应是重要的周环反应之一,微波辐射可以有效地促进这类反应的发生。例如,2-甲氧苯基烯丙基醚在 DMF 中,经微波辐射 1.5 min 即可得到收率为 87% 的重排产物,而在通常条件下加热(265℃)反应 45 min,只生成产率为 71% 的重排产物。

$$\xrightarrow{DMF,MW}$$

片呐醇重排成片呐酮是重排反应中的经典反应,金属离子的存在可以加速片呐醇重排成片呐酮的微波反应。

$$(H_3C)_2C(OH)-C(OH)(CH_3)_2 \xrightarrow[\text{MW,15min}]{AlCl_3/\text{蒙脱土}} H_3C-CO-C(CH_3)_3$$

$$99\%$$

12. 取代反应

对甲基苯酚与氯甲磺酸钠在微波照射下的反应,只需 40 s,产率为 95%。传统的方法需要在 200℃~220℃ 下反应 4 h,产率只有 77%。

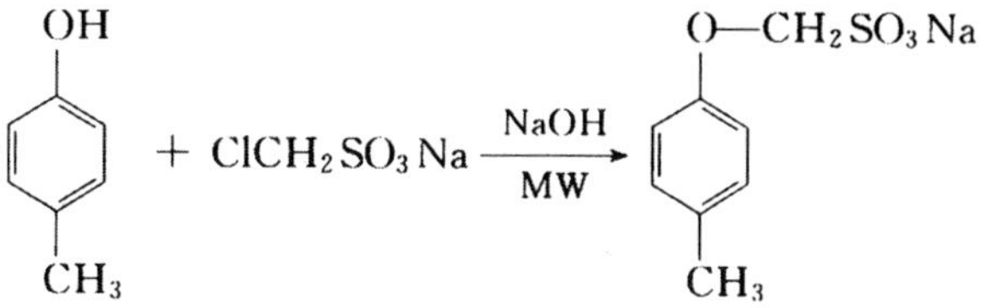

5′-D 烯内基脱氧胸腺嘧啶苷具有抗病毒活性。以糖苷与烯丙基溴在室温搅拌反应 4.5 h 发生亲核取代反应得烯丙基糖苷产物,收率 75%。而在 100 W 的微波作用下,反应时间缩短至 4 min,收率提高至 97%。

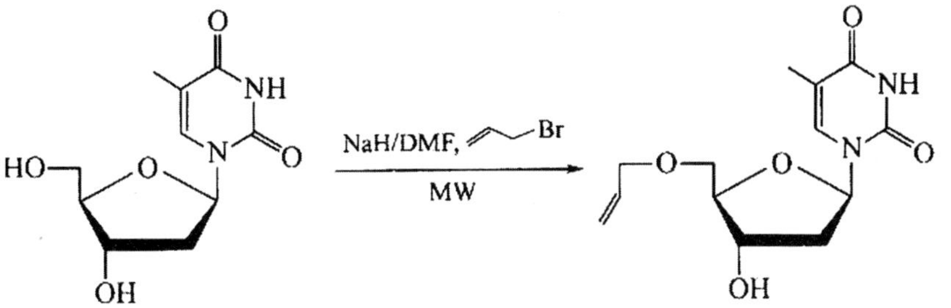

11.2.3　微波有机合成技术面临的困难与挑战

大量的工作已经证实,在很多有机合成反应中,微波加热能大大加快反应速率,因而有关微波对化学反应促进作用的研究工作迅速开展,并显示出了广阔的前景。但是,当把实验室中由家用微波炉所取得的研究成果推广到化学工业中时,却发现实际情况远比所预料的要复杂,主要问题如下:

①在大功率微波作用下,化学反应系统通常产生强烈的非线性响应,这些非线性响应对于微波系统和反应体系来说常常是有害的。例如,当用微波加快橄榄油皂化反应过程时,随着反应的进行,系统的等效介电系数突然变化,导致系统对微波的吸收突然增加,往往由于温度过高而将反应物烧毁。

②大容量的化学反应器都很难获得均匀的微波加热。反应系统的均匀加热问题直接关系到反应产物的质量和生产的效率。由于电磁场与反应系统的相互作用不同于传统加热情况,如何设计高效、对反应物加热均匀的微波化学反应器成为当今微波化学工业亟待解决的难题。

③在一定的条件下微波既能促进反应的进行,也能抑制反应的进行。在微波加快化学反应的过程中产生的一些"特殊效应"难以解释。这在科学界至今仍是有争议的问题。这主要是因为目前所用的微波反应器在设计上不够严谨、在制造上不够精密,从而导致许多有关微波加速机理的研究工作由于设备上的缺陷而缺乏足够的说服力。要解决这个问题,就需要有设计完善、制造精密的微波实验设备。

这些亟须解决的问题极大地限制了微波化学的进一步深入发展及其在工业上的广泛应用。对某一具体的化学反应是否适合于用微波加热、加热效果如何,这完全取决于反应物分子与微波发生相互作用的能力。微波对反应的作用程度除了与反应类型有关外,还与微波的强度、频率、调制方式及环境条件有关。此外,重要的是由于化学反应是一个非平衡系统,旧的物质在不断消耗,新的物质在不断生成,各相界面可能发生随机变化。与此同时,系统的宏观电磁场特性也在发生变化,而且在微波辐射下,这种变化还与所用的微波紧密相关。所有这些因素都将导致反应系统对微波的非线性响应。要解决这些问题必须首先搞清楚微波同化学反应系统之间的相互作用,才能通过计算预测反应系统对微波的非线性响应过程,同时对这些相互作用过程中所产生的非线性现象和"特殊效应"做出较为合理的解释。

11.3　一锅合成技术

传统有机合成的步骤多、产率低、选择性差,且操作繁杂,近年来,迅速发展的一锅合成法为革新传统的合成化学开拓了新途径。采用一锅合成可将多步反应或多次操作置于一个反应器内完成,不再分离许多中间产物。采用一锅合成法,目标产物将可能从某种新颖、简捷的途径获得。如果一个反应需要多步完成,但反应步骤都是在同种溶剂的溶液中进行,反应条件相近,不同的只是体系中的具体组成或温度等,则可以考虑能否用一锅法的合成。

一锅合成多具有高效、高选择性、条件温和、操作简便等特点,它还能较容易地合成一些常规方法难以合成的目标产物。下面就常见的几种物质的一锅合成路线作简要的介绍。

11.3.1　羧酸及其衍生物的一锅合成

在醇或醛的氧化过程中,生成的半缩醛中间体易氧化,于是开发了将伯醇或邻二醇转化为酯的一锅法,并成功地用于受性异构体的合成。例如,由 D-葡萄糖单缩酮合成木糖酸酯,反应式如下:

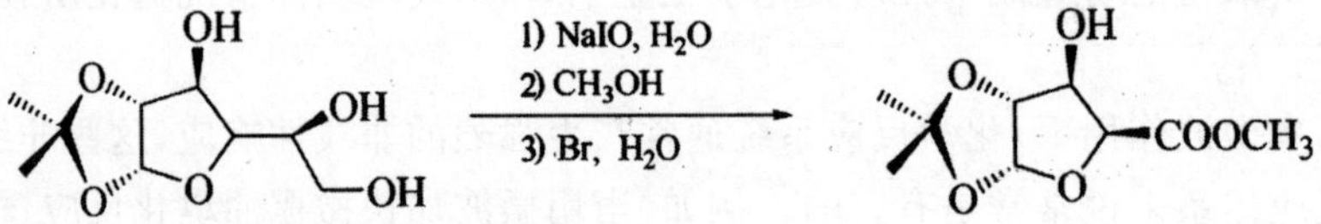

Deng 等以醇为底物,连续经过氧化-Homer-Wadsworth-Emmons 反应,将其氧化为不饱和酯,反应式如下:

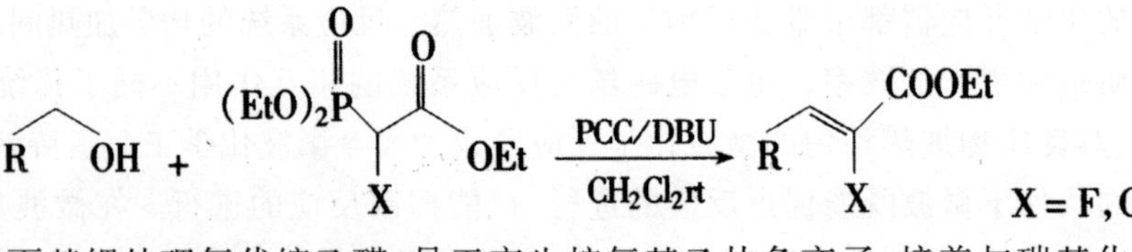

用二异丙基锂处理氯代缩乙醛,易于产生烷氧基乙炔负离子,接着与碳基化合物反应并酸化,一锅合成 α,β-不饱合酯。所用碳基化合物可以是活泼的也可以是不活泼的,收率均较好。

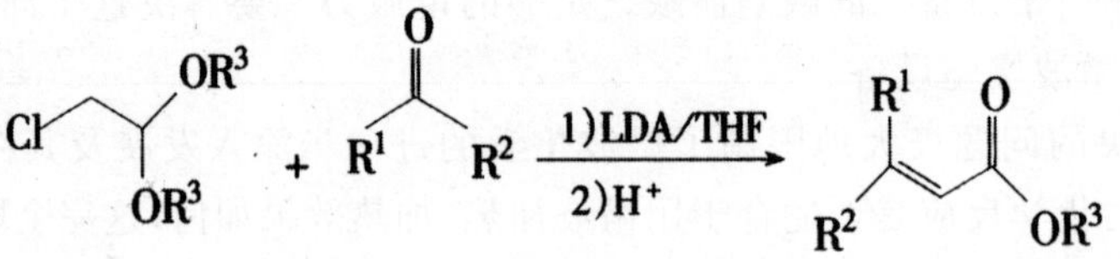

以 α,β-不饱和醛及丙二酸单酯为原料,在吡啶中用催化量的二甲基吡啶进行处理,一锅法制得 2E-不饱和酯,反应式如下:

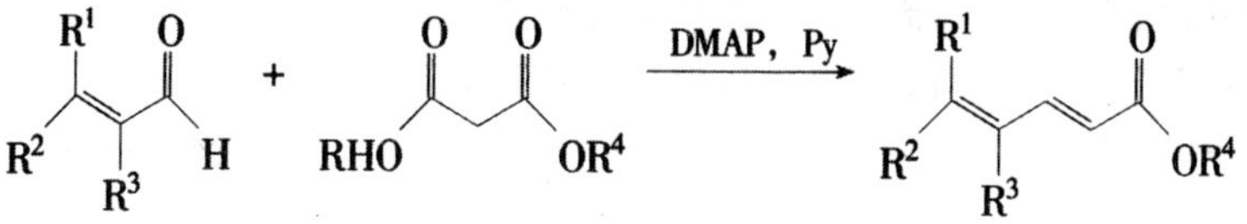

与其他方法相比较,这种方法不仅具有高的立体选择性,而且收率明显提高。例如,从丙烯醛或 2-丁烯醛合成 2,4-戊二烯酸甲酯或 2,4-己二烯酸甲酯用通常方法需要经三步反应,生成的收率分别为 30%、27% 的,而采用一锅方法,目标物收率分别提高到 88% 和 95%。

γ-丁内酯衍生物的一锅合成近年已有不少发展。如由 3-丁烯-1-醇及其衍生物经过硼氢化-氧化可合成 γ-丁内酯衍生物。采用手性底物可得到高光学纯度的手性内酯,利用不对称还原、环化,也可得到手性 γ-丁内酯衍生物。

一锅法合成羧酸酯,常采用串联反应。例如,采用氧化/二苯酯重排串联反应,立体选择性地一锅合成了 α-羟基酯,反应式如下:

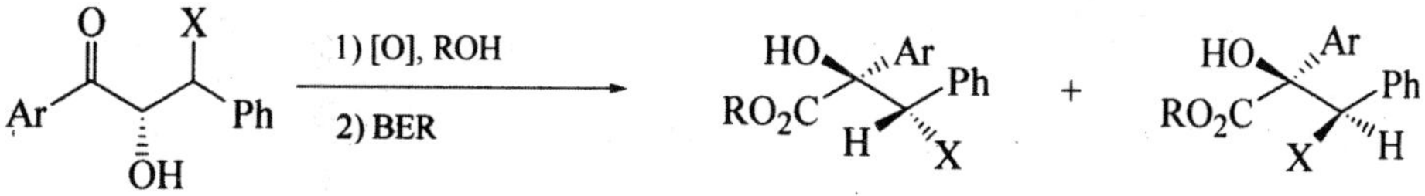

酰胺或内酰胺的一锅合成已有不少实例。例如,将二乙酰酒石酸酐与烯丙基胺在室温下反应得到 N-烯丙基-(2R,3R)-二乙酰酒石酸单酰胺的烯丙基胺盐后,不经过酸和提纯,直接与乙酐在 40CC 下反应,高收率和高纯度得到了目标化合物,反应过程为:

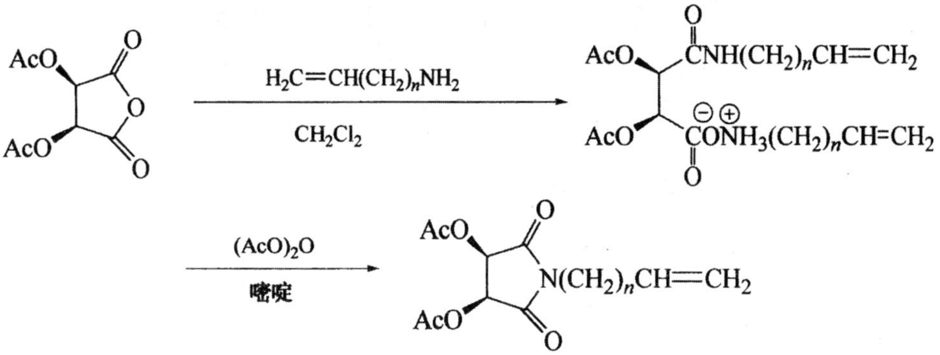

11.3.2　醛、酮的一锅合成

将酮转变为烯醇盐后与硝基烯烃进行共轭加成,水解得 1,4-二酮。起始物为不对称酮时,生成异构体产物,以长碳链二酮为主。例如:

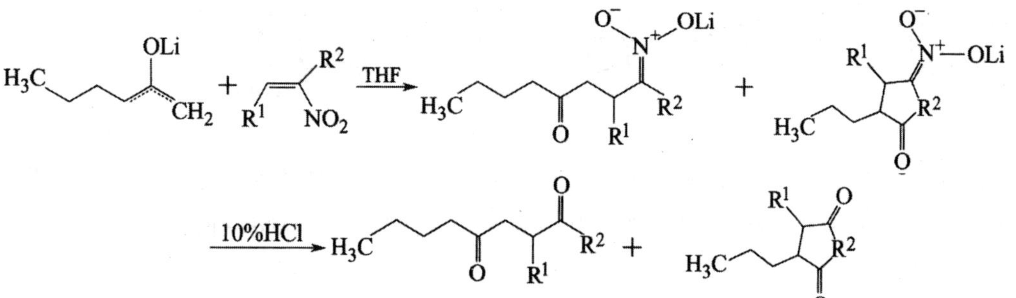

采用一锅法成功地实现了雌甾和化合物的高收率、高选择性的乙酰化和甲酰化反应,并提出该甲酰化反应可能经历了两次酚镁盐与甲醛配位,最后经六元环状过渡态的负氢转移而完成,其反应过程为:

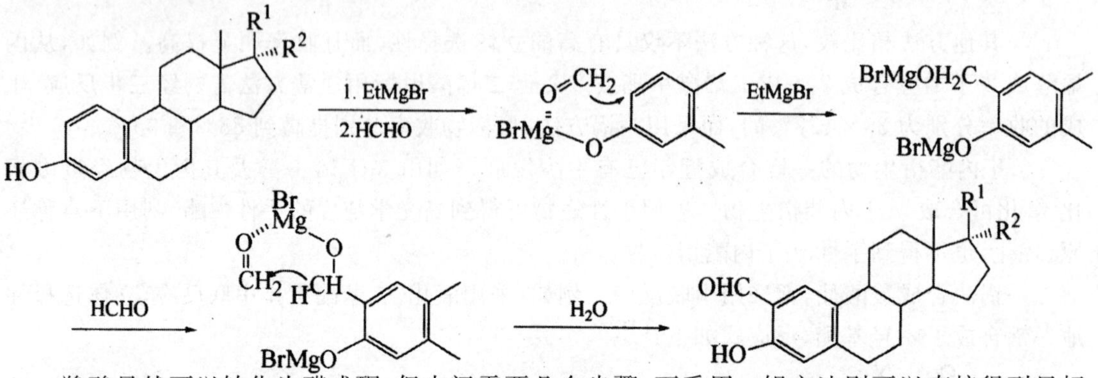

羧酸虽然可以转化为醛或酮,但中间需要几个步骤,而采用一锅方法则可以直接得到目标化合物,其反应过程为:

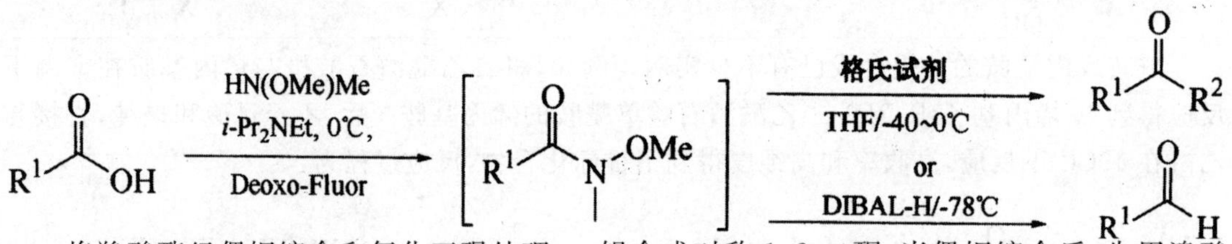

将羧酸酯经偶姻缩合和氯化亚砜处理,一锅合成对称 1,2-二酮;当偶姻缩合后,先用溴酸钠氧化再用氯化亚砜处理,则得到对称的单酮,反应过程为:

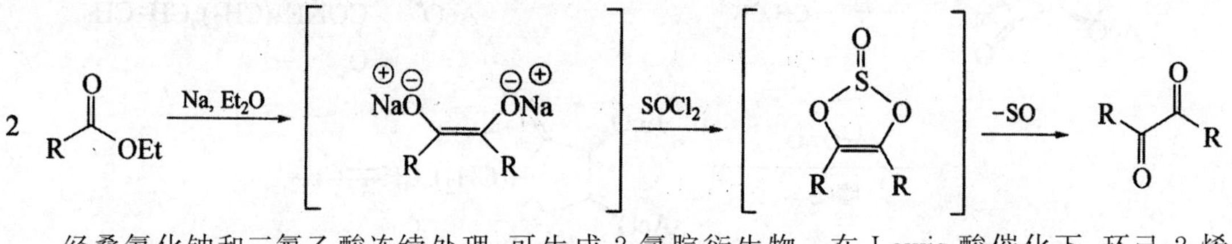

经叠氮化钠和三氟乙酸连续处理,可生成 2-氯腙衍生物。在 Lewis 酸催化下,环己-2-烯酮烯醇与二乙烯基酮连续发生三次 Michael 加成一锅合成三环二酮。这一新奇的一锅反应已用于一些复杂天然产物的合成,反应过程如下:

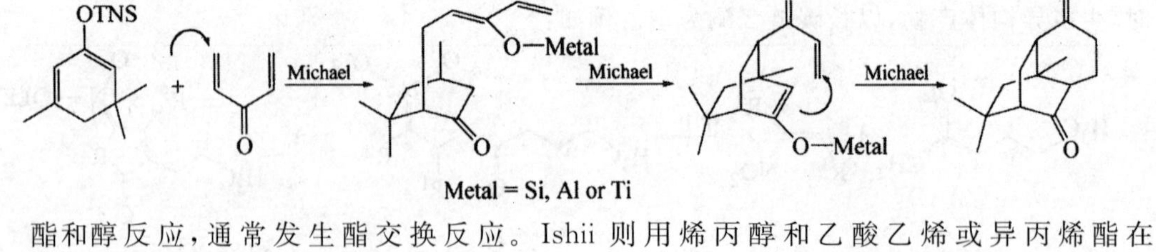

Metal = Si, Al or Ti

酯和醇反应,通常发生酯交换反应。Ishii 则用烯丙醇和乙酸乙烯或异丙烯酯在 [IrCl(cod)]₂ 催化下反应,生成乙烯烯丙型醚后,经过 Claisen 重排反应一锅合成了 γ,δ-不饱和羰基化合物,反应过程为:

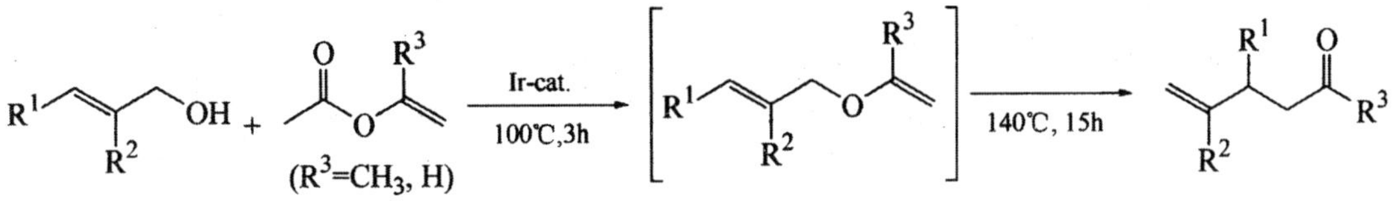

11.3.3　腈、胺的一锅合成

由醛一锅合成腈有很多有效方法，其共同点是将醛转化为肟，接着以不同的消除反应完成。例如：

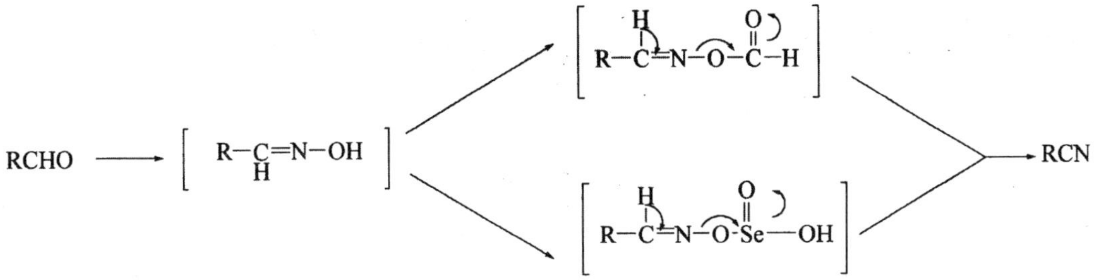

在氯化铵、铜粉和氧分子的参与下，芳醛、杂芳醛或叔烃基醛能有效地转化为腈。此法特别适宜于一些难制备、不稳定的腈的合成，也用于由容易获得的塔 NH_4Cl 合成标记的腈。反应式为：

$$RCHO \xrightarrow{^{15}NH_4Cl, CuO, O_2, Py} RC\equiv^{15}N$$

将伯醇经三氟乙酸酯，继以亲核取代反应，可一锅转化为腈。溶剂的极性对亲核取代反应影响很大，只用 THF 不能使亲核取代反应发生，加入高极性溶剂，反应迅速进行。反应路线为：

$$RCH_2OH \xrightarrow{CF_3COOH} [RCH_2OCOCF_3] \xrightarrow{NaCN, THF-HMPT} RCH_2CN$$

烯丙基化合物在相转移条件下经 CS_2 还原为肟，再脱水合腈：

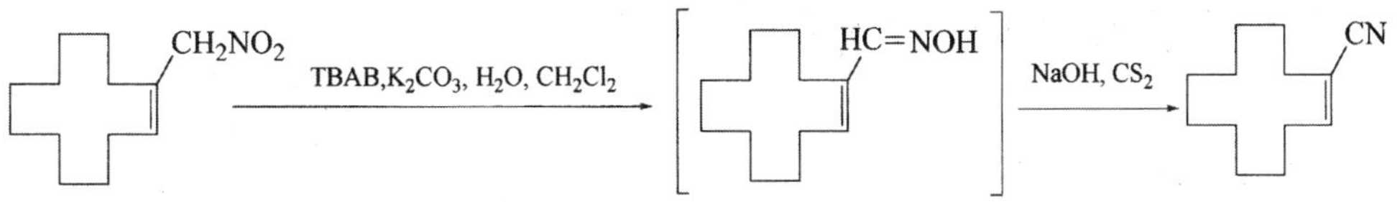

由卤代烃经 Staudinger 反应得到三乙氧基膦酰亚铵，然后用酸处理或与醛反应再还原分别合成胺或仲胺，反应路线为：

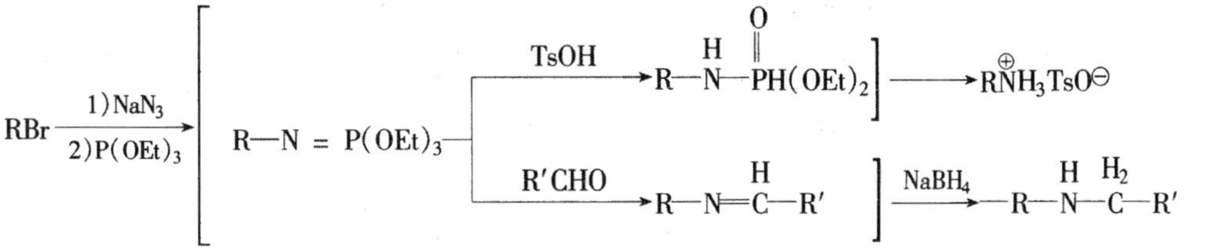

一锅合成腈的又一种方法是酮和丙二腈在乙酸铵溶液中和 Et_3B 或 RI_5/Et_3B 在 50℃～60℃下反应,得到丙二腈的衍生物,反应路线为:

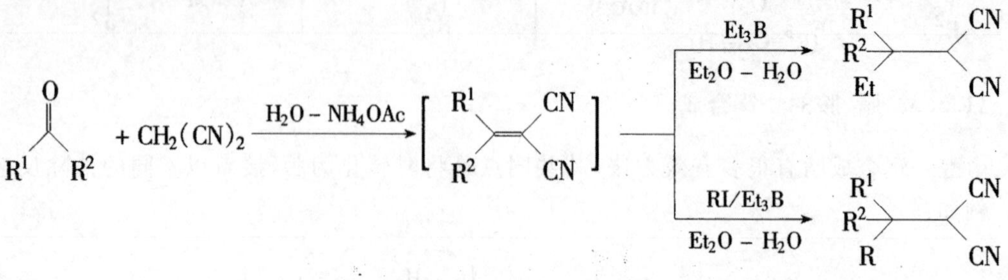

芳酸或杂芳酸的酰氯与羟胺磺酸反应,经重排得到对应的胺。该法比 Hofmann 法、Lossen 法或 Curtius 重排具有原料易得、操作简便安全等优点。反应历程为:

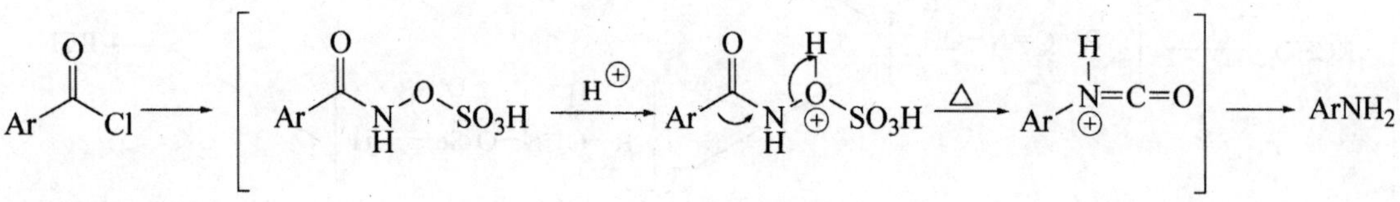

Naeimi 等以 P_2O_5/Al_2O_3 为催化剂,由酮和伯胺反应,一锅合成了 Schiff 碱,是一个绿色过程。反应式为:

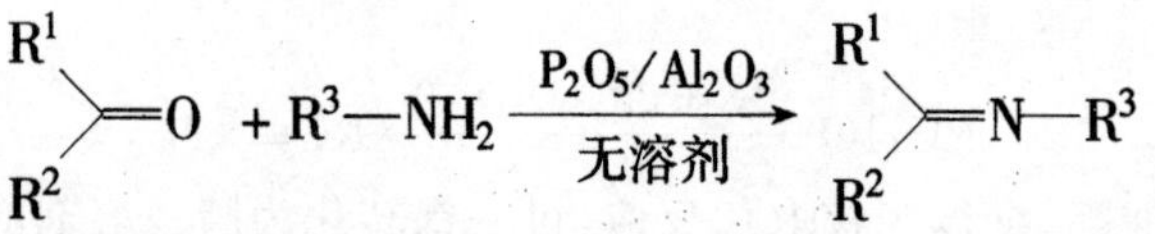

11.3.4 磷(膦)酸酯的一锅合成

磷酸酯、膦酸酯及其衍生物多具有生物活性和工业用途,对其合成方法的研究,越来越受到重视,近年来其一锅合成法进展迅速。

用 N-保护的丝氨酸、苏氨酸或酪氨酸和二烷氧基氯化磷在吡啶中反应,首先生成了双亚磷酸中间体,然后再用碘进行氧化即得产物,反应过程为:

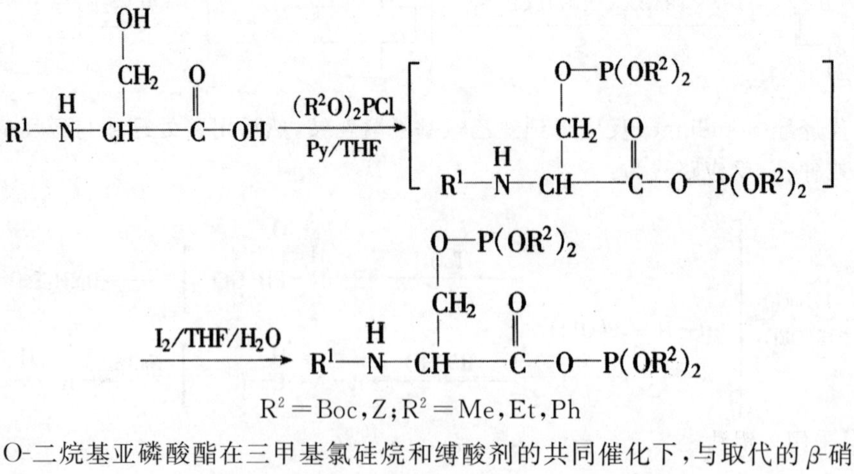

$R^2 = Boc,Z;R^2 = Me,Et,Ph$

用 O,O-二烷基亚磷酸酯在三甲基氯硅烷和缚酸剂的共同催化下,与取代的 β-硝基苯乙烯反应,在很温和的条件下实现了在磷原子上发生 Arbuzov 重排的同时进行加成、还原、关环的一锅反应,生成含 C—P 键的 1-羟基吲哚类新化合物。控制适当条件,还可高收率地制备另一类产物或聚合物,反应式为:

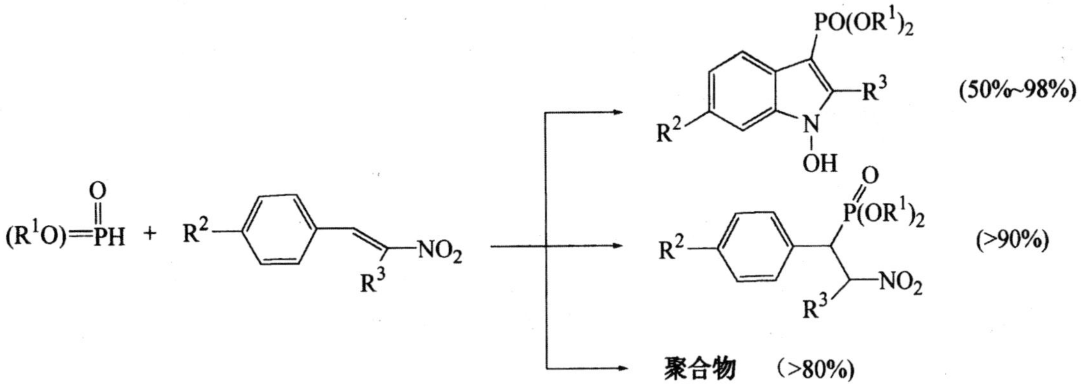

R² = ET, *n*-Pr, *i*-Pr, *n*-Bu;　　R² = H, OH, OMe;　　R³ = H, Me

在 Me₃SiCl/Et₃N 存在下,以 DMF 为介质,将亚磷(膦)酸酯与肉桂醛进行一锅合成反应,可以高收率地得到 1-羟基-3-苯基烯丙基膦(次膦)酸酯。

在固体 K_2CO_3 存在下,将二烷基亚磷酸酯或烷基苯基磷酸酯与等当量的 1-芳基-2-硝基-1-丙烯进行环化膦酰化,使 3-二烷氧膦酰基或 3-(烷氧基苯基膦酰基)-1-羟基吲哚衍生物的一锅合成更加简单实用,反应式为:

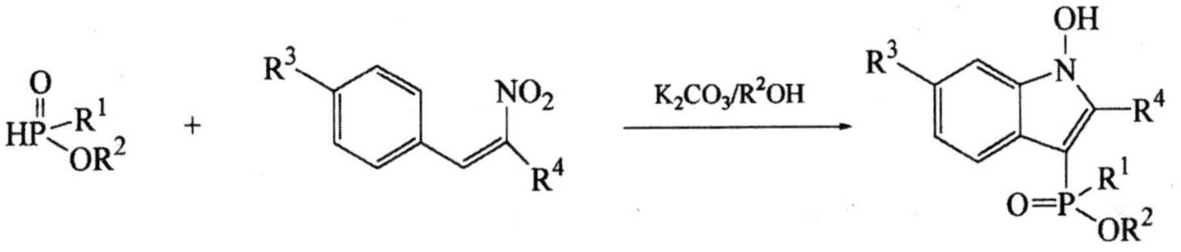

R² = OEt, OPr-*i*, Ph; R² = Et, *i*-Pr; R³ = H, Me; R⁴ = Me, Et

含磷阻燃剂 DOPO 即 9,10-二氢-9-氧杂-10-磷杂菲-10-氧化物,是一个膦酸酯,采用一锅法高纯度地合成了该化合物。例如:

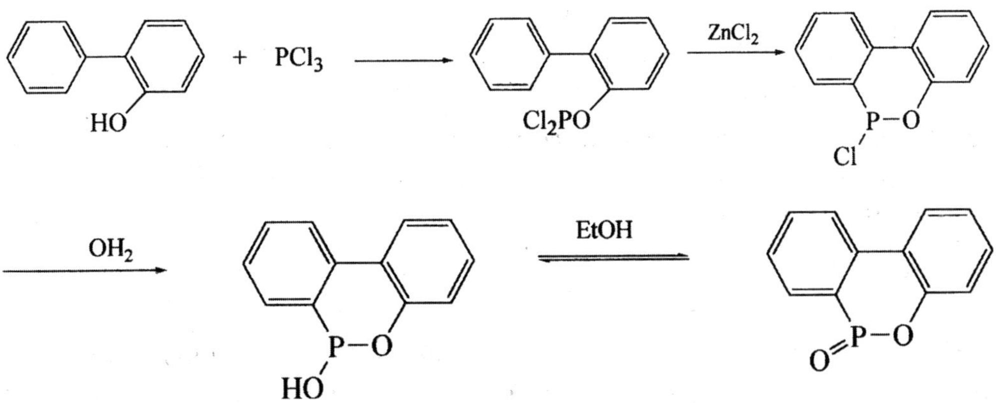

此外,采用一锅法还合成多种膦酸酯。

11.3.5 烯、炔的一锅合成

利用 Wittig-Horner 反应一锅合成烯、炔及其衍生物,近来取得了较大进展。将苯基氯甲基砜或苯基甲氧甲基砜,经二锂化物再转化为磷酸酯,继而与醛、酮反应,简便地制得一系列 α-官能化的烯基砜,进一步用碱处理,脱去氯化氢得乙炔基砜。总的反应过程为:

$$PhSO_2-\underset{\underset{Li}{|}}{\overset{\overset{Li}{|}}{C}}-X \xrightarrow{(EtO)_2P(O)Cl} \left[(EtO)_2P \underset{\underset{Li}{|}}{\overset{\overset{O}{\|}}{C}} \overset{\overset{X}{|}}{\underset{}{C}}-SO_2Ph \right] \xrightarrow{\underset{R^2}{\overset{R^1}{\diagdown}}C=O} R^1R^2C=\underset{\underset{SO_2Ph}{|}}{\overset{\overset{X}{|}}{C}} \xrightarrow{t\text{-BuOK}} R^1C\equiv CSO_2Ph$$

(X=Cl, OCH₃; R¹=CH₃, C₆H₅, p-CH₃C₆H₄等; R²=H, CH₃)

11.4 超临界有机合成

当流体的温度和压力处于其临界温度和临界压力以上时,称该流体处于超临界状态,此时的流体称为超临界流体(Supercritical Fluid,SCF)。超临界流体在萃取分离方面取得了极大成功,并广泛用于化工、煤炭、冶金、食品、香料、药物、环保等许多工业领域。超临界流体作为反应介质或作为反应物参与的化学反应称为超临界化学反应。目前关于超临界有机合成的研究处于初始阶段,不过已经取得了一些很有实用价值的成果,充分显示了超临界有机合成技术的巨大潜在优势。

11.4.1 超临界化学反应的特点

超临界化学反应不同于传统的热化学反应,它具有以下特点。

①与液相反应相比,在超临界条件下的扩散系数远比液体中的大,黏度远比液体中的小。对于受扩散速度控制的均相液相反应,在超临界条件下,反应速率大大提高。

②在超临界流体介质中可增大有机反应物的溶解度或有机反应物本身作为超临界流体而全部溶解;尤其在超临界状态下,还可使一些多相反应变为均相反应,消除了相界面,减少了传质阻力;这些都可较大幅度地增大反应速率。

③因有机反应中过渡状态物质的反应速率随压力的增大而急剧增大,而超临界条件下具有较大的压力,从而可使化学反应速率大幅度增加,甚至可增加几个数量级。当反应物能生成多种产物时,压力对不同产物的反应速率的影响是不相同的,这样就可通过改变超临界流体的压力来改变反应的选择性,使反应向目标产物方向进行。

④超临界流体中溶质的溶解度随温度、压力和分子量的改变而有显著的变化,利用这一性质,可及时将反应产物从反应体系中除去,使反应不断向正向进行;这样既加快了反应速率,又获得了较大的转化率。

⑤许多重质有机化合物在超临界流体中具有较大的溶解度,一旦有重质有机物结焦后吸附在催化剂上,超临界流体可及时地将其溶解,避免或减轻催化剂上的积炭,大大地延长了催化剂的寿命。

⑥可用价廉、无毒的超临界流体(如 H_2O、CO_2 等)作为反应介质来代替毒性大、价格高的

有机溶剂,既降低了反应成本,又消除或减轻了污染。

由于具有以上特点,使超临界有机合成受到世界各国化学界的高度重视。

11.4.2　超临界有机合成反应

1. Fischer-Tropsch 合成

Fischer-Tropsch(F-T)合成是用 H_2 和 CO 在固体催化剂上合成烃类($C_1 \sim C_{25}$)混合物的反应:

$$H_2 + CO \xrightarrow[\text{催化剂}]{\text{正己烷 SCF}} C_1 \sim C_{25} \text{的烃类}$$

这是煤炭间接液化过程中的重要反应,在反应过程中,生成的高分子量烃可吸附在催化剂表面造成催化剂失活、床层堵塞等问题。采用正己烷超临界流体,可有效地除去催化剂表面上生成的蜡,并且产物中烯烃的比例也有所提高。

2. 烷基化反应

对于异丁烷与丁烯合成 C_8 烷烃(三甲基戊烷)的反应,目前工业上仍使用强酸催化工艺,严重腐蚀设备和污染环境,且催化剂寿命也不长。如果以反应物异丁烷为超临界流体,采用固体酸催化剂,则可克服以上缺点。

3. Diels-Alder 反应

Randy 等研究了在 SiO_2 催化条件下用超临界 CO_2 作为介质的 D-A 反应,发现随体系压力的升高,反应产率下降,但对反应的选择性无影响。

Thompson 等在超临界 CO_2 介质中研究了下面的 D-A 反应,发现了 40℃时反应速率常数随压力增高而降低的反常现象,还发现在临界点反应速率比液相反应(以乙腈或氯仿为溶剂)快,但在 CO_2 密度接近液体溶剂的高压条件下,反应速率比液相慢。

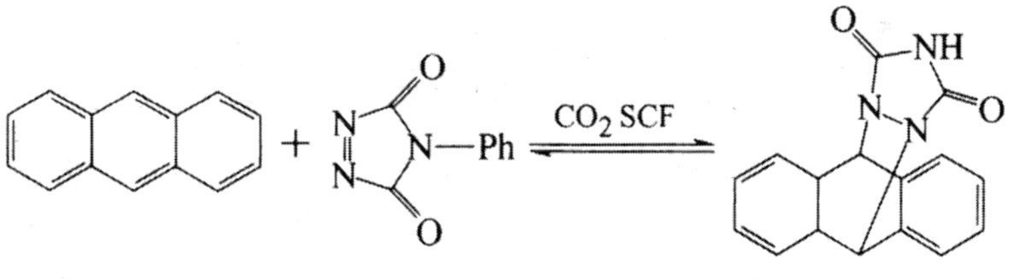

4. 氢化反应

双键氢化的反应速率与 H_2 在反应体系中的浓度成正比,因超临界 CO_2 能与 H_2 完全互溶,特别有利于氢化反应的进行。例如:

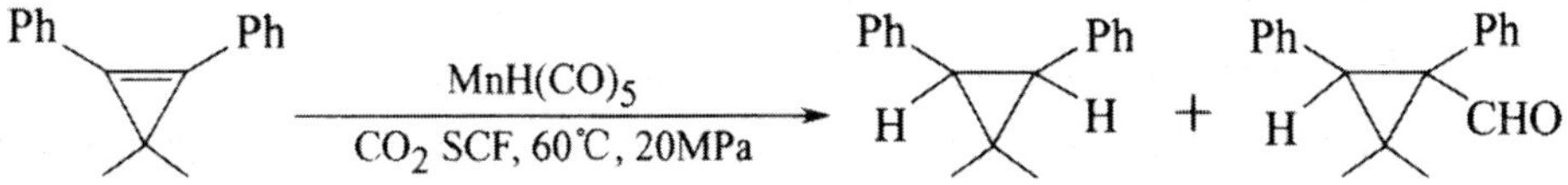

但是下面超临界反应速率要比在有机溶剂中慢,其原因还不完全清楚。

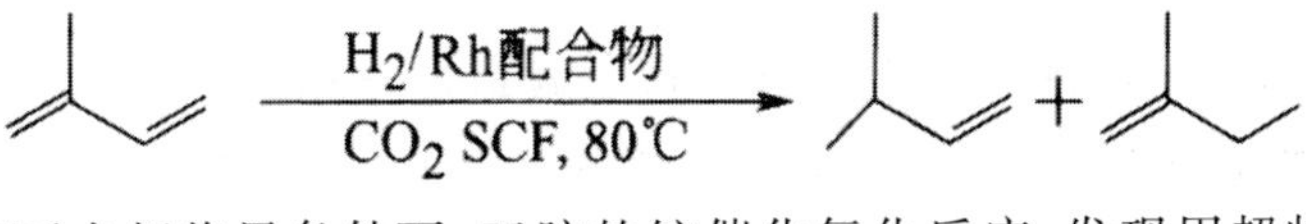

Sabine 等研究了在超临界条件下,亚胺的铱催化氢化反应,发现用超临界 CO_2 作为介质

比用液相二氯甲烷作为溶剂的反应速率快,而选择性随催化剂的不同而有较大差异。

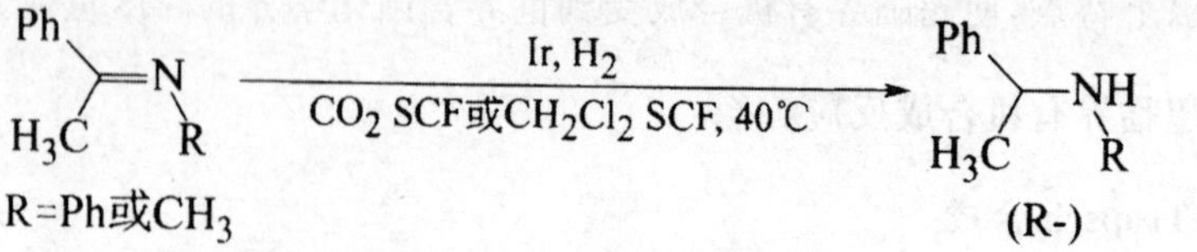

CO_2 加氢合成甲醇、甲酸是一条很有意义的有机合成途径,这是因为这一反应既能降低大气中的 CO_2,维护生态环境,又能以低成本的形式得到有用的产物。

5. 氧化反应

Noyori 对 2,3-二甲基丁烯在超临界 CO_2 介质中的过氧化物环氧化反应进行了研究,发现没有通常的副产物碳酸盐的生成。

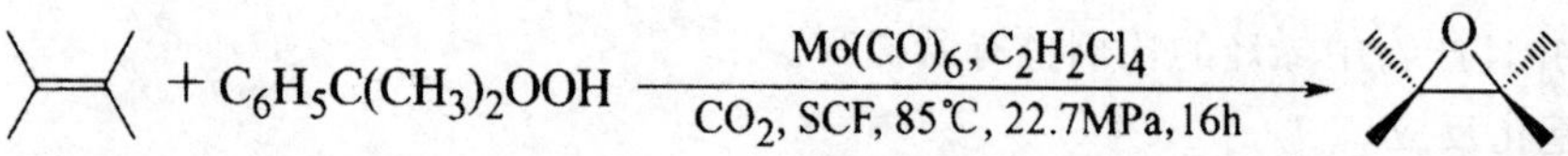

Tumas 小组在超临界 CO_2 介质中用含水的过氧化物 $(CH_3)_3COOH$ 对环己烯进行了氧化,主要生成环己二醇,同时发现如果用不含水的超氧化物,则产率只有 15%。

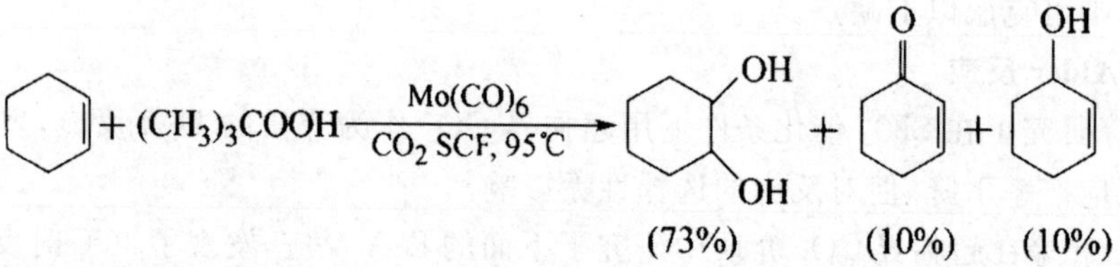

Wu 等在催化条件下研究了超临界 CO_2 对环己烷的非催化氧化反应:

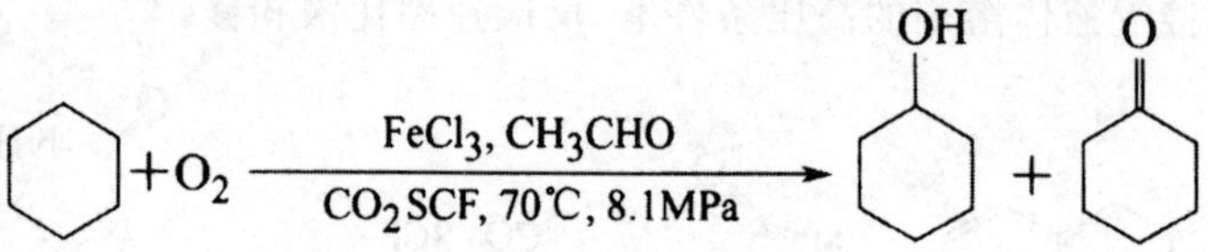

超临界水氧化(Supercritical Water Oxidation,SCWO)是氧化分解有害有机物的一种新技术,这一技术可在不产生有害副产物情况下彻底去除有毒有机废物。当温度高于 647 K,压力高于 22.1 MPa 时,有机组分和氧气完全溶于超临界水中,使有机组分在单相介质中快速氧化为 CO_2、H_2O 和 N_2。这一技术在处理有机废水、废气时有广阔的应用前景。

6. 重排反应

频哪醇重排反应在液相中需要强酸作为催化剂,催化剂寿命又很短。尽管可用加大酸浓度的方法来提高反应速率,但反应速率和选择性仍然很低。Yutaka 等在 450℃、25 MPa 的超临界水中,不加任何催化剂成功地进行了频哪醇的重排反应,反应速率要比回馏条件下在 2.43 mol/L 的 H_2SO_4 溶液中快 100 倍。他们认为频哪醇之所以能够在无外加酸的超临界水中进行反应,氢键强度的变化是关键因素。

除以上反应类型外,在超临界流体中还可以有效地进行环化反应、烯键易位反应、羰基化反应、生成金属有机化合物的反应、聚合反应、酶催化反应、自由基反应、酯化反应、异构化反应、烷基化反应、脱除反应、水解反应、超临界相转移反应、超临界光化学反应等。

11.5　组合合成

新药的开发往往是根据治疗目标寻找先导药物。先导药物设计的目的是在于从无到有、发现新结构类型药物，克服已知药物的缺点。化学家们以往的目标是合成尽可能纯净的单一化合物，他们合成成千上万的纯净的化合物，再从中挑选一个或几个具有生物活性的产物作为候选药物，进行药物开发研究。这样的过程必然导致化学家的时间大量浪费在无用的化合物的合成上，也必然使药物的开发成本极高、时间极长。

近年来，分子药理学、分子生物学的高度发展，使人们可以直接从分子水平上探究底物与生物蛋白相互作用，生物筛选技术的迅速发展使新化合物的合成成为快速制药的关键所在，组合合成法就是在这样的背景下产生的。

组合合成法迅速发展，能够利用组合合成的反应也越来越多，如麦克尔反应、狄尔斯-阿尔德反应、狄克曼环化、羟醛缩合、有机金属加成、脲合成、维狄希反应、环化加成等。

近几年来，组合合成法已从药物制备领域向电子材料、光化学材料、磁材料、机械和超导材料的制备发展，同时组合合成法开始向其他化学领域中渗透。组合合成法具有巨大的发展潜力，其在更多化学领域中的渗透和发展，将会把化学带入一个新的增长空间。

11.5.1　组合合成方法

以前化学家一次只合成一种化合物，一次发生一个化学反应，如 $A+B \longrightarrow AB$。然后通过重结晶、蒸馏或色谱法分离纯化产物 AB。在组合合成法中，起始反应物是同一类型的一系列反应物 $A_1 \sim A_n$ 与另一类的一系列反应物 $B_1 \sim B_m$，相对于 A 和 B 两类物质反应的所有可能产物同时被制备出来，产物从 A_1B_1 到 A_nB_m 的任一种组合都可能被合成出来，反应过程如下：

$$A+B \longrightarrow AB \quad \begin{matrix} A_1 \\ A_2 \\ A_3 \\ \vdots \\ A_n \end{matrix} \quad + \quad \begin{matrix} B_1 \\ B_2 \\ B_3 \\ \vdots \\ B_m \end{matrix} \quad \longrightarrow \quad A_iB_j(i=1、2、3、\cdots、n, j=1、2、3、\cdots、m, 共 n \times m 种化合物)$$

若是更多的物质间的多步反应，产物的数量会按指数增加。这种组合合成法显然大幅度提高了合成化合物的效率，减少了时间和资金消耗，提高了发现目标产物的速度。

由此可得，组合合成法是指用数学组合法或均匀混合交替轮作方式，顺序同步地共价连接结构上相关的构建单元以合成含有千百个甚至数万个化合物分子库的策略。组合合成法可以同步合成大量的样品供筛选，并可进行对多种受体的筛选。

11.5.2　集群筛选法

集群筛选法，如果将大量的不同种类的物质（混合物或纯净物）送交生物体系去筛选，应该较容易地选出具有临床意义的最佳药物。这种方法又称为集群筛选，该法主要用于混合组分中有效单体的结构识别。这种筛选方法必须在下列条件成立时才能应用：混合物之间不存在相互作用，互相不影响生物活性。

集群筛选并不是逐个测试单一化合物的活性及结构，而是从许多的微量化合物的混合体中通过特异的生物学手段筛选出特异性及选择性最高的化合物，而对其他化合物未作理会。因而它具有如下优点：

①筛选化合物量大，灵敏度高，速度快，成本低。

②对产物先进行活性筛选，再做结构分析。

③只对混合产物中生物活性最强的一个或几个产物进行结构分析。

④有的组合库在活性筛选完成时，其活性结构即被识别，无需再分析。

对活性产物的分析，可以从树脂珠上切下进行，也可连在树脂珠上用常规的氨基酸组成分析、质谱、核磁共振谱等手段进行结构鉴定。

11.5.3 化合物库的合成

组合合成法包括大量归类化合物的合成和筛选，被称为库。库本身就是由许多单个化合物或它们的混合物组成的矩阵。合成库的方法通常有以下几类。

1. 混合裂分合成法及回溯合成鉴定法

混合裂分合成法及回溯合成鉴定法被用来在两天内合成百万以上的多肽，现在已成功地用于化合物库的建立。混合裂分合成法建立在 Merrifield 的固相合成基础上，其合成过程主要为以下几个步骤的循环应用：

①将固体载体平均分成几份。

②每份载体与同一类反应物中的不同物质作用。

③均匀地混合所有负载了反应物的载体。

从合成过程可以看出混合裂分合成法具有以下特点：

①高效性，如果用 20 种氨基酸为反应物，形成含有九个氨基酸的多肽，则多肽的数目为 20^n。

②这种方法能够产生所有的序列组合。

③各种组合的化合物以 1∶1 的比例生成，这样可以防止大量活性较低的化合物掩盖了少量高活性化合物的生理活性。

④单个树脂珠上只生成一种产物，因为每个珠子每次遇到的是一种氨基酸，每个珠子就像一个微反应器，在反应过程中保持自己的内容为单一化合物。

回溯合成鉴定法也叫倒推法，该法可实现活性物的筛选与结构分析同时完成。

2. 位置扫描排除法

位置扫描排除法的关键是开始就建立一定量的子库，子库中某一位置由一相同的氨基酸占据，其他位置则由各种氨基酸任意组合。分别用生物活性鉴定法鉴定各个子库的生物活性，从而确定最终活性物种的结构。当然，这种方法每个库化合物要被合成很多次。

3. 正交库聚焦法

用正交库聚焦法寻找活性物质，每个库化合物要被合成两次，被分别包含在两个子库 A 和 B 中，即 A、B 两个子库各包含了"一套"完整的化合物库。A、B 子库又分成多个二级子库。

比如共 9 个化合物,则每个子库含 3 个二级子库,每个二级子库含 3 个化合物,但要保证每个化合物每次与不同的化合物组合。这样通过找到包含了活性组分的二级子库就可以确定活性化合物。A 库和 B 库中各包含了 1~9 全部的 9 个化合物,两个库都分为三个二级子库,每个子库中的库化合物的组合不同。如果利用生物活性鉴定法测出 A2 与 B2 两个二级子库有生物活性,则表明两者共同包含的库化合物 5 为目标活性物。含有 9 个化合物需要建立 2×3 个子库,对于含有 N 个化合物的库,则需要 $2 \times \sqrt{N}$ 个子库才能确定活性物,再通过质谱、核磁共振等手段进行成分鉴定。正交库聚焦法对于只存在一个活性化合物时效果最好,如果库内包含两个以上活性化合物,则找到可能活性化合物的数目会以指数级增长,但只要对这些可能的对象进行再合成,仍然可以鉴定出最好的化合物。

4. 编码的组合合成

有时化合物库过于庞大,难以进行快速的结构鉴定与筛选。因此人们设想如果在每个反应底物进行编码,再通过识别编码,就能知道该树脂珠上的产物合成历程及成分。

近年来,微珠编码技术的发展极为活跃,主要可分为化学编码和非化学编码。化学编码包括:寡核苷酸标识、肽标识、分子二进制编码和同位素编码。化学编码的基本原理是化合物库内每个树脂珠上都被连接一个或几个标签化合物,用这些标签化合物对树脂珠上的库化合物作唯一编码。理想的微珠编码技术应该具有下述特点:

①标签分子与库组分分子必须使用相互兼容的化学反应在树脂珠上交替平行地合成。

②编码分子的结构必须在含量很少时就可以由光谱或色谱技术进行确定。

③标签分子含量应较低,以免占据树脂珠上太多的官能团。

④不干扰反应物和产物的化学性质,不破坏反应过程,且不干扰筛选。

⑤标签分子能够与库化合物分离。

⑥经济可行性。

在非化学编码中,射频(RF)编码法是一种极有前途的编码技术。非化学编码主要是射频编码法、激光光学编码、荧光团编码。将电子可擦写程序化只读记忆器(EEPROM)包埋在树脂珠内,通过从远处下载射频二进制信息来编码。当树脂珠经历了一系列化学转化后,芯片记录下相应的合成史对应的信息,再通过读取信息可知活性物质的成分。可以认为在低功率水平上的无线电信号的发射和接受,不会影响化合物库的合成。

11.5.4　平行化学合成

混合裂分法合成化合物库固然效率很高,但其活性成分的鉴定往往需要再合成一系列子库,这无疑加大了工作量,而且其中某些子库的合成不易通过混合裂分法直接合成,这需要借助平行化学合成的手段。

平行化学合成是指在多个反应器中每一步反应同时加入不同的反应物,在相同条件下进行化学反应,生成相应的产物。

平行化学合成法的操作简单,可以通过机械手完成,目前已有商品化的有机合成仪出现。每个反应器内只生成一种产物,且每个产物的成分可通过加入反应物的顺序来确定。但是,用该法制备化合物的数目最多等于反应器的数目。常用的固相平行化学合成方法有多头法、茶叶袋法、点滴法、光导向平行化学合成法等。

11.5.5 液相组合合成

液相反应的类型较广泛,生成产品量也较大。由于不用特制载体,相对成本要低。但是,液相组合合成要求每步反应之收率不低于 90%,并且仅允许一个简单的纯化过程,如使用了一个短小的硅胶层析柱就能达到目的,能够提高合成速度。它没有树脂负载量的影响,不受合成量的限制,反应过程中能对产物进行分析测定,进行反应的跟踪分析。相对于固相来说,液相合成更适合于步骤少、结构多样性小分子化合物库的合成。

液相组合合成的原理与固相组合合成相同,不同之处在于液相中若想保证每种物质以接近相等的量产出,需预先确定各反应物的反应活性,通过控制浓度使各反应物有接近的化学动力学参数。

液相反应迅速,但收率不高,产品不纯,需要纯化,费时较多,需进一步深入研究。

11.6 等离子有机合成

物质在一定压力下随温度的升高可由固态变为液态,再变为气态,有的直接从固态变为气态。如果对气态物质再继续升高温度或放电,气体分子就要发生解离和电离,当电离产生的带电粒子密度达到一定数量时,出现集聚状态,这就是物质的第四态——等离子体。

11.6.1 等离子体的基本概念

产生等离子体的方法和途径是多种多样的,其中,宇宙天体和地球上层大气的电离层属于自然界产生的等离子体。人工产生的方法主要有气体放电法、光电离法、射线辐照法、燃烧法和冲击波法等。

放电等离子体可分为高温等离子体和低温等离子体两类。在高温等离子体中,因电子温度(T_e)和离子温度(T_i)几乎相等,呈热平衡状态,这时电离气体的温度很高,从而称为高温等离子体或平衡等离子体。在低温等离子体中,$T_e \gg T_i$,不存在热平衡,电离气体温度很低,从而称为低温等离子体或非平衡等离子体。

等离子体的物理特点为:

①正、负电荷总数相等,整体呈电中性。

②内部有大量的自由电子和离子,表现出很强的导电性。

③等离子体会受到电磁场的作用。

等离子体的化学特点为:

①由于等离子体中存在着大量的离子、电子、激发态粒子、自由基等极活泼的反应物种,从而使等离子体反应很容易进行,甚至可使某些在常规条件下不能发生的反应得以进行。

②利用低温等离子体,可实现高温反应的低温化。

11.6.2　等离子体有机合成装置

等离子体有机合成装置由放电电源、电极、反应器、真空部分和冷却部分等组成。等离子体有机合成装置,根据反应系统的具体要求有不同的型式,常见的管型外部电极式反应器如图 11-2 所示。

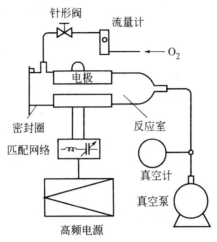

图 11-2　管式等离子体反应器

11.6.3　等离子体在有机合成中的应用

等离子体技术在很多领域有广泛的应用,但在有机合成方面应用相对少一些,并主要是应用低温等离子体技术。

由低温等离子体引发的有机化学反应一般可分为:

①在气相中进行的电离、离解、激发和原子、分子内相互结合以及加成反应。

②在等离子体-固体界面发生的聚合或者固体的蚀刻、脱离反应。

③在固体或液体表面,由于等离子体发射的光和电子的照射引起的交联、分解反应,附着在表面的活性基团又会引发二次反应。在固体或液体中发生的反应又称为等离子体引发聚合反应。

1. 合成反应

不加催化剂时,通过等离子体状态,可以从单质或化合物出发,经过中间体合成各种氨基酸、卟啉、核酸盐等,这种合成可用于说明由原始大气产生生命的过程。例如:

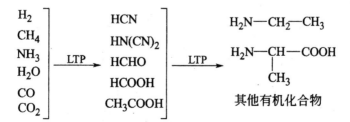

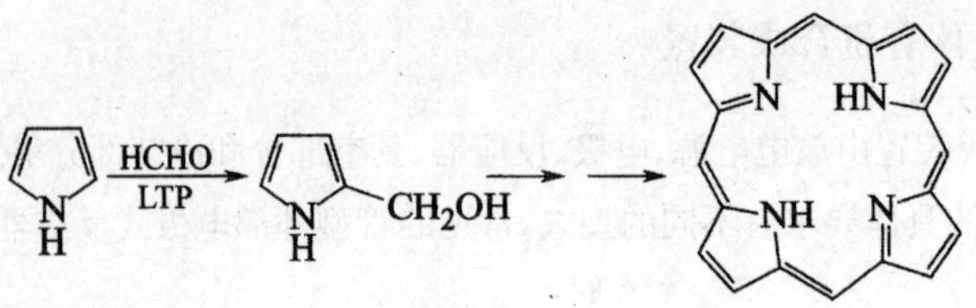

式中,LTP 表示低温等离子体。

2. 脱除反应

通过低温等离子体作用,有机物可发生脱除 H_2、CO、CO_2 等小分子的反应。例如:

$$C_2H_6 \xrightarrow{LTP} C_2H_4 \xrightarrow{LTP} C_2H_2$$

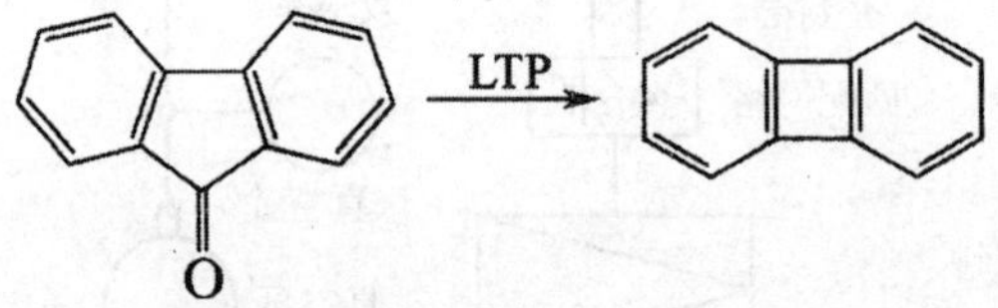

原子态氧与烷基作用时,先是脱氢发生羰基化,随着氧化的进行,最后,有机物分解为 CO_2 和 H_2O。例如:

$$RCH_2CH_3 + 2O \cdot \xrightarrow{LTP} RCOCH_3 + H_2O$$

若有机物中含有双键时,能与原子态的氧先环化,然后环氧化分解为产物。例如:

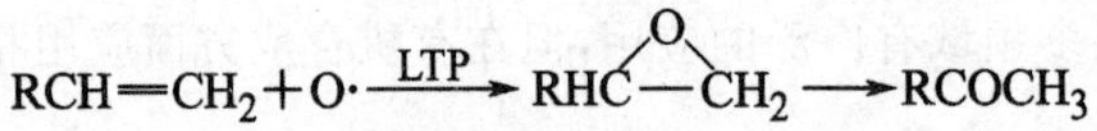

$$RCH\!=\!CH_2 + O \cdot \xrightarrow{LTP} RHC\overset{O}{-}CH_2 \longrightarrow RCOCH_3$$

3. 异构化反应

具有不饱和键的有机化合物的顺反异构化反应可在较低的电子能量下有效地进行。例如,反式二苯乙烯通过等离子体可变换为顺式异构体,反应式为:

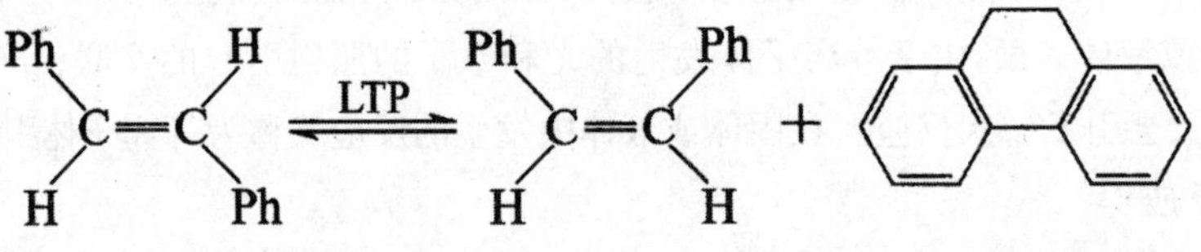

4. 重排反应

芳香醚、芳香胺通过等离子体可发生各种重排反应。例如,苯甲醚在等离子体空间离解出烷基自由基,并转移到芳香环上,反应式为:

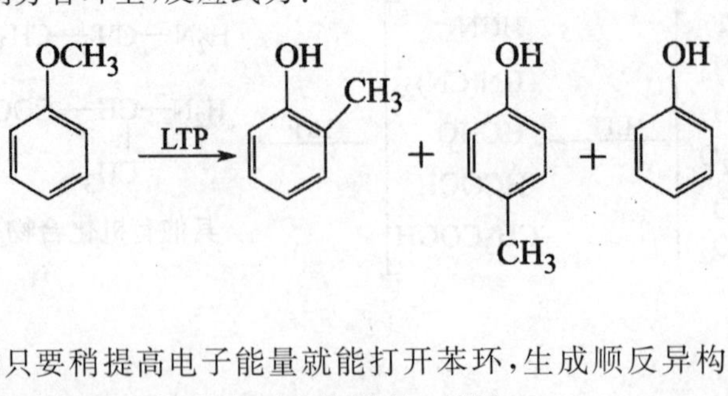

5. 开环反应

对芳香族化合物只要稍提高电子能量就能打开苯环,生成顺反异构混杂的不饱和碳氢化合物,其中含氮环和苯胺都是以氰基为开环终端的。例如:

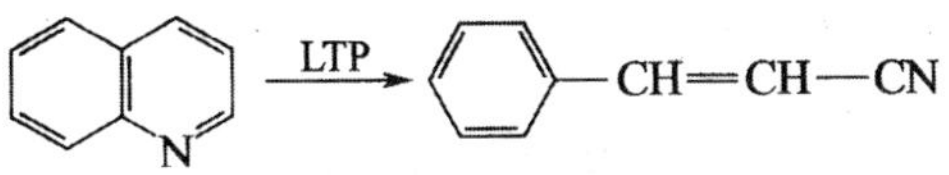

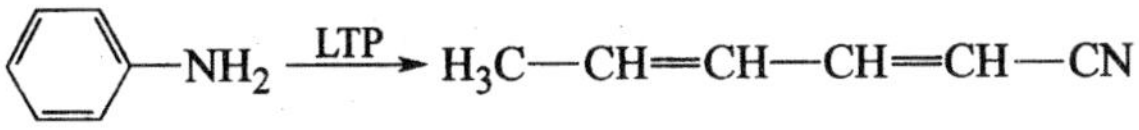

6. 环化反应

二苯基化合物通过等离子体可环化生成各种多环化合物。例如：

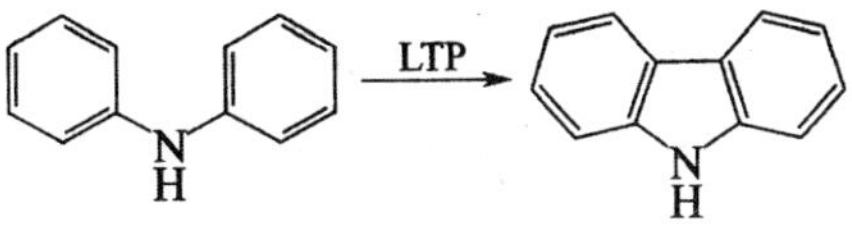

7. 加成反应

等离子体的加成反应可以是自由基加成,也可以是分子间的加成。例如：

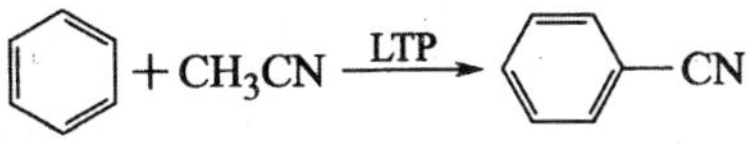

除此之外,利用低温等离子体还可发生取代反应、聚合反应、分解反应、氧化反应等类型的反应。

等离子体有机化学反应不仅可得到热反应和光反应相同的产物,还可能得到热反应和光反应得不到的产物,其产物的多样性具有重要的意义。

参考文献

[1]陈治明. 有机合成原理及路线设计. 北京:化学工业出版社,2010.

[2]陆国元. 有机反应与有机合成. 北京:科学出版社,2009.

[3]马军营,任运来等. 有机合成化学与路线设计策略. 北京:科学出版社,2008.

[4]叶非,黄长干,徐翠莲. 有机合成化学. 北京:化学工业出版社,2010.

[5]薛永强,张蓉. 现代有机合成方法与技术(第2版). 北京:化学工业出版社,2007.

[6]王建新. 精细有机合成. 北京:中国轻工业出版社,2007.

[7]王利民,邹刚. 精细有机合成工艺. 北京:化学工业出版社,2008.

[8]谢如刚. 现代有机合成化学. 上海:华东理工大学出版社,2007.

[9]郭生金. 有机合成新方法及其应用. 北京:中国石油出版社,2007.

[10]黄宪,王彦广,陈振初. 新编有机合成化学. 北京:化学工业出版社,2003.

[11]郭保国. 有机合成重要单元反应. 郑州:黄河水利出版社,2009.

[12]纪顺俊,史达清. 现代有机合成新技术. 北京:化学工业出版社,2009.

[13]林国强,陈耀全,席婵娟. 有机合成化学与线路设计. 北京:清华大学出版社,2002.

[14]杨光富. 有机合成. 上海:华东理工大学出版社,2010.

[15]蒋登高,章亚东,周彩荣. 精细有机合成反应及工艺. 北京:化学工业出版社,2001.

[16]赵地顺. 精细有机合成原理及应用. 北京:化学工业出版社,2009.

[17]赵德明. 有机合成工艺. 杭州:浙江大学出版社,2012.

[18]马宇衡. 有机合成反应速率查询手册. 北京:化学工业出版社,2009.

[19]吴毓林,麻生明,戴立信. 现代有机合成进展. 北京:化学工业出版社,2005.

[20]田铁牛. 有机合成单元过程. 北京:化学工业出版社,2001.

[21](英)怀亚特(Wyatt,P)等. 有机合成策略与控制. 张艳,王剑波等译. 北京:科学出版社,2009.

[22]卢江,梁晖. 高分子化学. 北京:化学工业出版社,2005.

[23]林峰. 精细有机合成技术. 北京:科学出版社,2009.